“十二五”普通高等教育本科国家级规划教材

大学物理教程

（第四版） 下册

主　编　廖耀发　孙向阳　闵　锐

副主编　黄楚云　李春贵　岳　平

中国教育出版传媒集团

高等教育出版社 · 北京

内容简介

本书为“十二五”普通高等教育本科国家级规划教材，由上、下两册组成。上册包含力学和电磁学两部分内容，下册包含热学、振动与波、光学、量子物理学基础、分子与固体、核物理与粒子物理、天体物理与宇宙演化等内容。本书为新形态教材，配有数字课程网站。

为了方便教学，作者精选了全书的例题、习题和阅读材料，并将部分内容（教学基本要求中的B类内容）打上了“*”号，以供物理教学课时数较多的专业选用。本书还选用了适量的文档、动画和视频等数字资源，以扩展教学内容，增强教学效果。

本书还配套出版《大学物理教程（第四版）学习指导书》和《大学物理教程（第四版）电子教案》，以助力大学物理课程的教学。

本书既可作为高等学校理工科非物理学类专业的大学物理教材，也可供相关科技工作者参考。

图书在版编目（CIP）数据

大学物理教程．下册 / 廖耀发，孙向阳，闵锐主编；黄楚云，李春贵，岳平副主编．-- 4版．-- 北京：高等教育出版社，2023.4

ISBN 978-7-04-060119-0

Ⅰ．①大… Ⅱ．①廖… ②孙… ③闵… ④黄… ⑤李… ⑥岳… Ⅲ．①物理学—高等学校—教材 Ⅳ．①O4

中国国家版本馆CIP数据核字（2023）第036656号

DAXUE WULI JIAOCHENG

策划编辑 汤雪杰　责任编辑 缪可可　封面设计 张 志　版式设计 杜微言
责任绘图 黄云燕　责任校对 吕红颖　责任印制 沈心怡

出版发行 高等教育出版社
社　　址 北京市西城区德外大街4号
邮政编码 100120
印　　刷 运河（唐山）印务有限公司
开　　本 787mm × 1092mm　1/16
印　　张 22.5
字　　数 470千字
插　　页 1
购书热线 010-58581118
咨询电话 400-810-0598
网　　址 http://www.hep.edu.cn
　　　　 http://www.hep.com.cn
网上订购 http://www.hepmall.com.cn
　　　　 http://www.hepmall.com
　　　　 http://www.hepmall.cn
版　　次 2006年1月第1版
　　　　 2023年4月第4版
印　　次 2023年12月第2次印刷
定　　价 45.80元

物 料 号 60119-00

大学物理教程
(第四版)

主　编　廖耀发
　　　　孙向阳
　　　　闵　锐

1　计算机访问http://abook.hep.com.cn/1261165，或手机扫描二维码、下载并安装Abook应用。

2　注册并登录，进入"我的课程"。

3　输入封底数字课程账号(20位密码，刮开涂层可见)，或通过Abook应用扫描封底数字课程账号二维码，完成课程绑定。

4　单击"进入课程"按钮，开始本数字课程的学习。

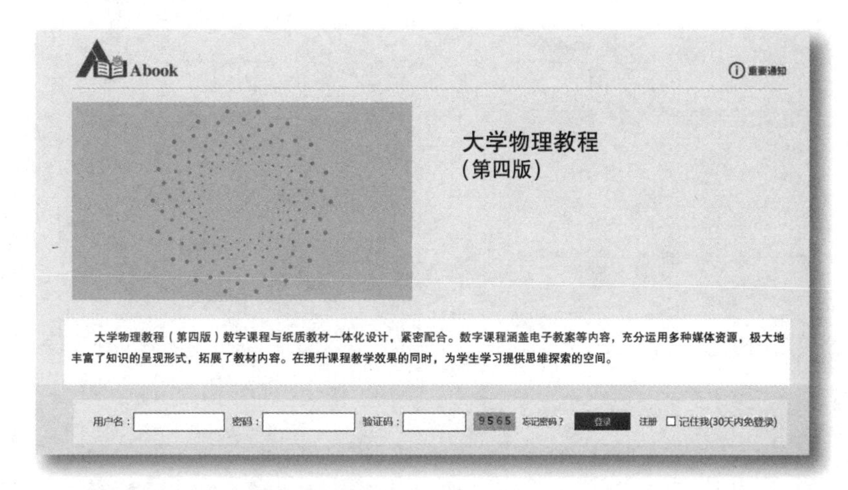

课程绑定后一年为数字课程使用有效期。受硬件限制，部分内容无法在手机端显示，请按提示通过计算机访问学习。

如有使用问题，请发邮件至abook@hep.com.cn。

http://abook.hep.com.cn/1261165

第四版前言

《大学物理教程》(第三版) 自 2018 年面世以来已在国内多所大学进行了试用, 获得了广大读者的好评。他们一方面肯定了《大学物理教程》(第三版) 所取得的成功, 另一方面又希望它能在适当时候进行必要的修订, 以顺应教学形势的发展, 更上一层楼。本书就是在这样的基础上修订而成的。

本次修订我们主要做了如下几个方面的工作。

1. 适当地增强了 “物理思政” 的内容

我们认为, 结合物理学史的介绍, 适当地增强物理思政教育是必要的。为此, 我们在每篇的 “序言” 中, 适当地介绍了我国科学家对物理学科发展的贡献, 并结合后续内容的讲解, 通过文档、视频还适度地介绍了我国科学家所做的相关工作和他们的高尚情怀, 这对学生的健康成长是有益的。

2. 删除了每章名下的表格, 修订了每章名下的 “前言”

考虑到每章名下的表格作用不大, 本次修订我们进行了删除。

考虑到学生不易理清每章内容的重点, 我们在认真研究教育部高等学校物理学与天文学教导委员会编制的《理工科类大学物理课程教学基本要求》(2010 年版) (以下简称《基本要求》) 的基础上, 将每章内容分成三个层次: 掌握、理解、了解, 并将它们有机地融于每章前言中, 以利于学生对书中重点内容的理解与掌握。

3. 适度地引进问题讨论

物理大师海森伯 (参见第二十六章文档) 说: “科学扎根于讨论”, 足见讨论对于学习物理的重要性。为此, 本次修订适当地在正文、习题、文档中引入了讨论的内容, 以便于学生通过讨论来学习, 通过讨论来进步。

4. 注意突出能力特别是解题能力的培养

常听学生反映, 学习物理最难的是课后习题的解答。可见, 培养解题能力对学好大学物理是何等的重要。因此, 在修订中, 我们一方面强调了对物理知识的正确理解, 另一方面就是强调良好解题思路及方法的养成。

5. 重构了部分章节的顺序及内容

为了能使相邻小节间的内容联系更加紧密, 我们重构了部分小节的顺序, 并对部分小节的内容进行了适当的增删, 以便于理解及增强可读性。

6. 加强了网络技术的应用

在本次修订中, 我们修改了上一版教材中的几十个动画及文档, 新增了一定数量的插图、文档、动画及视频。我们认为, 它们对增强广大学生对物理现象的感性认识, 以便更好地学好本课程是有益的。

此外, 我们还按《基本要求》对全书的内容进行了增删; 按全国科学技术名词审定委员会公布的《物理学名词》(2019 年版) 对全书的名词术语进行了校改。

本次修订由廖耀发、孙向阳、闵锐任主编, 黄楚云、李春贵、岳平任副主编。参加本次修订的老师有湖北工业大学廖耀发、闵锐、黄楚云、陈义万、李嘉、邓罡、裴玲、胡妮; 武汉轻工大学孙向阳、李春贵、李相虎、占必富、纠智先、惠子、鲍烈; 北京电子科技学院岳平; 湖北汽车工业学院刘国营; 湖北师范大学刘红日; 湖北商贸学院熊才高; 深圳职业技术学院陈琪莎 (负责插图)。

《大学物理教程》成书已经 30 多年 (2005 年前为武汉大学出版社出版, 曾先后获得"湖北科技进步三等奖""第五届全国高校出版社优秀畅销书一等奖""2002 年度全国优秀畅销奖"), 其间先后得到了北京交通大学佘守宪, 清华大学夏学江、陈泽民, 西安交通大学吴百诗、王小力, 北京科技大学朱荣华以及高等教育出版社高建、缪可可、程福平、汤雪杰, 武汉大学梁荫中, 教育部教育技术与资源发展中心金毅, 湖北工业大学李子强等老师的巨大支持和帮助, 编者特此一并致谢!

由于编者水平有限, 书中不妥与错误之处在所难免, 敬请广大读者批评指正! 万分感谢!

编　者

2022 年 10 月 8 日

第三版前言节选

《大学物理教程》(第二版) 面世至今已走过了 6 个年头。6 年多的教学实践表明, 该版书的内容体系与教育部高等学校物理学与天文学教学指导委员会编制的《理工科类大学物理课程教学基本要求》(2010 年版) 的指导精神相符, 且使用尚属方便, 因而其内容体系可大体保留续用。但在某些论述方法和表现形式上却仍有改善的空间, 特别是在互联网已深入人心, 其应用随处可见的情况下, 我们认为, 在保持第二版书原有特色的基础上, 用 "互联网 +" 的模式对它进行适度的修订是必要的、可行的。

本次修订由廖耀发、孙向阳、黄楚云任主编, 陈义万、李春贵、刘红日、刘国营、熊才高任副主编。参加修订的人员有湖北工业大学廖耀发、黄楚云、陈义万、闵锐、别业广、邓罡、胡妮、裴玲; 武汉轻工大学孙向阳、李春贵、徐滔滔、李相虎、纠智先、张多、范吉军、李玉华; 湖北师范大学刘红日、潘言全、丁逊; 湖北汽车工业学院刘国营、吕东燕; 湖北商贸学院熊才高; 武汉大学梁荫中; 武汉科技大学李云宝; 深圳职业技术学院陈琪莎 (负责插图)。

本修订版由西安交通大学王小力教授主审。王教授非常认真仔细地审阅了全部书稿, 并提出了许多极好的改进意见, 为本教程添色增辉, 编者特此致谢!

用 "互联网 +" 来改版教材对我们来说是件全新的工作, 加之水平有限, 因此, 书中不妥与错误之处肯定不少, 诚望读者批评指正, 不胜感谢!

编　者

2017 年 10 月

第二版前言节选

本书第一版自 2006 年 1 月面世以来, 已经过 5 年多的试用。其间, 我国的高等教育及科学技术事业均有较大的发展, 对大学理工科人才的培养亦有较高、较新的要求; 其间, 我们承担了全国教育科学“十一五”规划课题“我国应用型人才培养模式研究”的子课题——“在培养应用型人才模式下大学物理教学改革的研究与实践”, 从中悟出了必须进行适度改革的道理; 其间, 很多使用本书的老师在充分肯定第一版所取得成就的同时, 也提出了不少改进的建议。在这样的形势下, 我们认为, 对《大学物理教程》第一版进行适当的修订是非常必要的。

本次修订由廖耀发任主编, 孙向阳、李云宝、别业广任上册副主编, 陈义万、李云宝、徐滔滔任下册副主编。参与修订的人员有湖北工业大学廖耀发、陈义万、别业广、阎旭东、黄楚云、徐国旺、陈之宜; 武汉科技大学李云宝、李钰、周怡、李新、张立刚; 武汉工业学院孙向阳、徐滔滔、董长缨、谢柏林; 武汉大学梁荫中; 广西工学院申文光; 深圳职业技术学院陈琪莎 (负责插图)。

本次修订由武汉大学梁荫中教授担任主审。梁教授非常认真细致地审阅了全部书稿, 并提出了很多极好的修订建议, 编者特此致谢!

编　者

2011 年 8 月

第一版前言节选

本书由湖北、广西、天津三地高校部分物理教师，根据教育部《理工科非物理类专业大学物理课程教学基本要求（讨论稿）》精神编写而成。在编写过程中，编者既注意了保持过去所编教材（廖耀发，邓远霖，吴参，李坤仲，沈霖生，潘超英等，《大学物理学》，华工版，1988 年；廖耀发，孙端清，郑树文，梁荫中，陶作花等，《大学物理教程》，武测版，1992 年；廖耀发，张立刚，张兆国，田旭，李长真等，《大学物理》，武大版，2000 年）的特色，又注意广泛吸收国内外同类教材的优点和部分教师的先进教学经验，以使新编教材更加适应当前的大学物理教学要求。

本教材的编写原则是"保证基础，加强近代，联系实际，方便教学"。按此原则，我们重构了本教材的内容及体系，并适当提高了力学部分的教学起点，减少了与中学物理不必要的重复，选编了一定数量的阅读材料，突出了物理思想及方法，增加了部分物理学史及物理学家的介绍。我们认为，这些内容对于扩大知识面，激发学生学习物理的兴趣是非常有益的。

"加强近代，联系实际"是大学物理教材改革的永恒主题。问题是如何操作才能获得更好的效果，尚需不断进行探讨。[①②]我们认为，关键是要掌握好一个"度"字。本教材就是本着这样的精神来处理上述问题的。是否可行，尚需日后实践来检验。

本书由廖耀发任主编，张立刚、阎旭东、孙向阳、申文光任副主编，参加编写的人员有湖北工业大学廖耀发、阎旭东、陈义万、徐国旺、别业广、陈之宜；武汉科技大学张立刚、周怡、熊祖钊、李云宝、李钰；武汉工业学院孙向阳、徐滔滔、董长缨；广西工学院申文光；天津理工大学王喆、丁士连；武汉大学梁荫中；武汉理工大学田旭、张兆国、李建青、赵中云、余利华、陶作花；三峡大学王大智；深圳职业技术学院陈琪莎（负责插图）。

本书由北京交通大学佘守宪先生担任主审。佘先生不仅仔细地审阅了全部书稿，而且对很多具体内容都提出了极好的修改意见，为本书特色的形成和质量的提高起了极大的作用。

编　者

2005 年 8 月

① 参见：廖耀发. 工科物理教学现代化的认识与实践. 教学与教材研究，1996(1).

② 参见：廖耀发，佘守宪. 工科物理教材应有特点的探讨. 工科物理，1996(2).

目录

第三篇 热　　学

第四篇 振动与波

第五篇 光 学

*第七篇 天体物理与宇宙演化

*第八篇 现代科学与高新技术的物理基础专题选讲

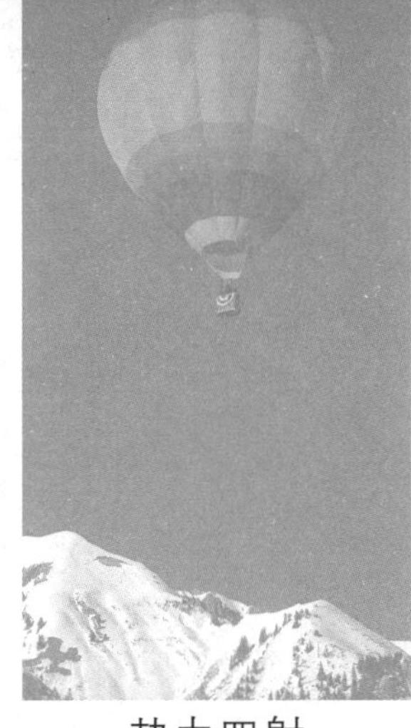

热力四射

第 三 篇

热 学

热学是物理学的一个组成部分，它是研究物质热现象，或者说是研究物质热运动所遵循规律的科学，“古老”而年轻.

文档 王充

大约在两千年前，我们的祖先王充（参见文档）就已开展了对热学的研究，指出“夫近水则寒，近火则温，远之渐微.”（参见《论衡·卷十四·寒温篇》）这与现代关于热传递的规律（参见 16.7.2）极为接近.

我们知道，物质由分子组成，分子间存在相互作用力，一切分子都处于永不停息的无规则的运动中，其剧烈程度与物质的冷热程度有关. 这样的运动称为**热运动**，它是物质运动的基本形式之一，它所表现出来的宏观（整体）现象称为**热现象**.

可以算出，在标准状况下，每个分子 1s 内平均与其他分子碰撞约几十亿次. 可见，物质的热运动是一种非常复杂、非常剧烈的运动.

在分子的热运动中，单个分子的运动属于机械运动，遵从牛顿力学的规律；但对大量分子的运动而言，却不能简单地将其归结为机械运动的集合（量变会引起质变）. 因此，研究分子热运动的方法，应该与研究机械运动的方法有所不同.

热学的研究方法，通常有两种形式：一种是热力学方法，它从宏观的角度出发，通过实验分析、归纳总结、逻辑推理等手段去研究物质状态（简称物态）发生变化时相应宏观量的变化以及热与功的转化规律；另一种是统计方法，它从物质的微观结构出发，通过合理的假设，采用统计方法去建立宏观量（反映物质整体属性的物理量）与微观量（反映组成物质的单个微观粒子属性的物理量）的联系，揭示宏观现象的微观本质. 因此，热力学方法可用统计方法来解释，统计方法可用热力学方法来验证，两种方法，相辅相成.

天高气寒

>>> 第十六章

●●● 气体动理论

气体动理论是研究气体热现象的微观理论，它是统计物理学的重要组成部分，在热学研究中有着重要的意义.

大家知道，一切物质均由分子所组成，分子间存在间隙，且有相互作用力 (即分子力)，所有分子都在永不停息地做无规运动. 这就是气体动理论的基本思想.

任何分子都有大小、质量和速度，这些描述单个分子特征的物理量称为微观量. 一般地说，微观量很难直接由实验来测定. 实验中容易测量的往往是表征大量分子宏观特征的物理量，如体积、压强等. 这些量则称为宏观量.

一般地说，单个分子的运动是偶然的、无规律的，但大量分子运动的集体表现却是有规律的. 这种对大量偶然事件 (亦称随机事件) 起作用的规律称为统计规律. 在研究统计规律时需要使用统计力学方法：先对单个分子运用力学原理分析，然后再对大量分子求统计平均值，从而建立起宏观量与微观量的统计平均值之间的关系，进而揭示出宏观现象的微观本质.

本章主要讨论气体动理论的基本原理及其研究方法，要侧重掌握理想气体的物态方程，能熟练地利用方程来分析、计算气体的物态参量 p、V、T；理解平衡态的概念及其描述；理解气体压强和温度的概念及其统计意义；理解研究大量粒子系统热运动的统计方法及规律；理解麦克斯韦分布律及三种统计速率；理解气体分子的平均碰撞频率及平均自由程；理解能量均分定理，会计算理想气体的内能；了解玻耳兹曼分布律、气体内部的输运现象及范德瓦耳斯方程.

16.1 平衡态 热力学第零定律 物态方程

16.1.1 气体的平衡态

热学所研究的对象主要是一些由大量的微观粒子 (如分子、原子等) 所组成的物体或物体系. 这些物体或物体系通常称为热力学系统, 简称系统; 而与系统有关的周围物体则称为系统的外界, 简称外界.

一般地说, 气体的状态是随气体内外条件的变化而变化的. 如果能用一容器控制一定的气体, 使之与外界孤立 (既不交换物质, 也不交换能量), 则不管气体内部各部分原来的宏观特性 (如冷热) 如何不同, 只要经过一定的时间, 便总会达到一致. 此后, 若无外界影响, 则其宏观性质将在长时间内保持不变, 这种状态称为热力学平衡态, 简称平衡态; 反之就叫非平衡态. 实验表明, 任何系统, 只要没有外界影响, 便总可达到平衡态. 而这种平衡态一旦达到, 则系统的宏观性质便不再改变, 除非它又受到了外界的影响 (干扰).

严格地说, 在实际中, 将系统绝对孤立起来是不可能的. 因此, 系统的宏观特性保持不变的状态也是不存在的, 所以说, 平衡态仅是一种理想的概念, 它是系统在一定条件下对于相对稳定状态的近似. 此外, 系统达到平衡态后, 虽然其宏观特性保持不变, 但从微观上看, 它的每个分子 (或原子) 却仍在做无规则的热运动. 因此, 我们所说的平衡态是一种热动平衡态, 它与机械运动中所说的静态平衡态是有区别的.

平衡态是热学中一个十分重要的概念, 几乎所有的热力学函数 (参量) 都是在平衡态的情况下定义的.

16.1.2 状态参量 热力学第零定律

描述物体平衡态特性的物理量称为状态参量 (亦称物态参量), 简称态参量. 气体的平衡态通常由如下一组状态参量来描述.

1. 体积

体积是气体几何特性的表征, 是指气体分子所能达到的几何空间, 而不是指气体分子本身体积的总和, 用 V 表示, 其单位为 m^3 (立方米), 有时亦用 L (升) 来表示, 二者的关系为

$$1\ \mathrm{L} = 10^{-3}\ \mathrm{m}^3$$

2. 压强

压强是气体力学特性的表征, 是指气体对单位器壁面积上表现出来的正压力, 用 p 表示.

力学中已经说明, 力是动量对时间的变化率. 因此, 压强也可理解为气体分子在单位器壁面积上表现出来的动量变化率. 其单位为 Pa (帕斯卡, 简称帕), 1 Pa 的压强代表 1 m^2 上受到 1 N 的正压力, 即

$$1\ \mathrm{Pa} = 1\ \mathrm{N} \cdot \mathrm{m}^{-2}$$

在工程技术上, 有时亦用标准大气压 (atm, 现已不推荐使用) 为单位来表示压强. 它与 Pa 的关系为

$$1\ \mathrm{atm} = 1.013 \times 10^5\ \mathrm{Pa}$$

3. 温度 热力学第零定律

温度是个比较复杂的概念[①]. 简单地说, 温度是物体冷热程度的表征: 人的感觉越热, 就说温度越高; 人的感觉越冷, 就说温度越低. 但是, 以人的主观感觉来表征温度是不科学的. 因为这不但不利于定量表示物体的温度, 而且有时还会导致错误的结论. 例如, 冬天当我们分别用手去抚摸放在一起的木块与铁块时, 便会感到铁块较冷, 若按上面的说法, 应该是铁块的温度较低, 实际上, 用温度计去测量会发现, 两者的温度是一样的. 因此, 我们有必要给温度下一个更加科学的定义.

温度的科学概念建立在热力学第零定律的基础上. 在具体介绍热力学第零定律之前, 先简要介绍几个相关的概念.

如果一个器壁能将两个不同的系统隔开, 只要其位置不变, 则不管系统的状态如何变化, 均不会导致另一个系统状态的变化. 这样的器壁称为绝热壁, 否则就叫透热壁. 制作精良的杜瓦瓶, 其器壁便可视为绝热壁; 绝大多数金属做成的器壁均可视为透热壁. 在热力学中, 常将通过透热壁进行的接触称为热接触. 实验表明, 两个状态不同的物体进行热接触, 经过足够长的时间后, 它们便可达到一个新的、共同的平衡态. 在这种热接触情况下达到的平衡称为热平衡.

如图 16.1(a) 所示, 设 A、B、C 为三个平衡态各异的系统, 今用绝热壁 J 将 A 与 B 隔开, 并使它们同时与 C 进行热接触. 这样, 经过一段时间后, A 与 B 便会同时与 C 达到热平衡, 这时, 如果我们非常迅速地将 A、B 间的绝热壁换成透热壁 T, 将 A、B 与 C 间的透热壁换成绝热壁 J [如图 16.1(b) 所示], 那么便可发现, A、B 的状态没有任何变化. 这就是说, A 与 B 也达到了热平衡. 这种同时与第三个系统达到热平衡的两个系统也必然达到热平衡, 这一结论称为热力学第零定律. 它反映了热平衡的传递性, 因此, 热力学第零定律也叫热平衡传递定律.

热力学第零定律告诉我们, 一切互为热平衡的系统都有一种与该平衡态有关的共同的宏观属性, 我们将这种宏观属性定义为该系统的温度. 换言之, 温度就是决定诸物体系统是否能够达到热平衡的一种宏观性质: 诸系统一旦达到了热平衡, 它们必然具有相同的温度; 若将温度相同的几个物体 (系统) 放在一起 (热接触), 它们一定会处于热平衡中.

---

① 参见: 廖耀发. 温度与熵 [M]. 北京: 高等教育出版社, 1989.

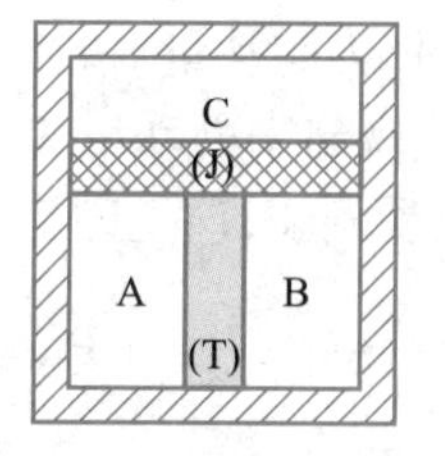

(a) A、B间的绝热壁连接　(b) A、B间的透热壁连接

图 16.1 热平衡的传递性

从上面的分析可以看出, 热力学第零定律不仅给出了温度的科学概念, 而且指出了温度的测量方法, 那就是事先选择一个物体作标准 (这个被选作标准的物体称为温度计), 然后将它与待测物体分别进行比较, 当它与待测物体达到热平衡时, 标准物体 (温度计) 所表示的温度就是待测物体的温度.

用热力学温标 (温度的数值标度方法) 标度的温度称为热力学温度, 它是目前国际上通用的温度, 用符号 T 表示, 其单位为 **K (开尔文)**, 简称开. 此外还有摄氏温度, 其符号为 t, 单位为 ℃ (摄氏度). 1 ℃ 的大小与 1 K 的大小相同. 1960 年国际计量大会通过决议, 规定摄氏温度由热力学温度移动零点来定义, 即

$$\frac{t}{℃} = \frac{T}{\mathrm{K}} - 273.15 \tag{16.1}$$

这就是说, 热力学温度与摄氏温度仅有零点的差异, 并无实质的区别.

16.1.3 理想气体的物态方程

文档 温标趣谈

从宏观上讲, **凡严格遵守玻意耳定律, 即满足方程**

$$\frac{pV}{T} = k\ (常量) \tag{16.2a}$$

的气体均可称为理想气体①. 这只有在压强趋于零的极限情况下才有可能. 因此, 理想气体也是一种模型, 它是实际气体在极限情况下的一种近似.

将式 (16.2a) 用于质量为 m, 摩尔质量为 M 的气体的标准状况 ($p_0 = 1.013 \times 10^5\ \mathrm{Pa},\ T_0 = 273.15\ \mathrm{K},\ V_0 = \frac{m}{M}V_{\mathrm{m},0} = \nu V_{\mathrm{m},0}$), 得

$$\frac{pV}{T} = \frac{p_0V_0}{T_0} = \frac{p_0V_{\mathrm{m},0}}{T_0}\frac{m}{M} = \nu R$$

式中, $\nu = \frac{m}{M}$ 称为气体的物质的量; $V_{\mathrm{m},0}$ 为 1 mol 理想气体在标准状况下的体积, 其值 $V_{\mathrm{m},0} = 22.4 \times 10^{-3}\ \mathrm{m^3 \cdot mol^{-1}}$; $R = \frac{p_0V_{\mathrm{m},0}}{T_0} = \frac{1.013 \times 10^5\ \mathrm{Pa} \times 22.4 \times 10^{-3}\ \mathrm{m^3 \cdot mol^{-1}}}{273.15\ \mathrm{K}} =$

① 若无特别声明, 本篇所涉及的气体均可视为理想气体.

$8.31\ \mathrm{J\cdot mol^{-1}\cdot K^{-1}}$, 称为摩尔气体常量. 于是便有

$$pV = \nu RT = \frac{m}{M}RT \tag{16.2b}$$

此即理想气体的物态方程, 它是理想气体各状态参量相互关联的表征. 由式 (16.2b) 可以看出, 理想气体的三个状态参量仅有两个是独立的, 只要其中的两个状态参量 (如 p、V) 被确定, 第三个状态参量 (如 T) 就自然而然地被确定了. 因此, 描述理想气体的平衡态, 只要两个状态参量就足够了.

理想气体的微观模型 (参见 16.2) 指出, 同种气体的分子质量都相同. 设单个分子的质量为 m_0, 则将气体质量 $m = Nm_0$, 摩尔质量 $M = N_\mathrm{A}m_0$ (式中, N 和 $N_\mathrm{A} = 6.02\times10^{23}\ \mathrm{mol^{-1}}$ 分别为气体的总分子数及阿伏伽德罗常量) 代入理想气体的物态方程, 得

$$p = \frac{Nm_0RT}{VN_\mathrm{A}m_0} = nkT \tag{16.2c}$$

式中, $n = \dfrac{N}{V}$ 为分子数密度, $k = \dfrac{R}{N_\mathrm{A}} = \dfrac{8.31}{6.02\times10^{23}}\mathrm{J\cdot K^{-1}} = 1.38\times10^{-23}\ \mathrm{J\cdot K^{-1}}$, 称为玻耳兹曼常量. 式 (16.2c) 是理想气体的物态方程的另一种形式, 它说明, 气体的压强与气体的热力学温度及气体分子数密度成正比.

例 16.1 一容器内储有氧气 0.100 kg, 压强为 1.013×10^6 Pa, 温度为 47 ℃. 因容器漏气, 过一段时间后, 压强减到原来的 $\dfrac{5}{8}$, 温度降到 27 ℃. 问:

(1) 容器的容积为多大?

(2) 漏了多少氧气 (已知氧气的相对分子质量为 32.0)?

解: 凡求解气体的状态参量、质量及其变化多少的问题多用理想气体的物态方程来处理.

(1) 根据漏气前理想气体的物态方程 $pV = \nu RT$ 可以得到容器的容积 (即氧气的体积):

$$\begin{aligned} V &= \frac{\nu RT}{p} = \frac{mRT}{Mp} \\ &= \frac{0.100\times8.31\times(273+47)}{32.0\times10^{-3}\times1.013\times10^6}\ \mathrm{m^3} \\ &= 8.20\times10^{-3}\ \mathrm{m^3} \end{aligned}$$

(2) 漏去的氧气为漏气前后两态的氧气质量之差. 设容器漏气后, 氧气的压强为 p', 温度为 T', 质量为 m'. 由漏气后的物态方程 $p'V = \dfrac{m'}{M}RT'$ 可以得到, 此时容器中的氧气质量为

$$\begin{aligned}m' &= \frac{Mp'V}{RT'}\\ &= \frac{32.0\times10^{-3}\times\frac{5}{8}\times1.013\times10^{6}\times8.20\times10^{-3}}{8.31\times(273+27)}\ \mathrm{kg}\\ &= 6.7\times10^{-2}\ \mathrm{kg}\end{aligned}$$

故所漏氧气的质量为

$$\Delta m = m - m' = (0.100-0.067)\ \mathrm{kg} = 0.033\ \mathrm{kg}$$

16.1.4 准静态过程 平衡态与准静态过程的几何图示

当气体受到外界影响时, 其平衡态将发生变化, 物态随时间的变化称为过程. 这种变化破坏了气体原有的平衡态, 使气体处于非平衡态; 经过一段时间后才能达到新的平衡态. 如果气体由非平衡态达到新的平衡态过程进行得无限缓慢, 致使过程的各中间状态均可无限地接近于平衡态, 这样的过程称为准静态过程, 反之则称为非准静态过程.

以 p 为纵坐标轴, V 为横坐标轴所作的图称为 p–V 图, 如图 16.2 所示.

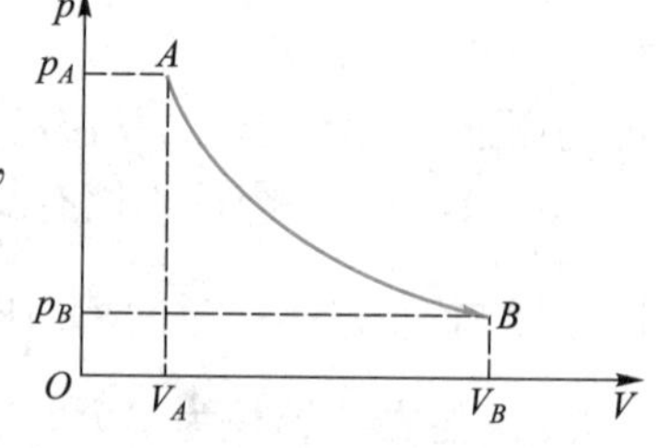

图 16.2 理想气体的 p–V 图

由于理想气体的平衡态只需两个参量便可确定, 因此, p–V 图上的每一个点 (均对应有一组 p、V 值) 均代表着一个平衡态. 反过来, 每一个平衡态, 均可在 p–V 图中找到一个相应的代表点.

而准静态过程中的每一个中间状态都有确定的状态参量值, 因而均可用 p–V 图中的一个对应点来代表. 若将这些代表各平衡态的点连成一条曲线, 则此曲线便可表示该准静态过程, 称为该过程的过程曲线.

图 16.2 中的 AB 曲线就是气体从 A 状态准静态地变化到 B 状态的过程曲线. 这说明, 每一准静态过程都可用 p–V 图中的一条曲线来表示 (而非准静态过程则不能用 p–V 图中曲线来表示), 而 p–V 图中的每一条曲线均代表一个相应的准静态过程①.

16.2 理想气体的压强与温度

16.2.1 理想气体的微观模型

为了更好地导出理想气体的压强与温度公式, 下面我们先对理想气体的微观结构提出一个合理的假设.

① 若无特别声明, 本章所讨论的过程均为准静态过程.

由气体动理论可知, 真实气体的分子都有大小, 其直径的数量级约为 10^{-10} m; 分子间均有相互作用力, 其大小与分子间的距离有关; 当分子间的距离远大于分子的直径 (较稀薄的气体便可满足这一点) 时, 分子本身的大小及分子间的相互作用 (分子间的碰撞除外) 便可忽略. 于是, 我们有理由假设存在这样一种气体, 其特点是:

(1) 分子本身的大小比分子之间平均距离小得多, 分子可以看作质点, 且同种分子具有相同的质量.

(2) 除碰撞瞬间外, 分子之间和分子与容器壁之间的相互作用力可忽略不计, 因此在两次碰撞之间, 分子的运动可当作匀速直线运动. 此外, 分子之间的作用势能同分子的动能相比, 可以忽略不计.

(3) 分子之间以及分子与容器壁之间的碰撞均可视为完全弹性碰撞.

这就是理想气体的微观模型. 根据这个模型, 理想气体分子像一个个线度极小的、无相互作用的 (除碰撞瞬间外) 和无规则运动着的弹性小球. 虽然这是一个过于简化的气体模型, 但是利用它却能说明气体的一些基本性质, 因而在热学中获得了较为广泛的应用.

16.2.2 理想气体的压强

前已说明, 从宏观上看, 气体的压强是指单位器壁面积上受到的正压力; 从微观上讲, 气体的压强则是指大量分子不断对器壁碰撞所导致动量变化的一种平均效果. 因此, 我们可以从碰撞的角度来讨论气体的压强问题.

为简便起见, 我们假设容器中仅含有一种理想气体, 并取器壁的法线方向为 x 轴的负方向, 然后将分子按速度来分组. 这样, 只要我们能求出其中的一组分子与器壁碰撞后在 x 方向上的动量变化, 通过求和, 便可得到整个气体在 x 轴方向的动量变化, 进而便可求出整个气体的压强. 由于气体处于平衡态时各处的压强相等, 因此, 只要能算出任一器壁面上受到的压强就可以了. 下面分四个方面来进行讨论.

1. 一个分子 (质量为 m, 速度为 v_i) 与器壁碰撞后的动量变化

如图 16.3 所示, 设分子沿与 x 轴成 θ 角的方向与光滑器壁发生弹性碰撞, 则其 x 轴方向上的动量变化为

$$-mv_i\cos\theta - mv_i\cos\theta = -2mv_{ix} \tag{1}$$

式中, 负号表示动量的变化与 x 轴反向.

2. 一组同类分子与同一器壁碰撞后的动量变化

如图 16.4 所示. 沿 $\boldsymbol{v}_i$ 方向作斜柱体, 使其底面积 (在壁面上) 为 ΔS, 斜高为 $v_i\Delta t$, 则其体积为 $v_i\Delta t\Delta S\cos\theta$, 所含分子 (质量为 m, 速度为 $\boldsymbol{v}_i$) 数为 $n_iv_{ix}\Delta t\Delta S$, 在 Δt 时间内, 它们都会与器壁平均地碰撞一次, 其动量变化

$$\Delta p_{ix}=(n_i v_{ix}\Delta t\Delta S)(-2mv_{ix})=-2mn_i v_{ix}^2\Delta t\Delta S \tag{2}$$

式中, n_i 为柱体中具有 $\boldsymbol{v}_i$ 速度的分子数密度.

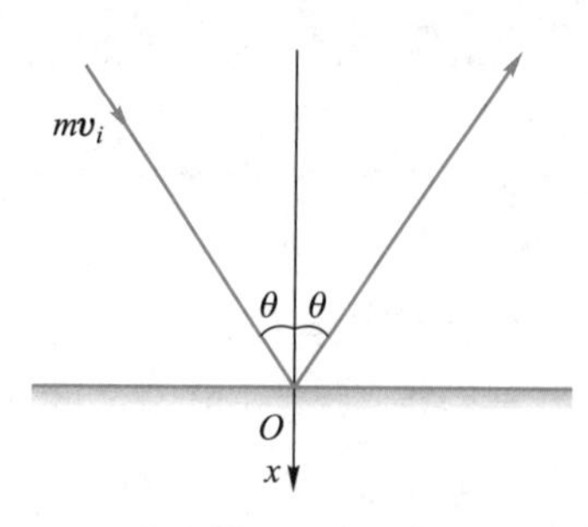

图 16.3 一个分子与器壁的碰撞

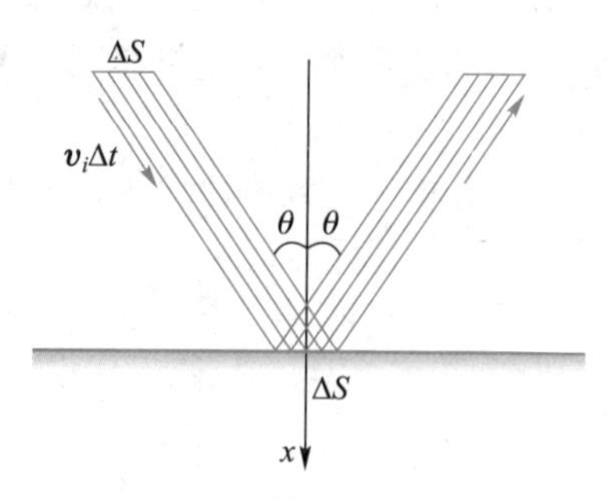

图 16.4 一组同类分子与器壁的碰撞

3. 各组 (全体) 分子与器壁碰撞后的动量变化

将式 (2) 对 i 求和, 并注意到微观粒子 (分子) 向各个方向运动的概率相同 (统计物理学将之称为等概率假设), 柱体中含有 $v_{ix}>0$ 与 $v_{ix}<0$ 的分子数相等, 而后者是不能与 ΔS 相碰的. 因此, 上述求和值应该减半. 于是, 修正后的总动量变化

$$\Delta p_x=-m\Sigma n_i v_{ix}^2\Delta t\Delta S=-mn\frac{\Sigma n_i v_{ix}^2}{n}\Delta t\Delta S=-mn\overline{v_x^2}\Delta t\Delta S \tag{3}$$

式中, n 为柱体中的气体分子数密度, $\overline{v_x^2}=\Sigma n_i v_{ix}^2/n$ 为气体分子速度在 x 轴上投影平方的统计平均值.

4. 压强公式的导出

由力的操作性定义可知 (参见 4.1.1), 气体受到器壁沿 x 轴的作用力 $F'=\dfrac{\Delta p_x}{\Delta t}=-mn\overline{v_x^2}\Delta S$.

由牛顿第三定律可得, 气体对器壁的作用力 (正压力)

$$F=-F'=mn\overline{v_x^2}\Delta S \tag{4}$$

注意到气体处于平衡态时, 分子向各个方向运动的概率相等, 即 $\overline{v_x^2}=\overline{v_y^2}=\overline{v_z^2}$, 以及几何关系 $\overline{v^2}=\overline{v_x^2}+\overline{v_y^2}+\overline{v_z^2}$, 则有

$$\overline{v_x^2}=\frac{1}{3}\overline{v^2} \tag{5}$$

$$F=nm\frac{\overline{v^2}}{3}\Delta S \tag{6}$$

据定义, 气体的压强

$$p=\frac{F}{\Delta S}=nm\frac{\overline{v^2}}{3}=n\frac{2}{3}\frac{m\overline{v^2}}{2}=\frac{2}{3}n\overline{E}_{\mathrm{k}} \tag{16.3}$$

式中, $\overline{E}_{\mathrm{k}}=\frac{1}{2}m\overline{v^2}$ 称为气体分子的平均平动动能.

式 (16.3) 称为理想气体的压强公式. 它说明, 气体分子作用于容器壁的压强正比于分子数密度 n 和分子的平均平动动能 $\overline{E}_{\mathrm{k}}$. 分子数密度 n 越大, 或者分子的平均平动动能越大, 压强就越大. 实际上, 单个或少数几个分子对器壁的碰撞是间断、不连续的, 且每次碰撞后的动量变化也是起伏不定的, 只有当气体分子数足够大时, 它们对器壁碰撞所引起的动量变化才有确定的统计平均值, 器壁所获得的平均冲力才能被认为是稳定、连续的. 因此, 气体压强是一个具有统计意义的概念, 是大量分子热运动的集体表现, 说单个或少数几个分子组成的系统具有多大的压强是没有意义的.

16.2.3 理想气体的温度

由理想气体的物态方程 $p=nkT$ [见式 (16.2c)] 与压强公式 $p=\frac{2}{3}n\overline{E}_{\mathrm{k}}=\frac{2}{3}n\left(\frac{1}{2}m\overline{v^2}\right)$ [见式 (16.3)] 联立求解, 得

$$\frac{1}{2}m\overline{v^2}=\overline{E}_{\mathrm{k}}=\frac{3}{2}kT \tag{16.4}$$

这就是理想气体的温度公式, 它是气体分子平均平动动能与温度关系的表征. 式 (16.4) 说明, 理想气体的温度与气体分子的平均平动动能成正比. 气体温度越高, 分子的平均平动动能就越大, 分子热运动的程度也就越激烈, 因此, 可以将温度看成分子热运动激烈程度的表征. 这就是温度的微观本质.

由式 (16.4) 不难看出, 温度 T 是分子平均平动动能 $\overline{E}_{\mathrm{k}}$ 的单值函数, 而 $\overline{E}_{\mathrm{k}}$ 是统计平均值, 具有统计性, 因此温度也是一个具有统计意义的物理量. 对于由少数几个分子组成的系统, 说它具有多高的温度, 同样是没有意义的.

例 16.2 若气体分子的平均平动动能为 7.0×10^{-2} eV, 问气体温度为多少? 当温度为 27 ℃ 时, 气体分子的平均平动动能为多少?

解: eV (电子伏) 是一种非 SI 能量单位, 在原子物理和高能物理中经常使用, $1\ \mathrm{eV}=1.602\times10^{-19}$ J.

设气体的温度为 T, 由式 (16.4) 得

$$T=\frac{2}{3}\frac{\overline{E}_{\mathrm{k}}}{k}=\frac{2\times1.602\times10^{-19}\times7.0\times10^{-2}\ \mathrm{J}}{3\times1.38\times10^{-23}\ \mathrm{J\cdot K^{-1}}}=5.42\times10^{2}\ \mathrm{K}$$

当 $t=27$ ℃ 时, 气体分子的平均平动动能

$$\begin{aligned}\overline{E}_{\mathrm{k}}&=\frac{3}{2}kT=\frac{3}{2}\times1.38\times10^{-23}\times(273+27)\ \mathrm{J}\\&=6.21\times10^{-21}\ \mathrm{J}\end{aligned}$$

16.3 理想气体的内能

16.3.1 自由度

确定物体空间位置所需的独立坐标数称为该物体的自由度, 以 i 表示.

如果构成分子的原子之间无相对位置变化, 这样的分子称为刚性分子; 反之就称为非刚性分子. 本书仅讨论刚性分子的问题.

如图 16.5(a) 所示, 由于单原子分子 (如氦、氖、氩等分子) 可以看成质点, 而决定质点空间位置需要 x、y、z 三个独立坐标, 故单原子分子有 **3 个平动自由度**, 即 $i=3$.

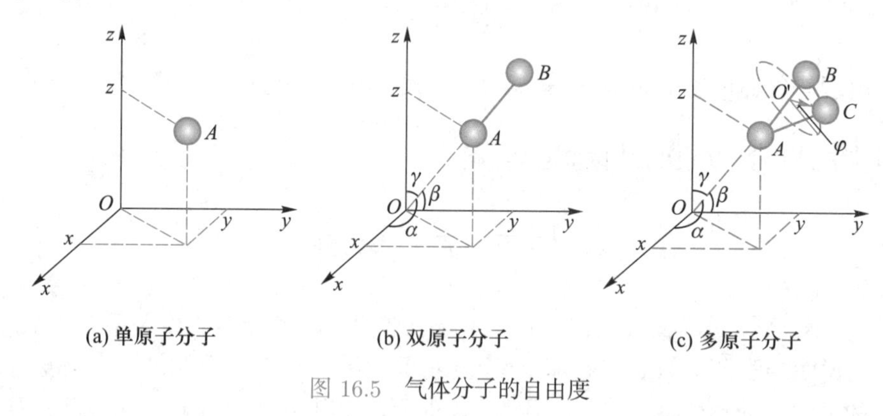

图 16.5 气体分子的自由度

对于双原子分子 (如氧、氢等分子) 而言, 它的两个原子由一化学键联系, 相当于一条直线段与两个质点相连. 只要其中的一个质点和直线段的位置确定, 则系统 (双原子分子) 的位置也就随之被确定. 而确定一个质点的位置需要三个独立平动坐标, 确定直线段的位置需要 α、β、γ 三个 (角) 转动坐标, 但它们之间存在如下关系:

$$\cos^2\alpha+\cos^2\beta+\cos^2\gamma=1$$

因而只有两个角坐标是独立的, 所以, **双原子分子有 5 个自由度, 其中 3 个为平动自由度, 2 个为转动自由度**, 即 $i=5$, 如图 16.5(b) 所示.

三原子分子 (如水蒸气、CO_2 等分子) 可以看成三个质点 (原子) 由三条直线段 (化学键) 相联系. 前已指出, 确定"两点""一线"需要 5 个独立坐标, 而"两点""一线"确定后, 第三个质点 (原子) 仍可绕确定下来的"一线"转动, 类似于质点绕定轴的转动, 因而仅需一个角坐标 φ 便可将其位置确定. 故**三原子分子共有 6 个自由度, 其中 3 个为平动自由度, 3 个为转动自由度**, 即 $i=6$ [参见图 16.5(c)].

三个以上原子组成的分子称为多原子分子, 其自由度与三原子分子的自由度相同. 因为其中三个原子的位置确定后, 其他原子的位置也就随之被确定了 (否则就不是刚性分子了). 故多原子分子的自由度与三原子分子的自由度相同.

16.3.2 能量均分定理

前已指出, 处于平衡态下的理想气体, 其分子的平均平动动能为

$$\overline{E}_{\mathrm{k}}=\frac{1}{2}m\overline{v^2}=\frac{3}{2}kT \tag{16.5}$$

且有

$$\overline{v_x^2}=\overline{v_y^2}=\overline{v_z^2}=\frac{1}{3}\overline{v^2} \quad 及 \quad \overline{v^2}=\overline{v_x^2}+\overline{v_y^2}+\overline{v_z^2} \tag{16.6}$$

综合式 (16.5)、式 (16.6) 可以得到

$$\frac{1}{2}m\overline{v_x^2}=\frac{1}{2}m\overline{v_y^2}=\frac{1}{2}m\overline{v_z^2}=\frac{1}{2}kT$$

即分子沿 x、y、z 三个坐标轴运动的平均平动动能相等. 由于这三个坐标轴对应着三个平动自由度, 因此, 可以认为, 气体分子的平动动能是按三个平动自由度平均分配的, 每一个自由度上的平均平动动能均为 $\frac{1}{2}kT$.

按照等概率假设, 当气体处于平衡态时, 其分子在任一自由度 (无论是平动, 还是转动) 上运动的概率均相同, 绝不会有任何一种运动特别占优势, 因而每一自由度上的平均动能均应相等. 也就是说, 在温度为 T 的平衡态下, 气体分子的每一个自由度都平均地分配有 $\frac{1}{2}kT$ 的动能. 这一结论称为能量按自由度均分定理, 简称为能量均分定理. 它对于固体、液体分子也同样成立.

根据能量均分定理, 只要知道了分子的自由度, 便可立即求出该分子的平均动能

$$\overline{E}_{\mathrm{k}}=\frac{1}{2}(t+r)kT=\frac{i}{2}kT \tag{16.7}$$

式中, t 代表分子的平动自由度, r 代表分子的转动自由度, $i=t+r$ 代表分子的总自由度.

能量均分定理是经典统计物理学的一个重要结论, 是对大量无规则热运动分子的统计平均结果. 对于气体中的个别分子来说, 某一时刻它的各种形式动能与总能量, 都可能与该定理所确定的平均值有差别, 每个自由度的能量也不一定都相等, 但是对大量分子来说, 由于分子无规则热运动和频繁的碰撞, 能量会在分子之间及自由度之间发生交换和转移, 能量分配得较多的自由度, 在碰撞中向其他自由度转移能量的概率就比较大, 于是, 能量就被按自由度平均地分配了.

16.3.3 理想气体的内能

组成气体的全部分子的动能和分子间相互作用能 (势能) 之和通常称为气体的内能, 又称热力学能. 对于理想气体而言, 由于分子间的相互作用可以忽略, 因此, 其内能仅为全部分子的平均动能之和.

我们知道, 1 mol 气体有 N_{A} 个分子, 所以 **1 mol 理想气体的内能**

$$E_{\mathrm{mol}} = N_{\mathrm{A}}\overline{E}_{\mathrm{k}} = N_{\mathrm{A}}\frac{i}{2}kT = \frac{i}{2}RT$$

若理想气体的质量为 m, 摩尔质量为 M, 则其内能

$$E = \frac{m}{M}\frac{i}{2}RT = \nu\frac{i}{2}RT \tag{16.8}$$

对于单原子分子理想气体, 其内能

$$E = \frac{3}{2}\nu RT$$

对于双原子分子理想气体, 其内能

$$E = \frac{5}{2}\nu RT$$

对于三原子或多原子分子理想气体, 其内能

$$E = 3\nu RT$$

式 (16.8) 表明, 理想气体的内能与分子的自由度 i 及气体的温度 T 有关. 对于给定的气体, 其内能则只与气体的温度有关. 如果气体的温度发生变化, 则其内能也要发生变化, 其关系为

$$\Delta E = \nu\frac{i}{2}R\Delta T \tag{16.9}$$

顺便指出, 式 (16.8) 是在不计振动的情况下得到的内能公式. 事实上, 当气体温度较高时, 分子的振动是不能忽略的. 这说明, 式 (16.8) 具有一定的局限性.

应该注意, 气体的内能与机械能不同: 机械能是指气体作为整体所具有的动能和势能之和, 其值可以为零; **而气体的内能则是指气体分子热运动所具有的动能和势能之和, 其值不能为零.**

例 16.3 求 100 g 氢气在温度为 25 ℃ 时的分子的平均动能以及氢气的内能.

解: 一般情况下的气体, 均可作理想气体近似处理. 由于氢气为双原子分子气体, 所以 $i = 5$. 由式 (16.7) 得分子的平均动能

$$\overline{E}_{\mathrm{k}} = \frac{i}{2}kT = \frac{5}{2}\times 1.38\times 10^{-23}\times 298\ \mathrm{J} = 1.03\times 10^{-20}\ \mathrm{J}$$

由式 (16.8) 得氢气的内能

$$E = \nu \frac{i}{2} RT = \frac{0.1}{2.0 \times 10^{-3}} \times \frac{5}{2} \times 8.31 \times 298 \text{ J} = 3.10 \times 10^5 \text{ J}$$

*16.4 玻耳兹曼分布律

由于气体分子间的频繁碰撞, 不断地交换能量, 因此, 单个分子的能量是十分偶然的, 无规的. 但是, 大量分子的能量的分布却是有规律的. 这一规律就是本节所要讨论的玻耳兹曼分布律. 它在近代科学技术中有着广泛的应用. 为了便于理解这一规律, 下面先介绍一个特例.

文档 玻耳兹曼

16.4.1 气体分子在重力场中的分布

在重力场中, 气体分子同时受到两种作用: 一是重力作用, 其效果是使气体分子趋向地面聚集; 二是分子热运动, 其效果是使气体分子趋向均匀分布于它们能到达的空间. 当这两种作用达到平衡时, 气体分子在空间将形成一种稳定的非均匀分布——气体的密度和压强随高度的增加而减小.

如图 16.6 所示, 设 R 为重力场中的一个气体小圆柱, 位于 $z \sim z+\mathrm{d}z$ 高度之间, 其底面积为 ΔS, 质量为 m. 由于重力的作用, 上、下两底面将会产生压强差 $\mathrm{d}p$, 其值为负 (即 $\mathrm{d}p = p_{上} - p_{下} < 0$), 其大小等于单位面积所受到的小圆柱的重力, 即

$$\mathrm{d}p = -\frac{mg}{\Delta S} = -\rho g \mathrm{d}z$$

式中, $\rho = \dfrac{m}{\Delta S \mathrm{d}z}$ 为气体密度. 由密度概念及理想气体的物态方程 $p = nkT$ 可得

$$\rho = nm_0 = \frac{m_0 p}{kT}$$

图 16.6 气体分子在重力场中的分布

式中, m_0 为单个分子的质量, n 为 z 高度处的分子数密度, 将之代入上式, 并加以整理, 得

$$\frac{\mathrm{d}p}{p} = -\frac{m_0 g}{kT} \mathrm{d}z$$

设地面 ($z_0 = 0$) 处的压强为 p_0, z 高度处的压强为 p, 积分上式, 得

$$\int_{p_0}^{p} \frac{\mathrm{d}p}{p} = \int_0^z -\frac{m_0 g}{kT} \mathrm{d}z$$

即

$$p = p_0 \mathrm{e}^{-\frac{m_0 g z}{kT}} \tag{16.10}$$

这就是重力场中，处于平衡态的气体压强的分布规律，又称等温气压公式．它说明，气体的压强随着高度的增加而按指数规律减小．

对上式两边取对数，整理后可得

$$z = \frac{RT}{Mg} \ln \frac{p_0}{p} \tag{16.11}$$

此即等温高度公式．它说明，只要我们知道了两处同等温度的气体压强比，便可利用上式来计算它们的相对高度差．高度计 (参见图 16.7) 就是以此为依据设计出来的．

图 16.7 高度计

例 16.4 一登山爱好者登上某一高山后测得其山顶气压为 8.08×10^4 Pa，温度为 27 ℃．假设此时山脚的气压为 1.01×10^5 Pa，温度亦为 27 ℃．求山的相对高度．

解：这是一道已知两地气压及温度，求它们的高差 (相对高度) 的问题，一般宜用等温高度公式来处理．

据式 (16.11) 可知，山的相对高度

$$\begin{aligned} z &= \frac{RT}{Mg} \ln \frac{p_0}{p} \\ &= \frac{8.31 \times 300}{29 \times 10^{-3} \times 9.8} \ln \frac{1.01 \times 10^5}{8.08 \times 10^4} \text{ m} \\ &\approx 2.0 \text{ km} \end{aligned}$$

设 $z_0 = 0$ 处的气体分子数密度为 n_0，由物态方程 $p = nkT$，$p_0 = n_0 kT$ 与式 (16.10) 联立求解则可得到

$$n = n_0 \mathrm{e}^{-\frac{m_0 g z}{kT}} \tag{16.12}$$

这便是气体分子数密度在重力场中的分布规律．它说明，处于平衡态的气体，在重力场中，其分子数密度随高度的增加而按指数规律减小，在温度相同的条件下，高度越大，单位体积中的分子数就越少．

16.4.2 玻耳兹曼分布律

我们知道，$m_0 g z$ 就是气体分子在重力场中的势能 E_p．于是，式 (16.12) 又可改写成

$$n = n_0 \mathrm{e}^{-\frac{E_\mathrm{p}}{kT}} \tag{16.13}$$

这就是气体分子按势能分布的规律, 它说明, 在一定温度下, 气体的分子数密度随分子势能按负指数函数的规律变化, 势能越大, 相应的分子数密度就越小. 这一结论还可推广到更为一般的情况.

设气体分子的能量 (包括动能和势能) 为 E_i, 可以证明 (过程较繁, 此处从略), 相应于这一能量的分子数密度

$$n_i = A\mathrm{e}^{-\frac{E_i}{kT}} \tag{16.14}$$

此即玻耳兹曼能量分布律, 常简称玻耳兹曼分布律. 式中, A 为待定常量, 其值由气体的温度、气体的总分子数以及气体分子本身的属性来决定; $\mathrm{e}^{-\frac{E_i}{kT}}$ 称为玻耳兹曼因子, 它是决定分子按能量分布的关键因素.

式 (16.14) 说明, 气体的分子数密度随分子能量的增加而按指数规律减少; 能量越大的分子, 其密度相应地就越小.

应该指出, 玻耳兹曼能量分布律是自然界中的一条普遍规律, 它对处于保守力场中的任何物质的粒子 (包括气体、液体、固体的分子、原子和电子等) 都是适用的. 例如, 在原子结构中, 电子优先占领低能级; 在重力场中, 粒子向低势能 (如地面) 处聚集. 凡此种种均可看成遵守玻耳兹曼分布律的结果. 后面我们将要介绍的激光原理, 也要用到它. 可见, 玻耳兹曼分布律的应用是非常广泛的.

16.5 麦克斯韦速率分布律

16.5.1 麦克斯韦速率分布律的内容

在讨论气体分子热运动的许多问题中, 有时往往需要知道气体分子是如何按速率 (而不是按能量) 分布的, 特别是在高度差变化不太大的重力场中. 由于分子速率与分子的能量密切相关, 因此, 分子按速率的分布与分子按能量的分布也是密切相关的.

文档 麦克斯韦速率分布律的初等证明

可以证明 (参见文档), 当气体分子处于平衡态时, 分布于 $v \sim v + \mathrm{d}v$ 区间的分子数 $\mathrm{d}N$ 与总分子数 N 之比

$$\frac{\mathrm{d}N}{N} = 4\pi \left(\frac{m_0}{2\pi kT}\right)^{\frac{3}{2}} \mathrm{e}^{-\frac{m_0 v^2}{2kT}} v^2 \mathrm{d}v \tag{16.15}$$

文档 葛正权

这一规律称为麦克斯韦速率分布律, 式中, m_0 为气体分子的质量, k 为玻耳兹曼常量, T 为气体的热力学温度. 麦克斯韦速率分布律的正确性最早 (1933 年) 由我国科学家葛正权 (参见文档及视频) 用实验方法所证实.

视频 葛正权

式 (16.15) 说明, 当气体处于某一平衡态时, 不管其分子运动多么复杂, 它们分布在某一速率 v 附近的分子数与总分子数的比率, 亦即气体分子出现在 $v \sim v+\mathrm{d}v$

速率区间的概率是确定的. 可见, 麦克斯韦分布是一种概率分布.

将式 (16.15) 稍作变换, 得

$$f(v)=\frac{\mathrm{d}N}{N\mathrm{d}v}=4\pi\left(\frac{m_0}{2\pi kT}\right)^{\frac{3}{2}}\mathrm{e}^{-\frac{m_0v^2}{2kT}}v^2 \tag{16.16}$$

从式 (16.16) 可以看出, 函数 $f(v)$ 代表着分布在速率 v 附近单位速率间隔内的分子数与总分子数的比率, 亦即气体分子按速率的分布情况, 故称为速率分布函数, 又称为概率密度.

由式 (16.16) 还可看出, 在温度相同的情况下, 气体分子的速率分布函数 $f(v)$ 与 v^2 成正比, 与 $\mathrm{e}^{\frac{m_0v^2}{2kT}}$ 成反比. 当 $v=0$ 时, $f(v)=0$; 在 v 不太大的区间内, $\mathrm{e}^{\frac{m_0v^2}{2kT}}$ 随 v 的增加比 v^2 随 v 的增加慢, 因此, $f(v)$ 随 v 的增加而增加. 但是在 v 大于某一数值 v_p 以后, 区域的情况则相反: $f(v)$ 随 v 的增加而减少. 若以 $f(v)$ 为纵坐标, v 为横坐标作图, 则 $f(v)$ 与 v 的关系将如图 16.8 的曲线所示. 此曲线称为速率分布曲线. 显然, 曲线下方的小窄条面积 $f(v)\mathrm{d}v$ 代表着速率分布在 $v\sim v+\mathrm{d}v$ 区间内的分子数与总分子数的比率 $\dfrac{\mathrm{d}N}{N}$, 亦即代表着分子速率出现在 $v\sim v+\mathrm{d}v$ 区间内的概率. 因此, 分布在 $v_1\sim v_2$ 区间内的分子数 ΔN 与总分子数 N 的比率 (亦即分子速率出现在 $v_1\sim v_2$ 区间的概率)

$$\frac{\Delta N}{N}=\int_{v_1}^{v_2}f(v)\mathrm{d}v$$

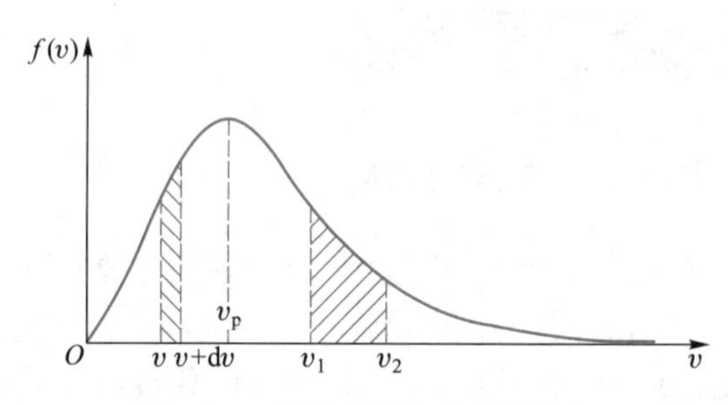

图 16.8 气体分子按速率的分布

其值与图 16.8 右方的阴影面积相等. 若将速率区间扩展成 $0\sim+\infty$, 则 $\displaystyle\int_0^{+\infty}f(v)\mathrm{d}v$ 便代表分布于整个速率区间的分子数 (亦即总分子数) 与总分子数的比率, 其值为 1, 即

$$\int_0^{+\infty}f(v)\mathrm{d}v=1$$

这一结论称为速率分布函数 (概率密度) 的归一化条件, 在统计物理及量子物理的计算中将经常使用它.

16.5.2 麦克斯韦速率分布律的应用

麦克斯韦速率分布律在统计物理学中起着极大的作用. 下面仅用它来处理三种统计速率的问题. 它们在讨论气体分子的运动规律中有着广泛的应用.

1. 最概然速率

出现概率最大的分子速率称为气体分子的最概然速率, 以 v_{p} 表示.

从图 16.8 可以看出, 最概然速率就是于分布曲线出现拐点处, 亦即使分布曲线斜率为零所对应的速率. 因而有

$$\frac{\mathrm{d}f(v)}{\mathrm{d}v}=0$$

将式 (16.16) 代入, 解得

$$v_{\mathrm{p}}=\sqrt{\frac{2kT}{m_0}}=1.41\sqrt{\frac{RT}{M}} \tag{16.17}$$

若将整个速率区间划分成若干个等宽的小区, 则分布在含有 v_{p} 小区的分子数与总分子数的比率要比其他任何一个小区所分布的分子数与总分子数的比率都大, 或者说, 分子出现在 v_{p} 附近的概率最大, 这就是 v_{p} 的物理意义.

式 (16.17) 说明, 最概然速率 v_{p} 与 $\sqrt{T}$ 成正比, 与 $\sqrt{M}$ 成反比. 对于同种气体 (M 相同), 温度越高, 则分子的最概然速率 v_{p} 就越大, 分布曲线的图形就越扁平 (因为任何一条分布曲线下方所围面积均相等, 其值为 1), 如图 16.9(a) 所示; 对于非同种气体, 在温度相同的情况下, 摩尔质量越大, 则其最概然速率 v_{p} 之值就越小, 分布曲线的图形就越陡峭, 如图 16.9(b) 所示. 可见, 最概然速率 v_{p} 对分子按速率的分布有着决定的作用.

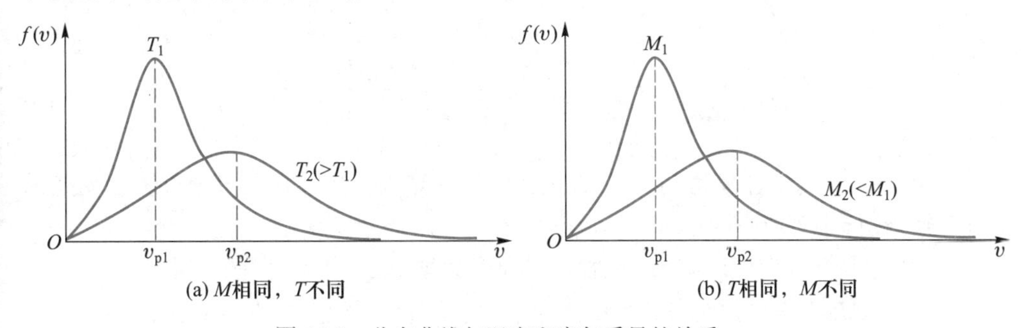

图 16.9 分布曲线与温度和摩尔质量的关系

2. 平均速率

大量气体分子速率的统计平均值称为气体分子的平均速率, 以 $\bar{v}$ 表示. 由于气体分子的速率是连续分布的, 所以 $\bar{v}$ 应用积分来计算, 即

$$\bar{v}=\int_0^{+\infty}vf(v)\mathrm{d}v$$

将式 (16.16) 代入上式, 并注意到积分公式

$$\int_0^{+\infty} x^3 \mathrm{e}^{-x^2} \mathrm{d}x = \frac{1}{2}$$

则可得到

$$\bar{v} = \sqrt{\frac{8kT}{\pi m_0}} = 1.60\sqrt{\frac{RT}{M}} \tag{16.18}$$

此式说明, 气体分子的平均速率 $\bar{v}$ 亦与 $\sqrt{T}$ 成正比, 与 $\sqrt{M}$ 成反比, 它在讨论气体的输运中有着重要的作用.

3. 方均根速率

大量气体分子速率平方平均值的平方根称为气体分子的方均根速率, 以 $\sqrt{\overline{v^2}}$ 表示, 其值可通过对 $\overline{v^2}$ 的开方来求得. 据定义

$$\overline{v^2} = \int_0^{+\infty} v^2 f(v) \mathrm{d}v$$

将式 (16.16) 代入上式, 并注意到积分公式

$$\int_0^{+\infty} x^4 \mathrm{e}^{-x^2} \mathrm{d}x = \frac{3}{8}\sqrt{\pi}$$

则得

$$\overline{v^2} = \frac{3kT}{m_0}$$

故

$$\sqrt{\overline{v^2}} = \sqrt{\frac{3kT}{m_0}} = 1.73\sqrt{\frac{RT}{M}} \tag{16.19}$$

可见, 方均根速率也与 $\sqrt{T}$ 成正比, 与 $\sqrt{M}$ 成反比, 它在讨论分子运动能量的统计规律中有着重要的应用.

从以上的讨论可以看出, 不管是最概然速率, 还是平均速率, 或者是方均根速率, 都与 $\sqrt{T}$ 成正比, 与 $\sqrt{m_0}$ 或 $\sqrt{M}$ 成反比. 在相同条件 (同 T, 同 M) 下, $\sqrt{\overline{v^2}}$ 之值最大, $\bar{v}$ 之值次之, v_{p} 之值最小, 它们的比值为 $\sqrt{\overline{v^2}} : \bar{v} : v_{\mathrm{p}} = 1.73 : 1.60 : 1.41$.

例 16.5 求温度为 27 ℃ 时的氧气分子的最概然速率、平均速率及方均根速率. (已知氧气的摩尔质量为 $3.20 \times 10^{-2}\ \mathrm{kg \cdot mol^{-1}}$.)

解: 本例中已知气体的温度及摩尔质量, 求其三种统计速率. 由于三种速率都具有一个共同的因子 $\sqrt{\dfrac{RT}{M}}$. 因此, 本例求解可先从公共因子的计算入手.

据题意

$$\sqrt{\frac{RT}{M}}=\sqrt{\frac{8.31\times300}{3.20\times10^{-2}}}\mathrm{m\cdot s^{-1}}=2.79\times10^{2}\ \mathrm{m\cdot s^{-1}}$$

将之代入式 (16.17), 得氧气分子的最概然速率

$$v_{\mathrm{p}}=1.41\sqrt{\frac{RT}{M}}=1.41\times2.79\times10^{2}\ \mathrm{m\cdot s^{-1}}=3.93\times10^{2}\ \mathrm{m\cdot s^{-1}}$$

代入式 (16.18), 得氧气分子的平均速率

$$\bar{v}=1.60\sqrt{\frac{RT}{M}}=1.60\times2.79\times10^{2}\ \mathrm{m\cdot s^{-1}}=4.46\times10^{2}\ \mathrm{m\cdot s^{-1}}$$

代入式 (16.19), 得氧气分子的方均根速率

$$\sqrt{\overline{v^2}}=1.73\sqrt{\frac{RT}{M}}=1.73\times2.79\times10^{2}\ \mathrm{m\cdot s^{-1}}=4.83\times10^{2}\ \mathrm{m\cdot s^{-1}}$$

16.6 气体分子的平均碰撞频率和平均自由程

16.6.1 气体分子热运动的图像

据式 (16.18) 可以算出, 气体分子在常温下将以几百米每秒的平均速率运动. 而经验告诉我们, 打开香水瓶后, 香气要经过几秒甚至几十秒时间才传过几米的距离. 为了解释这种现象, 克劳修斯首先提出分子碰撞的概念. 他指出: 虽然气体分子的速率很大, 但前进中的分子必与其他分子发生频繁碰撞, 每碰一次, 运动方向就改变一次, 使得分子所走的路径十分迂回曲折 (参见图 16.10), 致使它从一处移到另一处需要较长的时间.

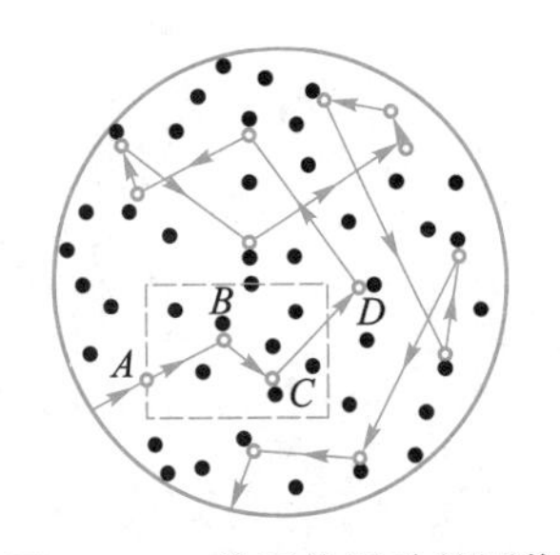

图 16.10 分子热运动的图像

动画 气体分子热运动的图像

顺便指出, 气体分子的碰撞与力学中质点的碰撞不同, 它不是分子间的直接接触, 而是两个分子相互接近到极限 (最小) 距离后由于相互间的斥力作用而迅速分离的过程. 碰撞时, 两个分子质心距离的平均值称为分子的有效直径, 用 d 表示. 实验表明, 分子有效直径的数量级为 10^{-10} m.

16.6.2 气体分子的平均碰撞频率与平均自由程

前已说明, 气体分子的碰撞是十分频繁的. 通常将分子在单位时间内与其他分子的碰撞次数称为碰撞频率, 其平均值称为平均碰撞频率, 以 $\bar{f}$ 表示; 将分子

在相邻两次碰撞间的直线距离 (路程) 称为分子的自由程，其平均值称为平均自由程，以 $\bar{\lambda}$ 表示.

由运动学规律可知，在 Δt 时间内，分子的平均碰撞次数为 $\bar{f}\Delta t$；走过的平均距离为 $\bar{v}\Delta t$ ($\bar{v}$ 为分子的平均速率)，所以每一次碰撞所走过的平均路程 (平均自由程)

$$\bar{\lambda} = \frac{\bar{v}\Delta t}{\bar{f}\Delta t} = \frac{\bar{v}}{\bar{f}} \tag{16.20}$$

下面探讨 $\bar{f}$ 和 $\bar{\lambda}$ 的具体规律.

如图 16.11 所示，设一有效直径为 d 的分子 a，由于与其他分子 (假设它们都是静止的，且有效直径也为 d) 发生碰撞，在 Δt 时间内，其质心由 A 曲折地运动到了 D，其轨迹 (即折射线 $ABCD$) 长度为 $\bar{v}\Delta t$. 若以折射线 $ABCD$ 为轴，以 d 为半径作一曲折圆柱体，则在 Δt 时间内，凡质心处于圆柱体内的分子均会与 a 相碰. 容易算出，上述圆柱体内的分子数为 $n\Delta V = n\pi d^2\bar{v}\Delta t$ (式中，n 为分子数密度). 于是，单位时间内与分子 a 相碰的分子数的平均值，亦即平均碰撞频率

$$\bar{f} = \frac{n\Delta V}{\Delta t} = n\pi d^2\bar{v} = n\sigma\bar{v}$$

式中，$\sigma = \pi d^2$ 称为碰撞截面，它在近代物理学中有着广泛的应用.

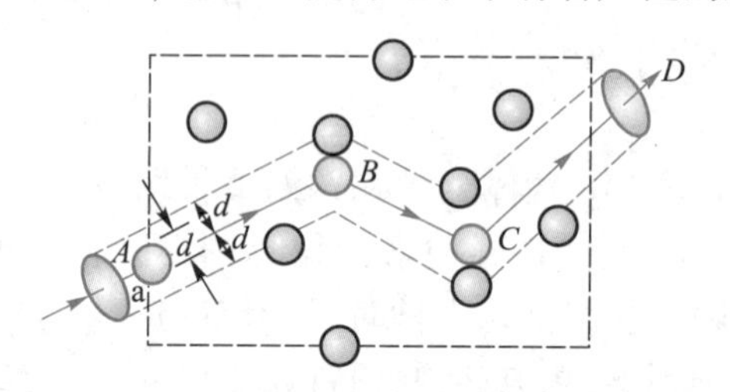

图 16.11 分子在曲折圆柱体中的碰撞

文档 $\bar{u}=\sqrt{2}\bar{v}$ 的证明

实际上，除 a 分子外，其他分子也在运动，因此，上式中的平均速率 $\bar{v}$ 应用相对平均速率 $\bar{u}$ 来代替. 可以证明 (参见文档)，$\bar{u} = \sqrt{2}\bar{v}$. 于是上式应修正为

$$\bar{f} = \sqrt{2}n\pi d^2\bar{v} = \sqrt{2}n\sigma\bar{v} \tag{16.21}$$

以此代入式 (16.20)，得

文档 布朗运动及其应用

$$\bar{\lambda} = \frac{\bar{v}}{\bar{f}} = \frac{1}{\sqrt{2}n\pi d^2} = \frac{1}{\sqrt{2}n\sigma} \tag{16.22}$$

注意到物态方程的另一形式 $p = nkT$，则上式又可表示为

$$\bar{\lambda} = \frac{kT}{\sqrt{2}\pi d^2 p} = \frac{kT}{\sqrt{2}\sigma p} \tag{16.23}$$

式 (16.23) 表明, 当温度一定时, 分子的平均自由程与气体的压强成反比: 压强越低, 分子的平均自由程就越大, 此时分子的平均碰撞频率就越小. 在生产技术和科学研究中, 有时为了减少外界因素的影响 (如减少与外界的能量交换), 需将容器抽成真空①, 以减少分子数密度及平均碰撞频率, 增加分子的平均自由程. 例如, 工业生产中为了使保温瓶 (杜瓦瓶) 保温, 常将瓶胆做成极薄的夹壁状 (壁间距离约为 0.2 cm), 并将夹壁抽成真空, 使壁内压强降到 1 Pa 左右. 这时, 壁内分子的平均自由程理论上为 0.4 cm 左右 (实际为壁间距离 0.2 cm), 平均碰撞频率约为标准状况下的十万分之一 (分子通过与瓶胆内壁碰撞吸收热量, 再通过与瓶胆外壁碰撞放出热量), 从而可极大地降低保温瓶中的热量损失, 达到保温目的.

例 **16.6** 计算氧气在标准状态下的分子平均碰撞频率和平均自由程. (设分子有效直径为 $d = 2.9 \times 10^{-10}$ m.)

解: 由式 (16.18) 可以算出, 氧气分子在标准状况下的平均速率

$$\bar{v} = 1.60\sqrt{\frac{RT}{M}} = 1.60\sqrt{\frac{8.31 \times 273}{3.2 \times 10^{-2}}}\ \mathrm{m \cdot s^{-1}} = 426\ \mathrm{m \cdot s^{-1}}$$

由物态方程 $p = nkT$ 可以算出, 标准状况下的分子数密度

$$n = \frac{p}{kT} = \frac{1.013 \times 10^5}{1.38 \times 10^{-23} \times 273}\ \mathrm{m^{-3}} = 2.69 \times 10^{25}\ \mathrm{m^{-3}}$$

由式 (16.21) 可以算出, 分子的平均碰撞频率

$$\begin{aligned}\bar{f} &= \sqrt{2}\pi d^2 n\bar{v} = 1.41 \times 3.14 \times (2.9 \times 10^{-10})^2 \times 2.69 \times 10^{25} \times 426\ \mathrm{s^{-1}} \\ &= 4.27 \times 10^9\ \mathrm{s^{-1}}\end{aligned}$$

由式 (16.22) 可以算出, 分子的平均自由程

$$\bar{\lambda} = \frac{\bar{v}}{\bar{f}} = \frac{426}{4.27 \times 10^9}\ \mathrm{m} = 9.98 \times 10^{-8}\ \mathrm{m}$$

*16.7 气体内部的输运现象

如果气体内部各部分的流速、温度或密度不相等, 这时, 气体将处于非平衡态. 但通过分子的不断碰撞, 气体内部发生动量、能量或质量的交换 (迁移), 又会使气体自发地过渡到平衡态. 这样的现象称为气体内部的输运现象, 又称气体内部的迁移.

① 真空是一个内容十分丰富的概念 (见: 廖耀发, 秦伯念. 真空是什么 [J]. 百科知识, 1987, 2). 物理学及工程技术中的真空通常是指一种分子数密度低于 1 个标准大气压 (760 Torr, 1 Torr = 133.322 Pa, 现已不推荐使用) 的气体状态, 由于分子数密度不易测量, 所以真空程度 (真空度) 常用压强的大小来表示, 分为粗真空 (760 ~ 10 Torr)、低真空 ($10 \sim 10^{-1}$ Torr)、高真空 ($10^{-3} \sim 10^{-7}$ Torr)、超高真空 ($10^{-7} \sim 10^{-11}$ Torr) 和极高真空 ($< 10^{-11}$ Torr) 五类.

气体内部的输运现象主要有三种形式: 一是黏性 (内摩擦), 二是热传导, 三是扩散. 在实际进行的过程中, 三种现象往往是同时发生的. 但为了研究的方便, 下面将它们分开来讨论.

16.7.1 黏性现象

通过第六章的学习我们知道, 如果气体中各层的流速不等, 即当一层气体相对于另一层气体有相对运动时, 则相邻两层气体的接触面上便会出现等值反向的相互作用力 (这种力称为黏性力, 又称内摩擦力, 用 F_f 表示), 使得流动速度较快的气层变慢, 流动速度较慢的气层变快, 这样的特性称为气体的黏性, 这样的现象称为气体的黏性现象, 又称气体的内摩擦现象. 煤气管道中煤气的运动就会发生这样的现象.

如图 16.12 所示, 设气体沿着 y 轴正方向流动, 由于黏性力的存在, 平行于 y 轴方向的各层气体的流速并不相同, 它们将随着离开 y 轴的距离 z 的增加而增加. 设经过 $\mathrm{d}z$ 的距离时, 速度的增量为 $\mathrm{d}v$. 我们将单位距离的速度增量, 即 $\dfrac{\mathrm{d}v}{\mathrm{d}z}$ 称为速度梯度. 实验指出, 相邻两层气体之间的黏性力 F_f 的大小, 与两层气体分界面处的速度梯度 $\dfrac{\mathrm{d}v}{\mathrm{d}z}$ 和分界面的面积 ΔS 的乘积成正比, 即

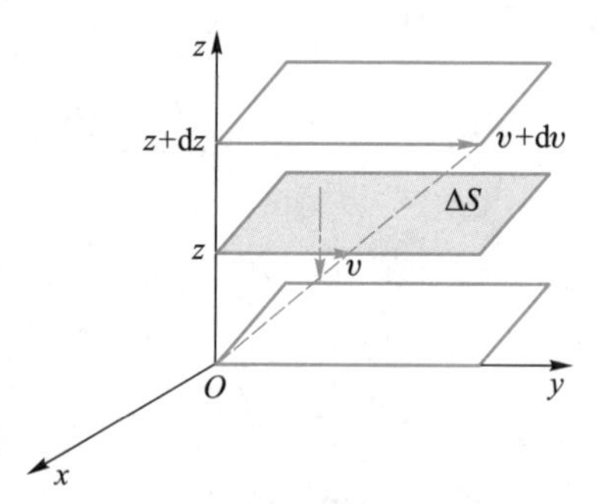

图 16.12 速度梯度与动量迁移

$$F_\mathrm{f} = -\eta\frac{\mathrm{d}v}{\mathrm{d}z}\Delta S \tag{16.24}$$

式中, 比例系数 η 称为黏性系数, 亦称黏度.

应用气体动理论可以导出 (过程较繁, 故从略), 气体的黏度

$$\eta = \frac{1}{3}\rho\bar{v}\bar{\lambda} \tag{16.25}$$

其单位为 $\mathrm{Pa\cdot s}$, 其大小既可用公式中的气体密度 ρ、平均速率 $\bar{v}$ 及平均自由程 $\bar{\lambda}$ 来计算, 也可用实验来测量, 在误差允许范围内, 二者大小一致. 这就间接地从实验上证明了气体动理论是正确的.

式 (16.24) 又称牛顿黏性定律. 式中, 负号表示速度大的流层界面的黏性力的方向与流速相反, 速度小的流层界面的黏性力方向与流速相同.

16.7.2 热传导现象

气体内部各部分之间因温度不均匀而发生的热量[①] 自动从高温部分向低温部

① 热量的概念请参见本书第十七章.

分传递的现象称为热传导 (又称热传递). 温度不同的两部分同种气体, 中间通过导热板相接触, 其后两部分气体的温度达到相同. 这中间所发生的现象就是热传导.

如图 16.13 所示, 设气体温度沿 z 轴方向逐渐升高, 相差 $\mathrm{d}z$ 远处两层气体的温差为 $\mathrm{d}T$, 我们将 z 轴方向上单位距离的温差 $\dfrac{\mathrm{d}T}{\mathrm{d}z}$ 称为温度梯度. 实验表明, 单位时间内通过两层温度不同的气体分界面的热量 (称热流量) $\dfrac{\mathrm{d}Q}{\mathrm{d}t}$ 与温度梯度 $\dfrac{\mathrm{d}T}{\mathrm{d}z}$ 及分界面的面积 ΔS 成正比, 即

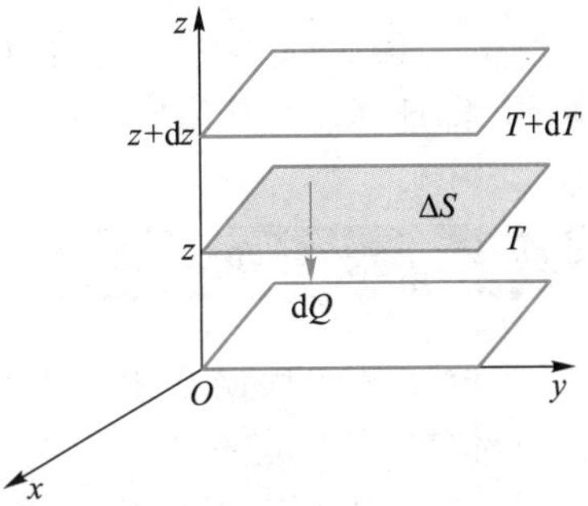

$$\frac{\mathrm{d}Q}{\mathrm{d}t}=-\kappa\frac{\mathrm{d}T}{\mathrm{d}z}\Delta S \tag{16.26}$$

图 16.13 温度梯度与热量迁移

式中, 比例系数 κ 称为导热系数, 亦称热导率. 从气体动理论可以导出

$$\kappa=\frac{1}{3}\frac{C_{V,\mathrm{m}}}{M}\rho\bar{v}\bar{\lambda} \tag{16.27}$$

式中, $C_{V,\mathrm{m}}$ 为摩尔定容热容 (参见 17.2.1), ρ 为质量密度, $\bar{v}$ 为平均速率, $\bar{\lambda}$ 为平均自由程.

式 (16.26) 称为傅里叶热传导定律, 式中, 负号表示热流方向与温度梯度方向相反: 从高温部分流向低温部分.

16.7.3 扩散现象

如果气体各部分的密度不相等, 则气体分子会自动地从密度较高的部分向密度较低的部分迁移, 这样的现象称为扩散现象. 例如, 打开置于房间的香水瓶盖后, 整个房间均会闻到香水的气味, 这就是一种扩散现象. 本书只讨论单纯扩散, 即这种扩散仅仅是由于气体密度不同而引起的.

如图 16.14 所示, 设气体密度 ρ 沿 z 轴正方向减小, 在 $\mathrm{d}z$ 的距离上, 其减少量为 $\mathrm{d}\rho$, 则单位距离上的密度减小量 $\dfrac{\mathrm{d}\rho}{\mathrm{d}z}$ 便称为密度梯度. 实验表明, 在 $\mathrm{d}t$ 时间内, 气体从密度较大的一侧通过分界面向密度较小的一侧迁移的质量为 $\mathrm{d}m$, 则单位时间内通过分界面 ΔS 的质量 $\dfrac{\mathrm{d}m}{\mathrm{d}t}$ 与 $\dfrac{\mathrm{d}\rho}{\mathrm{d}z}$ 及 ΔS 的乘积成正比, 即

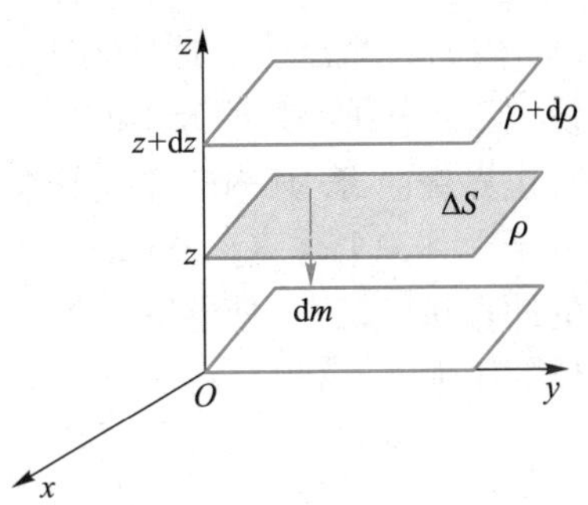

图 16.14 密度梯度与质量迁移

$$\frac{\mathrm{d}m}{\mathrm{d}t}=-D\frac{\mathrm{d}\rho}{\mathrm{d}z}\Delta S \tag{16.28}$$

式中, 比例系数 D 称为扩散系数. 应用气体动理论可以导出, 扩散系数

$$D = \frac{1}{3}\bar{v}\bar{\lambda} \tag{16.29}$$

式 (16.28) 称为菲克定律. 式中, 负号表示质量的迁移方向与密度梯度方向相同, 即迁移总是从密度大的地方向密度小的地方进行.

*16.8 范德瓦耳斯方程

文档 范德瓦耳斯

理想气体的物态方程是热学中的重要方程, 对处理压强不太高, 温度不太低的气体的热学问题有着重要的作用. 但实际气体所处的情况往往与上述条件有所差异, 因而用理想气体的物态方程来处理它们时便会出现较大的偏差.

范德瓦耳斯 (参见文档) 认为, 之所以会出现这种情况, 其主要原因是理想气体的模型过于简单, 它忽略了两个极为重要的因素: 一是分子本身的体积, 二是分子间的相互作用力. 因此, 要想使偏差得到纠正, 必须先从气体模型的修正入手.

1. 体积因素的修正

范德瓦耳斯用 b 来表示 1 mol 气体由于分子本身体积的存在而引起气体分子活动空间的减少, 这时, 1 mol 气体的物态方程应修正为

$$p(V_{\mathrm{m}} - b) = RT$$

b 的大小由实验确定 (参见表 16.1).

2. 分子力因素的修正

分子间存在的相互作用力 (引力和斥力) 称为分子力, 用 F 表示, 其作用随分子 (中心) 间距 r 的变化而变化, 如图 16.15 所示. 图中, r_0 为平衡位置 (分子力 $F = 0$ 的位置) 的距离. 当两分子的间距 $r < r_0$ 时, 分子力主要表现为斥力; 当 $r > r_0$ 时, 分子力主要表现为引力, 且随着 r 的增大而很快地趋近于零. 这就是说, 分子间的作用存在一定的距离 R_0, 超过了这距离, 分子力的作用就不存在了. 换言之, 任何一个分子都存在一个以 R_0 为半径的"作用球", 只有处于这一"作用球"内的其他分子才能对该分子产生引力作用. 因此, 对于处于容器内部的分子来说, 它所受到的其他分子的引力是球对称的, 其合力为零; 但对于相距器壁为 R_0 的边界层而言, 其内的"作用球"将会发生"对称破缺" (参见图 16.16), 致使层内分子受到一个垂直于器壁, 且指向容器内部的引力 (拉力) 作用, 导致分子对器壁的冲量相应减少, 使器壁受到的压强 (亦即气体的压强) 要相应减少 Δp. 这时, 气体的压强

$$p = \frac{RT}{V_{\mathrm{m}} - b} - \Delta p$$

式中, Δp 称为气体的内压强. 其值既与边界层内的分子数密度 n 有关, 也与边界

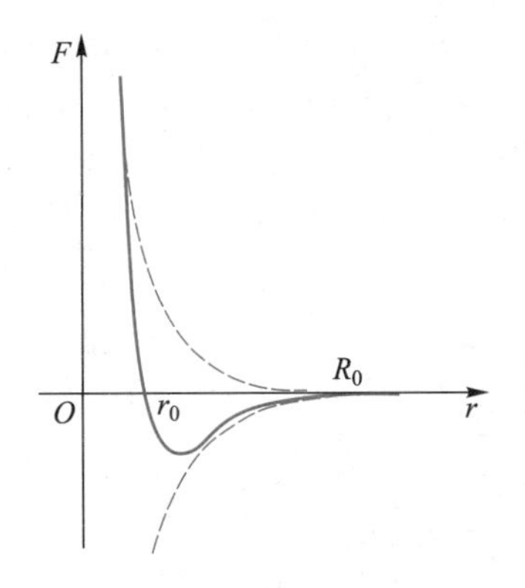

图 16.15 分子力随分子间距的变化

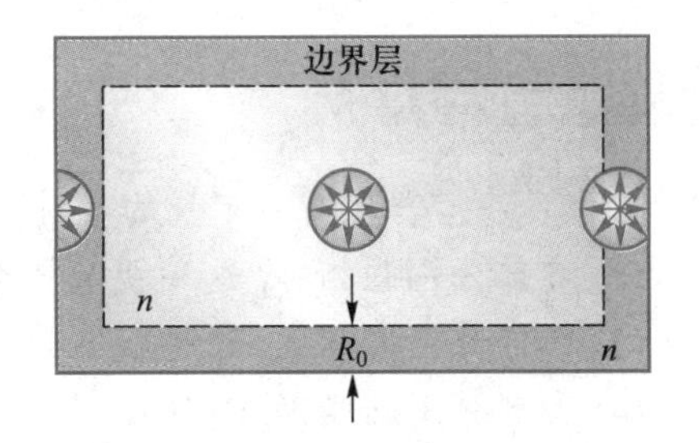

图 16.16 边界层中对称作用球的破缺

层外的分子数密度 n 有关, 亦即与摩尔体积 V_{m} 有关, 即

$$\Delta p \propto n^2 \propto \frac{1}{V_{\mathrm{m}}^2} \quad 或 \quad \Delta p = \frac{a}{V_{\mathrm{m}}^2}$$

式中, a 为比例系数, 其值由实验确定. 于是, 气体对容器的压强应修正为

$$p = \frac{RT}{V_{\mathrm{m}} - b} - \Delta p = \frac{RT}{V_{\mathrm{m}} - b} - \frac{a}{V_{\mathrm{m}}^2}$$

对于 1 mol 的实际气体, 其范德瓦耳斯方程为

$$\left(p + \frac{a}{V_{\mathrm{m}}^2}\right)(V_{\mathrm{m}} - b) = RT \tag{16.30}$$

对于物质的量为 ν 的实际气体, 其体积 $V = \nu V_{\mathrm{m}}$, 其范德瓦耳斯方程为

$$\left(p + \nu^2 \frac{a}{V^2}\right)(V - \nu b) = \nu RT \tag{16.31}$$

范德瓦耳斯方程中的 a、b 又称为范德瓦耳斯修正量, 其大小均与气体的性质有关. 部分气体的 a、b 值如表 16.1 所示.

表 16.1 范德瓦耳斯修正量 a 和 b 的实验值

气体	$a/(\mathrm{Pa \cdot m^6 \cdot mol^{-2}})$	$b/(10^{-3}\mathrm{m^3 \cdot mol^{-1}})$
氦	0.003 4	0.024
氢	0.024 8	0.027
氩	0.135 8	0.032
氮	0.140 8	0.039
氧	0.137 8	0.032
水蒸气	0.553 2	0.030
二氧化碳	0.363 8	0.043

经过模型修正后得出的范德瓦耳斯方程, 较之理想气体的物态方程能更好地

反映出实际气体的性质和行为. 范德瓦耳斯因为这一出色工作而获得了 1910 年诺贝尔物理学奖.

思考题与习题

16.1 一容器盛有一定量的某种理想气体. 若

(1) 各部分压强相等, 这种状态是否为平衡态?

(2) 各部分温度相同, 这种状态是否为平衡态?

(3) 各部分压强相等, 密度相同, 这种状态是否为平衡态?

16.2 解释下列现象:

(1) 自行车内胎会晒爆;

(2) 热水瓶的塞子有时会自动跳出.

16.3 统计规律与力学规律有什么不同? 统计规律存在的前提条件是什么?

16.4 若容器中只有少数几个分子, 能否用 $\overline{E}_{\mathrm{k}}=\dfrac{i}{2}kT$ 来计算它们的平均动能? 为什么?

16.5 当气体处于非平衡态或考虑重力影响时, $\overline{v_x^2}=\overline{v_y^2}=\overline{v_z^2}=\dfrac{1}{3}\overline{v^2}$ 是否仍成立? 为什么?

16.6 定性描绘下列两种情况下理想气体的速率分布曲线图:

(1) 两种理想气体处于同一平衡态, 其中一种气体的分子质量是另一种气体分子质量的 2 倍;

(2) 同种理想气体由平衡态 Ⅰ(p_1,V_1) 变化到平衡态 Ⅱ$(2p_1,V_1)$.

16.7 已知 $f(v)$ 是速率分布函数. 说明下列各式的物理意义:

(1) $nf(v)\mathrm{d}v$;

(2) $\displaystyle\int_0^{v_{\mathrm{p}}} f(v)\mathrm{d}v$;

(3) $\displaystyle\int_0^{+\infty} v^2 f(v)\mathrm{d}v$.

16.8 一刚性密闭容器内盛理想气体, 加热后其压强提高到原来的 2 倍, 则 (　　).

A. 气体的温度和分子数密度均提高到原来的 2 倍

B. 气体的温度提高到原来的 2 倍, 但分子数密度不变

C. 气体的温度不变, 但分子数密度提高到原来的 2 倍

D. 气体的温度和分子数密度均不变

16.9 已知某气体的速率分布曲线如图所示, 且曲线下方 A、B 两部分面积相等, 则 v_0 表示 (　　).

A. 最概然速率

B. 平均速率

C. 方均根速率

D. 大于或小于该速率的分子各占一半

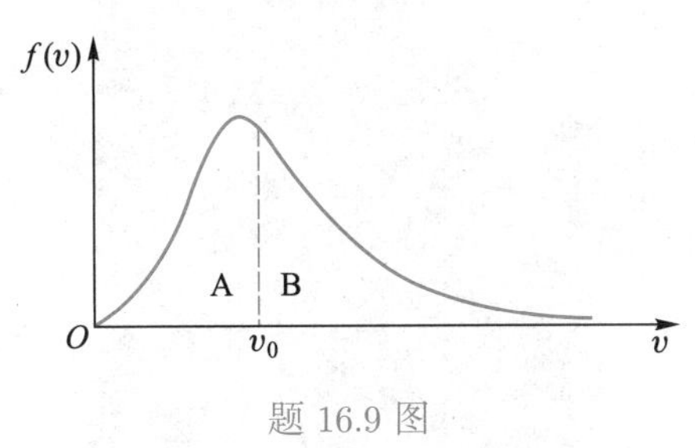

题 16.9 图

16.10 若两种理想气体的温度相等, 则其能量关系为 (　　).

A. 内能必然相等　　　　B. 分子的平均总能量必然相等

C. 分子的平均动能必然相等　　　　D. 分子的平均平动动能必然相等

16.11 当压强不变时, 气体分子的平均碰撞频率 $\bar{f}$ 与气体的热力学温度 T 的关系为 (　　).

A. $\bar{f}$ 与 T 无关　　　　B. $\bar{f}$ 与 $\sqrt{T}$ 成正比

C. $\bar{f}$ 与 $\sqrt{T}$ 成反比　　　　D. $\bar{f}$ 与 T 成正比

16.12 若盛气体的容器固定, 则当理想气体分子速率提高到原来的 2 倍时, 气体的温度将提高到原来的_____ 倍, 压强将提高到原来的_____ 倍.

16.13 某气体分子的速率分布曲线如图所示, 其中 v_{p} 为最概然速率, n_{p} 为处于 $v_{\mathrm{p}} \sim v_{\mathrm{p}} + \Delta v$ 速率区间的分子数占总分子数的百分比. 若气体温度升高, 则 v_{p}________, n_{p}________.

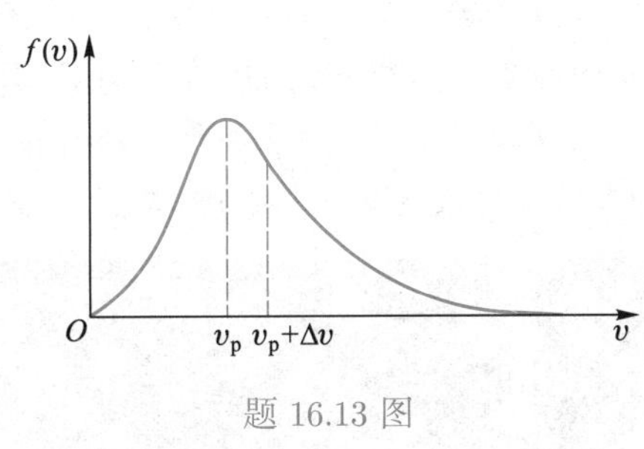

题 16.13 图

*　　　*　　　*

16.14 标准状况条件 ($p_0 = 1.013 \times 10^5$ Pa, $T_0 = 273.15$ K) 下的气体分子数密度 n_0 称为洛施密特常量, 求其值.

16.15 如图所示, 一医用氧气瓶的容积是 32 L, 其中氧气的压强是 1.3×10^7 Pa. 规定瓶内氧气压强降到 1.0×10^6 Pa 时就得充气, 以免混入其他气体而需洗瓶. 今有一玻璃室, 每天需用 1.0×10^5 Pa 氧气 400 L, 问一瓶氧气能用几天?

题 16.15 图

16.16 设一刚性容器储存的氧气质量为 0.1 kg, 压强为 1.013×10^5 Pa, 温度为 47 ℃. 问:

(1) 此时容器的容积为多少?

(2) 若将氧气的温度降至 27 ℃, 这时气体的压强又为多少?

16.17 求 320 g 氧气在温度为 27 ℃ 时的分子的平均动能以及氧气的内能.

16.18 储有氧气的容器以速率 $v = 100\ \mathrm{m \cdot s^{-1}}$ 运动. 若该容器突然停止, 且全部定向运动的动能均转化为分子热运动的动能, 求容器中氧气温度的变化值.

16.19 一质量为 16.0 g 的氧气, 温度为 27.0 ℃, 求其分子的平均平动动能、平均转动动能以及气体的内能. 若温度上升到 127.0 ℃, 气体的内能变化为多少?

16.20 珠穆朗玛峰海拔 8848.86 m (2020 年测得数据), 为世界第一高峰. 山顶终年积雪 (参见题图), 气候变化万千, 为无数世人所神往. 设某登山爱好者测得当时山顶的气温为 −23 ℃, 略去温度变化的影响, 求此时山顶的气压.

题 16.20 图

16.21 设有 N 个假想的分子, 其速率分布如图所示, 当 $v > 2v_0$ 时, 分子数为零, 求:

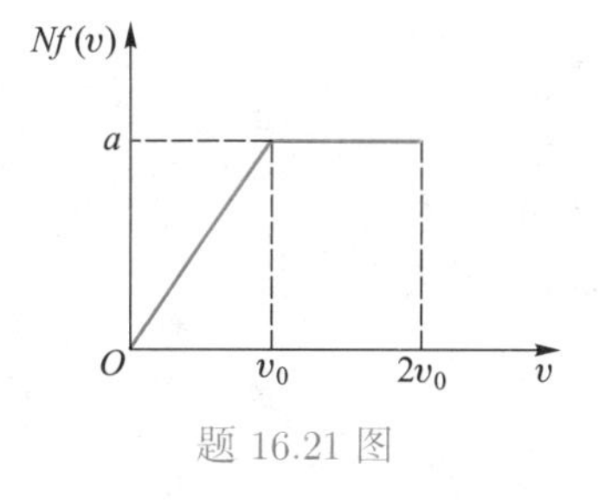

题 16.21 图

(1) a 的大小;

(2) 速率在 $1.5v_0 \sim 2.0v_0$ 之间的分子数;

(3) 分子的平均速率. (N、v_0 为已知.)

16.22 氧气在某一温度下的最概然速率为 500 $\mathrm{m \cdot s^{-1}}$. 求同温度下氢气的最概然速率以及氧气在同温度下的方均根速率与平均速率.

16.23 若对一容器中的气体进行压缩, 并同时对它加热, 当气体温度从 27 ℃ 上升到 177.0 ℃ 时, 其体积减小了一半, 求:

文档 第16章章末问答

(1) 气体压强的变化;

(2) 分子的平均平动动能和方均根速率的变化.

16.24 某容器储有氧气, 其压强为 1.013×10^5 Pa, 温度为 27.0 ℃, 求:

动画 第16章章末小试

(1) 分子的 v_p、$\bar{v}$ 及 $\sqrt{\overline{v^2}}$;

(2) 分子的平均平动动能 $\overline{E}_\mathrm{k}$.

16.25 当容器中的氧气温度为 17.0 ℃ 时, 其分子的平均自由程 $\bar{\lambda} = 9.46 \times 10^{-8}$ m. 若在温度不变的情况下对该容器抽气, 使压强降到原来的 $\dfrac{1}{1\,000}$, 问此时氧气分子的平均自由程 $\bar{\lambda}$ 及平均碰撞频率 $\bar{f}$ 将如何变化? 其值为多少?

第 16 章习题答案

16.26 氮气在标准状况下的扩散系数为 $1.9 \times 10^{-5} \mathrm{m^2 \cdot s^{-1}}$, 求氮气分子的平均自由程和分子的有效直径.

16.27 计算氧气在标准状况下的分子平均碰撞频率和平均自由程. (设分子有效直径 $d = 2.9 \times 10^{-10}$ m.)

五代航发

第十七章

热力学第一定律

热力学第一定律是条实验规律, 它以实验事实为依据, 从能量的观点出发研究系统 (大量气体分子的集合) 状态发生变化时的能量转化规律, 其结论具有极大的可靠性与普遍性.

本章主要讨论热力学第一定律的内容及其在一些典型过程中的应用, 要侧重掌握热力学第一定律, 能熟练地分析、计算气体在各种等值过程和绝热过程中的功、热量及内能的改变量; 掌握循环及卡诺循环的概念, 能熟练地分析、计算循环与卡诺循环的效率; 理解内能、功、热量、热容与比热容的概念和特点; 了解多方过程及其与四种典型过程的关系.

17.1 热力学第一定律

17.1.1 内能、功与热量

热力学第一定律主要讨论内能、功与热量之间的关系. 在具体讨论之前, 有必要对上述三个概念作一简要介绍.

1. 内能

前面我们已从微观的角度给内能 (又称热力学能) 下过定义. 下面再从宏观的角度对内能的概念进行再认识.

我们知道, 气体分子的动能与气体温度 T 有关, 分子间的相互作用能 (势能) 与分子间的相对位置有关. 对于一定质量的气体, 分子间的相对位置取决于气体的体积 V. 由此可见, 内能是由温度和体积决定的, 即 $E=E(T,V)$. 而 T、V 是气体的状态参量, T、V 一定, 则气体的状态便随之确定. 所以, 从宏观的角度来看, 内能是系统 (气体) 状态参量的函数, 即态函数. 这一结论虽然是就气体而言的, 但对液体和各向同性的固体也同样适用.

对于理想气体而言, 其内能 [参见式 (16.8)]

$$E=\nu\frac{i}{2}RT \tag{17.1a}$$

这就是说, 理想气体的内能仅为温度的函数, 温度变化, 则内能亦随之变化. 当气体的温度由 T_1 变到 T_2 时, 气体内能的变化 (增量)

$$\Delta E=\nu\frac{i}{2}R(T_2-T_1) \tag{17.1b}$$

2. 功

热力学中的功除了具有一般力学功的属性外, 还有一些自己的特性. 下面以气体膨胀做功为例来加以说明.

如图 17.1 所示, 设活塞面积为 S 的气缸内盛理想气体, 其压强为 p. 现对气缸加热, 使气体受热膨胀, 带动活塞极缓慢地发生一微小位移 $\mathrm{d}\boldsymbol{l}$, 依据力学中功的定义, 气体对外界做的元功

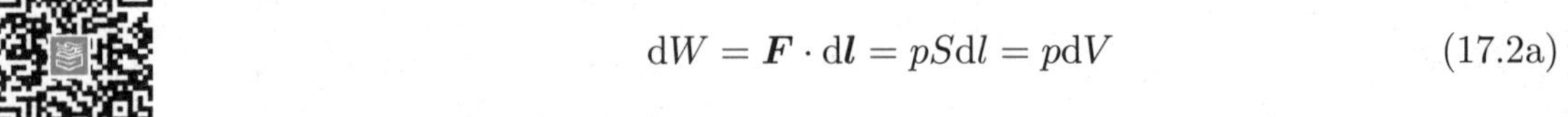

动画 气体膨胀做的功

$$\mathrm{d}W=\boldsymbol{F}\cdot\mathrm{d}\boldsymbol{l}=pS\mathrm{d}l=p\mathrm{d}V \tag{17.2a}$$

式中, $\mathrm{d}V=S\mathrm{d}l$ 为气体体积的微小增量. 式 (17.2a) 表明, 气体对外做功是通过体积膨胀来实现的.

在 p–V 图中, 功的大小有明显的几何意义. 如图 17.2 所示, 当系统体积由 V 变化到 $V+\mathrm{d}V$ 时, 它所做的元功 $p\mathrm{d}V$ 与图中阴影面积 $\mathrm{d}S$ 等值. 如果系统沿过程曲线 ACB 由体积 V_A 变化到体积 V_B, 则其对外做的功

$$W = \int \mathrm{d}W = \int_{V_A}^{V_B} p\mathrm{d}V \tag{17.2b}$$

它在数值上与以 ACB 为曲边的曲边梯形 $ACBV_BV_AA$ 的面积 S 相等.

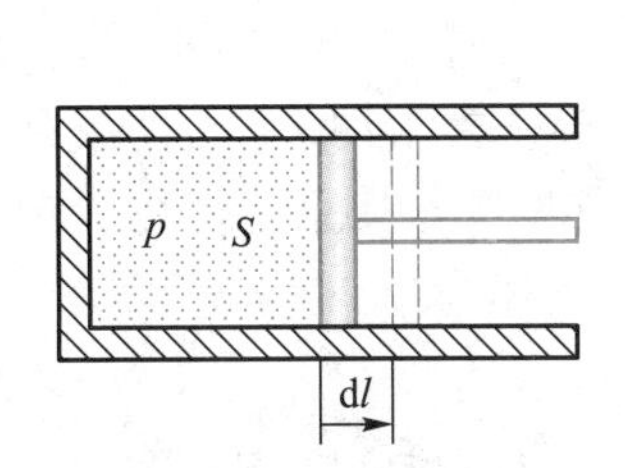

图 17.1 气体膨胀所做的元功

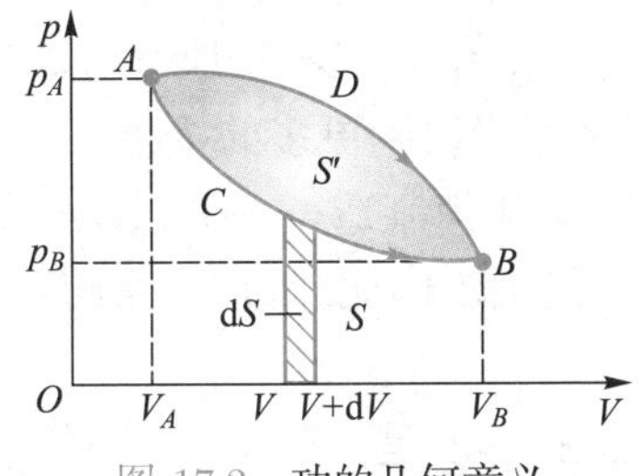

图 17.2 功的几何意义

若系统沿过程曲线 ADB 由体积 V_A 变化到体积 V_B, 则其对外界所做的功应与以 ADB 为曲边的曲边梯形 $ADBV_BV_AA$ 的面积 S' 等值. 从图中可以看出, S' 与 S 明显不等, 这说明过程不同, 系统做的功也不相同. 换言之, 功是一个过程量, 其大小不仅与过程的始末状态有关, 而且与所经历的过程的性质 (路径) 有关. 因此, 热力学中的功的大小不能离开具体过程去讨论, 否则是没有意义的.

3. 热量

热量的概念比较抽象, 难以用一两句话来简单地界定.

实验表明, 当两个温度不同的系统相互接触一段时间后, 高温系统的温度会降低, 低温系统的温度会升高, 即它们的内能都发生了变化. 这时我们就说它们之间发生了热传导, 或者说有热量自高温系统传到了低温系统. 可见, 热量是热传导过程中所传递的能量, 常用符号 Q 来表示.

实验还表明, 在始末状态相同的情况下, 同种物质在不同过程中所吸收或放出的热量是不同的. 换言之, 热量也是一个过程量, 其值不仅与过程的始末状态有关, 而且与过程的性质 (路径) 有关. 因此, 离开了具体过程去讨论热量的大小也是没有意义的.

内能、功和热量的单位均为 J (焦耳).

17.1.2 热力学第一定律

大量的实验表明, 不论在什么样的热力学过程中, 系统吸收的热量 Q 与系统内能的增量 $E_2 - E_1$ 及系统对外做的功 W 之间均有如下关系:

$$Q = E_2 - E_1 + W = \Delta E + W \tag{17.3a}$$

对于一个微小过程则有①

$$\mathrm{d}Q = \mathrm{d}E + \mathrm{d}W = \mathrm{d}E + p\mathrm{d}V \tag{17.3b}$$

① $\mathrm{d}Q$、$\mathrm{d}W$ 是过程量, 不是数学意义上的微分, 严格地说, 应该以 $đQ$、$đW$ 来表示, 以示与微分 $\mathrm{d}E$ 的区别, 为书写简便计, 本书不拟区别, 特此说明.

这就是热力学第一定律的数学表达式. 它说明, 系统从外界吸收的热量, 一部分用于增加内能, 一部分用于对外做功. 可见, 式 (17.3) 是能量守恒定律在热现象中的体现. 换言之, 包括热现象在内, 能量守恒定律也是成立的. 热力学第一定律告诉我们, 要想使系统不断对外做功, 就需不断地供给它能量. 历史上有些人曾试图研制一种机器, 使它能不断地对外做功而又不需消耗任何形式的能量, 或者消耗较少的能量却能得到更多的机械功. 这种机器称为第一类永动机, 人类数百年来的实践表明, 任何制造第一类永动机的努力都遭到了失败, 其原因就在于它违背了能量守恒定律. 因此, 人们也常将热力学第一定律表述为: 第一类永动机是不可能造成的.

视频 蒸汽机的发明

应该指出的是, 式 (17.3) 中各量均为代数量, 有正、有负. 为了能使正、负号的应用有一个统一的标准, 我们约定: 如果系统吸收热量, $\mathrm{d}Q$ (或 Q) 为正, 放出热量则为负; 若系统内能增加, $\mathrm{d}E$ (或 E_2-E_1) 为正, 内能减少则为负; 若系统对外做功, $\mathrm{d}W$ (或 W) 为正, 外界对系统做功则为负.

例 17.1 设 1 mol 氮气做极缓慢的减压膨胀, 其压强与体积的关系为 $p=(40-4\,000\ V)\times10^5$, 式中 p 以 Pa 为单位, V 以 m^3 为单位; 初始时, 气体的体积 $V_1=1\times10^{-3}\ \mathrm{m}^3$; 终止时, 气体的体积 $V_2=4\times10^{-3}\ \mathrm{m}^3$, 求氮气在上述过程中做的功.

解: 热力学中功的计算通常有两种途径: 一是利用气体做功的定义式 $W=\int_{V_1}^{V_2}p\mathrm{d}V$ 来算, 二是利用热力学第一定律 $W=Q-\Delta E$ 来求. 从本例的题给条件来看, 显然应用第一种方法要相对简便一些.

由气体做功的定义式 (17.2b), 可以得到氮气膨胀做的功

$$\begin{aligned}W&=\int_{V_1}^{V_2}p\mathrm{d}V=\int_{V_1}^{V_2}(40-4\,000\ V)\times10^5\mathrm{d}V\\&=\left[40(V_2-V_1)-\frac{4\,000(V_2^2-V_1^2)}{2}\right]\times10^5\\&=\left[40\times(4-1)\times10^{-3}-\frac{4\,000\times(4^2-1^2)\times10^{-6}}{2}\right]\times10^5\\&=9\times10^3\ \mathrm{J}\end{aligned}$$

例 17.2 如图 17.3 所示, 某一定量的气体, 由状态 A 沿路径 Ⅰ 变化到状态 B, 吸热 800 J, 对外做功 500 J, 问气体的内能改变了多少? 若气体从状态 B 沿路径 Ⅱ 回到状态 A, 外界对气体做了 300 J 的功, 问气体放出了多少热量?

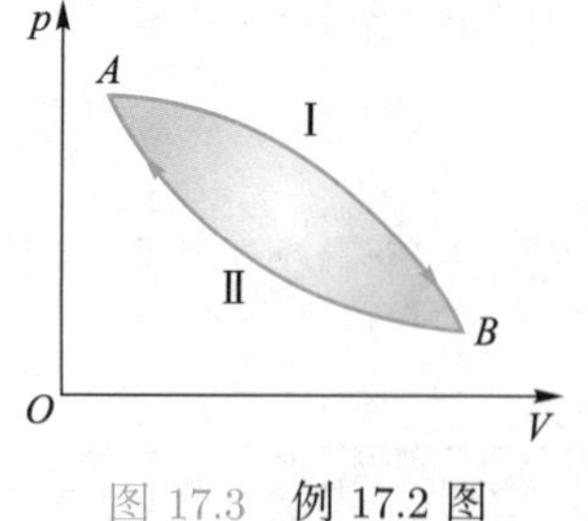

图 17.3 例 17.2 图

解: 大凡涉及过程中功、热量及内能的关系问题, 通常均用热力学第一定律来处理.

对于 Ⅰ 过程, 由热力学第一定律可得气体内能的变化量

$$\Delta E_{\mathrm{I}} = E_B - E_A = Q_{\mathrm{I}} - W_{\mathrm{I}} = 800\ \mathrm{J} - 500\ \mathrm{J} = 300\ \mathrm{J}$$

对于 Ⅱ 过程, 应用热力学第一定律则可得到气体放出的热量

$$Q_{\mathrm{II}} = \Delta E_{\mathrm{II}} + W_{\mathrm{II}} = E_A - E_B + W_{\mathrm{II}} = -300\ \mathrm{J} - 300\ \mathrm{J} = -600\ \mathrm{J}$$

17.2 等容、等压与等温过程

热力学的过程多种多样, 其中最基本、最典型的过程大致可分为如下几类.

17.2.1 等容过程

1. 等容过程

体积不变 ($V =$ 常量) 的过程称为等容过程. 对刚性容器中的气体加热, 其过程便可视为等容过程.

将 $V =$ 常量代入物态方程 $pV = \nu RT$, 即可得到等容过程的过程方程为

$$pT^{-1} = \text{常量} \tag{17.4}$$

在 p–V 图上, 等容过程可用一条垂直于 V 轴的直线段表示. 这样的直线段称为等容线, 如图 17.4 中的 AB 线段所示.

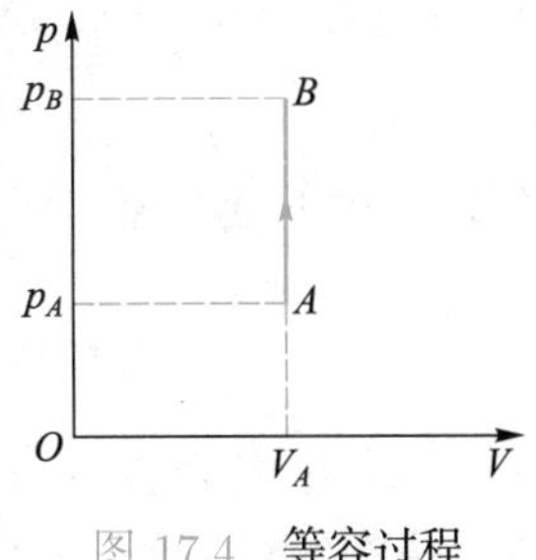

图 17.4 等容过程

在等容过程中, 由于体积不变, 所以气体对外不做功, 它所吸收的热量全部用来增加内能, 于是有

$$\mathrm{d}Q_V = \mathrm{d}E = \nu\frac{i}{2}R\mathrm{d}T \tag{17.5a}$$

$$Q_V = \int \mathrm{d}Q_V = \nu\frac{i}{2}R(T_2 - T_1) = E_2 - E_1 \tag{17.5b}$$

式中, 下标 V 表示体积不变, T_1、T_2、E_1、E_2 分别表示气体在两个不同状态下的温度和内能.

2. 摩尔定容热容

1 mol 气体在等容过程中温度升高 1 K 所吸收的热量称为摩尔定容热容, 以 $C_{V,\mathrm{m}}$ 表示. 据定义, 气体的摩尔定容热容

$$C_{V,\mathrm{m}} = \frac{\mathrm{d}Q_V}{\nu\mathrm{d}T} = \frac{\nu\frac{i}{2}R\mathrm{d}T}{\nu\mathrm{d}T} = \frac{i}{2}R \tag{17.6}$$

于是, 式 (17.5a)、式 (17.5b) 又可写为

$$\mathrm{d}Q_V = \mathrm{d}E = \nu C_{V,\mathrm{m}}\mathrm{d}T \tag{17.7a}$$

及

$$Q_V = \Delta E = \nu C_{V,\mathrm{m}}(T_2 - T_1) \tag{17.7b}$$

由于内能是态函数, 其变化与过程无关, 因此, 式 (17.7a)、式 (17.7b) 对任何过程内能变化的计算都适用.

例 17.3 1 mol 双原子分子理想气体被置于刚性容器中. 设气体的体积为 22.4 L, 压强为 1.0×10^5 Pa. 现将气体等容加热, 使其压强升高至 1.5×10^5 Pa. 问:

(1) 气体的温度变化量为多少?

(2) 过程中, 气体吸收了多少热量?

解: (1) 温度是状态参量, 凡涉及状态参量的计算, 多由物态方程来处理.

由 1 mol 理想气体的物态方程可得, 气体的初态温度

$$T_0 = \frac{p_0 V_0}{R} = \frac{1.0 \times 10^5 \times 22.4 \times 10^{-3}}{8.31}\ \mathrm{K} = 269.6\ \mathrm{K}$$

末态温度

$$T = \frac{pV}{R} = \frac{1.5 \times 10^5 \times 22.4 \times 10^{-3}}{8.31}\ \mathrm{K} = 404.3\ \mathrm{K}$$

气体温度的变化量

$$\Delta T = T - T_0 = (404.3 - 269.6)\ \mathrm{K} = 134.7\ \mathrm{K}$$

(2) 由等容过程的特点可知, 过程中吸收的热量将全部转变成气体内能的增加量. 注意到双原子分子气体 $i = 5$. 由式 (17.5) 可得, 气体吸收的热量

$$Q_V = \frac{i}{2}R(T - T_0) = \frac{5}{2} \times 8.31 \times (404.3 - 269.6)\ \mathrm{J} = 2.80 \times 10^3\ \mathrm{J}$$

17.2.2 等压过程

1. 等压过程

压强不变 (即 $p =$ 常量) 的过程称为等压过程. 对置有活塞的气缸中的气体加热, 使活塞缓慢上升时, 气体所经历的过程就是一等压过程.

将 $p =$ 常量代入物态方程, 可得等压过程的过程方程为

$$VT^{-1} = 常量 \tag{17.8}$$

它表明, 在等压过程中, 气体的体积与温度成正比.

在 p–V 图上, 等压过程可用一垂直于 p 轴的直线段表示, 这样的直线段称为等压线, 如图 17.5 中的线段 AB 就是等压膨胀线.

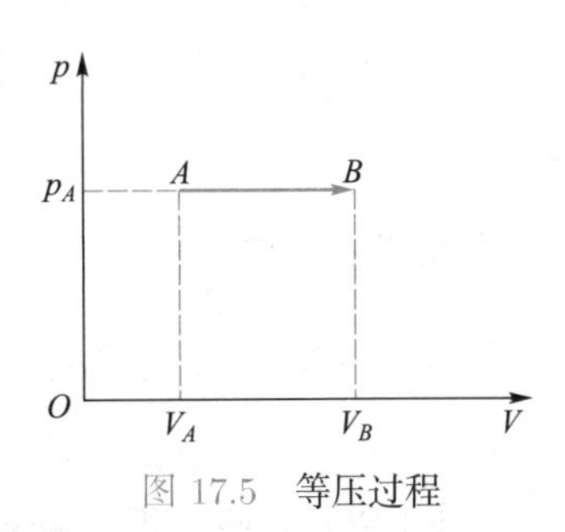

图 17.5 等压过程

由理想气体的物态方程及热力学第一定律可知, 气体由态 (T_1, V_1) 等压地变化到态 (T_2, V_2) 的过程中对外做的元功

$$\mathrm{d}W_p = p\mathrm{d}V = \nu R\mathrm{d}T$$

对外做的总功

$$W_p = \int \mathrm{d}W_p = p(V_2 - V_1) = \nu R(T_2 - T_1) \tag{17.9}$$

气体吸收的元热量

$$\mathrm{d}Q_p = \mathrm{d}E + p\mathrm{d}V = \nu C_{V,\mathrm{m}}\mathrm{d}T + \nu R\mathrm{d}T \tag{17.10a}$$

吸收的热量

$$\begin{aligned} Q_p &= \int \mathrm{d}Q_p = E_2 - E_1 + p(V_2 - V_1) \\ &= \nu C_{V,\mathrm{m}}(T_2 - T_1) + \nu R(T_2 - T_1) \end{aligned} \tag{17.10b}$$

上述各量的下标 p 表示压强不变.

2. 摩尔定压热容

1 mol 气体在等压过程中温度升高 1 K 所吸收的热量称为摩尔定压热容, 以 $C_{p,\mathrm{m}}$ 表示. 据定义

$$C_{p,\mathrm{m}} = \frac{\mathrm{d}Q_p}{\nu\mathrm{d}T} = \frac{\nu C_{V,\mathrm{m}}\mathrm{d}T + \nu R\mathrm{d}T}{\nu\mathrm{d}T}$$

即

$$C_{p,\mathrm{m}} = C_{V,\mathrm{m}} + R = \frac{i+2}{2}R \tag{17.11}$$

式 (17.11) 称为迈耶公式. 它表明, 理想气体的摩尔定压热容要比摩尔定容热容大 R.

由于在等容过程中, 气体吸收的热量仅用来增加内能; 而在等压过程中, 气体吸收的热量除了用来增加同样多的内能外, 还要用来对外做功. 因此, 等压过程的摩尔热容当然应比等容过程的摩尔热容大.

摩尔定压热容与摩尔定容热容之比称为摩尔热容比 (比热容比), 以 γ 表示. 据定义

$$\gamma = \frac{C_{p,\mathrm{m}}}{C_{V,\mathrm{m}}} = \frac{\frac{i+2}{2}R}{\frac{i}{2}R} = \frac{i+2}{i} \tag{17.12}$$

其值随着自由度 i 的变化而变化. 对于单原子分子, $i=3$, $\gamma=\frac{5}{3}$; 对于双原子分子, $i=5$, $\gamma=\frac{7}{5}$; 对于多原子分子, $i=6$, $\gamma=\frac{8}{6}=\frac{4}{3}$.

例 17.4 质量为 2.8×10^{-3} kg, 温度为 300 K, 压强为 1.013×10^{5} Pa 的氮气, 等压膨胀到原体积的两倍, 求氮气对外做的功、内能的增量及吸收的热量.

解: 对于典型过程的计算, 要尽量利用相应过程的特点来处理.

由于本例是等压过程, 所以由过程方程式 (17.8) 可得末态温度

$$T_2 = \frac{V_2}{V_1}T_1 = 2T_1 = 2\times300\ \mathrm{K} = 600\ \mathrm{K}$$

由等压过程功的计算公式 (17.9) 可得气体对外做的功

$$W_p = \nu R(T_2 - T_1) = \frac{2.8\times10^{-3}}{28\times10^{-3}}\times8.31\times(600-300)\ \mathrm{J} = 249\ \mathrm{J}$$

由内能的变化公式 (17.7b) 可得内能的增量

$$\Delta E = \nu C_{V,\mathrm{m}}(T_2 - T_1) = \frac{2.8\times10^{-3}}{28\times10^{-3}}\times\frac{5}{2}\times8.31\times(600-300)\ \mathrm{J} = 623\ \mathrm{J}$$

由热力学第一定律可知, 氧气吸收的热量

$$Q_p = \Delta E + W = 623\ \mathrm{J} + 249\ \mathrm{J} = 872\ \mathrm{J}$$

17.2.3 等温过程

温度不变 (即 $T=$ 常量) 的过程称为等温过程. 例如, 让气缸底部 (由导热性能极好的材料制成) 与恒温热源接触, 且气缸内外温差甚小, 则气体在气缸中缓慢膨胀 (或压缩) 的过程就可认为是等温过程, 其过程方程为

$$pV = \text{常量} \tag{17.13}$$

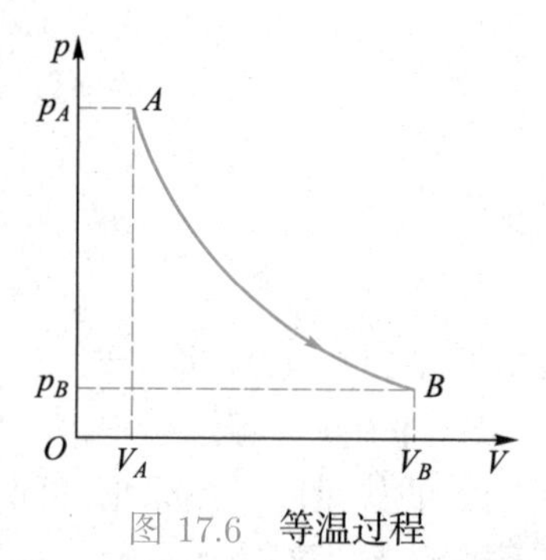

图 17.6 等温过程

在 p–V 图中, 等温过程可用一单侧双曲线表示. 图 17.6 中的曲线 AB 即等温膨胀过程曲线, 称为等温线.

在等温过程中, 由于气体的温度不变, 所以其内能也不改变, 即

$$\mathrm{d}E = 0$$

故元过程吸收的热量

$$\mathrm{d}Q_T = \mathrm{d}W_T = p\mathrm{d}V = \nu RT\frac{\mathrm{d}V}{V} \tag{17.14a}$$

气体由状态 $A(p_A, V_A)$ 等温地变化到状态 $B(p_B, V_B)$ 所吸收的热量及对外做的功

$$\begin{aligned} Q_T = W_T &= \int_{V_A}^{V_B} \nu RT\frac{\mathrm{d}V}{V} = \nu RT\ln\frac{V_B}{V_A} \\ &= \nu RT\ln\frac{p_A}{p_B} \end{aligned} \tag{17.14b}$$

式中, 下标 T 表示过程的温度不变.

式 (17.14) 说明, 在等温过程中, 气体吸收的热量全部转化成了功.

例 17.5 如图 17.7 所示, 压强为 1.0×10^5 Pa, 体积为 2.0×10^{-3} m^3 的氩气, 先等容升压至 2.0×10^5 Pa, 后等温膨胀至体积为 4.0×10^{-3} m^3. 求氩气在上述各个过程中做的功、吸收的热量及内能的变化量.

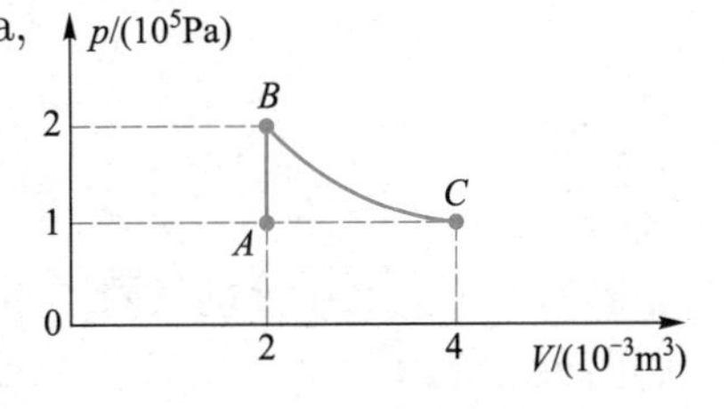

图 17.7 例 17.5 图

解: 求解过程中的功、热量及内能变化量, 多据题给条件, 运用热力学第一定律、物态方程及过程特点来处理.

由于 AB 为等容过程, $\mathrm{d}V = 0$, 所以, 该过程中氩气做的功为 0.

由热力学第一定律可知, 该过程中氩气内能的变化量与吸收的热量相等. 即 [参见式 (17.7b)]

$$\begin{aligned} \Delta E &= \nu\frac{i}{2}R(T_B - T_A) = \frac{i}{2}(p_BV_B - p_AV_A) \\ &= \frac{3}{2}\times(2.0\times10^5\times2.0\times10^{-3} - 1.0\times10^5\times2.0\times10^{-3})\ \mathrm{J} \\ &= 3.0\times10^2\ \mathrm{J} = Q_V \end{aligned}$$

由于 BC 为等温过程, $\Delta T = 0$, 所以, 过程中氩气内能的变化量为 0.

由热力学第一定律可知, 过程中氩气吸收的热量全部用来对外做功, 即 [参见式 (17.14b)]

$$\begin{aligned} Q_T &= \nu RT\ln\frac{p_B}{p_C} = p_BV_B\ln\frac{p_B}{p_A} \\ &= 2.0\times10^5\times2.0\times10^{-3}\ln\frac{2.0\times10^5}{1.0\times10^5}\ \mathrm{J} = 277\ \mathrm{J} = W_T \end{aligned}$$

17.3 绝热过程与多方过程

17.3.1 绝热过程

1. 绝热过程

文档 绝热过程方程的导出

不与外界交换热量的过程称为绝热过程. 气体在具有绝热套的气缸中进行的过程, 或当气体膨胀迅速, 来不及与外界交换热量的过程均可视为绝热过程.

由热力学第一定律及理想气体的物态方程可以导出 (参见文档) 气体的绝热过程方程为

$$pV^{\gamma} = C_1 \tag{17.15a}$$

此式亦称泊松公式. 将之与物态方程 $pV = \nu RT$ 结合, 则可得到绝热过程方程的另外两种形式:

$$V^{\gamma-1}T = C_2 \tag{17.15b}$$

$$p^{\gamma-1}T^{-\gamma} = C_3 \tag{17.15c}$$

式中, C_1、C_2、C_3 分别代表不同变量组合 (如 p,V; V,T 及 p,T 组合) 时的不同常量.

将热力学第一定律用于绝热过程, 并注意到绝热过程的特点 ($Q=0$) 则可得到

$$W_Q = -(E_2 - E_1) = -\nu C_{V,\mathrm{m}}(T_2 - T_1) \tag{17.16}$$

这表明, 在绝热过程中, 气体对外做功是以减少自身内能为代价的.

2. 绝热线与等温线的比较

表示绝热过程的曲线称为绝热线. 为了便于与已知的等温线 (参见 17.2.3) 进行比较, 我们采用绝热过程方程 $pV^{\gamma} = C_1$ 来讨论. 对其求导, 可以得到绝热线在点 (V,p) 的斜率

$$k_Q = \left(\frac{\mathrm{d}p}{\mathrm{d}V}\right)_Q = -\gamma\frac{p}{V} \tag{1}$$

对等温过程方程 $pV = C$ 求导, 可以得到等温线在该点的斜率

$$k_T = -\frac{p}{V} \tag{2}$$

由于 $\gamma = \dfrac{C_{p,\mathrm{m}}}{C_{V,\mathrm{m}}} > 1$, 所以 $|k_Q| > |k_T|$, 故 $p-V$ 图中的绝热线要比等温线 "陡", 其形状大致如图 17.8 所示, 其中 AB 代表绝热线, CD 代表等温线.

绝热线比等温线陡的原因也可从物理意义上去理解. 根据气体动理论, 一定量气体的压强 ($p = nkT$) 变化取决于两个因素: 一是气体的分子数密度 n (它由气体体积 V 决定), 二是气体的温度 T. 由于在等温过程中温度不变, 只有体积变化一个因素引起压强的变化; 而在绝热过程中, 不仅有体积变化, 而且有温度变化, 这两种因素均会引起压强的变化. 因此, 在体积变化相同的情况下, 绝热过程中的压强变化当比等温过程的大, 亦即绝热线要比等温线陡.

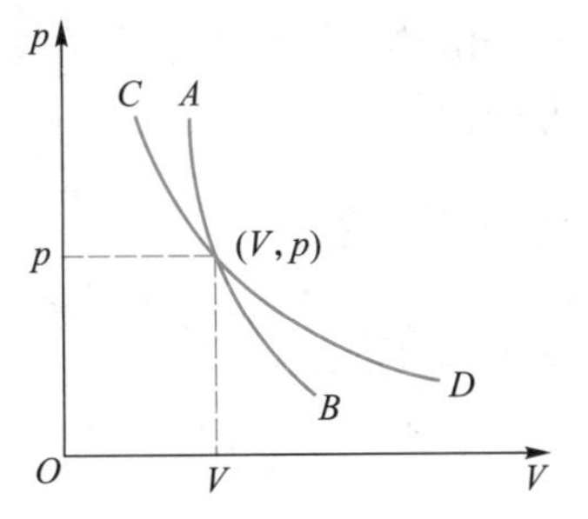

图 17.8 绝热线与等温线的比较

绝热过程在工程技术中有着广泛的应用. 由于理想气体绝热膨胀后内能减少, 温度降低, 因而可利用气体绝热膨胀制冷; 气体绝热压缩后内能增加, 温度升高, 因而可利用绝热压缩气体在内燃机中实现“点火”.

例 17.6 将温度为 300 K, 压强为 1.013×10^5 Pa 的氮气进行绝热压缩, 使其体积变为原来的 $\dfrac{1}{5}$. 求压缩后氮气的压强和温度.

解: 求过程中的状态参量 p、T、V, 通常用过程 (物态) 方程来处理.

由绝热过程方程 (17.15a) 可得

$$p_1 V_1^{\gamma} = p_2 V_2^{\gamma}$$

将题给条件 $\dfrac{V_1}{V_2} = 5$, $\gamma = \dfrac{7}{5} = 1.4$ 代入上式, 得压缩后的压强

$$p_2 = p_1 \left(\frac{V_1}{V_2}\right)^{\gamma} = 1.013 \times 10^5 \times 5^{1.4}\ \text{Pa} = 9.64 \times 10^5\ \text{Pa}$$

由物态方程 $pV = \nu RT$ 可以得到

$$\frac{p_1 V_1}{T_1} = \frac{p_2 V_2}{T_2}$$

代入题给条件及所得之 p_2 数据, 得压缩后的温度

$$T_2 = \frac{p_2 V_2}{p_1 V_1} T_1 = \frac{9.64 \times 10^5 \times 1}{1.013 \times 10^5 \times 5} \times 300\ \text{K} = 571\ \text{K}$$

*17.3.2 多方过程

前述四种过程均是理想的典型过程. 实际中难以真正实现. 在实际中, 能够实现的往往是热容 C 为常量的过程, 这样的过程称为多方过程. 其概念和规律在热工技术中有着广泛的应用.

文档 多方过程方程及摩尔热容公式的推导

由热力学第一定律及气体的物态方程可以证明 (参见文档), 多方过程的过程方程为

$$pV^n = \text{常量} \tag{17.17}$$

摩尔热容为

$$C_{\mathrm{m}} = C_{V,\mathrm{m}} - \frac{R}{n-1} \tag{17.18}$$

上述两式中的 n 均为多方指数, 其值可取任意实数, n 值不同, 所代表的过程也不相同:

$n=0$ ($C_{\mathrm{m}} = C_{V,\mathrm{m}} + R$), 代表等压过程;

$n=1$ ($C_{\mathrm{m}} = -\infty$, 表示不论放出或吸收多少热量, 其温度都不会变化), 代表等温过程;

$n=\gamma$ $\left(C_{\mathrm{m}} = \dfrac{R}{\gamma-1} - \dfrac{R}{\gamma-1} = 0\text{, 表示过程不吸收热量}\right)$, 代表绝热过程;

$n=\infty$ ($C_{\mathrm{m}} = C_{V,\mathrm{m}}$), 代表等容过程.

这就是说, 前述等容、等压、等温及绝热过程均可作为多方过程的特例来处理.

当气体由态 (p_1, V_1) 经多方过程变化到态 (p_2, V_2) 时, 其对外做的功

$$W = \int_{V_1}^{V_2} p\mathrm{d}V = \int_{V_1}^{V_2} \frac{p_1V_1^n}{V^n}\mathrm{d}V = \frac{p_1V_1 - p_2V_2}{n-1} \tag{17.19}$$

内能的变化量

$$\Delta E = \nu C_{V,\mathrm{m}}(T_2 - T_1) = \nu\frac{i}{2}(p_2V_2 - p_1V_1) \tag{17.20}$$

吸收的热量

$$Q = \Delta E + W = \nu\frac{i}{2}(p_2V_2 - p_1V_1) + \frac{p_1V_1 - p_2V_2}{n-1} \tag{17.21}$$

17.4 循环过程与卡诺循环

文档 卡诺

在实际的生产和科研中, 往往需要不断地将热量转化为功, 或者需要不断地将功转化为热量. 能将热量不断转化为功的装置称为热机, 能将功不断转化为热量, 并将热量从冷源 (低温物体) 传递给热源 (高温物体) 的装置称为制冷机, 不管是在热机, 还是在制冷机中, 工作物质 (简称工质, 如气体) 所进行的过程都是循环过程. 因此, 研究循环过程的问题既有重要的理论意义, 又有重要的实际意义.

17.4.1 循环过程

工质经历一系列变化后又回到了原来状态的过程称为循环过程，有时也简称为循环. 由于内能是态函数，所以，当工质经历一循环后其内能变化量为零，即 $\Delta E = 0$.

在 p–V 图上，准静态的循环可用一闭合曲线来表示，这样的曲线称为循环曲线，如图 17.9 中的曲线 $ABCDA$ 所示.

若循环沿循环曲线的顺时针方向进行，这样的循环就称为正循环或热机循环，否则就叫逆循环或制冷机循环，分别如图 17.9 和图 17.10 所示.

视频 循环过程与蒸汽机

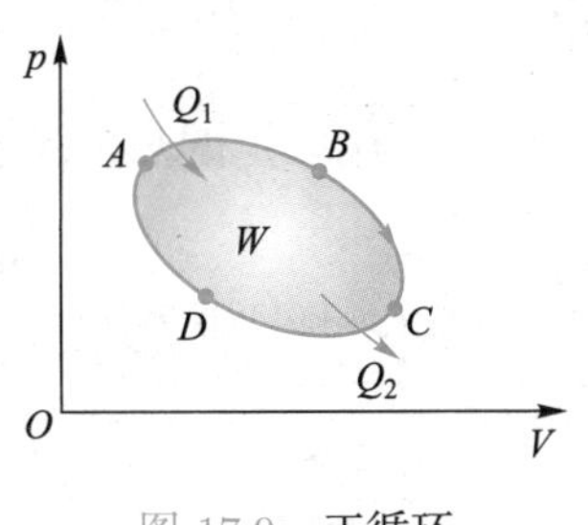

图 17.9 正循环

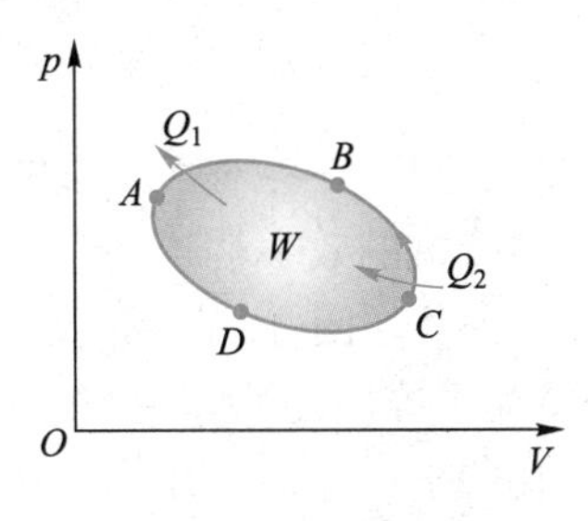

图 17.10 逆循环

下面用热力学第一定律来讨论循环中的热功转化问题.

设系统 (工质) 在正循环中从高温热源吸收的热量为 Q_1，对外做的功为 W_1；向低温热源放出的热量为 Q_2，外界对它做的功为 W_2. 为了避免今后计算中出现正负号的混乱，我们约定，循环中热量及功的代号 Q 及 W 均指对应量的绝对值. 对于按照前述约定 (见 17.1) 小于零的量则通过在相应符号前加 "−" 号来解决. 于是，循环中系统吸收的净热量 $Q = Q_1 - Q_2$，对外做的净功 $W = W_1 - W_2$. 根据热力学第一定律则有

$$W = Q_1 - Q_2$$

为了定量地反映热机中热功转化的效率，我们将转化的功 W 与吸收热量 Q_1 的比值，即每吸收单位热量所能转化的功定义为循环 (或热机) 效率，以 η 表示，即

$$\eta = \frac{W}{Q_1} = \frac{Q_1 - Q_2}{Q_1} = 1 - \frac{Q_2}{Q_1} \tag{17.22}$$

式 (17.22) 表明，要提高热机的效率就要尽量减少向外界放热. 下一章将会说明，Q_2 是不能为零的，因此热机的效率永远小于 1.

在逆循环 (制冷循环) 中，设外界对系统做的净功为 W，从低温热源吸收的热量为 Q_2，向高温热源放出的热量为 Q_1. 遵照前述符号法则，应用热力学第一定律则有

$$-W = Q_2 - Q_1$$

即

$$W = Q_1 - Q_2$$

在制冷机中, 常将工质 (系统) 从低温热源 (物体) 吸取的热量 Q_2 与外界对工质所做净功 W 之比 (即每单位净功所能吸取的热量) 称为制冷系数, 用 ε 表示, 即

$$\varepsilon = \frac{Q_2}{W} = \frac{Q_2}{Q_1 - Q_2} \tag{17.23}$$

式 (17.23) 表明, 外界对工质做的功越少, 工质从低温热源取走的热量越多, 则 ε 就越大, 制冷机的效率就越高.

例 17.7 如图 17.11 所示, 一以氧气为工质的循环由等温、等压及等容三个过程组成. 已知 $p_A = 4.052 \times 10^5$ Pa, $p_B = 1.013 \times 10^5$ Pa; $V_C = 1.0 \times 10^{-3}$ m^3, $V_B = 4.0 \times 10^{-3}$ m^3. 求其循环效率.

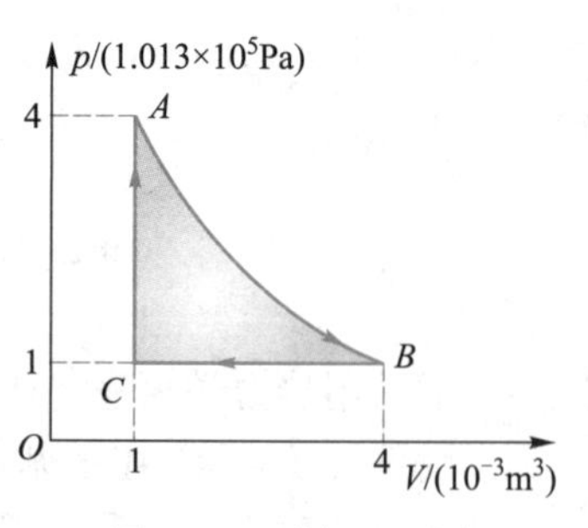

图 17.11 例 17.7 图

解: 从式 (17.22) 可以看出, 求解循环效率的关键是先设法分别求出过程的吸热 Q_1 与放热 Q_2, 然后再代入效率公式即为所求.

由图可见, AB 过程等温, 它所吸收的热量

$$\begin{aligned} Q_{AB} &= \nu R T_A \ln \frac{V_B}{V_A} = p_A V_A \ln \frac{V_B}{V_A} \\ &= 4.052 \times 10^5 \times 1.0 \times 10^{-3} \ln \frac{4.0 \times 10^{-3}}{1.0 \times 10^{-3}} \text{ J} = 5.62 \times 10^2 \text{ J} \end{aligned}$$

BC 过程等压, 它所放出的热量

$$\begin{aligned} Q_{BC} &= \nu C_{V,\mathrm{m}}(T_C - T_B) = \frac{i+2}{2}\nu R(T_C - T_B) = \frac{i+2}{2} p_B (V_C - V_B) \\ &= -\frac{5+2}{2} \times 1.013 \times 10^5 \times 3 \times 10^{-3} \text{ J} = -1.06 \times 10^3 \text{ J} \end{aligned}$$

CA 过程等容, 它所吸收的热量

$$\begin{aligned} Q_{CA} &= \nu C_{V,\mathrm{m}}(T_A - T_C) = \frac{i}{2}\nu R(T_A - T_C) = \frac{i}{2} V_C (p_A - p_C) \\ &= \frac{5}{2} \times 1.0 \times 10^{-3} \times (4.052 - 1.013) \times 10^5 \text{ J} = 7.60 \times 10^2 \text{ J} \end{aligned}$$

故循环吸收的总热量

$$Q_1 = Q_{AB} + Q_{CA} = (5.62 \times 10^2 + 7.60 \times 10^2) \text{ J} = 1.32 \times 10^3 \text{ J}$$

放出的总热量

$$Q_2 = 1.06 \times 10^3 \text{ J}$$

据定义, 循环效率

$$\eta = 1 - \frac{Q_2}{Q_1} = 1 - \frac{1.06 \times 10^3}{1.32 \times 10^3} = 19.7\%$$

17.4.2 卡诺循环

19 世纪初, 蒸汽机在英、法等国应用已较为广泛, 但效率却很低 (大约 5%). 因此, 如何提高热机的效率自然就成了十分重要的问题. 1824 年, 法国青年工程师卡诺通过大量的研究后提出了一种理想的循环——卡诺循环, 它不仅为提高热机的效率指明了方向, 而且还为热力学的发展做出了重大的贡献.

动画 卡诺循环

由两个等温过程及两个绝热过程构成的理想循环称为卡诺循环, 其 p–V 图如图 17.12 所示. 其中曲线 AB、CD 代表两个等温过程, BC、DA 代表两个绝热过程. 由于卡诺循环只与两个热源接触, 因此也有人将其称为双热源循环, 其工作原理如图 17.13 所示: 工质从温度为 T_1 的高温热源吸热 Q_1, 向温度为 T_2 的低温热源放热 Q_2, 同时对外做功 W.

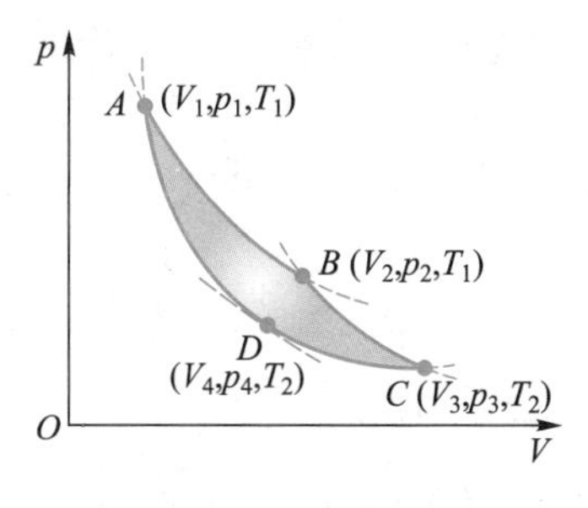

图 17.12 卡诺循环

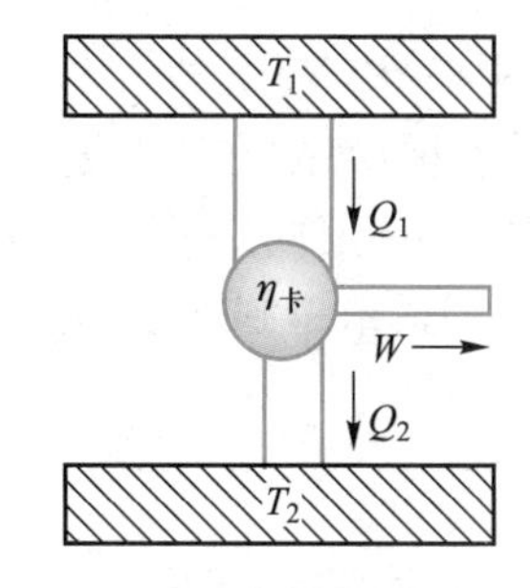

图 17.13 卡诺 (热机) 循环工作原理图

为简便起见, 我们用理想气体作为工质来讨论卡诺循环 (热机) 的效率问题.

由图 17.12 可见, AB 为等温膨胀过程, 所以气体吸收热量, 其值为

$$Q_1 = \nu R T_1 \ln \frac{V_2}{V_1} \tag{17.24}$$

CD 为等温压缩过程, 气体放热, 其绝对值为

$$Q_2 = \nu R T_2 \ln \frac{V_3}{V_4} \tag{17.25}$$

BC、DA 均为绝热过程, 其方程分别为

$$T_1 V_2^{\gamma-1} = T_2 V_3^{\gamma-1} \tag{17.26}$$

及

$$T_1V_1^{\gamma-1}=T_2V_4^{\gamma-1} \tag{17.27}$$

联立式 (17.26) 和式 (17.27) 求解, 得

$$\frac{V_2}{V_1}=\frac{V_3}{V_4} \tag{17.28}$$

将式 (17.28) 代入式 (17.25), 得

$$Q_2=\nu RT_2\ln\frac{V_2}{V_1} \tag{17.29}$$

将式 (17.29) 和式 (17.24) 代入式 (17.22), 得卡诺循环 (卡诺热机) 的效率

$$\eta_{卡}=1-\frac{Q_2}{Q_1}=1-\frac{T_2}{T_1} \tag{17.30}$$

式 (17.30) 说明, 卡诺循环的效率只与它所接触的两个热源的温度有关, 且高温热源温度 T_1 越高, 低温热源温度 T_2 越低, 其效率就越高. 因此, 从理论上说, 提高高温热源温度、降低低温热源温度均可提高热机的效率. 但是, 实践指出, 提高高温热源的温度比降低低温热源的温度要经济得多, 故一般采用提高高温热源温度的方法来提高热机的效率. 热力学第二定律 (参见本书第十八章) 就是在研究如何提高热机效率的推动下被逐步发现的.

令上述循环反向进行, 则得卡诺制冷循环. 将式 (17.29) 和式 (17.24) 代入式 (17.23) 则得卡诺制冷循环的制冷系数

$$\varepsilon_{卡}=\frac{Q_2}{Q_1-Q_2}=\frac{T_2}{T_1-T_2} \tag{17.31}$$

式 (17.31) 表明, 被制冷物体的温度 T_2 越低, 则制冷系数 $\varepsilon_{卡}$ 就越小, 即制冷系数随着被制冷物体的温度变化而变化.

例 17.8 某电厂的工作水蒸气温度为 300 ℃, 冷却水的温度为 30 ℃, 设其热机循环为卡诺循环, 求其效率. 若将水蒸气温度提高到 580 ℃, 则其效率又为多少?

解: 卡诺循环效率的计算, 关键是要找出高温和低温热源的温度. 根据题意, 本题高温热源的温度 $T_1=(273+300)\ \mathrm{K}=573\ \mathrm{K}$, 低温热源的温度 $T_2=(273+30)\ \mathrm{K}=303\ \mathrm{K}$, 将其代入式 (17.30) 即得卡诺循环的效率为

$$\eta_{卡}=1-\frac{T_2}{T_1}=1-\frac{303}{573}=47.1\%$$

当高温热源温度升至 $T_1'=(273+580)\ \mathrm{K}=853\ \mathrm{K}$ 时, 卡诺循环的效率为

$$\eta_{卡}'=1-\frac{T_2}{T_1'}=1-\frac{303}{853}=64.5\%$$

思考题与习题

17.1 热力学中气体做功的特点是什么? 在体积膨胀过程中, 气体一定对外做正功吗?

17.2 如图所示的 AB, BC, CA 线段各代表什么过程? 图中封闭曲线所围面积是否代表该循环做的功?

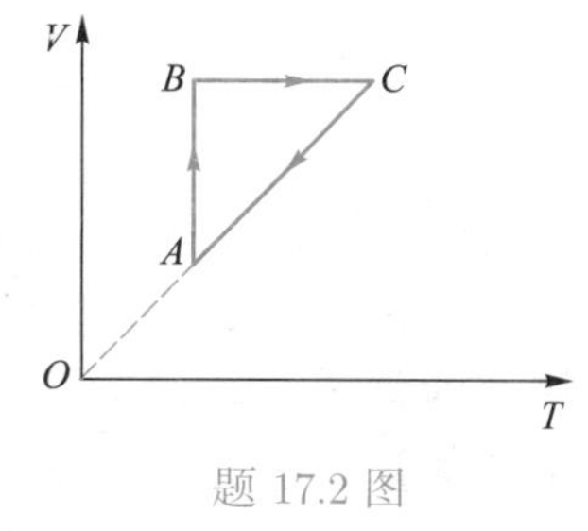

题 17.2 图

17.3 公式 $\mathrm{d}Q=\mathrm{d}E+\mathrm{d}W$ 与 $\mathrm{d}Q=\mathrm{d}E+p\mathrm{d}V$ 有无不同?

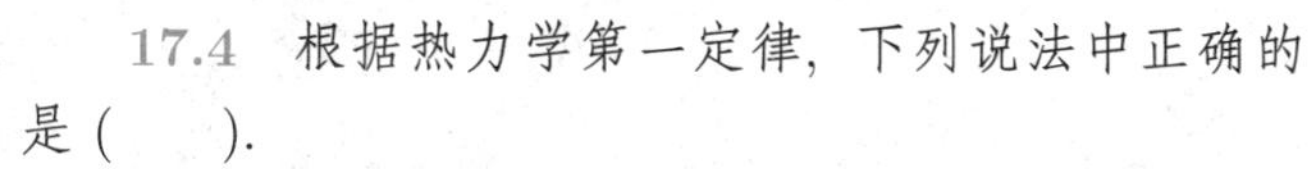

17.4 根据热力学第一定律, 下列说法中正确的是 (　　).

A. 系统对外做的功不可能大于它从外界吸收的热量

B. 系统吸热后, 其内能肯定会增加

C. 不可能存在这样的循环过程: 在该过程中, 外界对系统做的功不等于系统传给外界的热量

D. 系统内能的增量等于它从外界吸收的热量

17.5 用公式 $\Delta E=\nu C_{V,\mathrm{m}}\Delta T$ (ν 为气体的物质的量) 计算理想气体内能增量时, 此式 (　　).

A. 只适合于准静态等容过程

B. 只适用于一切等容过程

C. 只适用于一切准静态过程

D. 适用于一切始末态为平衡态的过程

17.6 如图所示, 一理想气体分别经过等压、等温及绝热三个过程并使其体积增加一倍, 则

(1) ______ 过程做的功最大, ______ 过程做的功最小;

(2) ______ 过程引起的温度变化最大, ______ 过程引起的温度变化最小;

(3) ______ 过程气体吸收的热量最多, ______ 过程吸收的热量最少.

17.7 如图所示, 两卡诺循环在 p–V 图上的过程曲线 $ABCDA$ 及 $A'B'C'D'A$ 所围面积相等, 则: 它们的循环效率______, 从高温热源吸收的热量______, 对外做的净功______.

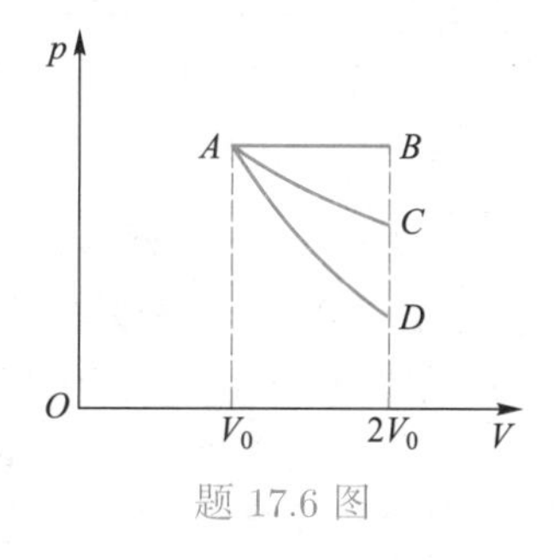

题 17.6 图

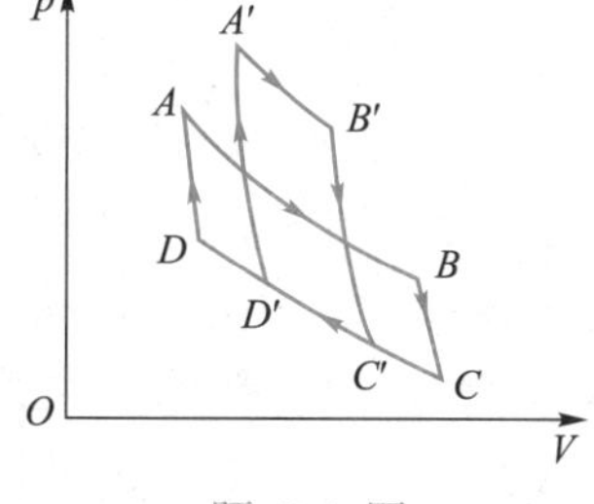

题 17.7 图

17.8 若两卡诺循环分别工作在相同的高温热源与相同的低温热源之间，但它们在 p–V 图上的闭合曲线所围面积大小不等. 对于所围面积较大的循环而言，其净功 (与面积小的循环比较而言) 将______, 效率将______.

* * *

17.9 如图所示，质量为 2.8×10^{-3} kg，温度为 300 K，压强为 1.013×10^5 Pa 的氮气等压膨胀到原来体积的两倍，求氮气对外做的功、内能的增量以及吸收的热量.

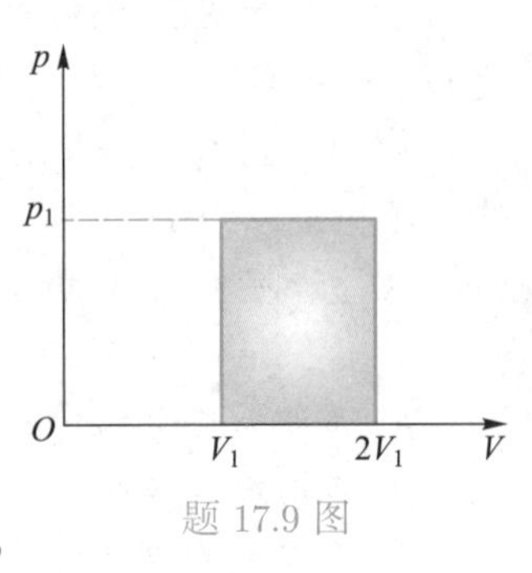

题 17.9 图

17.10 1 mol 单原子分子理想气体从 300 K 等容加热到 350 K. 问气体吸收了多少热量？增加了多少内能？对外做了多少功？

17.11 如图所示，物质的量为 ν 的氦气由态 $A(p_1, V_1)$ 沿图中直线变化到态 $B(p_2, V_2)$，求：

(1) 气体内能的变化量；

(2) 对外做的功；

(3) 吸收的热量.

17.12 如图所示，当系统沿 ACB 路径从 A 变化到 B 时吸热 80.0 J，对外界做功 30.0 J.

(1) 当系统沿 ADB 路径从 A 变化到 B 时对外做功 10.0 J，则系统吸收了多少热量？

(2) 若系统沿 BA 路径返回 A 时外界对系统做功 20 J，则系统吸收了多少热量？

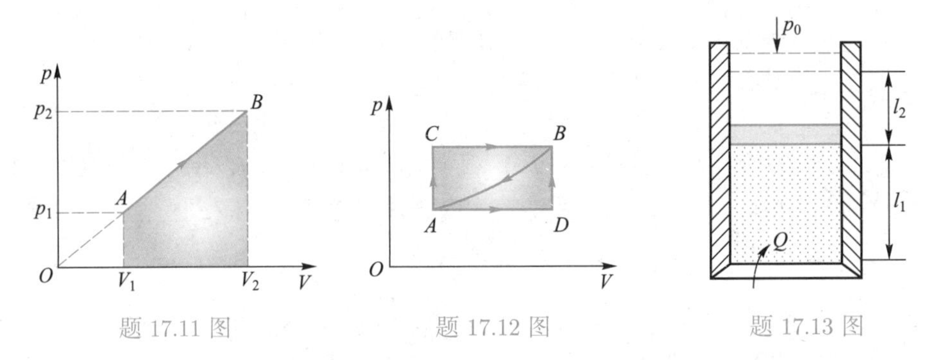

题 17.11 图　　题 17.12 图　　题 17.13 图

17.13 如图所示，一侧壁绝热的气缸内盛 2 mol 氧气，其温度为 300 K，活塞外面的压强为 1.013×10^5 Pa，活塞质量为 100 kg，面积为 0.1 m^2. 开始时，由于气缸内活动插销的阻碍，活塞停在距气缸底部 $l_1 = 1.0$ m 处. 后从气缸底部缓慢加热，使活塞上升了 $l_2 = 0.5$ m 的距离. 问：

(1) 气缸中的气体经历的是什么过程？

(2) 气缸在整个过程中吸收了多少热量? (设气缸与活塞间的摩擦可以忽略, 且无漏气, 无热量损失.)

17.14 一定量的氮气, 其初始温度为 300 K, 压强为 1.013×10^5 Pa. 现将它绝热压缩, 使其体积变为初始体积的 $\frac{1}{5}$. 求压缩后的压强和温度.

17.15 1 mol 单原子分子理想气体的循环如图所示.

(1) 求气体循环一次从外界吸收的总热量;

(2) 求气体循环一次对外界做的净功;

(3) 证明 $T_AT_C=T_BT_D$.

17.16 一喷气发动机的循环如图所示. 其中 AB、CD 分别代表绝热过程, BC、DA 分别代表等压过程. 证明当工质为理想气体时, 循环的效率

$$\eta=1-\frac{T_D}{T_C}=1-\frac{T_A}{T_B}$$

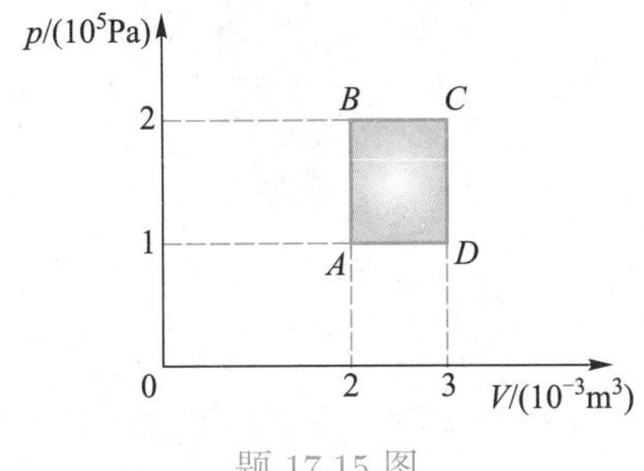

题 17.15 图

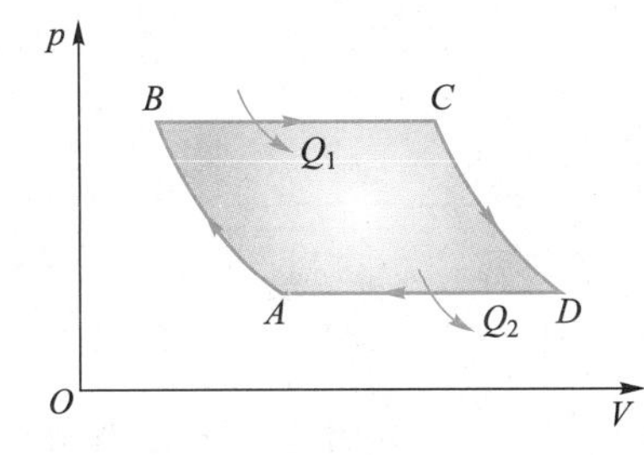

题 17.16 图

17.17 质量为 4.0×10^{-3} kg 的氦气经历的循环如图所示, 图中三条曲线均为等温线, 且 $T_A=300.0$ K, $T_C=833.0$ K. 问:

(1) 中间等温线对应的温度为多少?

(2) 经历一循环后气体对外做了多少功?

(3) 循环的效率为多少?

17.18 如图所示, 1.5 mol 氧气在 400 K 和 300 K 之间作卡诺循环. 已知循环中的最小体积为 $1.2\times10^{-2}\ \text{m}^3(V_1)$, 最大体积为 $4.8\times10^{-2}\ \text{m}^3(4V_1)$. 计算气体在此循环中做的功以及从高温热源吸收的热量和向低温热源放出的热量.

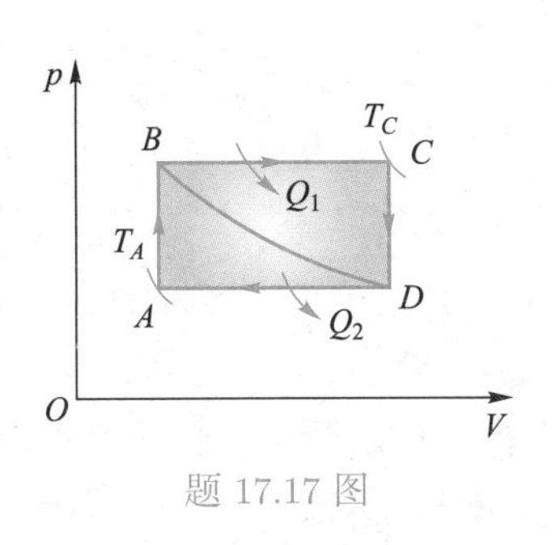

题 17.17 图

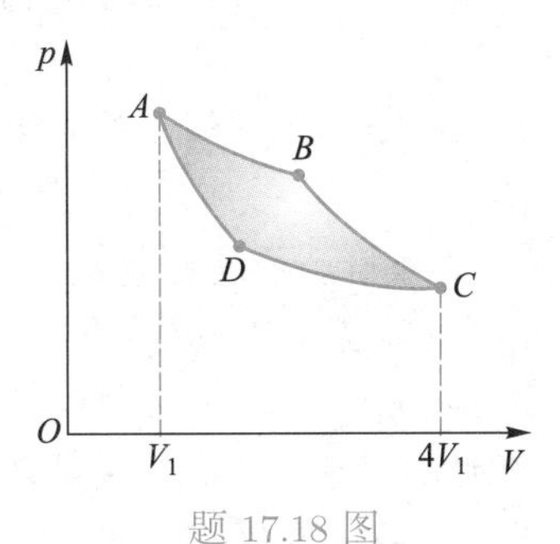

题 17.18 图

17.19 大家知道, 海洋中储存有大量的能量. 一种从海洋中获取能量的方法是利用海水 (表层和底层) 的温度差来发电. 如图所示, 让极易汽化的流体工质 (如氨、丙烷等) 在表层蒸发, 并通过管道送至水下的汽轮机, 在那里膨胀, 驱动汽轮机, 带动发电机组发电, 后在深水区凝结, 并泵回表层, 完成循环. 假设所进行的循环可以近似作为卡诺循环处理, 海水表层温度为 17 ℃, 底层温度为 2 ℃. 计算这种循环的效率.

题 17.19 图

题 17.20 图

文档 第17章章末问答

动画 第17章章末小试

第 17 章习题答案

17.20 设一电冰箱 (参见题图) 在温度为 27 ℃ 的室内运行, 其循环可视为卡诺循环. 问:

(1) 当冷冻室的温度为 −3 ℃ 时, 从中提取 1 J 的热量最少要做多少功?

(2) 当冷冻室的温度为 −13 ℃ 时, 从中提取 1 J 的热量最小又需做多少功?

17.21 一卡诺制冷机工作在温度为 −10 ℃ 的冷库和温度为 37 ℃ 的环境之中, 为了维持冷库的温度, 每小时需从冷库中取走热量 2×10^7 J. 问与制冷机配套的电机功率至少为多大?

阅读材料

能量守恒定律是如何发现的

能量守恒定律是一切自然科学的基础, 它的发现和证实经历了一段不同寻常的时日.

首先, 能量概念的提出就经过了较长时间的摸索.

运动不生不灭的思想, 古代早已有之, 但要科学地证实它却并非易事. 因为当时人们并不知道如何量度运动, 更不知运动的相互转化. 科学巨匠牛顿在《光学》一书中曾写道:“由于 …… 固体的微弱弹性, 失掉运动就远比获得运动容易得多. 因而运动总是处于衰减之中.” 可见, 当时的牛顿并没有能量及其守恒思想. 在其后的一百多年中, 除了一些含混的说法外,"能量"的概念一直无人问津.

直至 1807 年, 杨氏才首先创造了"能"这个词; 1824 年, 卡诺第一次将热与功联系起来; 1853 年, 汤姆孙才给"能量"这一概念下了一个较为精确的定义.

历史上第一个提出能量守恒原理的是德国医生迈耶. 1842 年, 他在《论无机界的力》的论文中首次提出: 一定数量的机械能可以转化为等量的热. 他根据气体比热容的实验资料, 推测出热功当量的值为 3.65 J/cal. 不过, 迈耶的论证在当时并未被科学界承认, 一些人甚至认为那只不过是纯粹的哲学思辨, 进而当面讥讽和嘲笑他说: 如果是这样的话, 通过搅动就可使水变热. 迈耶当即坚定地回答:"正是那样! 正是那样!"

1847 年, 26 岁的德国物理学家亥姆霍兹根据自己的独立研究, 在论文《论活力的守恒》中也提出了自己的能量守恒思想. 不过, 他的思想同样也遭到了冷遇.

此外法国的赫恩和卡诺也都为能量守恒定律的建立做出过贡献.

为能量守恒定律的建立做出了不可磨灭贡献的是迈耶的同时代人焦耳. 他在多次受到冷嘲热讽的情况下, 仍几十年如一日, 不屈不挠、专心致志地进行科学实验, 令人钦佩.

1844 年, 焦耳曾将自己多年研究能量守恒与转化方面的成果写成论文, 要求在英国皇家学会上宣读, 但却遭到了拒绝. 1847 年, 他又将自己的研究成果整理成文, 要求在牛津的科学技术促进协会上宣读, 也遭到了冷遇. 经过多次努力, 最后会议才让他作了一个简单的介绍. 焦耳在会上简单地介绍了他的叶轮实验, 用实验事实指出:"通过碰撞、摩擦或任何类似的方式, 活力 (后来称之为机械能) 看来是消灭了, 但总有正好与之相当的热量产生." 1849 年, 焦耳在《热功当量》的总结报告中, 全面整理了他的热能实验资料, 以令人信服的实验事实证实了热、机械能及电能的相互转化和守恒, 并精确地测定了热功当量的数值 4.154 J/cal (这与现在公认的 4.182 J/cal 已相当接近了). 由于焦耳等人的功绩, 1850 年, 能量守恒定律终于获得了科学界的普遍承认.

从上面的介绍可以看出, 能量守恒定律从提出到验证, 经过了许许多多科学工作者的艰辛劳动, 它告诉人们: 自然界的一切物质都具有能量, 能量可以相互传递和转化, 但其总和始终是不变的.

飞流直下

第十八章 热力学第二定律

大量的观测表明，自然界中宏观过程的发生，除了必须满足能量守恒定律即热力学第一定律的要求外，还必须满足方向性的要求，这个方向性的要求就是热力学第二定律. 它以大量的客观实践为依据，因而具有极大的普遍性和可靠性.

本章主要讨论热力学过程方向的规律，要侧重理解热力学第二定律的两种表述，会用热力学第二定律去分析宏观过程的方向性问题；理解熵的概念、玻耳兹曼关系式及熵增加原理，会用它们去分析、判断宏观过程的方向性；了解可逆与不可逆过程的概念.

18.1 可逆过程与不可逆过程

动画 宏观过程的方向性

18.1.1 宏观过程的方向性

大量观测表明, 一切宏观过程都有方向性: 在一定的条件下, 它们只能向着一定的方向进行, 反之就不可能. 为了便于理解, 下面略举三例来简要说明.

1. 热传递

若将两个温度不同的物体放在一起, 不久便可发现, 热量自动地从高温物体传到了低温物体, 使低温物体的温度升高, 高温物体的温度降低. 但我们却从来没有看到过相反的情况, 即热量自动地从低温物体传到了高温物体, 使低温物体的温度降低, 高温物体的温度升高. 这说明, 热传递具有方向性.

2. 热功转化

焦耳的叶轮实验 (参见图 18.1) 告诉我们, 当重物下降, 带动叶轮转动后, 克服了水的摩擦阻力而做功, 使水温升高. 这说明, 功自动地变成了热. 但我们却从未见到相反的情况, 即水通过自动冷却降温, 使重物慢慢升高. 这说明, 热功转化也具有方向性.

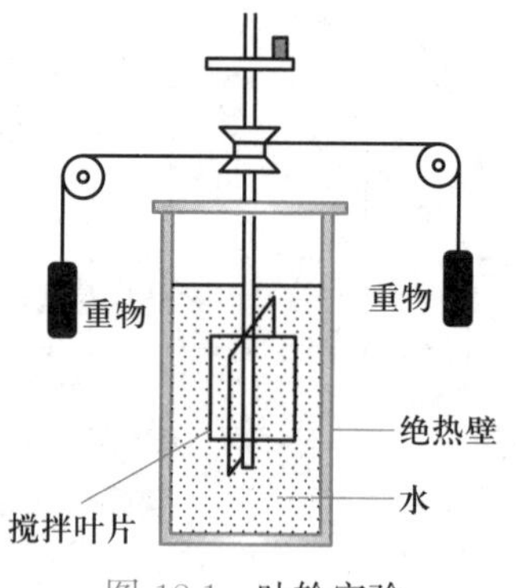

图 18.1 叶轮实验

3. 自由膨胀

一隔板将容器分隔成 A、B 两部分, 其中 A 部盛有理想气体, B 部为真空. 当隔板打开后, A 部气体便会在没有阻力的情况下, 迅速膨胀, 充满整个容器. 这样的过程称为自由膨胀. 但我们却从未见到过相反的情况, 即膨胀后的气体又自动收缩, 返回 A 部, 使 B 部仍为真空. 这说明, 理想气体的自由膨胀也是具有方向性的.

18.1.2 可逆过程与不可逆过程

如图 18.2 所示, 若系统在某一过程 Ⅰ 中由初态 A 变化到终态 B 后, 还存在一逆过程 Ⅱ, 它能使系统沿着与 Ⅰ 相反的方向, 经过 Ⅰ 而复原, 且又不引起外界的任何变化 (即外界亦同时复原), 这样的过程称为可逆过程; 反之, 若不论我们采用什么样的方法都不能使系统沿着与 Ⅰ 相反的方向, 经过 Ⅰ 而复原, 或者虽然复了原, 但却引起了其他的变化, 这样的过程就称为不可逆过程.

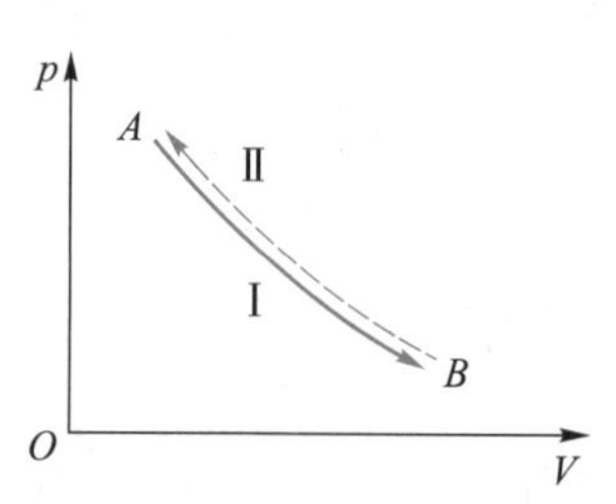

图 18.2 可逆与不可逆过程

在自然界中, 不可逆过程是大量存在的 (如热传导、热功转化等), 而严格意义的可逆过程则是不存在的.

但是, 如果过程能无限缓慢进行 (以保证过程为准静态过程) 且能消除摩擦等耗散因素 (以保证系统复原时能消除原过程给予外界的影响), 这样的过程便可视为可逆过程. 严格地满足“无限缓慢”及“无摩擦”的条件是不可能的. 因此, 严格的可逆过程是不存在的. 像力学中的质点模型一样, 可逆过程也是一种理想的概念, 是在一定条件下对实际过程的近似, 它的引入可使复杂问题简单化. 此外, 可逆过程概念的引入还可为热力学中很多重要概念及理论的引入和定量表示打下基础, 因而具有重要的理论和实际意义.

18.2 热力学第二定律

18.2.1 热力学第二定律的两种表述

热力学第二定律有两种典型的表述. 一种是克劳修斯表述, 它是克劳修斯 (参见文档) 通过总结大量的热传导过程的方向后于 1850 年提出来的:

文档 克劳修斯

不可能将热量从低温物体传到高温物体而不引起其他的变化 (即热量不会自动地从低温物体传到高温物体).

另一种是开尔文表述, 它是开尔文 (参见文档) 通过分析大量的热功转化过程的方向后于 1851 年总结出来的:

文档 开尔文

从单一热源 (温度处处一致的热源) 吸热使之完全转化为功而不引起其他变化是不可能的.

应该注意, 克劳修斯表述并不是笼统地否定热量从低温物体传到高温物体, 它所否定的只是在不引起其他变化的情况下, 将热量从低温物体传到高温物体的过程. 事实上, 制冷装置 (如电冰箱) 中所发生的现象就是热量从低温物体传到高温物体的过程. 不过, 这时却引起了其他变化, 那就是外界对制冷装置做了功.

需要指出, 开尔文表述也并不是完全地否定从单一热源吸热使之完全转化为功, 它所否定的只是那些在不引起其他变化的情况下, 发生从单一热源吸热并全部转化为功的过程. 实际上, 理想气体的等温膨胀就是一种从单一热源吸热并使之全部转化为功的过程. 不过, 这时却引起了其他变化——气体的体积膨胀了.

从形式上看, 克劳修斯表述与开尔文表述是完全不同的. 但是, 它们在实质上却是相互联系, 相互等价的. 也就是说, 如果克劳修斯表述不成立, 则开尔文表述也不成立. 反之亦然. 有兴趣的读者可以自己试着证一证.

那种能从单一热源吸热并使之全部转化为功而又不引起其他变化的热机 (即效率为 100% 的热机) 被称为第二类永动机. 尽管这类热机并不违背热力学第一定律 (因为它对外做的功是由吸收的热量转化而来的), 但却违背了热力学第二定律, 也是不可能造成的. 因此, 热力学第二定律的开尔文表述也可说成是: 第二类永动机是不可能造成的.

文档 生活中的热力学第二定律

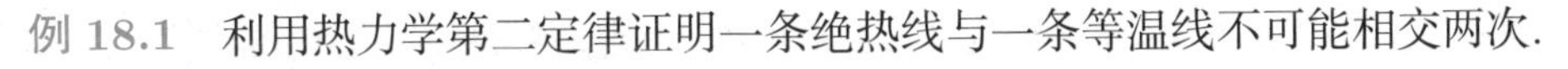
例 18.1 利用热力学第二定律证明一条绝热线与一条等温线不可能相交两次.

证：用热力学第二定律来证明命题真伪多用反证法：先假设原命题不成立，后进行推理，看是否有与热力学第二定律相违背的结论. 有，则原命题成立；无，则原命题不成立.

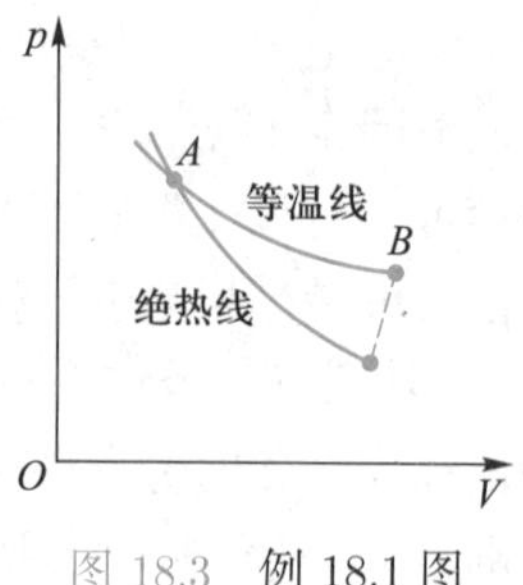

图 18.3 例 18.1 图

如图 18.3 所示，设绝热线与等温线相交两次. 这样，绝热线与等温线便构成了一个循环. 它从单一热源 (温度为 T) 吸收的热量 (完成一循环后工质复原，内能变化量为零) 全部转化成功而并未引起其他变化，这与热力学第二定律的开尔文表述相违背，因而是不可能的. 这就是说，原命题是成立的.

18.2.2 热力学第二定律的统计意义

动画 热力学第二定律的统计意义

如图 18.4 所示，将由四个可以区分的理想气体分子 a、b、c、d 组成的孤立系统 (与外界既无能量交换，也无物质转移的系统)，置于一由隔板分隔成 A、B 两部分 (等体积) 的刚性容器中. 其中 A 部盛有气体，B 部为真空. 当隔板打开后，每个分子既可能分布于 A 部，也可能分布于 B 部，且两种机会 (概率) 均等.

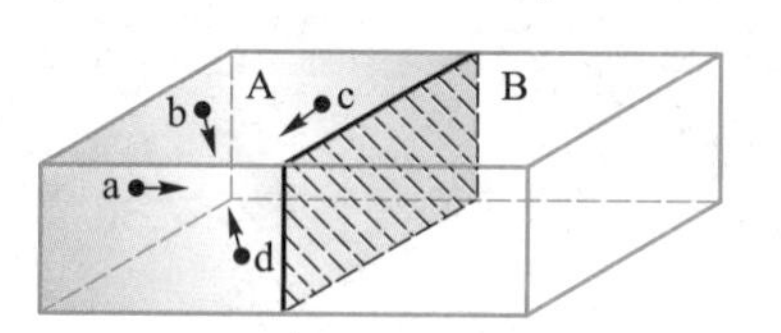

图 18.4 分子在容器中的分布

在统计物理学中，常将微观粒子的每一种可能分布称为一种微观态，其数目用 Ω 表示. 这样，上述容器中每个分子的微观态数 (亦即容器中的格子数) $\Omega_i = 2$，整个气体在容器中的可能分布数 (总微观态数) 便为 16 (参见表 18.1)，与各分子微观态数的乘积相等，即总微观态数 $\Omega = \Omega_{\mathrm{a}}\Omega_{\mathrm{b}}\Omega_{\mathrm{c}}\Omega_{\mathrm{d}} = 2^4$. 其中，对应于四个分子全部集中在 A 部或 B 部的宏观态，各有 1 种微观态；对应于三个分子在 A 部，一个分子在 B 部，或一个分子在 A 部，三个分子在 B 部的宏观态，各有 4 种微观态；对应于两个分子在 A 部，两个分子在 B 部的宏观态，共有 6 种微观态. 可见，气体自由膨胀后，再自动收缩回 A 部的概率为 $1/16 = 1/2^4$，而较大的可能性是 A、B 两部均有分子，其概率为 14/16.

如果所研究的气体由 N 个分子组成，且仍以分子处于 A、B 两部的位置来分类，则容易理解，这时的气体分子共有 2^N 种可能分布 (微观态). 当气体自由膨胀后，全部分子重新回到 A 部的微观态只有一种，其概率为 $1/2^N$，而可能性最大的是 A、B 两部均有分子，其概率为 $1 - 2/2^N = 1 - 1/2^{N-1}$. 通常，气体所含分子数 N 是很大的，所以，全部分子重新回到 A 部的可能性 (概率) 极为微小. 例如，1 mol 气体所含分子数为 6.02×10^{23}，当它们膨胀后再全部退回到 A 部 (即

表 18.1 四个分子的分布情况

分子的分布(微观态)		分子数的分配(宏观态)		相应于一个宏观态的微观态数 (热力学概率)	宏观态概率
A 部	B 部	A 部	B 部		
abcd		4	0	1	1/16
abc abd acd bcd	d c b a	3	1	4	4/16
ab cd ac ad bc bd	cd ab bd bc ad ac	2	2	6	6/16
d c b a	abc abd acd bcd	1	3	4	4/16
	abcd	0	4	1	1/16

自动收缩) 的概率仅为 $1/2^{6.02\times10^{23}} \approx 1/10^{2\times10^{23}}$. 如果自动收缩能维持极短的一瞬 (如 10^{-4} s), 那么, 扩散后大约在经过 $10^{2\times10^{23}}$ s 后才能出现这样的一次. 这个时间比现今估计的宇宙年龄 4.35×10^{17} s (1.38×10^{10} a) 不知要大多少倍——这意味着, 实际上人们根本观察不到自动收缩的出现. 这就是气体自由膨胀不可逆性的统计解释.

从上面的分析可以看出, 孤立系统内发生的过程, 总是由概率小 (包含微观态数目少) 的宏观态向概率大 (包含微观态数目多) 的宏观态方向进行, 因而便出现了宏观过程的方向性. 这便是热力学第二定律的统计意义. 因此, 从本质上讲, 热力学第二定律是一条统计规律.

18.3 熵与熵增加原理

18.3.1 熵的概念 玻耳兹曼关系式

熵是物理学中的一个重要而抽象的概念[①], 它是由克劳修斯最先提出来的, 定义为热量与温度之比 (亦称热温商), 但其物理意义不太明确. 后来玻耳兹曼应用统计物理的方法得到了一个与系统的微观态数, 亦即与系统的热力学概率相关联的关系式 (常称玻耳兹曼关系式, 又称玻耳兹曼熵公式), 将熵的概念与系统的无

① 参见: 廖耀发. 熵是什么?——与王兆强同志商榷 [J]. 科学技术与辩证法, 1995, 12(1): 60.

序度联系起来，使熵的概念打上了统计的烙印，极大地丰富了熵概念的内涵，使熵的理论在很多领域都获得了广泛的应用.

用统计物理的方法严格地导出玻耳兹曼熵公式较为烦琐，本书不拟赘述，而只想利用气体自由膨胀的案例将玻耳兹曼熵公式简单地引申出来.

从气体的自由膨胀可以看出，不可逆过程总是由包含微观态数目少的宏观态向包含微观态数目多的宏观态方向进行. 容易理解，系统微观态数目越多，其分子热运动的无序度就越大. 可见，微观态数目 Ω 的大小与系统分子热运动的无序度紧密相关. 但是，微观态数 Ω 没有可加性，即合系统的 Ω 并不等于分系统的 Ω 之和，而是等于它们的乘积，即 $\Omega = \Omega_1\Omega_2\cdots$. 因此，若用 Ω 直接作为系统无序度的量度会对问题的分析、计算带来不便. 但是，微观态数的对数具有可加性，即 $\ln\Omega = \ln\Omega_1 + \ln\Omega_2 + \cdots$. 因此，为了既能消除上述缺陷，又能体现 Ω 与系统无序度的对应关系，我们定义熵 S 与 Ω 的对数成正比，即

$$S = k\ln\Omega \tag{18.1}$$

此即玻耳兹曼熵公式 (亦称玻耳兹曼关系式)，它是玻耳兹曼最先从统计物理的角度推导出来的. 式中，k 为玻耳兹曼常量. 从式 (18.1) 可以看出，系统所含微观态数目越多，则熵就越大. 因此，我们可以认为熵是系统无序度的量度. 这就是熵的微观意义. 正是基于这样的理解，才使熵的应用远远地超出了物理学的领域，而为信息、控制、生物、医学乃至社会等许多学科所应用.

从上一节的介绍可以看出，Ω 由系统的宏观态决定. 可见，熵 S 也是一个由系统的宏观态决定的量，即熵是态函数，其变化只与系统宏观态的变化有关，而与具体过程无关.

由于孤立系统中的不可逆 (如气体的自由膨胀) 过程总是向着使 Ω 增大的方向进行，因此，孤立系统中不可逆过程的熵变总是增加的，即

$$\mathrm{d}S > 0 \tag{18.2}$$

容易理解，一旦系统达到平衡态，则其相应的 Ω 便不再增加而达到极大值. 所以，系统处于平衡态时的熵最大.

由式 (18.1) 可以看出，熵是一个可加量，具有广延性，即

$$S = S_1 + S_2 + \cdots \tag{18.3}$$

也就是说，合系统的熵等于各分系统的熵之和.

18.3.2 熵增加原理

由于熵是态函数，其变化与过程无关. 因此，我们可用一特殊过程来讨论系统的熵变问题.

设系统由 N 个理想气体分子所组成, 当它由态 (T,V_1) 等温地变化到态 (T,V_2) 时, 其相应的微观态数由 Ω_1 变化到 Ω_2. 于是, 系统在该过程中的熵变 [见式 (18.1)]

$$\Delta S = k\ln\Omega_2 - k\ln\Omega_1 = k\ln\frac{\Omega_2}{\Omega_1}$$

可以证明 (参见文档), $\dfrac{\Omega_2}{\Omega_1} = \left(\dfrac{V_2}{V_1}\right)^N$, 将其代入上式, 得

文档 $\dfrac{\Omega_2}{\Omega_1} = \left(\dfrac{V_2}{V_1}\right)^N$ 的证明

$$\Delta S = Nk\ln\frac{V_2}{V_1}$$

注意到 $Nk = (\nu N_{\rm A})\left(\dfrac{R}{N_{\rm A}}\right) = \nu R$, $\nu RT\ln\dfrac{V_2}{V_1} = Q_T = Q$, 则上式又可写为

$$\Delta S = \frac{\nu RT\ln\dfrac{V_2}{V_1}}{T} = \frac{Q_T}{T} = \frac{Q}{T} \tag{18.4a}$$

将上式用于一微小过程, 得

$$\mathrm{d}S = \frac{\mathrm{d}Q}{T} \tag{18.4b}$$

式中, $\mathrm{d}Q$ 代表系统在任意微小等温可逆过程中吸收的热量. 注意到热力学第一定律的微分形式 $\mathrm{d}Q = \mathrm{d}E + p\mathrm{d}V$, 式 (18.4b) 又可写为

$$\mathrm{d}S = \frac{\mathrm{d}E + p\mathrm{d}V}{T} \tag{18.4c}$$

整个过程的熵变

$$\Delta S = \int \mathrm{d}S = \int \frac{\mathrm{d}E + p\mathrm{d}V}{T} \tag{18.4d}$$

式 (18.4) 是计算过程熵变的基本公式. 由式 (18.4) 定义的熵称为**克劳修斯熵**, 或称**热力学熵**; 由式 (18.1) 定义的熵则称**玻耳兹曼熵**, 或称**统计熵**. 从式 (18.4) 的推导过程可以看出, 两种熵可以互为推导、名异实同, 因而没有必要严加区别, 统称为熵即可.

如果系统是孤立或绝热的, 则 $\mathrm{d}Q = 0$, 代入式 (18.4b) 则得

$$\mathrm{d}S = 0 \tag{18.5}$$

将式 (18.2) 与式 (18.5) 结合起来, 得

$$\mathrm{d}S \geqslant 0 \tag{18.6}$$

文档 麦克斯韦妖

式中, 不等号对应于不可逆过程, 等号对应于可逆过程. 式 (18.6) 表明, 孤立 (或绝热) 系统内部所发生的过程不可逆时, 其熵增加; 所发生的过程可逆时, 其熵不变. 就是说, 孤立 (或绝热) 系统的熵只能增加, 不能减少. 这一结论称为熵增加原理. 可见, 熵与能量、动量不同, 它不遵守"守恒定律".

文档 熵与信息

应该注意, 熵增加原理中所说的熵增加是对整个系统而言的, 至于其中的个别物体, 其熵既可能增加, 也可能不变, 还可能减少. 例如, 由两个温度不同的物体所组成的热传递系统, 高温物体的熵就会因为放热而减少, 但低温物体的熵却在增加, 且增量大于 (热量相同, 而温度较低) 高温物体的熵减少的量, 因而整个系统的熵仍然是增加的. 世间万物, 均从此理, 麦克斯韦妖也不例外.

文档 生命与熵

在物理学中, 熵的单位是 $\mathrm{J\cdot K^{-1}}$; 在信息论中, 涉熵单位则为 bit (比特), 二者关系为 $1\ \mathrm{bit} = k\ln^2 \mathrm{J\cdot K^{-1}}$ (k 为玻耳兹曼常量).

*18.3.3 熵变的计算

熵变的计算通常都是利用式 (18.4a)—式 (18.4d) 来进行. 但式 (18.4a)—式 (18.4d) 仅对可逆过程才成立, 而实际的过程都是不可逆的. 因此, 探讨不可逆过程中如何进行熵变计算就显得非常重要.

前已说明, 熵是态函数, 其变化仅与始末状态有关, 而与中间所经历的过程无关. 因此, 我们可以在过程的始末状态之间设计任一可逆过程, 然后便可直接利用式 (18.4a)—式 (18.4d) 来计算过程的熵变. 这就是说, 式 (18.4a)—式 (18.4d) 是计算一切过程熵变的通式: 对于可逆过程, 我们可以利用它来直接计算; 对于不可逆过程, 则只需在始末两态之间设计任一可逆过程便也可用它来计算.

例 18.2 设太阳表面的温度为 5 800 K, 地球表面的温度为 298 K, 当太阳向地球表面传递 4.6×10^4 J 热量时, 求地球与太阳组成的系统的熵变.

解: 对于太阳而言, 失去 4.6×10^4 J 热量基本上不会引起其表面温度的变化, 换言之, 其热辐射过程可以视为等温可逆过程, 由式 (18.4a) 可得其熵变

$$\Delta S_{\mathrm{s}} = \frac{Q_{放}}{T_{\mathrm{s}}} = \frac{-4.6\times10^4\ \mathrm{J}}{5\ 800\ \mathrm{K}} = -7.93\ \mathrm{J\cdot K^{-1}}$$

同理可得地球的熵变

$$\Delta S_{\mathrm{e}} = \frac{Q_{吸}}{T_{\mathrm{e}}} = \frac{4.6\times10^4\ \mathrm{J}}{298\ \mathrm{K}} = 154.36\ \mathrm{J\cdot K^{-1}}$$

故系统的熵变

$$\Delta S = \Delta S_{\mathrm{s}} + \Delta S_{\mathrm{e}} = -7.93\ \mathrm{J\cdot K^{-1}} + 154.36\ \mathrm{J\cdot K^{-1}} = 1.46\times10^2\ \mathrm{J\cdot K^{-1}}$$

例 18.3 求物质的量为 ν 的理想气体由状态 (T_1, V_1) 变化到状态 (T_2, V_2) 时的熵变.

解: 由式 (18.4d) 可得气体的熵变

$$\Delta S=\int\frac{\mathrm{d}E+p\mathrm{d}V}{T}\tag{1}$$

文档 永动机的否定

注意到 $\mathrm{d}E=\nu C_{V,\mathrm{m}}\mathrm{d}T$, $p=\dfrac{\nu RT}{V}$, 将之代入式 (1) 得熵变

$$\begin{aligned}\Delta S&=\int_{T_1}^{T_2}\nu C_{V,\mathrm{m}}\frac{\mathrm{d}T}{T}+\int_{V_1}^{V_2}\nu R\frac{\mathrm{d}V}{V}\\&=\nu C_{V,\mathrm{m}}\ln\frac{T_2}{T_1}+\nu R\ln\frac{V_2}{V_1}\end{aligned}$$

思考题与习题

18.1 开尔文表述中说的单一热源是一种什么样的热源? 据测量, 海洋表面的温度与海洋深处的温度有较大的差别. 如果利用这种温度差来做功是否与开尔文表述矛盾? 为什么?

18.2 关于可逆过程与不可逆过程的概念, 下列说法中不正确的是 (　　).

A. 可逆过程一定是准静态过程

B. 不可逆过程一定找不到另一过程使系统和外界同时复原

C. 准静态过程一定是可逆过程

D. 非准静态过程一定是不可逆过程

18.3 从热力学第二定律来看, 下列说法中正确的是 (　　).

A. 热量只能从高温物体传向低温物体

B. 热量从低温物体传到高温物体必须借助于外界的帮助

C. 功可以完全转化为热, 但热不能完全转化为功

D. 自然界中一切微观过程都是不可逆的

18.4 关于熵的概念, 下列说法中正确的是 (　　).

A. 熵是态函数, 由系统的温度决定

B. 熵是系统无序度的量度, 由系统所包含的微观态数决定

C. 熵是守恒量, 因为系统经历一循环后熵变为零

D. 熵是系统每升高单位温度所吸收的热量

18.5 所谓第二类永动机是指________, 它不可能制成是因为违背了________.

18.6 热力学第二定律的克劳修斯表述是________; 开尔文表述为________.

*　　*　　*

18.7 证明: 熵增加原理与热力学第二定律的两种表述是完全一致的.

18.8 从热力学第二定律出发证明一条绝热线与一条等温线不可能两次相交.

文档 第18章章末问答

18.9 一塑料盘内装 3 张可以相互区分的硬纸片, 每张纸片均一面为白, 一面为黑. 若将 3 张纸片看成一个系统, 并将纸片的黑、白看成纸片的“微观态”, 将盘内多少张为黑, 多少张为白看成宏观态. 问:

(1) 该系统共有多少种宏观态?

(2) 该系统共有多少种“微观态”?

动画 第18章章末小试

18.10 求质量为 32 g 的氧气由压强为 2.02×10^5 Pa 等温地下降到 1.01×10^5 Pa 时的熵变.

18.11 将质量为 1 kg、温度为 273 K 的水与一温度为 373 K 的热源接触, 当水温达到 373 K 时, 水和热源的熵变各为多少 (水的比定压热容为 $4.18\times10^3\ \mathrm{J\cdot kg^{-1}\cdot K^{-1}}$)?

第 18 章习题答案

18.12 以温度为纵坐标、熵为横坐标画出卡诺循环图 (这种图叫温熵图, 亦称 $T-S$ 图), 并证明:

(1) 在温熵图中, 任一过程曲线下的面积在数值上与该过程中系统和外界所交换的热量等值;

(2) 卡诺循环的效率 $\eta=1-\dfrac{T_2}{T_1}$.

古代编钟

第 四 篇

振动与波

物体围绕某一平衡位置的往复运动称为机械振动，简称振动. 它是自然界中一种极为普遍的运动形式. 声源的振动，钟摆的摆动等都属机械振动.

文档　方以智

广义地说，物理量在某一量值附近的周期变化也可称为振动，例如，交流电路中的电流在某一电流值附近作周期性的变化，光波、无线电波传播时，空间某点的电场和磁场随时间作周期性变化等均可视为振动. 虽然，这些振动在本质上和机械振动不同，但是它们的运动规律及研究方法基本上是相同的.

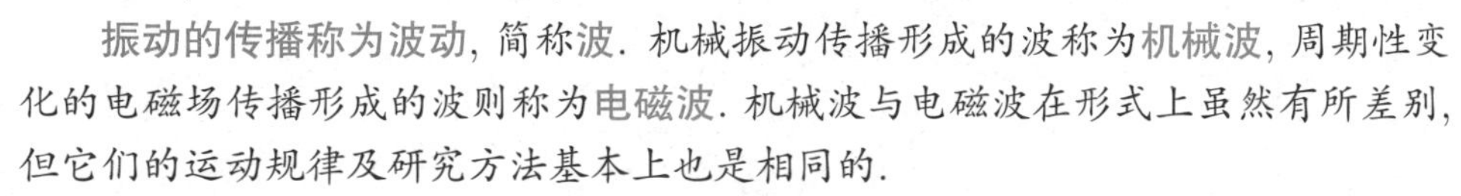

振动的传播称为波动，简称波. 机械振动传播形成的波称为机械波，周期性变化的电磁场传播形成的波则称为电磁波. 机械波与电磁波在形式上虽然有所差别，但它们的运动规律及研究方法基本上也是相同的.

振动与波既有联系，又有区别：振动是时间的周期函数，而波动则是时间与空间周期性的表征；振动是产生波动的源，而波动则是振动向空间的传播；离开了振动，波动便无法产生；而离开了波动，则振动便无法外传. 振动与波，相伴相依.

振动与波是物理学中较早被研究的分支之一，我们的祖先曾对此做了大量的工作，特别是在声共振的产生及其应用与防护方面. 其中，明代科学家方以智（参见文档）在其著作《物理小识》中就曾明确指出：声音相合，引起共鸣（振）. 其观点与现代声共振极为相似. 我国古代的编钟（参见篇首图）至今仍能发出优美动听的声音，这都是祖先巧妙地将声共振原理用于编钟设计与制造的结果.

振动与波的理论不仅是后续光学和量子物理学课程的基础，而且是诸如无线电技术、建筑工程（参见廖耀发等编《建筑物理》，武汉大学出版社，2003 年）等工程技术的基础. 因此，学好振动与波不仅对后续课程学习有益，而且对学习其他工程技术理论也是有好处的.

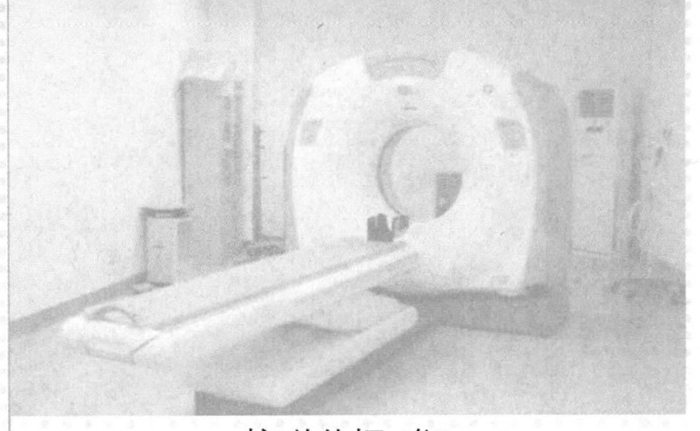

核磁共振 (仪)

第十九章

简谐振动

最简单、最基本的振动是简谐振动, 简称谐振动, 它的研究方法及其所得规律不仅适用于一般的机械振动, 而且适用于非机械的周期振动. 因此, 简谐振动的研究具有极大的普遍意义.

本章主要介绍简谐振动的基本概念及规律, 要侧重掌握简谐振动的基本特征及其描述, 能熟练地利用它们来分析、判断振动的特性, 求解简谐振动的振动方程; 掌握旋转矢量法, 掌握两个同方向、同频率的简谐振动的合成规律, 能熟练地利用它们来求解合振动的振动方程; 理解简谐振动的能量, 会分析和计算一些简单情况下的振动能量问题; 了解拍现象, 了解阻尼振动、受迫振动和共振, 了解非线性振动, 了解两个相互垂直、频率相同或成整数比的简谐振动的合成.

19.1 简谐振动的特征

19.1.1 简谐振动的运动学特征

任何物体振动时, 其位置坐标均会随着时间而变化, 且振动形式不同, 其变化关系也不相同. 如果物体的位置坐标与时间成余弦关系, 这样的振动就称为简谐振动, 简称谐振动, 否则就叫非谐振动. 可以证明, 弹簧振子 (由轻弹簧 k 和物块 m 组成的系统) 的振动, 单摆的小角度摆动等均可视为简谐振动.

据定义, 简谐振动的运动学方程 (或称振动方程) 为

$$x = A\cos(\omega t + \varphi) \tag{19.1}$$

此即简谐振动的运动学特征. 它说明, 物体 (或质点) 做简谐振动时, 其坐标 (位移) 为时间的余弦函数.

顺便指出, 振动方程式 (19.1) 是振动学中的重要方程. 它对探讨物体的简谐振动规律有着极大的指导作用.

将式 (19.1) 对时间求导即可得到物体做简谐振动的速度

$$v = \frac{\mathrm{d}x}{\mathrm{d}t} = -A\omega\sin(\omega t + \varphi) \tag{19.2}$$

这说明, 简谐振动的速度随时间而成正弦函数关系变化. 将式 (19.2) 再求导即得物体做简谐振动的加速度

$$a = \frac{\mathrm{d}v}{\mathrm{d}t} = \frac{\mathrm{d}^2x}{\mathrm{d}t^2} = -A\omega^2\cos(\omega t + \varphi) = -\omega^2 x \tag{19.3}$$

这说明, 简谐振动的加速度也与时间成余弦关系变化, 但与位置坐标的余弦关系差一负号. 因此, x 为正时, a 必为负; 反之, x 为负时, a 必为正.

x、v、a 随时间 t 的变化曲线如图 19.1 所示 (为简便计, 设 $\varphi = 0$).

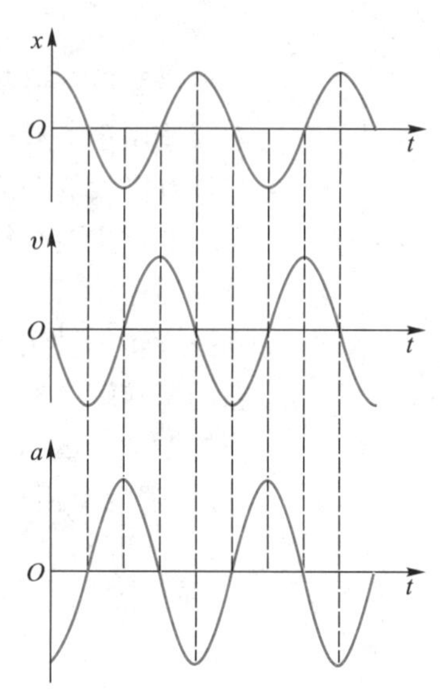

图 19.1 简谐振动的 x、v、a 随时间变化的关系曲线

19.1.2 简谐振动的动力学特征

由式 (19.3) 整理可得

$$\frac{\mathrm{d}^2x}{\mathrm{d}t^2} + \omega^2 x = 0 \tag{19.4a}$$

这就是简谐振动的动力学方程, 亦称简谐振动的微分方程. 以物体的质量 m 同乘式 (19.4a) 的两边, 得

$$m\frac{\mathrm{d}^2x}{\mathrm{d}t^2}+m\omega^2x=0$$

即

$$F=-kx \tag{19.4b}$$

式中, $k=m\omega^2$ 为常量. 这一规律又称为胡克定律. 式 (19.4b) 说明, 物体做简谐振动时, 其坐标必满足动力学方程 (19.4a), 其受力必与坐标成正比且反号, 即 $F=-kx$. 这样的力称为回复力. 这便是简谐振动的动力学特征.

从上面的讨论可以看出, 式 (19.4) 是从式 (19.1) 导出的. 反过来, 我们也可以从式 (19.4) 导出式 (19.1). 这就是说, 式 (19.1) 与式 (19.4) 是等价的: 有式 (19.1) 就必定有式 (19.4), 反之亦然.

例 19.1 如图 19.2 所示, 两根弹性系数分别为 k_1、k_2 的轻弹簧与一质量为 m 的物体相并联. 如果用手向右拉动一下物体 m, 然后静止释放, 问 m 是否做简谐振动?

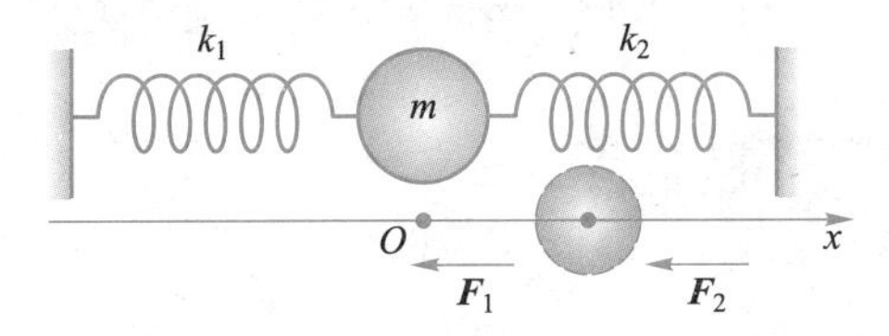

图 19.2 例 19.1 图

解: 判断一个振动是否属于简谐振动的关键是看物体的受力是否与坐标成正比且反号, 是则是, 否则非. 因此, 本题求解的关键在于力的分析.

建立如图所示的 x 轴. 设用手右拉 m 至 x 处静止释放, 这时左边弹簧对 m 的作用 $F_1=-k_1x$ 为拉力, 方向向左; 右边弹簧对 m 的作用 $F_2=-k_2x$ 为推力, 方向亦向左. 于是, m 受到的合外力

$$F=F_1+F_2=-k_1x+(-k_2x)=-(k_1+k_2)x=-kx$$

故知 m 必做简谐振动. 由上述结果还可得出一个重要结论: 并联弹簧的弹性系数等于分弹簧弹性系数之和, 即 $k=k_1+k_2$.

例 19.2 将质量为 m 的小体积重物 (习称摆锤) 悬挂于长为 l 的轻绳 (习称摆线) 的端点上, 二者所组成的摆动系统称为单摆, 如图 19.3 所示. 证明单摆的小角度 ($\leqslant 5°$) 摆动为简谐振动.

证: 由第五章的学习我们知道, 讨论物体的转 (摆) 动问题一般多从力矩的分析入手.

设 t 时刻摆线与铅垂线的夹角为 θ, 由图可见, 此时系统受到的力矩 $M=-mgl\sin\theta$ ("−" 号的由来参见文档). 由于摆角 θ 甚小, 因而有 $\sin\theta=\theta$. 将之代入上式, 得力矩

$$M=-mgl\theta$$

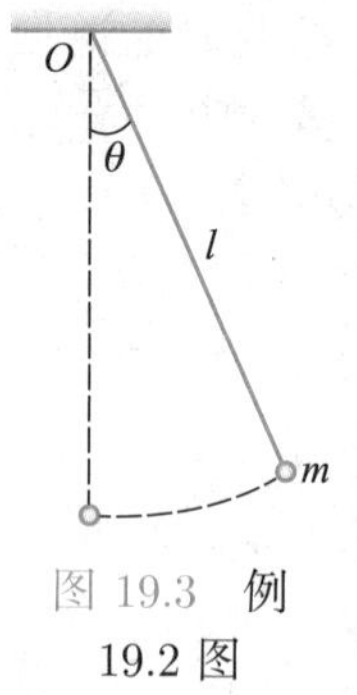

图 19.3 例 19.2 图

注意到单摆对 O 点的转动惯量 $J=ml^2$. 由转动定律 $M=J\dfrac{\mathrm{d}^2\theta}{\mathrm{d}t^2}$ 可得

$$\frac{\mathrm{d}^2\theta}{\mathrm{d}t^2}=-\frac{g}{l}\theta=-\omega^2\theta$$

解之, 得

$$\theta=\theta_0\cos(\omega t+\varphi) \tag{19.5}$$

式中, θ_0, φ 为两积分常量. 式 (19.5) 说明, 单摆的角坐标与时间成余弦关系. 故知单摆的小角度摆动为简谐振动.

由本题的证明可以得出结论: 凡判断物体的摆 (转) 动是否为简谐振动, 关键是看物体受到的力矩是否与物体的角坐标成正比且反号关系, 是则是, 否则非.

19.2 简谐振动的描述

19.2.1 简谐振动的解析描述——描述简谐振动的物理量

从简谐振动的运动学方程 $x=A\cos(\omega t+\varphi)$ 可以看出, 简谐振动可用如下一组物理量来描述.

1. 振幅 A

振动物体离开平衡位置的最大位移的绝对值称为振幅, 用 A 表示, 其单位为 m (米). A 的大小由初始条件 (即 $t=0$ 时振子的位置和速度) 决定: 当 $t=0$ 时, 有

$$x_0=A\cos\varphi,\quad v_0=-\omega A\sin\varphi$$

将二式平方后相加, 得

$$A=\sqrt{x_0^2+\frac{v_0^2}{\omega^2}} \tag{19.6}$$

2. 周期 T 与频率 ν

振动物体做一次完全振动所需的时间称为周期, 用 T 表示, 其单位为 s (秒). 单位时间内物体振动的次数称为频率, 以 ν 表示, 其单位为 Hz (赫兹) 或 s^{-1}.

显然, 频率与周期互为倒数, 即

$$\nu = \frac{1}{T}$$

2π s 内的振动的次数称为角频率, 用

$$\omega = 2\pi\nu = \frac{2\pi}{T}$$

表示. 对于弹簧振子, 其角频率 [参见式 (19.4b)]

$$\omega = \sqrt{\frac{k}{m}} \tag{19.7}$$

3. 相位 $(\omega t+\varphi)$ 与相位差 $\Delta\varphi$

简谐振动方程中的 $(\omega t+\varphi)$ 称为相位, 简称相. 它是描述振子振动状态的物理量, 相位不同, 振子的振动状态也不相同. 例如, 当相位 $\omega t+\varphi=\dfrac{\pi}{2}$ 时, $x=0$, $v=-\omega A$, 此时振子处于坐标原点, 以速率 ωA 向 x 轴负方向振动; 当相位 $\omega t+\varphi=\dfrac{3\pi}{2}$ 时, $x=0, v=\omega A$, 此时振子也处于坐标原点, 但却以速率 ωA 向 x 轴正方向振动. 可见, 相位可作简谐振动状态的表征.

初始时刻 $(t=0)$ 的相位 φ 称为初相位, 简称初相. 其值取决于初始条件: 当 $t=0$ 时, 有

$$x_0 = A\cos\varphi, \quad v_0 = -\omega A\sin\varphi$$

将二式相除, 得

$$\tan\varphi = -\frac{v_0}{\omega x_0} \quad 或 \quad \varphi = \arctan\frac{-v_0}{\omega x_0} \tag{19.8}$$

由于在 $0\sim 2\pi$ 范围内, 同一正切值对应有两个 φ 值, 因此, 仅用式 (19.8) 还不能完全确定 φ, 需要根据对初始条件的分析才能最后确定.

两个简谐振动相位之差称为相位差, 简称相差, 用 $\Delta\varphi$ 表示, 它在讨论简谐振动的运动状态时有着重要的应用. 当两个简谐振动同频率时

$$\Delta\varphi = \varphi_2 - \varphi_1$$

式中, φ_1, φ_2 分别代表两个简谐振动的初相.

当

$$\Delta\varphi = \pm 2k\pi \quad (k=0,1,2,\cdots)$$

时, 则称两简谐振动同相, 其坐标同时达到最大, 又同时达到最小, 且共同向着同

一方向振动.

当

$$\Delta\varphi = \pm(2k+1)\pi \quad (k=0,1,2,\cdots)$$

时, 则称两简谐振动反相, 若一个坐标位置为正最大, 另一个坐标位置则为负最大; 若一个向东运动, 另一个则向西运动.

如果 $\Delta\varphi > 0$, 则表示第二个简谐振动的相位比第一个简谐振动的相位超前 $\Delta\varphi$; 若 $\Delta\varphi < 0$, 则表示第二个简谐振动的相位比第一个简谐振动的相位落后 $\Delta\varphi$.

相位与相位差的单位均为 rad (弧度).

例 19.3 如图 19.4 所示, 将置于光滑水平面上的弹簧振子的一端固定, 然后用手轻轻地压缩一下弹簧后放手任其振动. 证明弹簧振子的振动为简谐振动, 并求其角频率 ω 及周期 T (设弹簧的弹性系数 k 及物块的质量 m 均为已知).

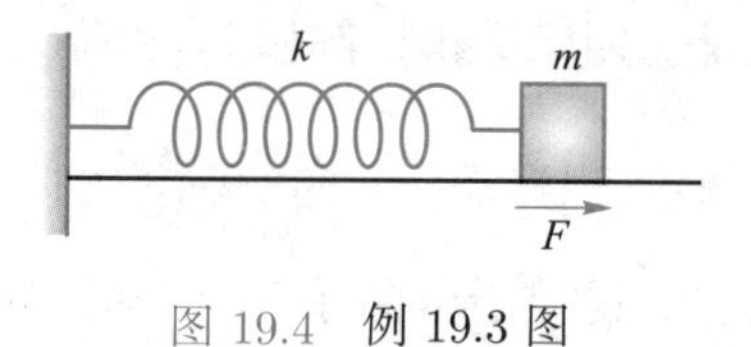

图 19.4 例 19.3 图

解: 由胡克定律可知, 振子的受力

$$F = -kx$$

故知振子的振动为简谐振动.

将振子的牛顿第二定律数学表达式 $\dfrac{\mathrm{d}^2x}{\mathrm{d}t^2} = -\dfrac{kx}{m}$ 与振子简谐振动的微分方程 $\dfrac{\mathrm{d}^2x}{\mathrm{d}t^2} + \omega^2x = 0$ 进行比较即可得到振子振动的角频率

$$\omega = \sqrt{\frac{k}{m}}$$

振子的振动周期

$$T = \frac{2\pi}{\omega} = 2\pi\sqrt{\frac{m}{k}}$$

例 19.4 某谐振子的位移时间曲线如图 19.5 所示, 求其振动方程.

解: 求解振动方程

$$x = A\cos(\omega t + \varphi) \tag{1}$$

的基本方法是设法求出式 (1) 中的物理量 A、ω 及 φ, 然后 “对号入座”, 分别填入.

由图可见, $A=6.0\times10^{-2}$ m.

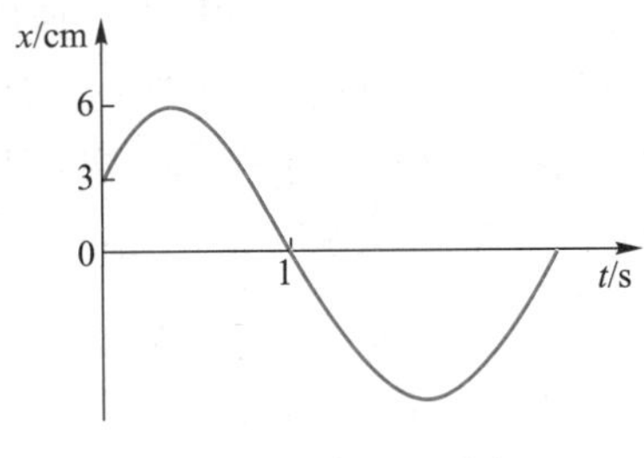

图 19.5 例 19.4 图

由图可知, $t=0$ 时, $x_0=A\cos\varphi=\dfrac{A}{2}$. 故知 $\varphi=\pm\dfrac{1}{3}\pi$. 但此时振子向 x 轴正方向振动, $v_0=-A\omega\sin\varphi>0$. 由此可知,

$$\varphi=-\frac{1}{3}\pi$$

从图中还可看出, $t=1$ s 时, $x_1=A\cos\left(\omega-\dfrac{\pi}{3}\right)=0$, 故知 $\omega-\dfrac{\pi}{3}=\pm\dfrac{\pi}{2}$. 但此时振子向 x 轴负方向振动, $v_1=-A\omega\sin\left(\omega-\dfrac{\pi}{3}\right)<0$, 因而有 $\omega-\dfrac{\pi}{3}=\dfrac{\pi}{2}$. 由此可得 $\omega=\dfrac{\pi}{2}+\dfrac{\pi}{3}=\dfrac{5}{6}\pi$.

将所得 A、ω、φ 之值代入式 (1), 得振子的振动方程

$$x=6\times10^{-2}\cos\left(\frac{5\pi}{6}t-\frac{\pi}{3}\right)\text{ (SI 单位)}$$

19.2.2 简谐振动的几何描述——旋转矢量法

简谐振动除了可用前述的解析方法来描述外, 还可应用几何方法——旋转矢量法来表征. 其特点是简明、直观, 易于理解.

动画 旋转矢量法

如图 19.6 所示, 自 x 轴的端点 O 作一矢量 $\boldsymbol{A}$, 使其大小恰好等于简谐振动的振幅, 并绕 O 点以角速度 ω 逆时针匀速转动, 且初始时 $\boldsymbol{A}$ 与 x 轴的夹角恰为简谐振动的初相 φ, 这样的矢量称为旋转矢量. 于是, t 时刻 $\boldsymbol{A}$ 与 x 轴的夹角便为 $\omega t+\varphi$, 恰为简谐振动的相位, $\boldsymbol{A}$ 的端点 M 在 x 轴上的投影点 P 的坐标

$$x=A\cos(\omega t+\varphi) \qquad (1)$$

图 19.6 旋转矢量

它与简谐振动的定义式 (19.1) 完全相同, 可见, P 点的振动为简谐振动. 这就是说, 用旋转矢量端点投影点的振动完全可以描述简谐振动. 这样的描述方法称为旋转

矢量图示法, 简称旋转矢量法.

利用旋转矢量法还可以表示出简谐振动的周期、速度及加速度.

从图 19.6 可以看出, 旋转矢量 $\boldsymbol{A}$ 每旋转一周, 它的终端在 Ox 轴上的投影点就做一次完全简谐振动, 所以旋转矢量旋转一周所需的时间即简谐振动的周期 T.

对式 (1) 求导一次, 得 P 点的振动速度

$$v=-\omega A\sin(\omega t+\varphi)=\omega A\cos\left(\omega t+\varphi+\frac{\pi}{2}\right)$$

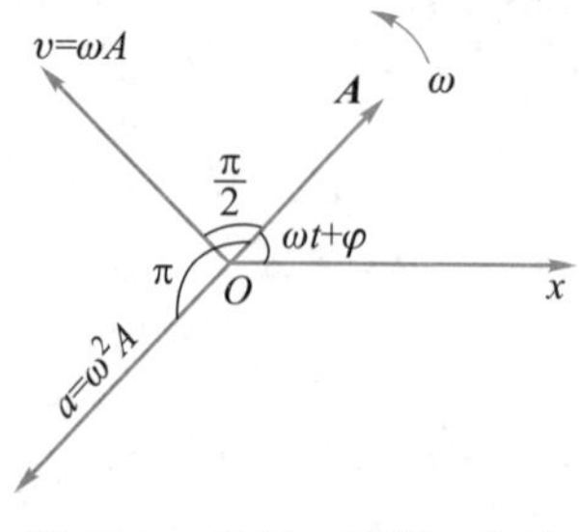

图 19.7 坐标、速度、加速度的图示

这与式 (19.2) 相同. 可见, P 点的速度代表着简谐振动的速度, 且相位超前坐标 x 为 $\dfrac{\pi}{2}$, 位于 $\boldsymbol{A}$ 的左前方, 如图 19.7 所示.

对式 (1) 求导二次, 得 P 点的加速度

$$a=-\omega^2A\cos(\omega t+\varphi)=\omega^2A\cos(\omega t+\varphi+\pi)$$

这与式 (19.3) 相同, 可见 P 点的加速度代表着简谐振动的加速度, 且相位超前坐标 x 为 π, 为一法向加速度, 位于 $\boldsymbol{A}$ 的反方向, 如图 19.7 所示.

从上述讨论可以看出, 用旋转矢量法求解简谐振动大致可分两步进行:

(1) 用旋转矢量 $\boldsymbol{A}$ 图示 x;

(2) 看图, 并据题作答.

例 19.5 一弹簧振子沿 x 轴做简谐振动, 其振幅为 A, 周期 $T=3.0\ \text{s}$. 现以振子的平衡位置为坐标原点, 求振子经过下述各段路程所需的时间:

(1) 由 $x=A$ 处振动到 $\dfrac{A}{2}$ 处;

(2) 由 $x=\dfrac{A}{2}$ 处第一次回到平衡位置.

解: 为简便计, 在 $x=A$ 处开始计时, 则 $\varphi=0$, 这时的振动方程为

$$x=A\cos(\omega t+\varphi)=A\cos\frac{2\pi t}{T}$$

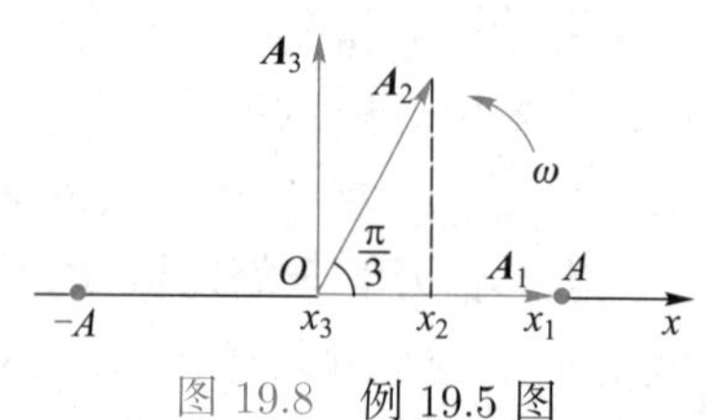

图 19.8 例 19.5 图

由题意知, $x_1=A=A\cos 0$, $x_2=\dfrac{A}{2}=A\cos\dfrac{\pi}{3}$, $x_3=0=A\cos\dfrac{\pi}{2}$, 它们的旋转矢量 $\boldsymbol{A}_1$、$\boldsymbol{A}_2$、$\boldsymbol{A}_3$ 如图 19.8 所示.

(1) 由图可知, 从 $\boldsymbol{A}_1$ 转到 $\boldsymbol{A}_2$ 需要转过 $\pi/3$ 的角度, 故所需时间

$$t_1=\frac{\Delta\varphi}{\omega}=\frac{\pi/3}{2\pi/T}=\frac{T}{6}=\frac{3.0}{6}\ \text{s}=0.5\ \text{s}$$

(2) 由图可见, 振子从 $\dfrac{A}{2}$ 处振动到 O 处所转过的角度 $\Delta\varphi=\dfrac{\pi}{6}$, 故所需时间

$$t_2 = \frac{\Delta\varphi}{\omega} = \frac{\pi/6}{2\pi/T} = \frac{T}{12} = \frac{3.0}{12}\ \mathrm{s} = 0.25\ \mathrm{s}$$

不用旋转矢量法同样可以求解本题. 不过其过程要繁杂得多, 有兴趣的读者可以自己试一试.

例 19.6 两质点在 x 轴上做同方向、同振幅的简谐振动, 其周期均为 8.0 s, 当 $t=0$ 时, 质点 1 在 $\frac{\sqrt{2}}{2}A$ 处, 向 x 轴负方向振动, 而质点 2 在 $-A$ 处. 用旋转矢量法求两个简谐振动的相位差及两个质点第一次经过平衡位置的时间.

解: 设两个简谐振动的运动学方程分别为

$$x_1 = A_1\cos(\omega_1 t + \varphi_1)$$
$$x_2 = A_2\cos(\omega_2 t + \varphi_2)$$

由题意知, $A_1 = A_2 = A$, $\omega_1 = \omega_2 = \frac{2\pi}{T}\ \mathrm{rad\cdot s^{-1}} = \frac{2\pi}{8}\ \mathrm{rad\cdot s^{-1}} = \frac{\pi}{4}\ \mathrm{rad\cdot s^{-1}}$; 由初始条件 $t=0$, $x_{10} = A\cos\varphi_1 = \frac{\sqrt{2}}{2}A$ 知, $\varphi_1 = \arccos\frac{\sqrt{2}}{2} = \frac{\pi}{4}$ 或 $\frac{7}{4}\pi$, 但此时质点向 x 轴负方向振动, $v_{10} = -A\omega\sin\varphi_1 < 0$, 故知 $\varphi_1 = \frac{\pi}{4}$; 再由初始条件 $t=0$ 时, $x_{20} = A\cos\varphi_2 = -A$ 知, $\varphi_2 = \pi$. 根据以上数据可以作出两振动的旋转矢量 $\boldsymbol{A}_1$、$\boldsymbol{A}_2$, 如图 19.9 所示.

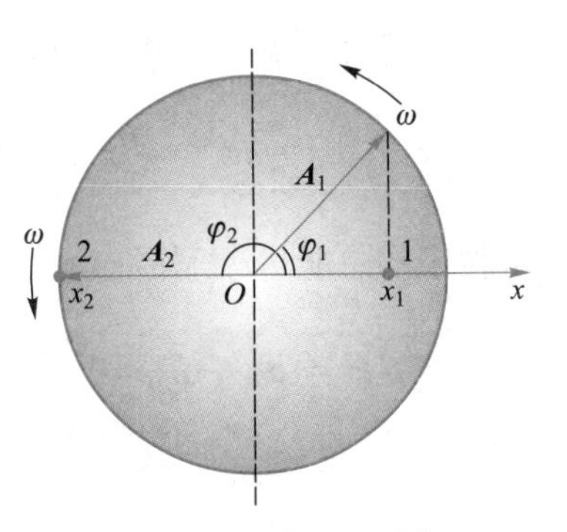

图 19.9 例 19.6 图

从图 19.9 可以看出, 两振动的相位差

$$\Delta\varphi = \varphi_2 - \varphi_1 = \pi - \frac{\pi}{4} = \frac{3}{4}\pi$$

质点 1 第一次经过平衡位置时 $\boldsymbol{A}_1$ 需要转过的角度

$$\Delta\varphi_1 = \frac{\pi}{2} - \frac{\pi}{4} = \frac{\pi}{4}$$

需要经历的时间

$$\Delta t_1 = \frac{\Delta\varphi_1}{\omega} = \frac{\pi/4}{\pi/4}\ \mathrm{s} = 1\ \mathrm{s}$$

质点 2 第一次经过平衡位置时 $\boldsymbol{A}_2$ 需要转过的角度

$$\Delta\varphi_2 = \frac{3}{2}\pi - \pi = \frac{\pi}{2}$$

需要经历的时间

$$\Delta t_2 = \frac{\Delta\varphi_2}{\omega} = \frac{\pi/2}{\pi/4}\ \mathrm{s} = 2\ \mathrm{s}$$

19.3 简谐振动的能量

动画 简谐振动的能量

下面以水平方向振动的弹簧振子为例来具体讨论简谐振动的能量问题.

如图 19.4 所示, 设弹簧振子的质量为 m, 弹性系数为 k, t 时刻物块所在的位置坐标 (发生的相对位移) 为 $x[=A\cos(\omega t+\varphi)]$, 速度为 $v[=-A\omega\sin(\omega t+\varphi)]$, 则振子的动能

$$E_{\mathrm{k}} = \frac{1}{2}mv^2 = \frac{1}{2}m\omega^2A^2\sin^2(\omega t+\varphi) \tag{19.9a}$$

取坐标原点 $x=0$ 处为势能零点, 并注意到 $k=m\omega^2$, 则振子的弹性势能

$$E_{\mathrm{p}} = \frac{1}{2}kx^2 = \frac{1}{2}kA^2\cos^2(\omega t+\varphi) = \frac{1}{2}m\omega^2A^2\cos^2(\omega t+\varphi) \tag{19.9b}$$

故振子的总能量 (机械能)

$$\begin{aligned} E = E_{\mathrm{k}} + E_{\mathrm{p}} &= \frac{1}{2}m\omega^2A^2\sin^2(\omega t+\varphi) + \frac{1}{2}m\omega^2A^2\cos^2(\omega t+\varphi) \\ &= \frac{1}{2}m\omega^2A^2 = \frac{1}{2}kA^2 \end{aligned} \tag{19.9c}$$

从式 (19.9) 可以看出, **振子动能和势能的大小均与振幅 A 的平方成正比, 并随时间而变化, 且互为补偿: 动能大时势能小, 动能小时势能大.**

从式 (19.9) 还可看出, **虽然振子的动能和势能均随时间而变化, 但振子的总能量 (机械能) 却始终是不变的, 守恒的**, 如图 19.10 所示. 这主要是由于弹簧振子只有保守内力 (弹性力) 做功.

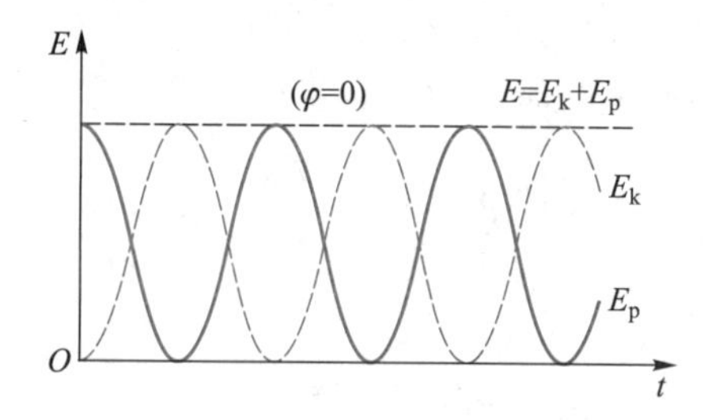

图 19.10 简谐振动的能量

容易证明, 简谐振动一周期内的平均动能与平均势能相等, 其值为总能量的一半, 即

$$\overline{E}_{\mathrm{k}} = \overline{E}_{\mathrm{p}} = \frac{E}{2} = \frac{1}{4}kA^2 \tag{19.10}$$

例 19.7 一质量为 0.2 kg 的物体, 以 5×10^{-2} m 的振幅做简谐振动, 其最大速率为 $1.0\ \mathrm{m\cdot s^{-1}}$. 求:

(1) 物体振动的总能量;

(2) 动能、势能相等处物体的位置坐标 (位移).

解: (1) 由简谐振动的动能和势能之“互补性”可以推知, 物体振动的总能量 E 与物体的最大动能 $E_{\mathrm{k,max}}$ 相等, 即

$$E = E_{\mathrm{k,max}} = \frac{1}{2}mv_{\max}^2 = \frac{1}{2}\times0.2\times1.0^2\ \mathrm{J} = 0.1\ \mathrm{J}$$

(2) 由势能的概念 $E_{\mathrm{p}} = \dfrac{1}{2}kx^2 = \dfrac{1}{2}m\omega^2x^2$ 可得

$$x^2 = \frac{2E_{\mathrm{p}}}{m\omega^2} \tag{1}$$

由最大速度的概念 $v_{\max} = A\omega$ 可得

$$\omega = \frac{v_{\max}}{A} \tag{2}$$

将式 (2) 代入式 (1), 得

$$x^2 = \frac{2A^2E_{\mathrm{p}}}{mv_{\max}^2} \tag{3}$$

将题给条件 $E_{\mathrm{p}} = E_{\mathrm{k}} = \dfrac{E}{2}$ 及 $A = 0.05\ \mathrm{m}$, $v_{\max} = 1.0\ \mathrm{m\cdot s^{-1}}$, $m = 0.2\ \mathrm{kg}$ 及解 (1) 之结果 $E = 0.1\ \mathrm{J}$ 代入式 (3), 得

$$x^2 = \frac{2\times0.05^2\times0.05}{0.2\times1.0^2}\ \mathrm{m^2} = 0.001\ 25\ \mathrm{m^2}$$

解之, 得

$$x = \pm3.5\times10^{-2}\ \mathrm{m}$$

19.4 简谐振动的合成

19.4.1 两个同方向、同频率的简谐振动的合成

设一质点同时参与两个同方向、同频率的简谐振动, 其振动方程分别为

$$x_1 = A_1 \cos(\omega t + \varphi_1)$$
$$x_2 = A_2 \cos(\omega t + \varphi_2)$$

动画 同向同频简谐振动的合成

其合成振动的位移 (位置坐标)

$$x = x_1 + x_2 = A_1 \cos(\omega t + \varphi_1) + A_2 \cos(\omega t + \varphi_2)$$

其结果既可用三角函数法 (将 x_1、x_2 按两个角之和的三角函数展开后合并) 来求解, 也可用旋转矢量合成法来获得. 本节先讨论后一种方法, 而前一种方法将在 19.4.2 中介绍.

如图 19.11 所示, 令矢量 $\boldsymbol{A}_1$、$\boldsymbol{A}_2$ 分别图示 x_1、x_2. 以 $\boldsymbol{A}_1$、$\boldsymbol{A}_2$ 为邻边, 作 $\varLambda OM_1MM_2$, 设其对角线矢量 $\boldsymbol{A}$ 之端点 M 在 x 轴上的投影点 P 之坐标为 x. 由图 19.11 可见

$$\begin{aligned} x &= x_1 + x_2 = A_1 \cos(\omega t + \varphi_1) + A_2 \cos(\omega t + \varphi_2) \\ &= A \cos(\omega t + \varphi) \end{aligned}$$

这就是说, $\boldsymbol{A}$ 之端点 M 在 x 轴之投影点 P 的振动, 代表了两个同方向、同频率的简谐振动的合成, 其结果仍为一简谐振动, 且与分振动 x_1、x_2 同频率; 矢量 $\boldsymbol{A}$ 即合成振动的旋转矢量, 其大小可由 $\triangle OM_1M$ 的边角关系求出.

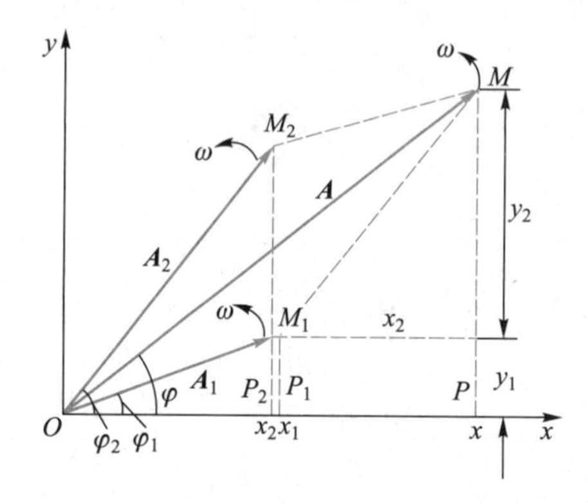

图 19.11 两个同方向、同频率的简谐振动的合成

在 $\triangle OM_1M$ 中应用余弦定理可以求出合成振动的振幅

$$A = \sqrt{A_1^2 + A_2^2 + 2A_1A_2\cos(\varphi_2 - \varphi_1)} \tag{19.11}$$

在 $\triangle OPM$ 中应用边角关系可以求出合成振动的初相

$$\varphi = \arctan\frac{y}{x} = \arctan\frac{y_1 + y_2}{x_1 + x_2} = \arctan\frac{A_1\sin\varphi_1 + A_2\sin\varphi_2}{A_1\cos\varphi_1 + A_2\cos\varphi_2} \tag{19.12}$$

顺便指出, 由式 (19.12) 得出的 φ 值共有两个, 必须“由二择一”进行取舍,

其原则是 φ 必处于 φ_1、φ_2 之间 (参见图 19.11): 于内则取, 于外则舍.

对于两个同方向、同频率的简谐振动的合成, 重要的是判定合成后的振动是相长了还是相消了, 这主要取决于合振幅 A 的长消. 下面仅讨论两种特殊情况, 它们在以后研究机械波和光波的干涉、衍射等问题中均有重要应用.

(1) 若两个分振动同相位, 即

$$\varphi_2-\varphi_1=\pm 2k\pi\ (k=0,1,2,\cdots)$$

则 $\cos(\varphi_2-\varphi_1)=1$, 合振幅

$$A=\sqrt{A_1^2+A_2^2+2A_1A_2}=A_1+A_2$$

为两个分振动的振幅之和, 是合振幅可能达到的最大值, 表明两振动合成后相长. 如果 $A_1=A_2$, 则合振幅 $A=2A_1$.

(2) 若两个分振动的相位相反, 即

$$\varphi_2-\varphi_1=\pm(2k+1)\pi\ (k=0,1,2,\cdots)$$

则 $\cos(\varphi_2-\varphi_1)=-1$, 合振幅

$$A=\sqrt{A_1^2+A_2^2-2A_1A_2}=|A_1-A_2|$$

为两个分振动振幅之差的绝对值 (A 恒为正), 是合振幅可能达到的最小值, 表明两个分振动相消. 如果 $A_1=A_2$, 则合振幅 $A=0$, 质点处于静止状态.

例 19.8 已知两个同方向、同频率的简谐振动的振动方程分别为

$$x_1=0.05\cos\left(10t+\frac{3}{5}\pi\right)$$

$$x_2=0.06\cos\left(10t+\frac{1}{5}\pi\right)$$

式中, x 以 m 为单位, t 以 s 为单位. 求合成后的振动方程.

解: 前已说明, 两个同方向、同频率的简谐振动的合成, 其结果仍为一同频率的简谐振动, 其方程可设为

$$x=A\cos(10t+\varphi) \tag{1}$$

因此, 求解本题的关键就是要先设法求出 A、φ, 然后再代入式 (1).

将题给条件 $A_1=0.05\ \text{m}$, $\varphi_1=\dfrac{3}{5}\pi$; $A_2=0.06\ \text{m}$, $\varphi_2=\dfrac{1}{5}\pi$ 代入式 (19.11), 得合振动的振幅

$$A=\sqrt{A_1^2+A_2^2+2A_1A_2\cos(\varphi_2-\varphi_1)}$$

$$= \sqrt{0.05^2 + 0.06^2 + 2 \times 0.05 \times 0.06 \cos\left(-\frac{2}{5}\pi\right)}\ \mathrm{m}$$

$$= 8.92 \times 10^{-2}\ \mathrm{m} \approx 0.09\ \mathrm{m}$$

代入式 (19.12), 得合振动的初相

$$\begin{aligned}\varphi &= \arctan \frac{A_1 \sin\varphi_1 + A_2 \sin\varphi_2}{A_1 \cos\varphi_1 + A_2 \cos\varphi_2} \\ &= \arctan \frac{0.05 \sin\frac{3}{5}\pi + 0.06 \sin\frac{\pi}{5}}{0.05 \cos\frac{3}{5}\pi + 0.06 \cos\frac{\pi}{5}} \\ &= \arctan 2.503 = 68^\circ 13' \text{ 或 } 248^\circ 13'\end{aligned}$$

由于 $248^\circ 13'$ 既大于 $\varphi_1 \left(\dfrac{3\pi}{5}\right)$, 也大于 $\varphi_2 \left(\dfrac{\pi}{5}\right)$, 属于 “于外则舍” 的对象, 故知合振动的初相 $\varphi = 68^\circ 13'$. 将 A、φ 之值代入式 (1), 得合振动的振动方程

$$x = 0.09 \cos(10t + 68^\circ 13')$$

19.4.2 两个同方向、不同频率的简谐振动的合成 拍

如果两个同方向、不同频率的简谐振动同时作用在一个质点上, 则其合成振动较为复杂, 这里只讨论两个简谐振动的频率之差不大 (即 $\omega_1 + \omega_2 \gg \omega_2 - \omega_1$), 且振幅相等 (即 $A_1 = A_2 = A$) 的特殊情况. 为简便起见, 我们在两个分振动都达到正向最大位置时开始计时, 这样, 两个简谐振动的初相均为 0, 其振动学方程便分别为

$$x_1 = A \cos\omega_1 t = A \cos 2\pi\nu_1 t$$

$$x_2 = A \cos\omega_2 t = A \cos 2\pi\nu_2 t$$

其合成图形的 $x - t$ 图如图 19.12 所示.

利用三角函数的和差化积公式可以得到两个简谐振动 x_1、x_2 的合成

$$\begin{aligned}x &= x_1 + x_2 = A \cos 2\pi\nu_1 t + A \cos 2\pi\nu_2 t \\ &= A' \cos 2\pi \frac{\nu_2 + \nu_1}{2} t \qquad (19.13\text{a})\end{aligned}$$

式中

$$A' = 2A \cos 2\pi \frac{\nu_2 - \nu_1}{2} t \qquad (19.13\text{b})$$

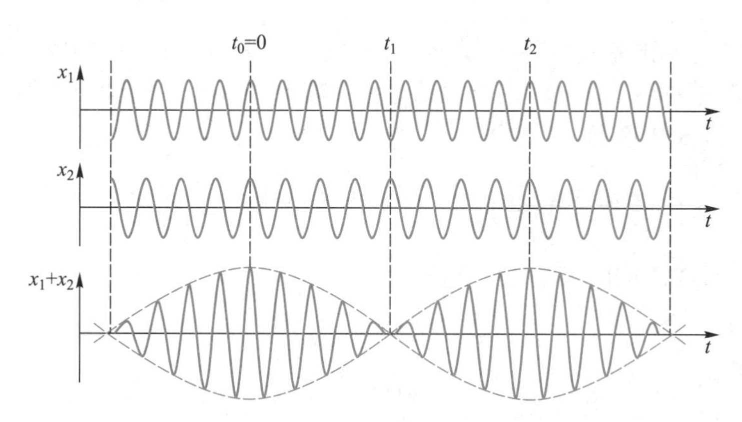

图 19.12 两个同方向、不同频率的简谐振动的合成

由于 $(\nu_2+\nu_1)\gg(\nu_2-\nu_1)$, 所以, 式 **(19.13a)** 中的振幅 A' 的变化是缓慢的, 周期的. 这样的现象称为拍, 这样的 A' 称为拍振幅. 其中, 出现相邻两个拍振幅极大 (或极小) 所经历的时间称为拍周期, 用 T' 表示; 单位时间内出现拍振幅极大 (或极小) 值的次数 (拍周期的倒数) 称为拍频, 用 ν' 表示. 它们与频率差 $\nu_2-\nu_1$ 的关系很容易利用 T'、ν' 的概念导出来.

由于拍 (合) 振幅 A' 只能取正值, 所以, A' 变化一个周期就相当于相位增加了一个 π, 因而有

$$\cos\left[2\pi\frac{\nu_2-\nu_1}{2}(t+T')\right]=\cos\left(2\pi\frac{\nu_2-\nu_1}{2}t+\pi\right)$$

故有

$$2\pi\frac{\nu_2-\nu_1}{2}T'=\pi$$

由此可得拍周期

$$T'=\frac{1}{\nu_2-\nu_1} \tag{19.14}$$

由周期与频率互为倒数可得拍频

$$\nu'=\frac{1}{T'}=\nu_2-\nu_1 \tag{19.15}$$

由于频差 $\nu_2-\nu_1$ 一般很小, 因此, 拍频 ν' 之值一般不大.

拍现象在科学技术中有着广泛的应用. 例如在声学中, 利用拍现象来校正乐器: 让标准音叉 (参见图 19.13) 与待调校的钢琴某一键同时发音, 若出现拍音 (声音或大或小且周期变化), 就表示该键频率与标准音叉的频率有差异, 调整该键频率直到拍音消失, 该键频率就被校准了. 在电子技术中

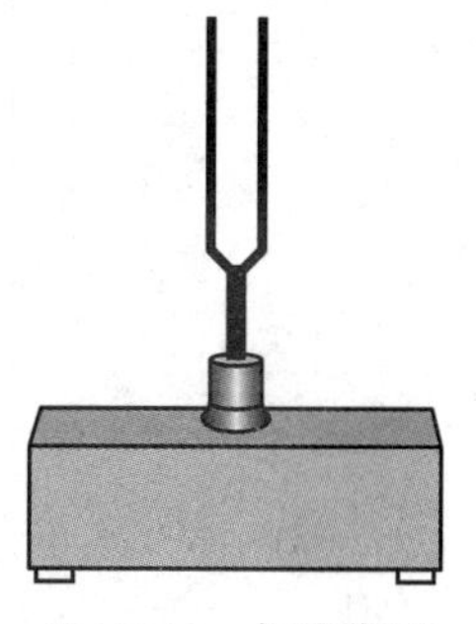

图 19.13 标准音叉

拍现象还用来制造差频振荡器, 以产生极低频率的电磁振荡. 拍现象还可以用来测量未知频率: 将一已知频率的振动与另一频率相近但未知的振动叠加, 测出拍频, 即可得到未知频率.

*19.4.3 两个相互垂直、频率相同的简谐振动的合成

动画 两个相互垂直简谐振动的合成

设两个分振动的振动方程分别为

$$x = A_1 \cos(\omega t + \varphi_1)$$
$$y = A_2 \cos(\omega t + \varphi_2)$$

从中消去 t, 便得到质点振动的轨迹方程

$$\frac{x^2}{A_1^2} + \frac{y^2}{A_2^2} - 2\frac{xy}{A_1A_2}\cos(\varphi_2 - \varphi_1) = \sin^2(\varphi_2 - \varphi_1) \tag{19.16}$$

这是一个椭圆方程, 它表明, 两个相互垂直的同频率的简谐振动的合成为一椭圆. 下面讨论几种特殊情况.

(1) $\varphi_2 - \varphi_1 = \pm 2k\pi\ (k = 0, 1, 2, \cdots)$, 即两个分振动同相位, 由式 (19.16) 可得

$$y = \frac{A_2}{A_1}x$$

这表明, 质点的振动轨迹是一条直线, 其斜率为两个分振动的振幅之比. 如图 19.14(a) 所示, 在某一时刻 t 质点的位矢 $\boldsymbol{r}$ 的大小

$$r = \sqrt{x^2 + y^2} = \sqrt{A_1^2 + A_2^2}\cos(\omega t + \varphi)$$

这表明, 质点仍做简谐振动, 其角频率为 ω, 振幅为 $\sqrt{A_1^2 + A_2^2}$.

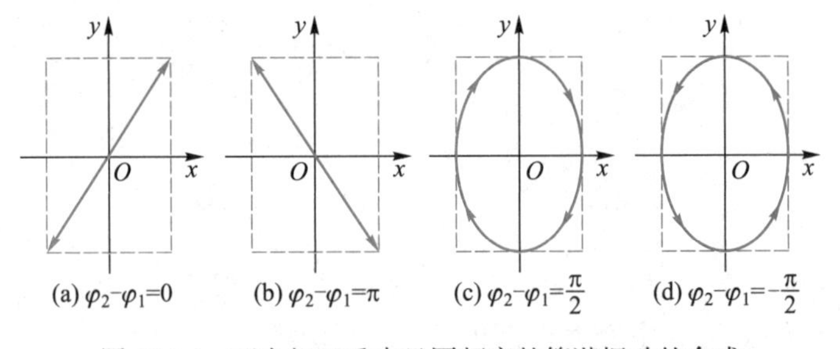

图 19.14 两个相互垂直且同频率的简谐振动的合成

(2) $\varphi_2 - \varphi_1 = \pm(2k+1)\pi\ (k = 0, 1, 2, \cdots)$, 即两个分振动反相. 由式 (19.16) 可得

$$y=-\frac{A_2}{A_1}x$$

这表明, 质点仍在直线上做简谐振动, 其斜率为 $-\dfrac{A_2}{A_1}$, 其角频率、振幅与情况 (1) 相同, 如图 19.14(b) 所示.

(3) $\varphi_2-\varphi_1=\dfrac{\pi}{2}$. 由式 (19.16) 可得

$$\frac{x^2}{A_1^2}+\frac{y^2}{A_2^2}=1$$

即质点的振动轨迹为以坐标轴为主轴, 半长轴为 A_1, 半短轴为 A_2 的椭圆, 如图 19.14(c) 所示, 椭圆上的箭头表示质点振动的方向. 若 $\varphi_2-\varphi_1=-\dfrac{\pi}{2}\left(或\ \dfrac{3}{2}\pi\right)$, 则质点的轨迹仍如上述为椭圆, 只是振动方向与前者相反, 如图 19.14(d) 所示.

*19.4.4 两个相互垂直且频率成整数比的简谐振动的合成

从以上的讨论可以看出, 两个相互垂直的简谐振动的合成是相当复杂的, 它们既与分振动的频率 ω_1、ω_2 有关, 也与分振动的初相差 $\varphi_2-\varphi_1$ 有关. 只有那些频率比为整数, 相差为特殊角的合成振动, 才能观察到其稳定的轨迹图形, 这样的图形称为李萨如图形. 图 19.15 给出的是几个较为简单的合成例子, 以使读者能对李萨如图形有一大致的了解, 一般的示波器中均可观测到这样的图形. 图 19.16 给出的仅为其中的一种.

李萨如图形在科学技术中有着广泛的应用. 例如, 在已知某一振动频率的情况下, 可以根据图形来推知另一振动的频率, 也可利用图形来推知两个振动的相位关系等.

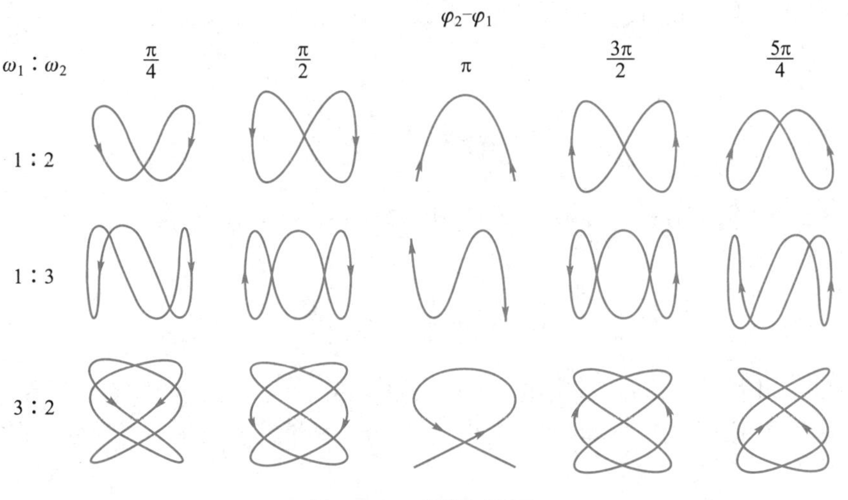

图 19.15 李萨如图形

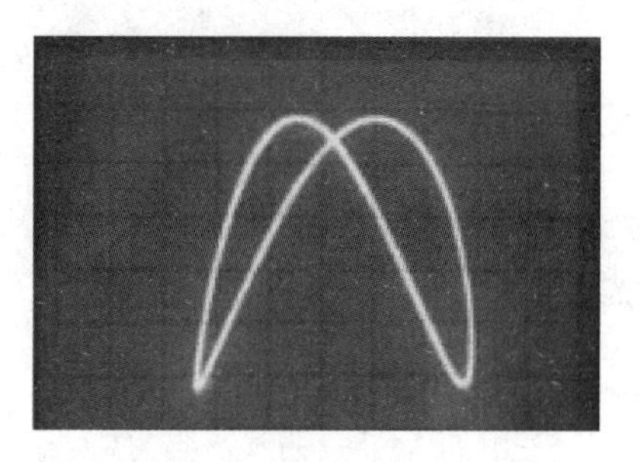

图 19.16 示波器中的李萨如图形

*19.5 阻尼振动 受迫振动 共振

19.5.1 阻尼振动

前面所讨论的简谐振动是一种无阻力的理想振动. 实际上, 系统振动时阻力是不可避免的. 若不及时向系统提供能量补充, 则系统的能量 (或振幅) 会逐渐减少, 直至振动停止. 这样的现象称为阻尼, 这样的振动称为阻尼振动.

阻尼振动的形成主要有两种原因: 一是由于振动系统的摩擦阻力做的功转化成热, 使系统的机械能减少; 二是由于振动系统与周围介质的相互作用, 导致系统的能量向外辐射, 减少了机械能. 本节主要讨论第一种情况引起的阻尼振动.

下面以弹簧振子为例来讨论.

我们知道, 在振动速率不太大时, 摩擦力的大小与速率成正比, 即

$$F=-\gamma v=-\gamma\frac{\mathrm{d}x}{\mathrm{d}t}$$

式中, γ 为阻力系数, 负号表示阻力与速度反向. 这时振子受力为 $-kx-\gamma\dfrac{\mathrm{d}x}{\mathrm{d}t}$, 动力学方程为

$$m\frac{\mathrm{d}^2x}{\mathrm{d}t^2}=-kx-\gamma\frac{\mathrm{d}x}{\mathrm{d}t}$$

令 $\dfrac{k}{m}=\omega_0^2$, $\dfrac{\gamma}{m}=2\beta$, 将之代入上式, 整理后得

$$\frac{\mathrm{d}^2x}{\mathrm{d}t^2}+2\beta\frac{\mathrm{d}x}{\mathrm{d}t}+\omega_0^2x=0 \tag{19.17}$$

这是一个二阶线性常系数齐次微分方程, 式中, ω_0 为振动系统的固有角频率, β 称为阻尼系数. 根据 β 与 ω_0 的相对大小, 下面分三种情况来讨论上述微分方程的解.

1. $\beta<\omega_0$, 欠阻尼

这时, 方程 (19.17) 的通解

$$x = A_0 e^{-\beta t}\cos(\omega t+\varphi_0) \tag{19.18}$$

式中, A_0 和 φ_0 为积分常量, 其值取决于初始状态; ω 为振动的角频率, 它与系统的固有角频率 ω_0 的关系为 $\omega=\sqrt{\omega_0^2-\beta^2}$; $A_0 e^{-\beta t}$ 为阻尼振动的振幅, 其值随时间的增大而减小, 当 β 很小时, $e^{-\beta t}\to 1$, 这种情况称为欠阻尼, 这时振幅 $A_0 e^{-\beta t}$ 衰减很慢, 式 (19.18) 表示的振动可视为简谐振动, 如图 19.17 中的曲线 a 所示.

2. $\beta=\omega_0$, 临界阻尼

这时, 方程 (19.17) 的通解为

$$x=(A+Bt)e^{-\beta t} \tag{19.19}$$

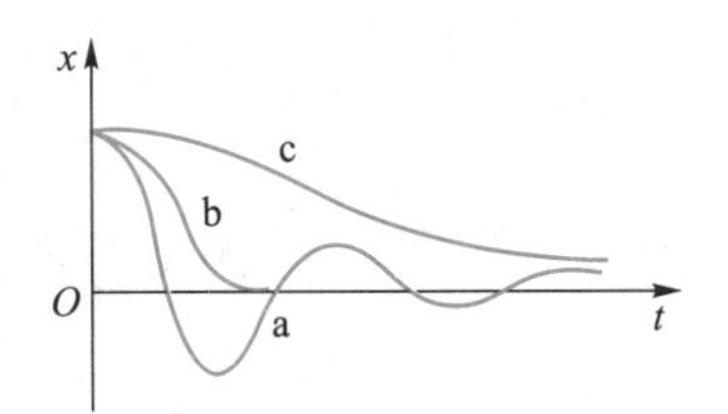

图 19.17 三种阻尼曲线

式中, A、B 为积分常量. 在这种情况下, 阻尼的大小恰好使振子开始做非周期振动, 这种情况称为临界阻尼, 如图 19.17 中的曲线 b 所示. 从图中可以看出, 当振动处于临界阻尼状态时, 系统从开始振动到静止 $(x=0)$ 所经过的时间最短.

3. $\beta>\omega_0$, 过阻尼

这时, 方程 (19.17) 的通解为

$$x = C e^{(-\beta+\sqrt{\beta^2-\omega_0^2})t} + D e^{(-\beta-\sqrt{\beta^2-\omega_0^2})t} \tag{19.20}$$

式中, C、D 为积分常量, 此时, 振子从开始的最大位置缓慢地回到平衡位置, 而不能做周期振动, 这种情况称为过阻尼, 如图 19.17 中的曲线 c 所示.

阻尼在工程技术中有着重要的应用. 例如, 在某些精密仪器 [如陀螺经纬仪、灵敏电流计、精密天平 (参见图 19.18) 等] 中常常附有阻尼装置, 如果我们能使仪器的偏转系统处在临界阻尼状态下工作, 便可扼制仪器的振动, 减少操作时间, 以

图 19.18 精密天平

便尽快进行读数.

19.5.2 受迫振动 共振

在实际振动中, 阻尼是不可避免的, 要维持系统做等幅振动, 则必须对系统施加周期性的驱动力, 以使系统的振幅不随时间衰减. 系统在周期性驱动力的作用下所做的等幅振动称为受迫振动.

如果一个振动系统在弹性力 $-kx$, 阻力 $-\gamma v$ 和周期性驱动力 $F_0\cos\omega_{\mathrm{p}}t$ (其中 F_0 是驱动力的幅值, ω_{p} 是驱动力的角频率) 的作用下做受迫振动, 则其动力学方程为

$$m\frac{\mathrm{d}^2x}{\mathrm{d}t^2}=-kx-\gamma\frac{\mathrm{d}x}{\mathrm{d}t}+F_0\cos\omega_{\mathrm{p}}t$$

令 $f_0=\dfrac{F_0}{m}$, 代入上式后整理, 得

$$\frac{\mathrm{d}^2x}{\mathrm{d}t^2}+2\beta\frac{\mathrm{d}x}{\mathrm{d}t}+\omega_0^2x=f_0\cos\omega_{\mathrm{p}}t$$

此式即为受迫振动的微分方程. 其解

$$x=A_0\mathrm{e}^{-\beta t}\cos(\omega t+\varphi_0)+A\cos(\omega_{\mathrm{p}}t+\varphi) \tag{19.21}$$

从式 (19.21) 可以看出, 受迫振动是由阻尼振动与简谐振动两部分合成的. 开始振动时, 系统的振动情况很复杂, 经过一段时间后, 阻尼振动部分衰减到可以忽略不计时, 振动便达到稳定状态 [即只剩下式 (19.21) 的第二项]. 此时的振动方程为

$$x=A\cos(\omega_{\mathrm{p}}t+\varphi)$$

这说明, 经过一定时间后的受迫振动可以视为简谐振动. 其频率为周期性驱动力的频率; 其振幅 A 及初相 φ 分别为

$$A=\frac{f_0}{\sqrt{(\omega_0^2-\omega_{\mathrm{p}}^2)^2+4\beta^2\omega_{\mathrm{p}}^2}} \tag{19.22}$$

$$\varphi=\arctan\frac{-2\beta\omega_{\mathrm{p}}}{\omega_0^2-\omega_{\mathrm{p}}^2} \tag{19.23}$$

受迫振动的振幅 A 与周期性驱动力的角频率 ω_{p}、阻尼系数 β 及振动系统的固有角频率 ω_0 均有关. 图 19.19 是根据式 (19.22) 作出的 A–ω_{p} 曲线, 图中不同的 β 值对应不同的曲线. 如果驱动力的角频率已定, 则系统的 β 值较大者对应的 A 值较小; 如果系统的阻尼已定, 则当驱动力的角频率与系统的固有角频率相

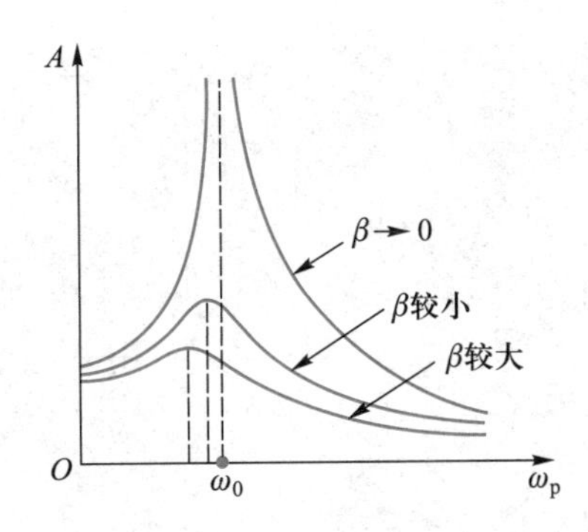

图 19.19 受迫振动的 A–ω_p 线

差很大 (即 $\omega_\mathrm{p} \gg \omega_0$ 或 $\omega_\mathrm{p} \ll \omega_0$) 时, 从图中可以看出, 受迫振动的振幅较小; **当驱动力的角频率 $\omega_\mathrm{p} = \sqrt{\omega_0^2 - 2\beta^2}$ 时, 受迫振动的振幅出现极大值①, 这样的现象称为共振. $\omega_\mathrm{p} = \sqrt{\omega_0^2 - 2\beta^2}$ 称为共振角频率.** 将此值代入式 (19.22), 得共振时的振幅

$$A = \frac{f_0}{2\beta\sqrt{\omega_0^2 - \beta^2}}$$

由此可见, 阻尼系数 β 越小, 共振时的振幅越大, 共振越剧烈. 从理论上讲, 如果阻尼系数为零 (或 $\beta^2 \ll \omega_0^2$), 则共振频率 $\omega_\mathrm{p} = \omega_0$, 即周期性驱动力的频率与系统的固有频率如果相同, 则将引起共振, 使振幅 A 趋于无限大. 但实际上, β 不可能为零, 共振振幅也不可能为无限大.

共振有利有弊, 既要注意利用, 又要注意防范.

在日常生活中, 利用共振的事例很多. 例如, 在收音机和电视机中设置调谐电路以达到接收信号的目的; 在某些体检项目中应用核磁共振仪以达到精准测定器官病变的效果 (参见考章首图), 这些都是利用共振的很好案例.

视频 虎门大桥的抖动

在工程实践中防止共振造成破坏的事例也不少. 例如, 2021 年 5 月, 深圳赛格大厦 (参见图 19.20) 就曾多次发生桅杆风导致的涡激共振, 大厦多次发生摇晃, 危及大厦安全, 后通过拆除桅杆等措施, 大厦很快便转危为安. 又如 2020 年 5 月, 广东虎门大桥发生水马风致涡激共振, 使大桥多次发生桥面抖动 (参见视频), 危及大桥安全, 后在移除水马后亦转危为安.

视频 塔科马桥的垮塌

但是, 美国的塔科马桥就没有这么幸运了. 它于 1940 年 7 月建成并通车, 4 个月后在涡激共振的作用下, 抖动了几天便就垮塌了 (参见视频). 所幸无人员伤亡, 实属不幸之中的万幸了.

---

① 将式 (19.22) 对 ω_p 求导, 并令其导数等于零, 即

$$\frac{\mathrm{d}A}{\mathrm{d}\omega_\mathrm{p}} = \frac{2\omega_\mathrm{p} f_0}{[(\omega_0^2 - \omega_\mathrm{p}^2)^2 + 4\beta^2\omega_\mathrm{p}^2]^{3/2}}(\omega_0^2 - 2\beta^2 - \omega_\mathrm{p}^2) = 0$$

由此解得 $\omega_\mathrm{p} = \sqrt{\omega_0^2 - 2\beta^2}$, 这时受迫振动的振幅有极大值.

图 19.20 深圳赛格大厦

*19.6 非线性振动

如果一个变量 y 与另一变量 x 的一次方成正比, 即

$$y = ax + b \tag{1}$$

这时就说 y 与 x 呈线性函数关系, 简称线性关系, 它在 $y-x$ 图上为一直线, 式 (1) 则称线性方程.

如果 y 与 x 的高于 2 以上的方次成正比, 如

$$y = ax^2 + b \tag{2}$$

这时就说 y 与 x 呈非线性函数关系, 简称非线性关系, 它在 $y-x$ 图上的图形为一曲线, 式 (2) 则称非线性方程.

变量间的非线性关系与线性关系的主要差别在于前者不遵守叠加原理, 而后者则遵守叠加原理: 如果 x_1 和 x_2 都是线性方程的解, 则其叠加 $a_1x_1 + a_2x_2$ 也是原线性方程的解. 显然, 非线性方程不具备这样的特性.

非线性振动的问题十分广泛, 且非常复杂. 这里, 仅就其一般概念和特性作一简要介绍.

我们知道, 弹簧振子在线性恢复力

$$F = -kx$$

作用下的振动为线性振动 (简谐振动), 其特征是系统对驱动力 F 的响应是线性

的, 其行为遵守叠加原理, 这样的系统称为线性系. 但对于某些"过硬""过软"的弹簧来说, 其恢复力

$$F=-k_1x-k_3x^3 \tag{3}$$

属于非线性力. 在非线性力作用下发生的振动称为非线性振动, 其特征是系统对驱动力的响应是非线性的, 其行为不遵守叠加原理. 这样的系统称为非线性系统. 在式 (3) 中, 如果 $k_3>0$, 弹簧为"硬弹簧"; 如果 $k_3<0$, 弹簧则为"软弹簧". 硬弹簧振子的角频率 $\omega>\sqrt{\dfrac{k_1}{m}}$, 软弹簧振子的角频率 $\omega<\sqrt{\dfrac{k_1}{m}}$. 它们的动力学方程 (微分方程) 为

$$m\frac{\mathrm{d}^2x}{\mathrm{d}t^2}+k_1x+k_3x^3=0$$

系统做非线性振动时, 除了具有前已提及的不遵守叠加原理外, 还具有一系列其他的特征. 下面以弹簧振子的受迫振动为例来加以说明.

设弹簧振子的质量为 m, 角频率为 ω_0, 受到的摩擦阻力为 $-\gamma v$, 周期性驱动力 $F(t)=F_0\cos\omega t$ 的作用, 其动力学方程为

$$m\frac{\mathrm{d}^2x}{\mathrm{d}t^2}+\gamma\frac{\mathrm{d}x}{\mathrm{d}t}+\omega_0^2x=F_0\cos\omega t$$

这是一线性微分方程, 在稳定状态下, 质点的位移 x 做余弦式振动, 其振动频率与驱动力频率相等, 而振幅则与驱动力的振幅 F_0 成正比. 这时, 振动系统对驱动力的响应是线性的, 其数学表达式可写成

$$x(t)=kF(t)$$

其中 k 为常量, 即"输出" $x(t)$ 和"输入" $F(t)$ 呈线性关系. 但在非线性振动系统情况下, $x(t)$ 和 $F(t)$ 呈非线性关系, 这种"非线性响应"可以写成

$$x(t)=k[F(t)+\varepsilon F^2(t)] \tag{19.24}$$

式中, ε 为一极小的参量.

设驱动力 $F(t)=A\cos\omega t$, 将之代入式 (19.24), 得

$$\begin{aligned}x(t)&=kA(\cos\omega t+\varepsilon A\cos^2\omega t)\\&=kA\left(\frac{1}{2}\varepsilon A+\cos\omega t+\frac{1}{2}\varepsilon A\cos 2\omega t\right)\end{aligned}$$

于是, "输出"项 $x(t)$ 中除基频 ω 的谐振动外还出现常数项 (整流项) 和倍频 2ω 的谐振动 (倍频项).

如果驱动力是角频率各为 ω_1 与 ω_2 的两种驱动力的叠加, 即设 $F(t)=$

$A\cos\omega_1 t + B\cos\omega_2 t$, 将之代入式 (19.24), 则可得到 $x(t)$ 中除了包括常数项, 基频各为 ω_1、ω_2 的基频项, 角频率各为 $2\omega_1$、$2\omega_2$ 的倍频项外, 还出现一个"交叉项" $2k\varepsilon AB\cos\omega_1 t\cos\omega_2 t$. 当 $\omega_1 \gg \omega_2$ 时, 它可以看成振幅为 $2k\varepsilon AB\cos\omega_2 t$ 的调幅振动 (振幅值以角频率 ω_2 缓慢地作周期性变化). 也可以将交叉项改写成 $k\varepsilon AB[\cos(\omega_1+\omega_2)t+\cos(\omega_1-\omega_2)t]$. 这表明, 在响应项 $x(t)$ 中还出现角频率为 $\omega_1+\omega_2$ 的和频项和角频率为 $|\omega_1-\omega_2|$ 的差频项.

文档 混沌

综上所述, 非线性振动在外驱动力的作用下, 可以产生整流、倍频、和频、差频 (或调幅振动) 等非线性效应, 且非线性振动越强, 则这些效应就越显著.

非线性效应有弊也有利, 需按情况予以避免或者加以利用. 例如, 音响设备中, 为避免"失真", 要减弱非线性效应; 在外差式发送与收音中, 可用调幅器将音频信号 (频率约为 kHz 量级) 与载波频率 (频率约为 MHz 量级) 在非线性电路中合在一起发送, 而在接收时, 则用非线性电路产生和频、差频, 以复现音频信号.

思考题与习题

19.1 设一弹簧振子在水平或竖直悬挂振动时均为简谐振动, 且有相同的频率, 如将其装置在光滑斜面上, 是否仍能做简谐振动? 如能, 则其频率是否不变?

19.2 判别下列振动是否为简谐振动:

(1) 质量为 m 的小滑块在半径为 R 的光滑半球面内底部做微小摆动;

(2) 小球在地面上做完全弹性的上下跳动.

19.3 弹簧振子做简谐振动时, 在哪些振动阶段, 振子的速度和加速度是同号的? 哪些阶段的速度和加速度是异号的? 加速度为正时振子是否一定为加速振动? 加速度为负时振子是否一定是减速振动?

19.4 弹簧振子及单摆均可做简谐振动, 若将二者搬到月球上去, 是否仍能做简谐振动? 二者频率有何变化? (月球上的重力加速度约为 $\frac{1}{6}g$.)

19.5 在理想情况下, 弹簧振子的角频率 $\omega=\sqrt{\frac{k}{m}}$, 如果弹簧的质量不能忽略, 则振动的角频率将 (　　).

A. 增大　　B. 不变　　C. 减小　　D. 不能确定

19.6 一弹簧振子的振动频率为 ν_0, 若将弹簧剪去一半, 则此弹簧振子振动频率 ν 和原有频率 ν_0 的关系是 (　　).

A. $\nu=\nu_0$　　B. $\nu=\frac{1}{2}\nu_0$　　C. $\nu=2\nu_0$　　D. $\nu=\sqrt{2}\nu_0$

19.7 一单摆的摆线长为 l, 摆锤的质量为 m, 则其振动周期 T 为______.

19.8 两同方向、同频率的简谐振动, 其运动方程分别为

$$x_1 = 6\times10^{-2}\cos\left(5t+\frac{\pi}{2}\right)$$

$$x_2 = 2 \times 10^{-2} \cos\left(\frac{\pi}{2} - 5t\right)$$

则其合成振动的振幅 $A =$ ______, 初相 $\varphi =$ ______.

*　　　*　　　*

19.9 如图所示, 一质量为 m 的匀质直杆放在两个快速旋转的轮上, 两轮旋转方向相反, 轮间距离 $l = 20$ cm, 杆与轮之间的摩擦因数 $\mu = 0.18$. 证明在此情况下直杆做简谐振动, 并求其振动周期.

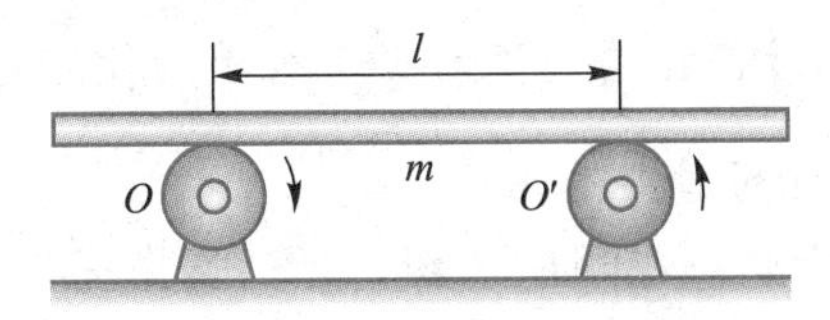

题 19.9 图

19.10 如图所示, 一质量为 2×10^4 t 的货轮浮于水面, 其水平截面积为 2×10^3 m^2. 设水面附近的货轮截面积不随轮船高度而变化. 证明此货轮在水中的垂直运动是简谐振动, 并求其振动周期.

题 19.10 图

19.11 求如图所示系统的振动频率:

(1) 将两个弹性系数分别为 k_1、k_2 的轻弹簧串联后与质量为 m 的物体相连;

(2) 将两个弹性系数分别为 k_1、k_2 的轻弹簧并联后与质量为 m 的物体相连.

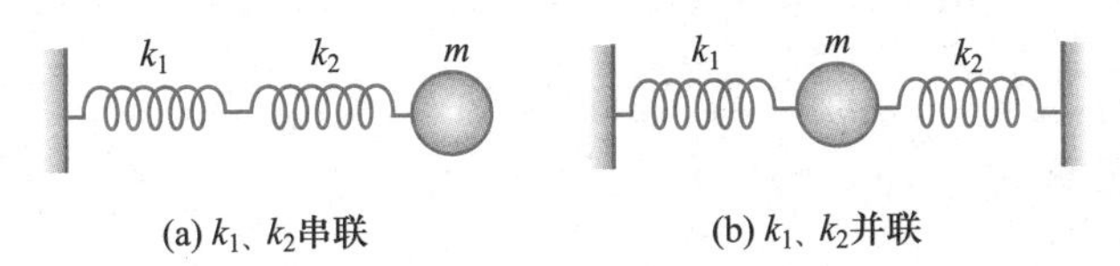

题 19.11 图

19.12 某卷扬机上吊一质量为 3 t 的重物, 当重物正以 $3\ \mathrm{m\cdot s^{-1}}$ 的速率下降时, 钢丝绳 (其弹性系数为 $2.7\times10^{6}\ \mathrm{N\cdot m^{-1}}$) 的上端突然因故被卡住, 求此时重物的最大振幅及钢丝绳受到的最大拉力.

19.13 一单摆长 1 m, 最大摆角为 5°.

(1) 求摆的角频率及周期;

(2) 若 $t=0$ 时摆角处于正向最大处, 写出其运动方程;

(3) 当摆至 3° 时的角速度及摆球线速度各为多大?

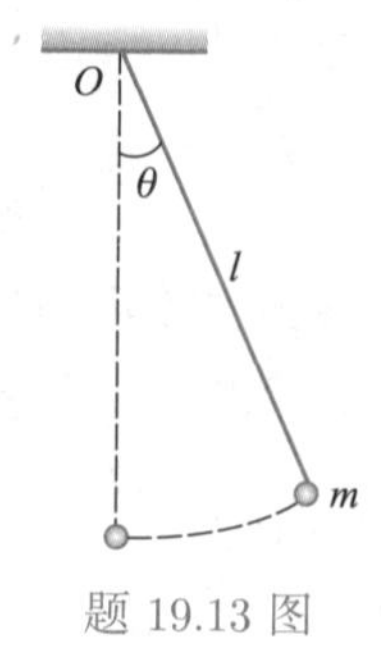

题 19.13 图

19.14 两质点沿同一方向做同频率、同振幅的简谐振动, 每当它们经过 $\frac{A}{2}$ 及 $-\frac{A}{2}$ 时都相遇且振动方向相反, 用旋转矢量法及解析法求两谐振动的相位差.

19.15 用旋转矢量法分析判断如图所示的两个同频率、同方向的简谐振动谁的相位超前? 其值为多少?

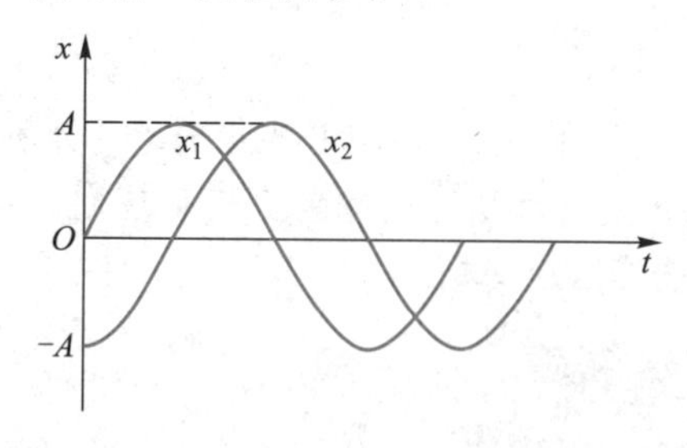

题 19.15 图

19.16 质量为 0.1 kg 的小球与轻弹簧组成弹簧振子, 按 $x=0.1\cos\left(8\pi t+\frac{2}{3}\pi\right)$ 的规律做简谐振动, 式中 x 以 m 为单位, t 以 s 为单位.

(1) 求振动周期、振幅、初相及速度、加速度的最大值;

(2) 作此谐振动的 $x-t, v-t, a-t$ 曲线图.

19.17 振子沿 x 轴做简谐振动, 其运动方程为 $x=A\cos(\omega t+\varphi)$, 其中 $A=2\ \mathrm{cm}$, $T=1\ \mathrm{s}$, $\varphi=\frac{\pi}{2}$, 求:

(1) 振子由 $-\sqrt{2}\ \mathrm{cm}$ 处振动至 $\sqrt{3}\ \mathrm{cm}$ 处所需的最短时间;

(2) 振子由 $\sqrt{3}\ \mathrm{cm}$ 处经 2 cm 处回到 $-\sqrt{2}\ \mathrm{cm}$ 处所需最短时间.

19.18 质量为 0.2 kg 的质点做简谐振动, 其运动方程为 $x=0.60\sin\left(5t-\frac{\pi}{2}\right)$, 式中 x 以 m 为单位, t 以 s 为单位. 求:

(1) 振动周期;

(2) 质点初始位置, 初始速度;

(3) 质点在何位置时其动能和势能相等?

19.19 一弹性系数为 $10^4\ \mathrm{N\cdot m^{-1}}$ 的轻弹簧, 其一端固定, 另一端连接一质量为 0.99 kg 的滑块, 静止地置于光滑的水平面上. 一质量为 0.01 kg 的子弹以 $400\ \mathrm{m\cdot s^{-1}}$ 的速率沿水平方向射入滑块内使滑块振动. 求其振动方程.

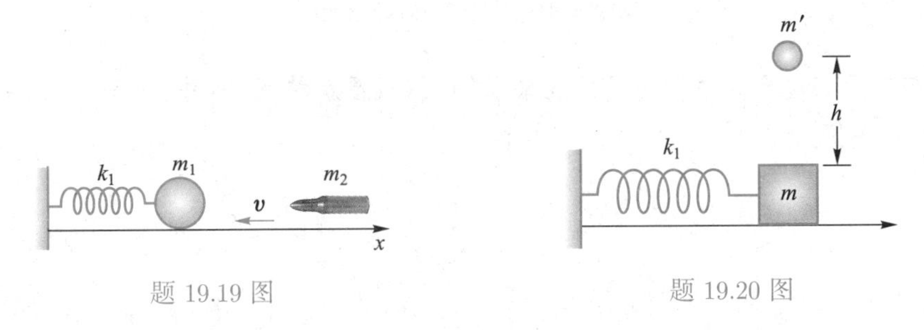

题 19.19 图　　　　题 19.20 图

19.20 一光滑平面上的弹簧振子, 弹性系数为 k, 振子质量为 m, 当它做振幅为 A 的简谐振动时, 一块质量为 m' 的黏土从高度为 h 处自由下落在振子上.

(1) 振子在最远位置处, 黏土落在振子上, 其振动周期和振幅有何变化?

(2) 振子经过平衡位置处, 黏土落在振子上, 其振动周期及振幅有何变化?

19.21 一简谐振动的位置时间曲线如图所示, 求其振动方程.

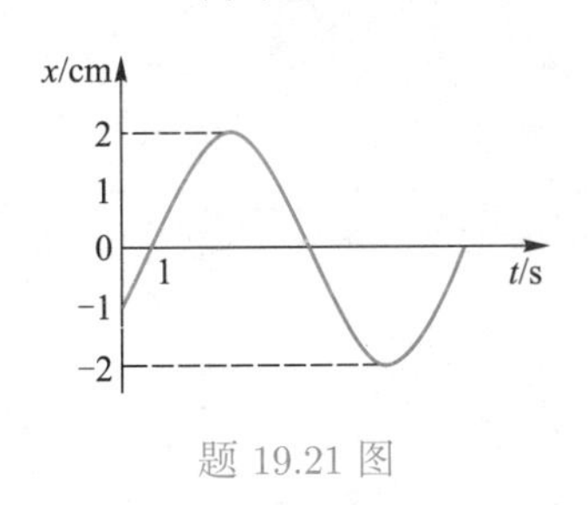

题 19.21 图

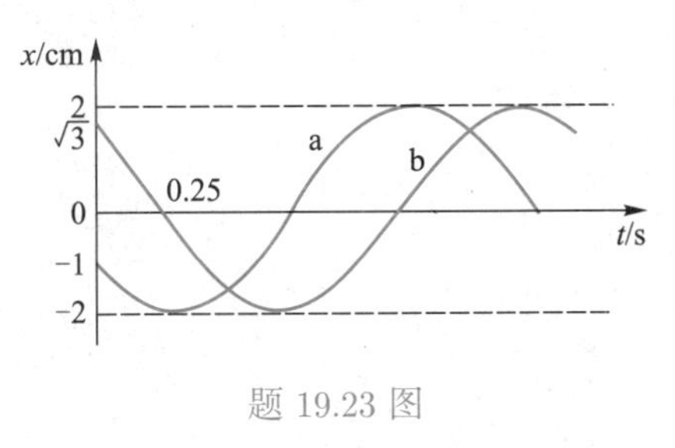

题 19.23 图

19.22 已知两简谐振动的运动方程分别为

$$x_1=\cos\left(5t+\frac{5}{6}\pi\right),\quad x_2=\sqrt{3}\cos\left(5t+\frac{\pi}{3}\right)$$

式中 x_1、x_2 以 m 为单位, t 以 s 为单位. 求其合成后的振动方程.

19.23 图中两曲线 a 和 b 分别表示两个同频率、同方向的简谐振动的 x–t 关系, 求其合成后的振动方程.

19.24 两个同方向的简谐振动周期相同, 振幅分别为 $A_1=0.05$ m, $A_2=0.07$ m, 已知其合成振动的振幅 $A=0.09$ m, 求分振动的相位差.

19.25 两个同方向、同频率的简谐振动的合成振幅为 0.20 m, 合成振动的相位与第一振动相位差为 $\dfrac{\pi}{6}$, 已知第一振动振幅为 0.173 m, 求第二振动的振幅及第一、第二振动之间的相位差.

文档 第19章章末问答

动画 第19章章末小试

第19章习题答案

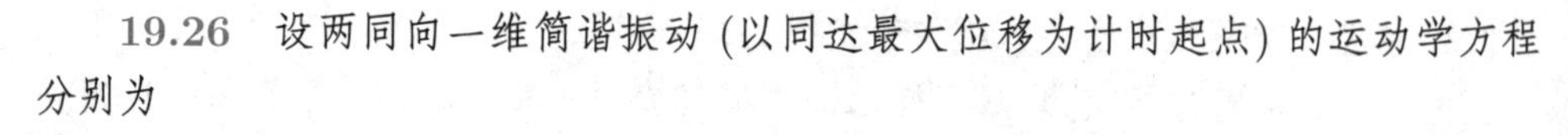

19.26 设两同向一维简谐振动 (以同达最大位移为计时起点) 的运动学方程分别为

$$x_1 = 10 \times 10^{-2} \cos 98\pi t$$

$$x_2 = 10 \times 10^{-2} \cos 100\pi t$$

它们在空间相遇合成后产生了拍现象. 求其拍振幅及拍频 (式中, x 以 m 为单位, t 以 s 为单位).

水波衍射

第二十章

机 械 波

波是一种较为常见的运动形式,广泛地存在于自然界中.

一般而言,波可分为两类[①]: 一类是由机械振动在介质中的传播所引起的波, 称为机械波, 如水波、声波等; 另一类是由变化的电磁场在空间的传播所引起的波, 称为电磁波,如无线电波、光波等.

虽然两类波的成因和本质均有所不同, 但它们都有共同的特征及规律, 因此, 我们只要将其中的一类波 (如机械波) 的特征及规律弄清楚, 另一类波的情况自然也就随之明白了.

本章主要讨论机械波的基本概念及规律, 要侧重掌握平面简谐波的波函数的建立方法及其物理意义, 并能熟练地求解波函数; 掌握简谐波的相干条件及规律, 并能熟练地利用它们来分析、计算简谐波相干的相关问题; 理解波的特征及描述参量; 理解波的能量和能流密度, 会用它们来计算一些简单的波强问题; 理解惠更斯原理, 会用它来解析光的衍射问题; 理解驻波及相位突变的概念, 会分析半波损失的产生条件; 理解机械波的多普勒效应, 会计算一些简单情况下因多普勒效应而产生的频率变化; 了解声波、超声波及次声波的概念及特点.

① 还有一种极为微弱的波称为引力波, 它由 100 多年前的爱因斯坦所预言, 在 2016 年由麻省理工学院的物理学家所发现. 有兴趣的读者请参阅本书第三十章广义相对论的相关内容.

20.1 机械波的基本概念

20.1.1 机械波的产生条件

在弹性介质中, 各相邻质元均由弹性力互相联系着. 如果介质中某一质元在外力作用下离开了它的平衡位置, 则其邻近质元就会对它产生弹性力的作用, 使其振动起来. 此后, 周围的质元也因相继受弹性力作用而振动起来. 这样, 振动便以一定的速率由近及远地向各个方向传播, 形成了机械波. 可见, 机械波的产生必须具备两个条件: 第一, 要有做机械振动的物体 —— 波源; 第二, 要有能够传播这种振动的载体 —— 弹性介质. 例如, 用手使绳子的一端上下振动, 绳中各质元因相互间的弹性力作用也将随之上下振动, 在绳中形成一系列凸凹相间的波形沿绳传播, 如图 20.1(a) 所示. 其中, 绳端便是波源, 绳子便是弹性介质.

20.1.2 横波与纵波

振动方向与波的传播方向垂直的波称为横波; 振动方向与波的传播方向平行的波称为纵波. 下面简要介绍一下它们的形成与传播.

如图 20.1(a) 所示, 将绳的一端固定, 然后用手握住绳之另一端, 并使绳上下抖动, 则可在绳中看到凸起的“峰”和下凹的“谷”, 且以一定的速率沿绳传播, 形如波浪. 传播时, 由于绳子 (介质) 各质元间发生的是横向切变力的作用, 因此, 绳子各质元相应时刻的振动必与传播方向垂直 [参见图 20.1(b)], 从而形成了横波.

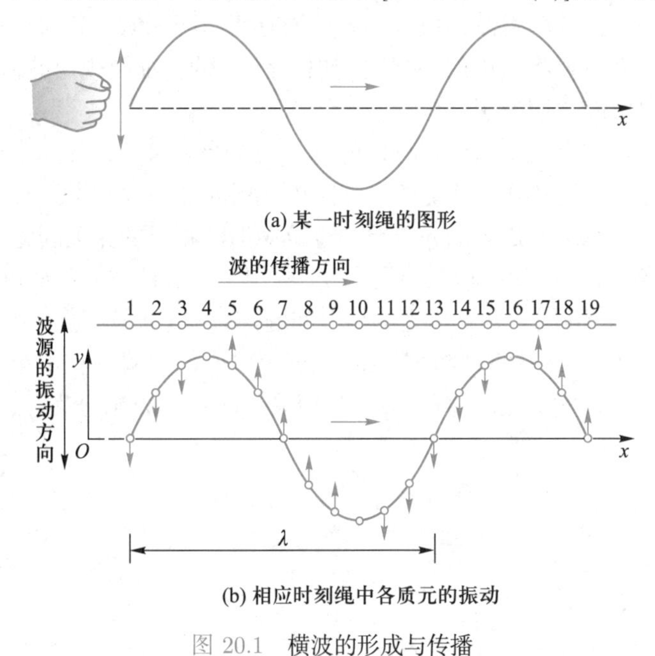

图 20.1 横波的形成与传播

从横波的形成不难看出, 波动不仅继承了波源 (振源) 的时间周期性, 而且还承接了波源周期性向外传播所带来的空间周期性. 这就是说, 波动既有时间周期性, 又有空间周期性, 这是波动的基本特征之一.

如图 20.2 所示, 用手拉或压一下一端固定的弹簧的另一端后放手, 则可发现, 弹簧出现交替的"稀疏"和"稠密"区域, 且以一定的速率传播出去. 由于弹簧各质元受到的是一种推、拉的作用, 因此各质元的振动方向必沿弹簧纵向, 与波的传播方向一致, 于是便形成了纵波.

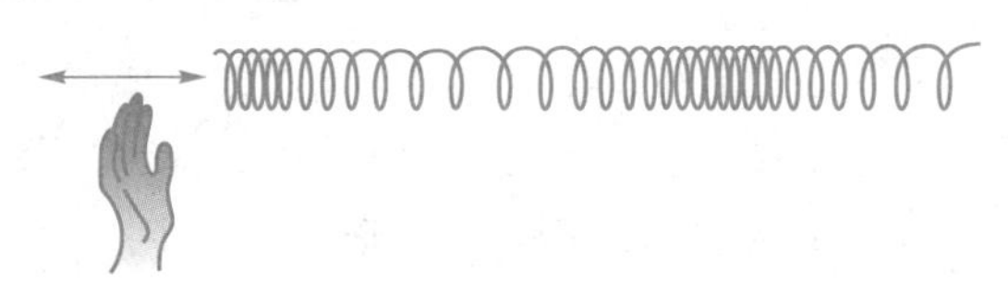

图 20.2 纵波的形成与传播

顺便指出, 无论传播的是横波还是纵波, 介质质元都不会"随波逐流" (沿波的传播方向移动), 而仅仅是在各自的平衡位置附近振动, 换言之, 波动所传播的仅仅是振动的状态 (或能量), 且各质元的振动相位沿波的传播方向依次落后, 在波峰与波谷间, 呈"分段向着波源看"的状态: 一段之内, 若波峰 [如图 20.1(b) 中的 4–10 段] 近波源, 则段内各质元均向上振动; 若波谷近波源 [如图 20.1(b) 中的 10-16 段], 则段内各质元均向下振动.

20.1.3 波线与波面

为了直观、形象地描述波的传播, 我们引入波线、波面与波前的概念.

波的传播方向称为波射线, 简称为波线. 常用带箭头的直线 (或曲线) 段来表示, 如图 20.3 所示.

在波的传播过程中, 所有振动相位相同的点连成的面称为波面, 其中, 最前面的波面叫波前 (或称波阵面). 显然, 波面有无限多个, 而任一时刻的波前则只有一个, 如图 20.3 所示.

波面为平面的波称为平面波 [见图 20.3(a)]; 波面为球面的波则称为球面波 [见图 20.3(b)]. 在远离发射中心的球面波面上的任何一个小部分均可作为平面波来处理. 本章侧重讨论平面波.

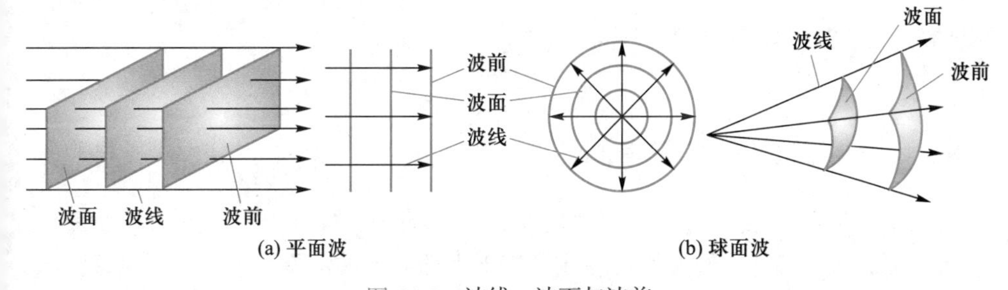

图 20.3 波线、波面与波前

在各向同性的介质中, 波线恒与波面垂直. 不难理解, 平面波的波线为一系列垂直于波前的平行直线; 球面波的波线为一系列沿半径方向的射线, 如图 20.3 所示.

20.1.4 波长、周期、频率与波速

波动既有时间周期性, 又有空间周期性, 其特征常用如下一组物理量来描述.

1. 波长

动画 波长 周期 频率 波速

波长是波动空间周期性的表征, 其定义为同一波线上振动状态完全相同 (相差为 2π) 的相邻两质点 (图 20.1(b) 中的质元 1 和质元 13) 之间的距离, 以 λ 表示, 其单位为 m (米). 波长的概念表明, 在波的传播过程中, 同一波线上, 相隔为 λ 整数倍的各质元, 其振动状态相同. 换言之, 波的空间周期性是以 λ 为单位来量度的.

2. 周期与频率

周期与频率均是波动时间周期性的表征.

移动一个波长所需的时间称为周期, 以 T 表示, 其单位为 s (秒). 由于每经过一个周期 T (亦即移动一个波长, 相位增加 2π) 后, 波线上各质元的振动状态均与 T 时刻前相同, 所以, 波的时间周期性可用 T 来度量.

周期的倒数称为频率, 以 ν 表示, 即 $\nu=\dfrac{1}{T}$, 其单位为 Hz (赫兹) 或 s^{-1}. 由于 T 给出的是移过一个波形所需的时间, 所以, 其倒数亦即频率 ν 给出的便是单位时间通过某点的波 (形) 数. 这说明, ν 从另一个侧面反映了波的时间周期性. 频率的 2π 倍称为角频率 (或称圆频率), 用 ω 表示, 即 $\omega=2\pi\nu$.

由于波源做一次全振动时波就前进一个波长的距离, 所以, 波的周期和频率与波源的振动周期和频率相同.

3. 波速

波速是波形或振动状态传播快慢的表征. 其定义为单位时间内振动状态的传播距离, 用 u 表示, 其单位为 $\mathrm{m\cdot s^{-1}}$ (米每秒). 由于振动状态由振动的相位决定, 所以, 振动状态的传播也就是相位的传播, 波速又叫相速. 由波速的定义可得

$$u=\frac{\lambda}{T}=\nu\lambda \quad 或 \quad \lambda=uT \tag{20.1}$$

20.2 平面简谐波的波函数

动画 波函数

20.2.1 波函数的概念及其表达式

简谐振动在介质中传播所形成的平面波称为平面简谐波, 它是一种最简单、最基本的波. 一切复杂的波均可看成是若干平面简谐波的叠加, 因此, 本节只讨论

平面简谐波的相应问题.

描述平面简谐波行为的函数称为平面简谐波的波函数, 有时亦称之为平面简谐波的波动方程.

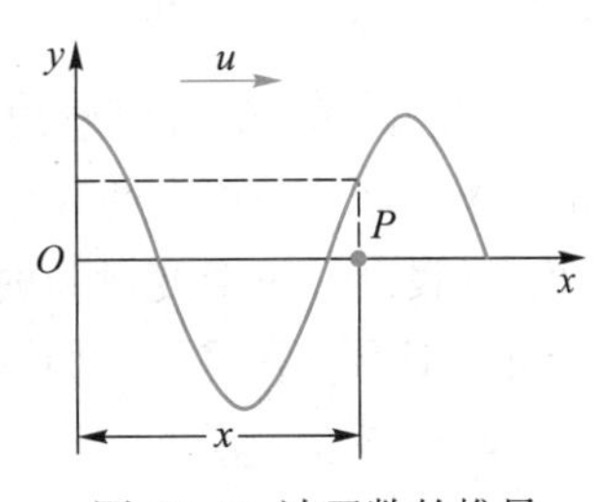

图 20.4 波函数的推导

前已说明, 波动就是振动向空间的传播过程. 因此, 只要能找出空间 (波线上) 任一点 P 的振动位移表达式, 也就等于找到了相应波的波函数.

如图 20.4 所示, 设一平面简谐波在无限大、无吸收的均匀介质中沿 x 轴正方向传播 (亦称右传波), 其波速为 u; O 为 x 轴之原点, 其振动方程为

$$y_0 = A\cos(\omega t + \varphi)$$

根据波动理论, 这一振动传到波线上任一点 P 所需的时间为 $\dfrac{x}{u}$ (式中, x 为 P 点到原点 O 的距离), 即 P 点的振动状态要比 O 点的振动状态落后 $\dfrac{x}{u}$ 时间, 或者说 P 点 t 时刻的振动状态是 O 点 $t-\dfrac{x}{u}$ 时刻的振动状态, 于是, P 点亦即波线上任意质点在任意时刻离开平衡点的位移为

$$y = A\cos\left[\omega\left(t-\frac{x}{u}\right)+\varphi\right] \tag{20.2a}$$

此即沿 x 轴正方向传播的平面简谐波的波函数, 它反映了波线上任意质点的位移随空间 (x) 及时间 (t) 变化的函数关系, 描述了平面简谐波的波动状态. 式中, A 为波源的振幅, 亦称波幅, φ 为波源的初相, $\dfrac{-\omega x}{u}+\varphi$ 则为波在 x 处的振动初相, 亦称波在 x 处的初相.

如果平面简谐波沿 x 轴负方向传播 (亦称左传波), 则 O 点的振动是由 P 点传播过来的, 自然, P 点的振动要超前 O 点的振动, 其时间亦为 $\dfrac{x}{u}$, 其位移

$$y = A\cos\left[\omega\left(t+\frac{x}{u}\right)+\varphi\right] \tag{20.2b}$$

此即向 x 轴负方向传播的平面简谐波的波函数, 它与向 x 轴正方向传播的波函数相位相差一个负号, 应用时要注意区别.

利用 $\omega = 2\pi\nu$ 及 $u=\dfrac{\lambda}{T}=\lambda\nu$ 的关系, 式 (20.2a) 又可改写为

$$y = A\cos\left[2\pi\left(\nu t-\frac{x}{\lambda}\right)+\varphi\right] \tag{20.2c}$$

式 **(20.2c)** 即为用波长表示的波函数.

20.2.2 波函数的物理意义

从式 (20.2) 可以看出，平面简谐波的波函数既是时间 t 的函数，也是空间 x 的函数. 为了弄清这种双变量对波函数的影响，一般的处理方法是先分别考察单个变量 (假设另一个变量暂时不变) 的情况，然后再将两种情况 “叠加” 起来，进行综合分析处理. 下面分三种情况来讨论.

1. 设 x 不变 (值为 C)，y 随 t 变

将 $x = C$ 代入式 (20.2a)，得此时的波函数

$$y = A\cos\left[\omega t + \left(\varphi - \frac{2\pi}{\lambda}C\right)\right]$$

它所代表的是 $x = C$ 处的简谐振动，式中，$\left(\varphi - \frac{2\pi}{\lambda}C\right)$ 为该点的振动初相.

2. 设 t 不变 (值为 C')，y 随 x 变

将 $t = C'$ 代入式 (20.2a)，得此时的波函数

$$y = A\cos\left(\omega C' + \varphi - \frac{\omega x}{u}\right)$$

它所代表的是波线上各质元的位移分布，形如波状，称为波形曲线，如图 20.5 所示.

3. 设 x 和 t 都变化，即 y 是 x 和 t 的函数

此时可将两个不同时刻 (t 及 $t + \Delta t$) 的波形图 (实现 x 变化) 组合起来，综合考虑，如图 20.6 所示，其中的实线表示 t 时刻的波形曲线，虚线表示 $t + \Delta t$ 时刻的波形曲线. 由图可见，在 Δt 时间内，波形曲线沿波的传播方向移动了 $PP' = u\Delta t$ 的距离. 由此可以推断，**波函数反映了波形的传播，它所描述的波为一行波**.

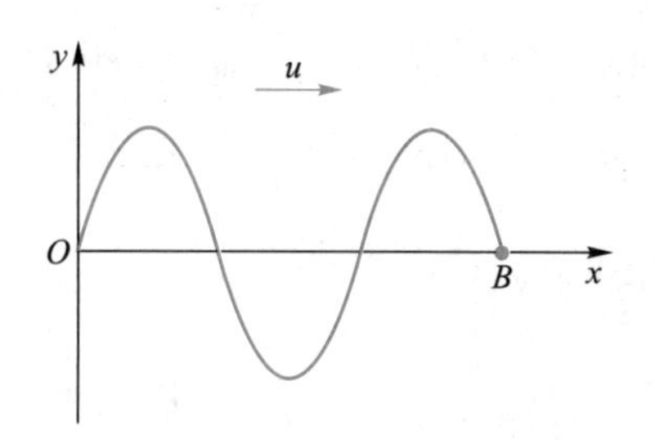

图 20.5 波形曲线

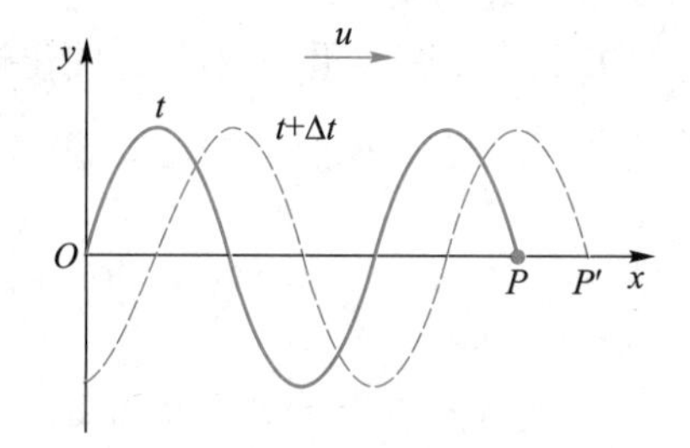

图 20.6 波形的传播——行波

20.2.3 波函数的求解

波函数的求解，通常有两层含义：一层是已知函数求参量 (如 $A, \omega, \varphi, u, T, \lambda, \cdots$)，另一层是已知参量求函数. 其方法均可用 8 个字来概括：“化成标函，对号入座”. 即将已知条件化成标准的波函数，然后按位求索. 如果已知的是空间某

点的振动, 则可直接用波函数的概念来求解.

例 20.1 某横波沿一弦线传播, 其波函数为

$$y = 0.03\cos\pi(5x - 100t)$$

式中, x、y 以 m 为单位, t 以 s 为单位. 求:

(1) 波的振幅、波长、频率、周期、初相和波速;

(2) 初始时刻坐标原点 $(x=0)$ 处的振动速度及加速度.

解: (1) 将已知波函数化成标准形式, 得

$$y = 0.03\cos 2\pi\left(\frac{t}{0.02} - \frac{x}{0.4}\right)$$

与式 (20.2c) 比较可得振幅 $A = 0.03$ m, 波长 $\lambda = 0.4$ m, 周期 $T = 0.02$ s, 频率 $\nu = 50$ Hz, 初相 $\varphi = 0$, 波速 $u = 20\ \mathrm{m\cdot s^{-1}}$.

(2) 据定义, $t=0,\ x=0$ 时的振动速度

$$\begin{aligned} v &= \frac{\mathrm{d}y}{\mathrm{d}t} = -\omega A\sin\left[\omega\left(t - \frac{x}{u}\right)\right] \\ &= -100\pi \times 0.03\sin(0-0)\ \mathrm{m\cdot s^{-1}} = 0 \end{aligned}$$

振动加速度

$$\begin{aligned} a &= \frac{\mathrm{d}^2y}{\mathrm{d}t^2} = -\omega^2 A\cos\left(\omega t - \frac{x}{u}\right) \\ &= -(100\pi)^2 \times 0.03\cos(0-0)\ \mathrm{m\cdot s^{-2}} \\ &= -2.96\times 10^3\ \mathrm{m\cdot s^{-2}} \end{aligned}$$

式中, 负号表示加速度方向沿着 y 轴负方向.

例 20.2 如图 20.7 所示, 一平面简谐波以速度 u 沿 x 轴正方向传播, 已知 P 点 (到原点距离为 a) 的振动方程为

$$y = A\cos(\omega t + \varphi_P)$$

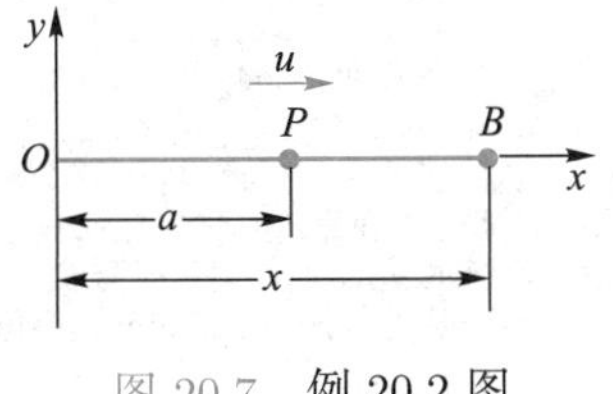

图 20.7 例 20.2 图

式中, y 以 m 为单位, t 以 s 为单位, φ 以 rad 为单位. 求其波函数.

解: 据波的概念可知, 由给定点的振动方程求解波函数的一般方法是: 先在给定点的右方选取一任意点 (两点共波线), 并算出波动通过两点的时间 Δt, 然后根据波的传播属性来判断 Δt 属于滞后还是超前: 若波右传, 则 Δt 滞后, 将之代入式 (20.2a) 即为所求; 若波左传, 则 Δt 超前, 将之代入式 (20.2b) 即为所求.

选任意点 B 如图所示, 则波由 P 传到 B 的时间 $\Delta t = \dfrac{x-a}{u}$. 由题图知, 所

给波右传, Δt 滞后. 将之代入式 (20.2a) 即得待求的波函数

$$y=A\cos\left[\omega\left(t-\frac{x-a}{u}\right)+\varphi_P\right]=A\cos\left[\omega\left(t-\frac{x}{u}\right)+\left(\varphi_P+\frac{\omega a}{u}\right)\right]$$

20.3 波的能量与能流

20.3.1 波的能量

动画 波的能量

前已说明, 波是振动的传播. 介质传播振动时, 各质元均会在各自平衡位置附近振动, 因而必具有动能; 与此同时, 介质还必定会发生相对形变. 因而必具有形变势能. 波的能量指的就是上述动能与势能之和.

下面定量讨论波的能量变化的规律.

设一平面简谐波在密度为 ρ 的均匀介质中传播, 其波函数

$$y=A\cos\left[\omega\left(t-\frac{x}{u}\right)+\varphi\right]$$

在坐标 x 处取一体积元 ΔV, 其介质质量 $\Delta m=\rho\Delta V$. 当波动传播到这一体积元时, 质元的振动速度

$$v=\frac{\partial y}{\partial t}=-A\omega\sin\left[\omega\left(t-\frac{x}{u}\right)+\varphi\right]$$

动能

$$\Delta E_{\mathrm{k}}=\frac{1}{2}\Delta mv^2=\frac{1}{2}\rho\Delta VA^2\omega^2\sin^2\left[\omega\left(t-\frac{x}{u}\right)+\varphi\right] \tag{20.3}$$

可以证明①, 质元因发生形变而具有弹性势能

① 这一证明较为复杂, 有兴趣的读者可参阅: 赵凯华, 等. 新概念物理教程力学 [M]. 北京: 高等教育出版社, 1996. 下面给出的是 $\Delta E_{\mathrm{k}}=\Delta E_{\mathrm{p}}$ 的简要说明, 以资理解.

设一横波在某一时刻的波形如图 20.8 所示, 图中 A、C 分别为波线上质元最大位移处, 对应的速度 (率) 为 0, 此时, 质元受到的切向应变为最小, 亦为 0. 故此时的动、势能相等, 且均为 0; B、D 分别为两平衡位置处, 速度最大, 动能亦最大. 但此时质元受的切变力亦最大, 因而其形变势能也最大. 可见, 在波动中, 质元的动、势能变化同步: 同达零值, 同达最大, 再同达零值 …… 因而可初步认为它们是相等的.

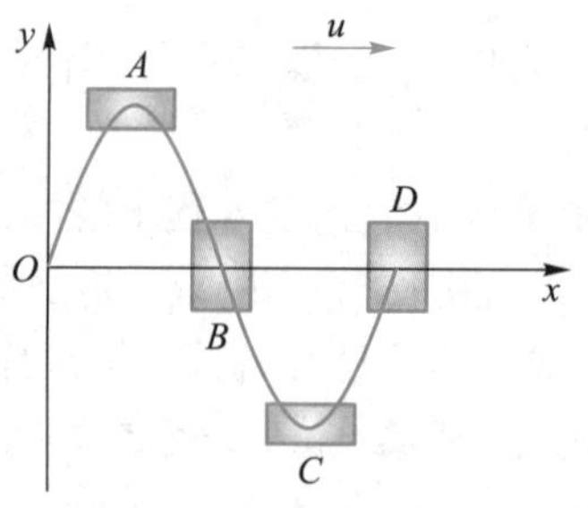

图 20.8 $\Delta E_{\mathrm{k}}=\Delta E_{\mathrm{p}}$ 的定性说明

$$\Delta E_{\mathrm{p}}=\frac{1}{2}\rho\Delta V\omega^2A^2\sin^2\left[\omega\left(t-\frac{x}{u}\right)+\varphi\right] \tag{20.4}$$

于是, 质元的机械能, 亦即波的能量

$$\Delta E=\Delta E_{\mathrm{k}}+\Delta E_{\mathrm{p}}=\rho\Delta V\omega^2A^2\sin^2\left[\omega\left(t-\frac{x}{u}\right)+\varphi\right] \tag{20.5}$$

从式 (20.3)、式 (20.4)、式 (20.5) 可以看出, 波的能量具有如下特点:

(1) 质元的动、势能变化同步, 且量值相等. 这与振动的动、势能"互补"(你大我小, 你小我大) 是不相同的.

(2) 质元的总机械能——波的能量是随时间及空间周期变化的, 对于某一固定质元而言, 其波动的能量时大时小, 就像一个能量"吞吐器"一样, 一会儿从前面的部分"吞入"能量, 一会儿又将之"吐给"后面部分的质元, 将波源的能量沿波线传向远方.

从式 (20.5) 可以看出, 波的能量还与质元的体积有关. 为了更好地反映出波的能量分布, 需引入波的能量密度的概念, 其定义为单位体积介质中波的能量, 用 w 表示. 据定义

$$w=\lim_{\Delta V\to 0}\frac{\Delta E}{\Delta V}=\rho\omega^2A^2\sin^2\left[\omega\left(t-\frac{x}{u}\right)+\varphi\right] \tag{20.6}$$

它是一个随着波动时空变化而变化的物理量. 实用中多使用平均能量密度的概念, 其定义为一个周期内能量密度的平均值, 用 $\overline{w}$ 表示. 据定义

$$\overline{w}=\frac{1}{T}\int_0^T w\mathrm{d}t=\frac{1}{T}\int_0^T \rho A^2\omega^2\sin^2\left[\omega\left(t-\frac{x}{u}\right)+\varphi\right]=\frac{1}{2}\rho A^2\omega^2 \tag{20.7}$$

其大小与波的振幅及频率的平方乘积成正比.

20.3.2 平均能流与能流密度

平均能流是描述波的能量平均流动特性的物理量, 其定义为单位时间内垂直通过波的传播方向上某一面积的平均能量, 用 $\overline{P}$ 表示.

如图 20.9 所示, 在平均能量密度为 $\overline{w}$ 的介质中, 以波线为轴作一圆柱体, 使其高为 $\lambda(=uT)$, 底面积为 S. 这样, 在一个周期内柱体中波的平均能量 (值为 $\overline{w}uTS$) 将会全部通过 S. 于是, 波的平均能流为

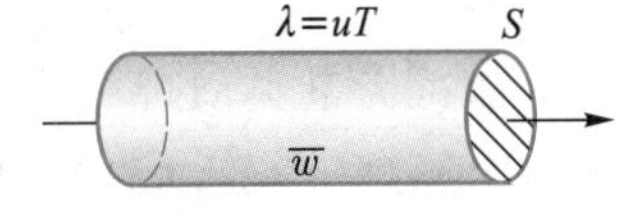

图 20.9 波的能流

$$\overline{P}=\frac{\overline{w}uTs}{T}=\overline{w}Su=\frac{1}{2}\rho A^2\omega^2uS \tag{20.8}$$

平均能流的单位为 W (瓦), 与功率同量纲. 因此, 平均能流又称波的功率.

垂直通过波动传播方向单位面积的平均能流称为能流密度，以 I 表示，即

$$I=\frac{\overline{P}}{S}=\overline{w}u=\frac{1}{2}\rho A^2\omega^2 u \tag{20.9}$$

上式表明，I 与 $A^2\omega^2$ 成正比，I 越大，波的能量流动性就越强. 因此，能量密度又称波的强度，简称波强，其单位为 $\mathrm{W\cdot m^{-2}}$，与功率密度同量纲.

在声学和光学中，声波和光波的强度分别称为声强和光强，亦用 I 表示.

例 20.3 用聚焦超声波的方法可以在液体中产生声强高达 $120\ \mathrm{kW\cdot cm^{-2}}$ 的大振幅超声波. 设其频率为 500 kHz，液体密度为 $1\ \mathrm{g\cdot cm^{-3}}$，声速为 $1\,500\ \mathrm{m\cdot s^{-1}}$. 求此时液体质点的振幅.

解：因为液体中的声强 $I=\frac{1}{2}\rho uA^2\omega^2$，所以质点的振幅

$$A=\frac{1}{\omega}\sqrt{\frac{2I}{\rho u}}=\frac{1}{500\times10^3\times2\pi}\sqrt{\frac{2\times120\times10^7}{1\times10^3\times1\,500}}\ \mathrm{m}$$
$$=1.27\times10^{-5}\ \mathrm{m}$$

可见，液体中声振动的振幅是很小的.

20.4 波的衍射

文档 惠更斯

20.4.1 惠更斯原理

前已介绍，波是振动的传播过程：波源的振动会引起邻近质元的振动，继之又会引起更远质元的振动，使振动在介质中由近及远，进行传播. 可见，从产生振动的观点来看，介质中波动传到的各质元均可视为一个新波源，它所发出的波称为子波. 例如，水波在传播途中遇到一个带小孔的障碍物，则可看到，穿过小孔的波为一以小孔为中心的圆形波. 小孔既是波面上的一个点，同时又是一个新波源，如图 20.10 所示.

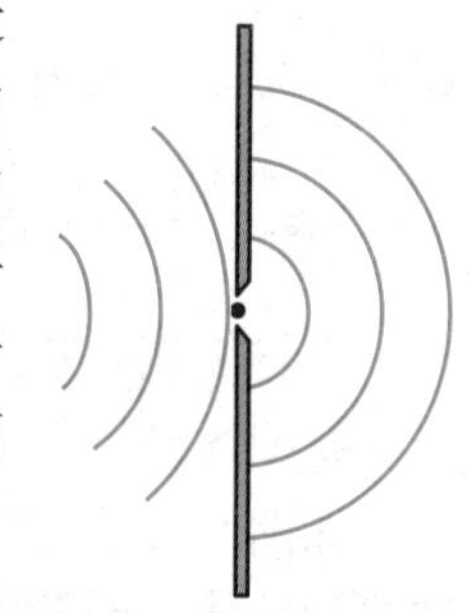
图 20.10 水波通过障碍物的传播

通过大量类似现象的观察、总结，惠更斯于 1690 年提出了一个原理：介质中波动传到的各点，都可以看作能够发射子波的新波源，在这以后的任意时刻，这些子波的包络面就是该时刻的波面. 这就是惠更斯原理. 根据这一原理，只要知道了某一时刻的波面，就可用几何作图法来确定下一时刻的波面，因而可解决波的传播问题. 例如，波源位于 O 点的球面波，以速度 u 传播，则 t 时刻的波面 S_1 就是以 O 为中心，以 $r_1=ut$ 为半径的球面 S_1；$t+\Delta t$ 时刻的波面就是以 S_1 上各点为中心，以 $r=u\Delta t$ 为半径的各半球面子波的包络面 S_2，如图 20.11 所示.

又如, 在知道 t 时刻平面波波面 S_1 的情况下, 也可用类似的方法求出 $t+\Delta t$ 时刻平面波的波面 S_2, 如图 20.12 所示 (图中 u 为平面波的波速).

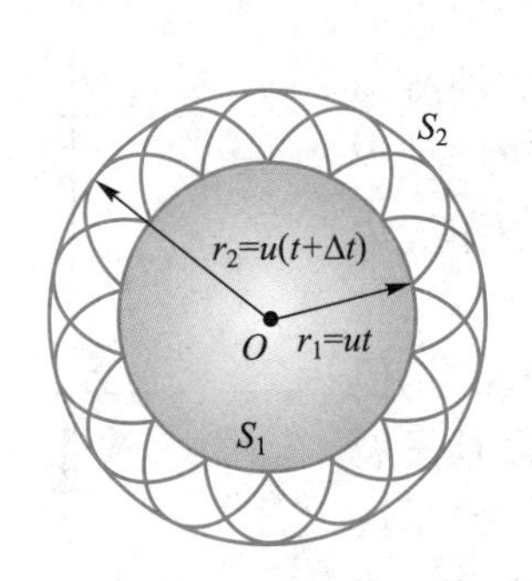

图 20.11 球面波的子波包络

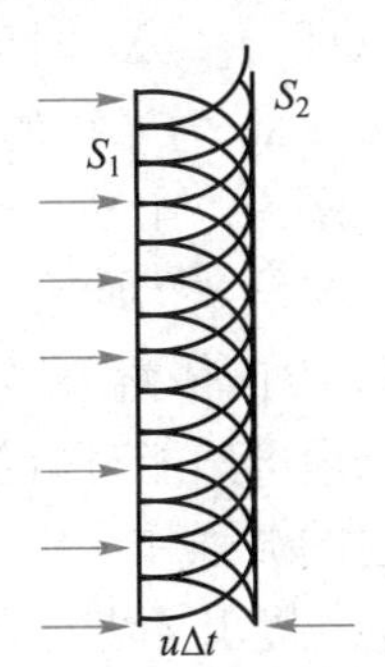

图 20.12 平面波的子波包络

惠更斯原理揭示了波传播方向的规律, 它提供的作图法直观形象, 扼要简明, 是解决波的反射、折射、衍射等基本问题的重要工具.

例 20.4 利用惠更斯原理证明波的反射定律: 入射线、反射线分居法线两侧, 入射角等于反射角.

证: 如图 20.13 所示, 设一束平面简谐波入射到两种介质的交界面 MN 上, 初始时, 入射波面为 $AA'B$, 依据惠更斯原理, A、A'、B 均为子波源. t 时刻, 过 B 的波线到达 MN 面的 C 点, A 点的子波为以 BC 长度为半径的球面, 过 C 作 A 子波面的切线, 切点为 D, 则 CD 就是该时刻各子波的包络面. 这样, $\triangle BAC \cong \triangle DCA$, $\angle BAC = \angle DCA = i'$, $\angle BCA = \angle DAC = \alpha$. 从图中可以看出, $i+\alpha=\dfrac{\pi}{2}$, 而 $i'+\alpha$ 亦为 $\dfrac{\pi}{2}$. 故知 $i=i'$, 且反射线 AD 与入射线分居法线两侧. 这便是反射定律的主要内容.

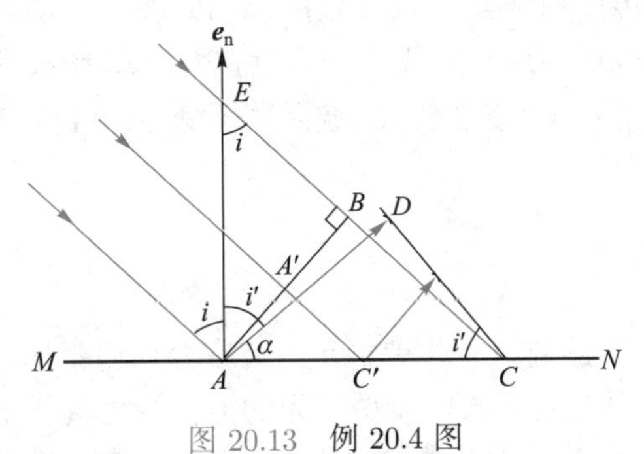

图 20.13 例 20.4 图

20.4.2 波的衍射

波能绕过障碍物而传播的现象称为波的衍射. 利用惠更斯原理很容易说明波的衍射现象.

如图 20.14 所示，设一波速为 u 的平面波垂直入射到一很窄的狭缝障碍上，t 时刻的波面 S_1 恰好位于狭缝处. 根据惠更斯原理，$t+\Delta t$ 时刻的波面 S_2 就是以 S_1 上的点为圆心，以 $u\Delta t$ 为半径的半球面波的包络. 它在缝边缘两波线的范围内，与 S_1 平行；以外，则发生弯曲，使得子波波线的方向偏离了原平行波的波线方向，向着单缝边缘 (几何影区) 方向传播，即发生了衍射.

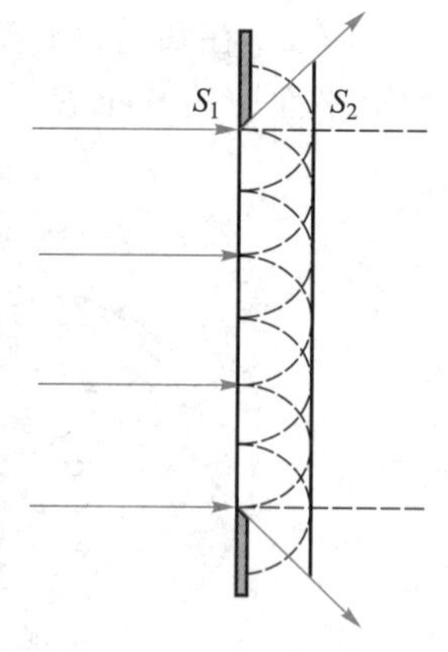

图 20.14 波的衍射

惠更斯原理虽然能对衍射的产生作出定性的说明，但却不能对衍射的波强作出定量的规定. 后来，菲涅耳发展了惠更斯思想，提出了惠更斯–菲涅耳原理，这才使定量讨论波的衍射问题获得圆满解决. 关于这方面的问题，我们将在光学中进行适当的讨论.

20.5 波的干涉

20.5.1 波的叠加原理

大量的观察和研究表明，当几列波在空间某点相遇时，相遇处质元的振动为各列波到达该质元所引起振动的叠加；相遇后各波仍保持它们各自原有的特性 (如频率、波长、振动方向等)，继续沿原方向传播. 这一规律称为波的叠加原理. 它说明，各列波在相遇前后传播特性不变. 例如，两列水波在某一区域相遇，产生叠加，但过了相遇区域后，它们却仍按原有特性继续向前传播；在听乐队演奏时，我们能辨别出不同乐器所发出的声音，就是因为各种乐器所发出的声波不受其他乐器所发出声波影响，独立传播的结果. 所以，波的叠加原理亦称波的独立传播原理.

应该注意，波的叠加原理只对线性波 (波强较小，波函数满足线性微分方程的波) 才成立，对于非线性波 (波强较大，波函数不满足线性微分方程的波)，波的叠加原理不成立.

20.5.2 波的干涉

当两列同频率、同振向且相位差恒定的波在介质中相遇时，便会使介质中某些质元的振动始终加强 (或相长)，某些质元的振动始终减弱 (或相消). 这种现象称为波的干涉. 能产生干涉现象的波称为相干波，其波源称为相干波源. 下面从波的叠加原理出发，应用振动合成的结论来讨论干涉加强和减弱的条件.

如图 20.15 所示，设两相干波源 S_1、S_2 的振动方程分别为

$$y_{10}=A_1\cos(\omega t+\varphi_1)$$
$$y_{20}=A_2\cos(\omega t+\varphi_2)$$

它们到场点 P 的距离分别为 r_1 及 r_2; 据式 (20.2c) 知, 波源发出的相干波在 P 点引起的振动分别为

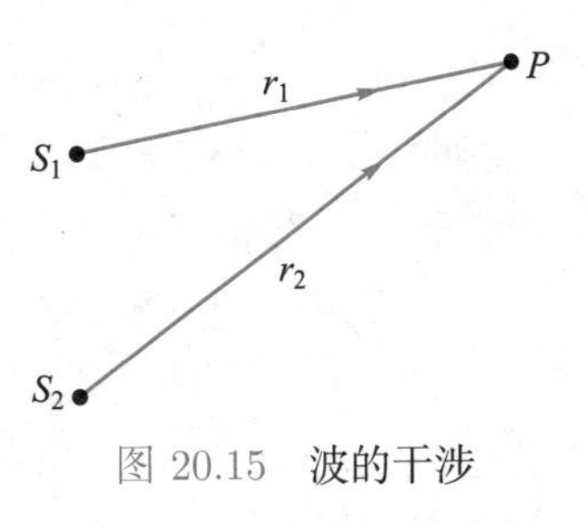

图 20.15 波的干涉

$$y_1 = A_1 \cos\left[\omega t + \left(\varphi_1 - \frac{2\pi r_1}{\lambda}\right)\right]$$

$$y_2 = A_2 \cos\left[\omega t + \left(\varphi_2 - \frac{2\pi r_2}{\lambda}\right)\right]$$

根据两同频率的振动合成规律, P 点的合振动

$$y = y_1 + y_2 = A\cos(\omega t + \varphi)$$

其振幅 [参见式 (19.11)]

$$A = \sqrt{A_1^2 + A_2^2 + 2A_1A_2\cos\left(\varphi_2 - \varphi_1 - 2\pi\frac{r_2 - r_1}{\lambda}\right)} \tag{20.10}$$

初相 [参见式 (19.12)]

$$\varphi = \arctan\frac{A_1\sin\left(\varphi_1 - \dfrac{2\pi r_1}{\lambda}\right) + A_2\sin\left(\varphi_2 - \dfrac{2\pi r_2}{\lambda}\right)}{A_1\cos\left(\varphi_1 - \dfrac{2\pi r_1}{\lambda}\right) + A_2\cos\left(\varphi_2 - \dfrac{2\pi r_2}{\lambda}\right)} \tag{20.11}$$

当两振动的相位差

$$\Delta\varphi = \varphi_2 - \varphi_1 - 2\pi\frac{r_2 - r_1}{\lambda} = \pm 2k\pi \quad (k = 0, 1, 2, \cdots) \tag{20.12}$$

时, 合振动的振幅最大, 其值

$$A_{\max} = A_1 + A_2$$

当两振动的相位差

$$\Delta\varphi = \varphi_2 - \varphi_1 - 2\pi\frac{r_2 - r_1}{\lambda} = \pm(2k+1)\pi \quad (k = 0, 1, 2, \cdots) \tag{20.13}$$

时, 合振动的振幅最小, 其值

$$A_{\min} = |A_1 - A_2|$$

当两分振动 (波源) 同初相位 (即 $\varphi_2 = \varphi_1$) 时, 则上述合振动振幅的最大和最小的条件又可简化为

$$\delta = r_2 - r_1 = \begin{cases} \pm k\lambda, & A_{\max} = A_1 + A_2 \\ \pm(2k+1)\dfrac{\lambda}{2}, & A_{\min} = |A_1 - A_2| \end{cases} \quad (k = 0, 1, 2, \cdots) \tag{20.14}$$

式中, $\delta = r_2 - r_1$ 为两波到达 P 点的波程差. 式 (20.14) 说明, 当两相干波源振动同相时, 波程差等于零或半波长偶数倍的各质元振幅最大, 干涉相长; 波程差等于半波长的奇数倍的各质元振幅最小, 干涉相消.

干涉现象及其规律在声学、光学和近代物理学中均有重要的应用.

例 20.5 两相干反相位的波源位于同一介质中的 A、B 两点, 它们所发出的波的波长均为 4 m, 且等振幅. 若两波源相距 20 m, 求 AB 连线上因干涉而静止的各点位置.

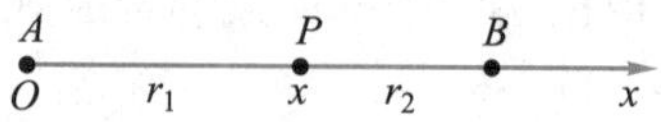

图 20.16 例 20.5 图

解: 建立如图 20.16 所示的坐标轴. 设连线上任意点 P 的坐标为 x, 则 B 到 P 的距离为 $(20-x)$ m. 设 B 波源的相位超前, 于是两波到达 P 点的相差

$$\Delta\varphi = \varphi_B - \varphi_A - 2\pi\frac{r_2 - r_1}{\lambda} = \pi - 2\pi\frac{(20-x)-x}{4}$$

$$= (x-9)\pi$$

欲使干涉结果静止, 则必有

$$\Delta\varphi = (2k+1)\pi$$

即

$$(x-9)\pi = (2k+1)\pi$$

注意到题中条件 $0 < x < 20$, 解之, 得

$$x = (2k+10)\ \text{m} \quad (k = 0, \pm1, \pm2, \pm3, \pm4)$$

即

$$x = 2, 4, 6, 8, 10, 12, 14, 16, 18\ (\text{m})$$

例 20.6 如图 20.17 所示, 两相干波源 A、B 同相位, 它们发出的波长均为 2 m. 问:

(1) 空间某点 P 距离波源 A 为 $r_1 = 50$ m, 距离波源 B 为 $r_2 = 45$ m, 两波在 P 点的干涉是相长还是相消?

(2) 若保持 r_1 不变, 则在 AB 连线上 r_2 应为多大时在 P 点才能得到最大的合振幅?

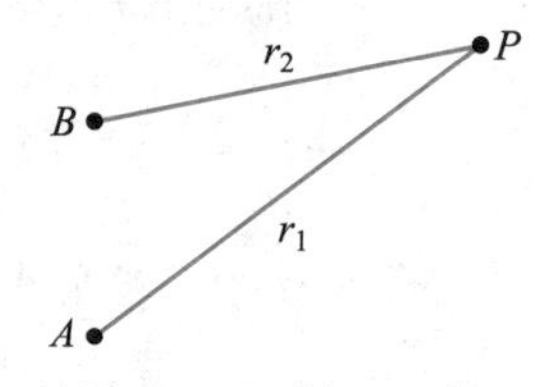

图 20.17 例 20.6 图

解: (1) 在波源同相位的情况下, 判断两波干涉的长消主要是看波程差: 为 0 或为半波长偶数倍者, 相长; 为半波长奇数倍者, 相消. 本例所给两波的波程差

$$\delta = r_1 - r_2 = (50-45)\ \text{m} = 5\ \text{m} = 5 \times \frac{2}{2}\ \text{m} = 5 \times \frac{\lambda}{2}$$

为半波长的奇数倍, 所以 P 点干涉相消.

(2) 由式 (20.14) 知, 欲在 P 点得到最大的合振幅, 则两波在 P 点的波程差必为半波长的偶数倍, 即

$$\delta = r_2 - r_1 = \pm 2k\frac{\lambda}{2} \quad (k = 0, 1, 2)$$

注意到题中条件, 为求适合条件的 AB 连线的 r_2, 则 $45\ \mathrm{m} < r_2 < 50\ \mathrm{m}$, 解之, 得

$$r_2 = r_1 - 2k\frac{\lambda}{2} = 50\ \mathrm{m} - 2k\frac{\lambda}{2} = 2 \times (25 - k)\ \mathrm{m} \quad (k = 0, 1, 2)$$

即

$$r_2 = 50\ \mathrm{m}, 48\ \mathrm{m}, 46\ \mathrm{m}$$

20.6 驻波 相位突变 (半波损失)

20.6.1 驻波

波形和能量均不随时间而传播的波称为驻波. 它由两列振幅相同、传播方向相反的相干波叠加而成. 利用叠加原理很容易得出驻波的波函数及其特点.

动画 驻波

设有两列符合上述条件的波, 其中波列 1 沿 x 轴正方向传播, 其波函数

$$y_1 = A\cos 2\pi\left(\nu t - \frac{x}{\lambda}\right)$$

波列 2 沿 x 轴负方向传播, 其波函数

$$y_2 = A\cos 2\pi\left(\nu t + \frac{x}{\lambda}\right)$$

利用三角函数的和差化积公式可以得出, 其合成波的波函数

$$y = y_1 + y_2 = A\cos 2\pi\left(\nu t - \frac{x}{\lambda}\right) + A\cos 2\pi\left(\nu t + \frac{x}{\lambda}\right) = 2A\cos 2\pi\frac{x}{\lambda}\cos 2\pi\nu t \tag{20.15}$$

它在不同时刻 $(0 \sim T)$ 的波形如图 20.18 所示. 从图中可以看出:

(1) 这是一种特殊的波, 其波形不随时间而传播 (实为分段振动), 因而也不传播能量, 故称为驻波, 式 (20.15) 则称为驻波函数, 有时亦称其为驻波方程.

(2) 波线上各质元均做简谐振动, 其中某些点, 如 O、B、D、F 等, 其振幅始终最大 $(2A)$, 这样的点称为波腹, 其位置在 $\left|\cos 2\pi\frac{x}{\lambda}\right| = 1$ 的各点, 即

$$x_{腹} = k\frac{\lambda}{2} \quad (k = 0, 1, 2, \cdots) \tag{20.16}$$

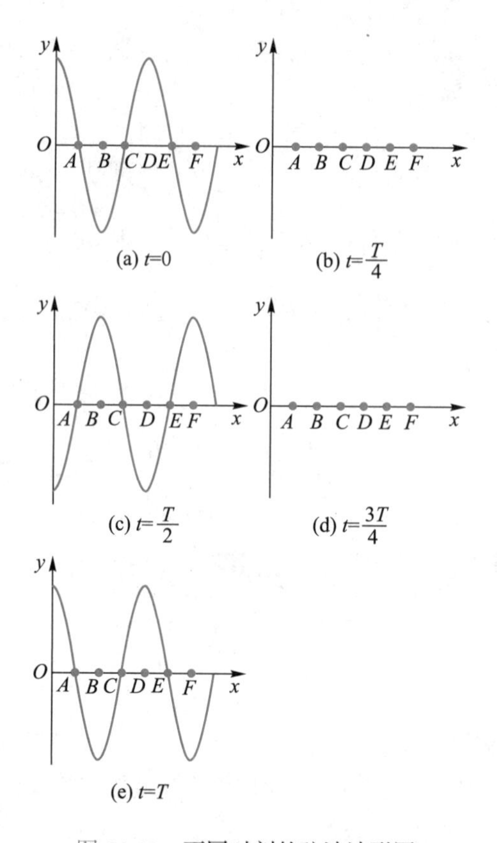

图 20.18 不同时刻的驻波波形图

(3) 另一些点, 如 A, C, E 等则始终静止 (振幅为零). 这样的点称为波节, 其位置在 $\left|\cos 2\pi\frac{x}{\lambda}\right| = 0$ 处, 即

$$x_{节} = (2k+1)\frac{\lambda}{4} \quad (k = 0, 1, 2, \cdots) \tag{20.17}$$

从式 (20.16) 或式 (20.17) 可以算出, 相邻两波腹或波节间的距离

$$\Delta x = (k+1)\frac{\lambda}{2} - \frac{k\lambda}{2} = \frac{\lambda}{2}$$

例 20.7 图 20.19 介绍的是一种测定声波波长和声速的实验装置示意图. 一中部被夹住的细棒, 一端连有盘 D, 处于装有空气和少量木屑的玻璃管中; 管的另一端有活塞 P. 现使棒发生纵向振动, 并不断移动活塞位置, 直至在管中形成木屑空气驻波图样. 后测得相邻两波腹间的平均距离为 d, 求管内气体中声波的波长和

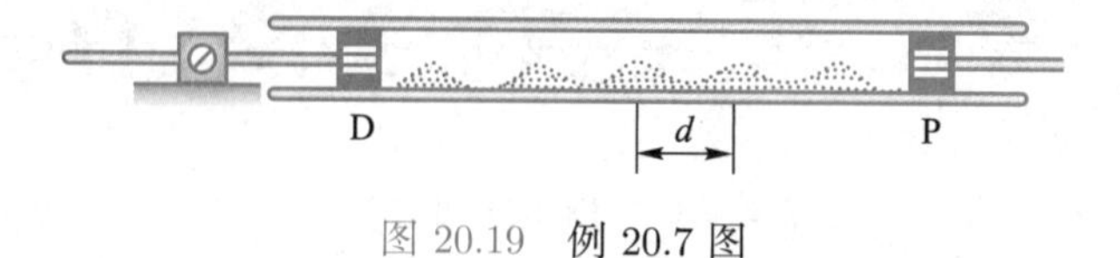

图 20.19 例 20.7 图

声速 (设棒中纵波的频率为 ν).

解: 由于两相邻波腹间的距离为 $\dfrac{\lambda}{2}$, 于是有

$$d=\frac{\lambda}{2}$$

故波长

$$\lambda=2d$$

波速

$$u=\lambda\nu=2d\nu$$

20.6.2 相位突变 (半波损失)

动画 半波损失

在波动学中, 常将介质密度 ρ 与波速 u 的乘积称为波阻. 依据波阻的大小来分类, 介质可分为波密 (波阻较大) 介质与波疏 (波阻较小) 介质两类. 实验表明, 波由波疏介质射向波密介质, 并在其分界面上发生反射时会形成波节. 这说明, 入射波与反射波在反射点上反相位, 亦即相位发生了 π 变化, 这种现象称为相位突变. 反射时相位改变 π 就相当于反射波在反射点损失了半个波, 所以, 这种现象又称为半波损失, 如图 20.20 所示. 声波由空气传到水面上被反射就属这类情况.

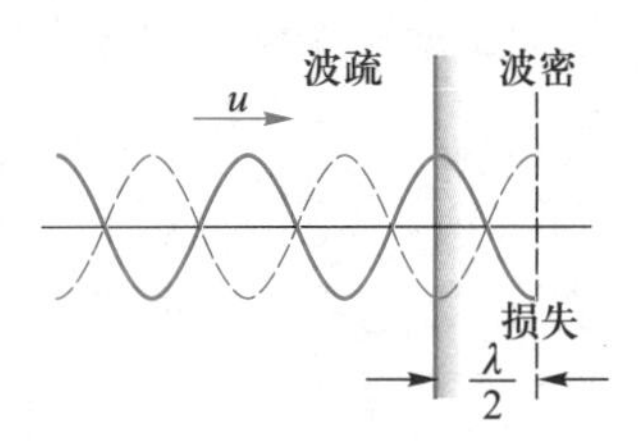

图 20.20 半波损失

如果波从波密介质射向波疏介质, 并在其分界面上反射时, 则入射波与反射波同相位, 称为全波反射, 此时, 在界面处形成波腹, 不产生半波损失.

此外, 光波也有半波损失, 这个问题我们将在波动光学中详细讨论.

20.7 多普勒效应

当波源与观察者发生相对运动时, 观察者观测到的频率 ν 与波源的频率 ν_0 不一样, 这样的现象称为多普勒效应. 例如, 当一列快车鸣笛急速通过一小火车站时, 月台上的乘客便会发现, 火车的笛声由低变高, 后又由高变低. 这就是机械波的多普勒效应, 它是多普勒于 1842 年最先发现的.

文档 多普勒

为了使问题的分析更为简便, 我们假定波源与观测者均在同一直线上运动, 它们相对于介质的速度分别为 v_{s} 及 v, 并规定波源向着观测者运动时, v_{s} 为正, 否则为负; 观测者向着波源运动时, v 为正, 否则为负. 下面分三种情况来讨论多普勒效应的成因及其变化规律.

视频 多普勒效应

(1) 波源不动 ($v_{\mathrm{s}}=0$), 观测者以速度 v 向着波源运动

这时, 在时间 t 内, 波向右传播了 ut; 同时, 观测者 E 又向左移动了 vt (参见图 20.21), 使得原处于距波源 $(u+v)t$ 远的观测者, 在时间 t 内接收到了这一波动, 这就相当于时间 t 内, 波所通过的距离, 亦即波的速度由 u “变为” $u+v$, 于是, 观测者测得的频率

$$\nu = \frac{u+v}{\lambda} = \frac{u+v}{uT} = \left(1+\frac{v}{u}\right)\nu_0 \tag{20.18}$$

可见, 观测者向着波源运动时, 所测得的频率与波源的原频率不同.

(2) 观测者不动 $(v=0)$, 波源以速度 $v_{\rm s}$ 向着观测者运动

由于波速由介质的性质决定, 与波源的运动无关, 所以当波一旦从波源发出, 便会以球面波的形式向周围扩展, 且每经过一个周期的时间, 波源就会向右移动 $v_{\rm s}T$ 的距离, 这相当于观测者所观测到的波长 λ 比原波长 λ_0 缩短了 $v_{\rm s}T$ (参见图 20.22), 即

$$\lambda = \lambda_0 - v_{\rm s}T$$

因此, 观测者测得的频率

$$\nu = \frac{u}{\lambda} = \frac{u}{\lambda_0 - v_{\rm s}T} = \frac{u}{u-v_{\rm s}}\nu_0 \tag{20.19}$$

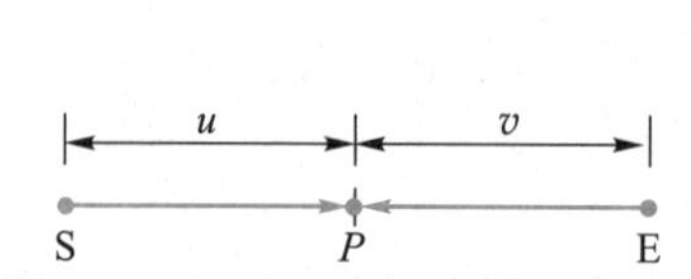

图 20.21 观测者向着波源运动相当于波速增加为 $u+v$

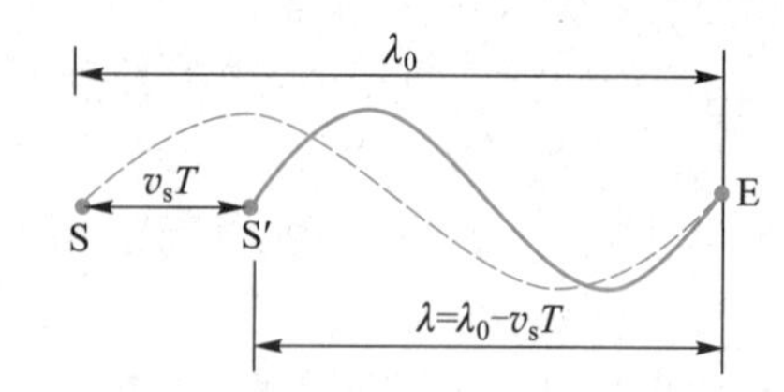

图 20.22 波源向着观测者运动相当于波长减少为 $\lambda_0 - v_{\rm s}T$

可见, 波源向着观测者运动时, 观测者所测得的频率与波源的原频率也不相同.

(3) 波源和观测者同时相对介质运动

根据以上讨论可知, 这时频率改变的因素有两个: 一是波源对介质的运动, 其效果是波长变短, 即 $\lambda = \lambda_0 - v_{\rm s}T$; 另一个是观测者对介质的运动, 其效果是使波速变大, 即 $u' = u+v$. 这时, 观测者所测得的频率

$$\nu = \frac{u+v}{\lambda_0 - v_{\rm s}T} = \frac{u+v}{u-v_{\rm s}}\nu_0 \tag{20.20a}$$

考虑到前面的符号约定, 上式又可改写为

$$\nu = \frac{u \pm v}{u \mp v_{\rm s}}\nu_0 \tag{20.20b}$$

式中, 分子的负号对应于观测者背离波源运动, 分母的负号表示波源向着观测者

运动.

顺便指出, 多普勒效应是一切波动的共同特征, 不仅机械波有多普勒效应, 电磁波也有多普勒效应, 不过由于电磁波的速度为光速, 因此, 问题的处理必须要考虑相对论效应, 其内容已超出了本书的范围, 故不拟介绍.

此外, 式 (20.18)、式 (20.19)、式 (20.20) 虽然是在波源与观测者处于同一直线运动的情况下得到的. 但对于二者不在同一直线运动的情况也同样适用. 不过, 此时式中的速度值应为运动速度在二者连线上的投影值, 连线垂直方向的速度投影值则不产生多普勒效应.

多普勒效应在日常生活及科学技术中均有广泛的应用. 例如, 利用多普勒效应制成的超声波多普勒血流检测仪可精确地测定动、静脉血管中的血流状况, 并判断人体的动、静脉及心脏是否发生病变; 利用多普勒效应制成的多普勒雷达 (参见图 20.23) 可精确地跟踪和测定移动目标 (如车、船、导弹等) 的速度及方位, 为分析、决策提供科学的依据; 利用多普勒效应制成的多普勒谱线测量仪可精确地测定分子、原子或离子因热运动而导致的发射或吸收光谱频率的变化状况, 它是测定、分析恒星大气、等离子体和受控热核聚变物理状态的重要手段.

图 20.23 多普勒雷达

例 20.8 一辆救护车的警笛频率为 1 200 Hz, 当这辆车以 25 $\mathrm{m \cdot s^{-1}}$ 的速度驶向和离开某一固定监测器时, 该监测器接收到的频率各为多少 (声速为 340 $\mathrm{m \cdot s^{-1}}$)?

解: 本题知波源与观测者有相对运动求频率, 需用多普勒效应公式来处理. 据式 (20.19) 知, 当车驶向监测器时, 监测器接收到的频率为

$$\nu = \frac{u}{u - v_{\mathrm{s}}}\nu_0 = \frac{340}{340 - 25} \times 1\,200\ \mathrm{Hz} = 1\,295\ \mathrm{Hz}$$

当车离开监测器时, 监测器接收到的频率

$$\nu = \frac{u}{u + v_{\mathrm{s}}}\nu_0 = \frac{340}{340 + 25} \times 1\,200\ \mathrm{Hz} = 1\,118\ \mathrm{Hz}$$

*20.8 声波

20.8.1 声波与声强

频率在 20 ~ 20 000 Hz 的机械振动在介质中传播时能引起人的听觉, 这样的振动称为声振动, 声振动在介质中的传播称为声波, 亦称声音或声, 它是频率为

20 ~ 20 000 Hz 之间的机械波, 其振动方向与传播方向一致, 因而属于纵波.

与机械波一样, 声波的产生与传播同样也要有两个条件: 一是要有能产生声振动的物体, 这样的物体称为声源; 二是要有能传播声振动的介质.

与机械波一样, 声波同样也会产生反射、折射、衍射和干涉, 并遵守同样的规律.

声波在介质中的传播速度称为声速, 其大小既与介质特性有关, 也与介质温度有关. 空气中声速随温度的变化由下列经验公式给出:

文档 马赫锥与冲击波

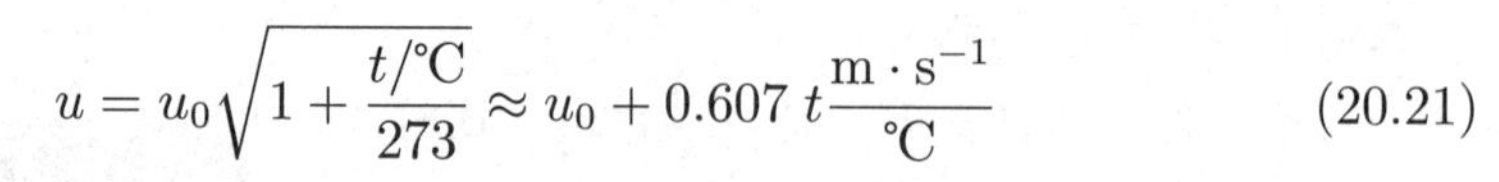

$$u = u_0\sqrt{1+\frac{t/℃}{273}} \approx u_0 + 0.607\, t\frac{\mathrm{m}\cdot\mathrm{s}^{-1}}{℃} \tag{20.21}$$

式中, $u_0 = 331\ \mathrm{m\cdot s^{-1}}$ 为 0 ℃ 时空气中的声速, t 为空气的摄氏温度. 由式 (20.21) 可以算出, 室温 ($t = 20$ ℃) 下的声速约为 $344\ \mathrm{m\cdot s^{-1}}$. 一些常见介质中的声速如表 20.1 所示.

表 20.1 一些常见介质中的声速

介质	声速	介质	声速
橡皮 (0℃)	50 m/s	混凝土 (0℃)	3 100 m/s
空气 (0℃)	331 m/s	花岗岩 (0℃)	3 100 m/s
空气 (20℃)	344 m/s		
软木 (0℃)	500 m/s	松木 (0℃)	3 140 m/s
水 (0℃)	1 481 m/s	玻璃 (0℃)	3 320 m/s
		钢 (0℃)	5 050 m/s
		钢 (25℃)	5 300 m/s

声波的平均能流密度, 即单位时间内垂直通过声波传播方向上单位面积的声能, 亦称为声强, 用 I 表示, 其单位为 $\mathrm{W\cdot m^{-2}}$ (瓦每平方米).

实验表明, 人的听觉效应最好的频率是 1 000 ~ 4 000 Hz. 人们能听到的声强范围在 $10^{-12} \sim 10^{0}\ \mathrm{W\cdot m^{-2}}$ 之间, 最大声强与最小声强之比约为 10^{12} 倍. 引起声觉的最小声强值称为听觉阈, 以 $I_0 = 10^{-2}\ \mathrm{W\cdot m^{-2}}$ 表示, 在声学中, I_0 又称标准声强. 当声强为 $1 \sim 10\ \mathrm{W\cdot m^{-2}}$ 时, 人耳将不再有声觉, 而只有压迫感和痛觉. 引起痛觉的最小声强值 $1\ \mathrm{W\cdot m^{-2}}$ 称为痛阈.

人耳对声音强弱的主观感觉称为响度. 实验表明, 响度的大小并不与声强成正比 (即声强增加 1 倍, 但人感觉到的声音响度并未增加 1 倍), 而是与声强的对数成正比. 因此若用声强来表示声音的大小将会对声音大小的分析、计算带来不便, 于是, 声学中常用声强 I 与标准声强 I_0 之比的对数来表示响度的大小. 这样的对数称为声强级, 用 L 表示, 即

$$L = \lg\frac{I}{I_0}\ \mathrm{B} \tag{20.22a}$$

其单位为 B (贝 [尔]), 但贝的单位较大, 故实用中通常多以 dB (分贝) 为单位, 此

时上式应改写为

$$L = 10 \lg \frac{I}{I_0} \mathrm{dB} \tag{20.22b}$$

一些声音的声强及声强级如表 20.2 所示.

表 20.2 几种声音的声强及声强级

声音种类	$I/(\mathrm{W \cdot m^{-2}})$	L/dB
正常呼吸声	10^{-11}	10
钟表声	10^{-10}	20
轻微谈话声	10^{-8}	40
大声叫喊声	10^{-4}	80
5 m 处飞机发动声	10^{0}	120
导致耳聋声	10^{4}	160

实验表明, 声强级过大的声音会对人们的学习、生活、工作以及身心健康带来妨碍, 因而统称为噪声. 国标规定, 对医院病房, 超过 35 dB 的声音即为噪声; 对商场闹市, 超过 50 dB 的声音即为噪声. 这样的标准, 在我国的大中城市极易超过. 因此, 如何防噪、降噪, 减少声污染自然就成为人们十分关心的问题.

20.8.2 超声波

频率高于 2×10^4 Hz 的机械波不能引起人们的听觉, 称为超声波. 超声波除了具有波的一般性质外, 还有一些特有的性质: 由于超声波的波长短, 衍射现象不显著, 所以其传播的方向性好, 近似直线传播; 由于其频率高, 所以功率大, 穿透能力强.

视频 超声波

利用超声波的这些特性, 可以制成超声探伤仪, 用来对工件的缺陷 (如裂纹、气泡、夹渣等) 进行无损检测.

超声波探伤是利用超声波在物质中传播的一些物理特性来发现物体内部的缺陷的一种方法. 利用纵波进行探伤的方法称为纵探伤法, 其原理如图 20.24 所示. 探伤时, 在工件表面上涂一层机油、水或甘油等物质, 使探头和工件保持良好接触, 以实现声能向工件的传递, 这种作用称为耦合, 所涂物质称为耦合剂. 然后将探头放置在工件表面上, 探伤仪的探头发出脉冲超声波, 通过耦合剂耦合进入工件. 如果工件无缺陷, 超声波可一直传到工件底面, 经反射后返回探头, 在荧光屏上只显示发射脉冲 T 和从底面返回脉冲 B. 如果工件有缺陷也会将一部分脉冲反射回来, 在荧光屏上的 T、B 脉冲间出现反射脉冲 F, 称为缺陷波, 从 T、F、B 之间的距离关系可估算出缺陷的位置.

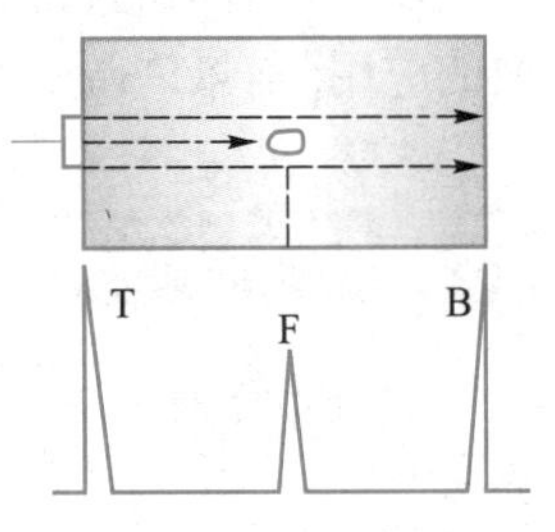

图 20.24 纵探伤原理

除了用于探伤外, 超声波还可用来检查人体某些部位的病变 (习称 "B 超"),

用来测量水下障碍、水深、物体厚度、液体位置及流量, 用来探测鱼群位置等. 总之, 超声波已广泛地应用于机械制造、电力、冶金、石化、医疗及国防等许多领域.

20.8.3 次声波

频率低于 20 Hz 的机械波称为次声波, 又称亚声波. 与超声波相似, 它也是一种不能引起听觉的声波. 在大自然的许多活动, 如地震、火山爆发、太阳磁暴、大气湍流等过程中, 均有次声波的产生.

除了拥有可听声波的共性 (如拥有相同的波速, 且同为纵波) 外, 次声波还具有许多自身的特性.

(1) 频率低, 波长长

由波长公式 $\lambda=\dfrac{u}{\nu}$ 可知, 20 ℃ 时 (声速 $u=344\ \mathrm{m\cdot s^{-1}}$), 对于频率为 0.01 Hz 的次声波, 其波长为 34 400 m, 一个次声波就可穿过好几座中小城市的空间.

(2) 衰减小, 穿透能力强

测量表明, 每传播 1 000 m 的距离, 次声波仅衰减约亿分之一分贝, 因而可"顺利"地在大气中穿行, 具有"大气优秀通信员"之美称. 据报道, 1883 年, 苏门答腊岛和爪哇岛之间发生的一次火山爆发所发出的次声波, 历时 108 小时, 绕地球环行三圈后仍"余波未了, 兴趣犹存".

视频 次声武器

文档 孤波与孤子

(3) 易于与人体某些器官发生共振

由于人体很多器官的固有频率均在 5 ~ 10 Hz 之间, 与次声波的频率很接近, 因而极易在人体器官中引起共振, 轻则头昏、呕吐, 呼吸困难; 重则内脏破裂, 不治而亡.

次声波的上述特点, 具有极好的应用前景, 因而引起了人们的极大关注与探索.

例如, 很多国家都在研究次声武器 (参见视频), 以在低碳背景下增强杀伤力.

又如, 次声波所携带的大自然活动的丰富信息可用来监视地震、火山爆发以及核爆炸等活动的状态及过程, 甚至还可以用来预报地震及火山爆发. 总之, 次声波的应用, 前景广阔; 次声波的研究, 还有许多工作可做.

思考题与习题

20.1 什么是波动? 振动与波动有什么区别和联系? 机械波与电磁波有何异同?

20.2 机械波从一种介质进入另一种介质时, 其波长、频率、周期、波速等物理量中, 哪些发生变化? 哪些不变?

20.3 在波的传播过程中, 波速和介质质元的振动速度是否相同?

20.4 在波函数 $y=A\cos\left[\omega\left(t-\dfrac{x}{u}\right)+\varphi\right]$ 中, $\dfrac{x}{u}$ 表示什么? φ 表示什么?

若将上述函数改写为 $y=A\cos\left[\omega t+\left(\varphi-\dfrac{\omega x}{u}\right)\right]$, 则 $\varphi-\dfrac{\omega x}{u}$ 表示什么?

20.5 若两波源发出的波同振动方向, 但不同频率, 则它们在空间叠加时能否相干? 为什么?

20.6 波动的能量与哪些因素有关? 波动的能量与谐振动的能量有何异同?

20.7 一平面简谐波在弹性介质中传播时, 若传播方向上某质元在负的最大位置处, 则其能量特点为 ( ).

A. 动能为零, 势能最大

B. 动能为零, 势能为零

C. 动能最大, 势能最大

D. 动能最大, 势能为零

20.8 一平面简谐波的表达式为 $y=0.1\cos(3\pi t-\pi x+\pi)$(SI 单位), $t=0$ 时的波形曲线如图所示. 下列说法中, 正确的是 ( ).

A. O 点的振幅为 $-0.1\ \mathrm{m}$

B. 波长为 $3\ \mathrm{m}$

C. a、b 两点间相位差为 $\dfrac{1}{2}\pi$

D. 波速为 $9\ \mathrm{m\cdot s^{-1}}$

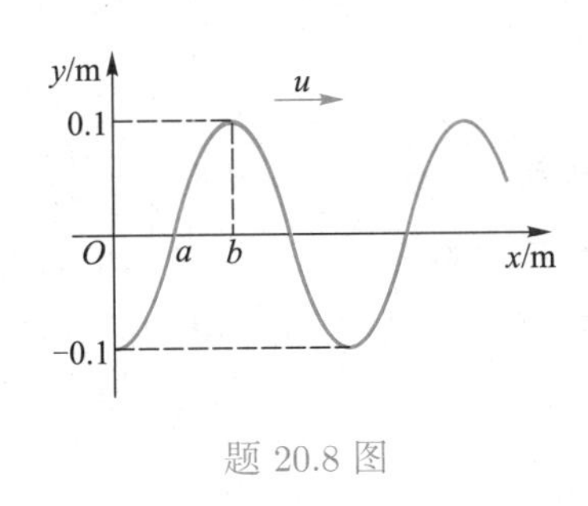

题 20.8 图

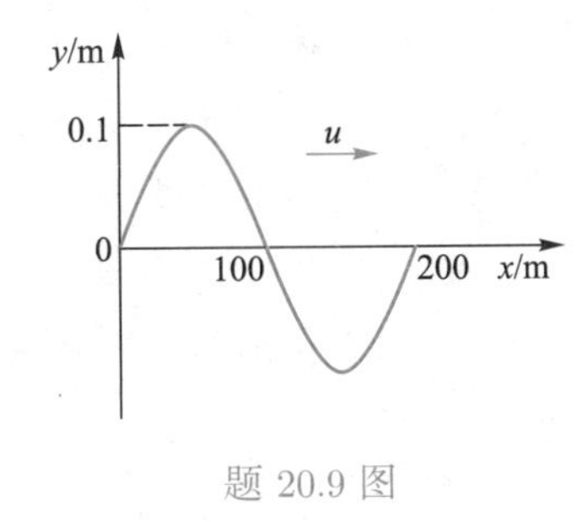

题 20.9 图

20.9 一简谐波在 $t=0$ 时刻的波形如图所示, 波速 $u=200\ \mathrm{m\cdot s^{-1}}$, 则图中 O 点处的质元在 t 时刻的加速度 $a=$ ______.

20.10 某弦上有一简谐波, 其表达式为 $y_a=2.0\times10^{-2}\times\cos\left[2\pi\left(\dfrac{t}{0.02}-\dfrac{x}{20}\right)+\dfrac{\pi}{3}\right]$, 式中 y_a、x 以 m 为单位, t 以 s 为单位. 为了在此弦上形成驻波, 且在 $x=0$ 处有一波节, 则此弦上必须另有一简谐波, 其表达式为 $y_b=$ ______.

* * *

20.11 图中所示为一平面波在 $t=0.5\ \mathrm{s}$ 时的波形, 此时 P 点的振动速度为 $v_P=4\pi\ \mathrm{m\cdot s^{-1}}$. 求波函数.

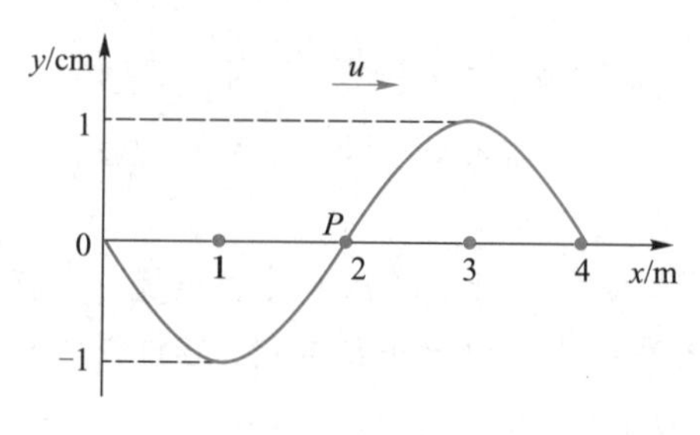

题 20.11 图

20.12 已知某平面波周期 $T=\dfrac{1}{2}$ s, 波长 $\lambda=10$ m, 振幅 $A=0.1$ m. 当 $t=0$ 时, 坐标原点处的质元振动恰好为正方向的最大值. 设波沿 x 轴正方向传播, 求:

(1) 此波的波函数;

(2) 距原点为 $\dfrac{\lambda}{2}$ 处的质元的振动方程;

(3) $t=\dfrac{T}{4}$ 时, 距原点为 $\dfrac{\lambda}{4}$ 处的质元的振动速度.

20.13 一平面波的波函数为 $y=0.05\cos\left(\pi t-\pi x+\dfrac{\pi}{3}\right)$, 式中, y、x 以 m 为单位, t 以 s 为单位. 求:

(1) 波的振幅、频率、波长及波速;

(2) 介质中质元振动的最大速度及最大加速度;

(3) $t=18$ s 时, 位于 $x=17$ m 处的质元的振动相位.

20.14 一平面波的波函数为 $y=A\cos(Bt-Cx)$, 式中, A、B、C 均为大于零的常量, 求:

(1) 波的振幅、波速、频率、周期和波长;

(2) 传播方向上距波源为 L 处的质元的振动方程;

(3) 任意时刻在波的传播方向上相距为 D 的两点间的相位差.

20.15 一沿 x 轴正方向传播的平面波在 $t=\dfrac{1}{3}$ s 时的波形如图所示, 平面波的周期 $T=2$ s, 求:

(1) 此波的波函数;

(2) D 点的振动方程.

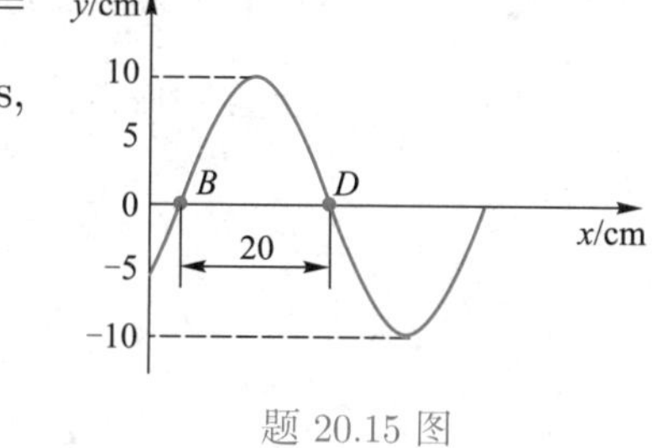

题 20.15 图

20.16 一平面波的波函数为

$$y=0.05\cos(10\pi t-4\pi x)$$

式中, x、y 以 m 为单位, t 以 s 为单位. 作出 $t=1$ s 及 1.5 s 的波形图.

20.17 一横波传播于一张紧的弦上, 其波函数为 $y=\cos\pi(x+0.25t)$, 式中, x、y 以 m 为单位, t 以 s 为单位.

(1) 判定此波的传播方向;

(2) 求出波速及弦中质元振动的最大速度.

20.18 某波在介质中的传播速度 $u=10^3\ \text{m}\cdot\text{s}^{-1}$, 振幅 $A=1.0\times10^{-4}$ m. 频率 $\nu=10^3$ Hz. 若介质的密度 $\rho=800\ \text{kg}\cdot\text{m}^{-3}$, 求:

(1) 波的能流密度;

(2) 1 min 内垂直通过一面积 $S=4.0\times10^{-4}\ \text{m}^2$ 的波的总能量.

20.19 一正弦空气波沿直径为 0.14 m 的圆柱形管传播, 波的强度为 $9\times10^{-3}\ \text{J}\cdot\text{s}^{-1}\cdot\text{m}^{-2}$, 频率为 300 Hz, 波速为 $300\ \text{m}\cdot\text{s}^{-1}$, 求波的平均能量密度和最大能量密度.

20.20 利用惠更斯原理证明波的折射定律.

20.21 如图所示, 设 S_1、S_2 为两个相干波源, 相互间距为 $\dfrac{\lambda}{4}$, S_1 的相位比 S_2 超前 $\dfrac{\pi}{2}$. 如果两波在 S_1 和 S_2 的连线方向上各点强度相同, 均为 I_0, 求 S_1、S_2 的连线上 S_1 及 S_2 外侧各点 (如 P 及 Q 点) 合成波的强度.

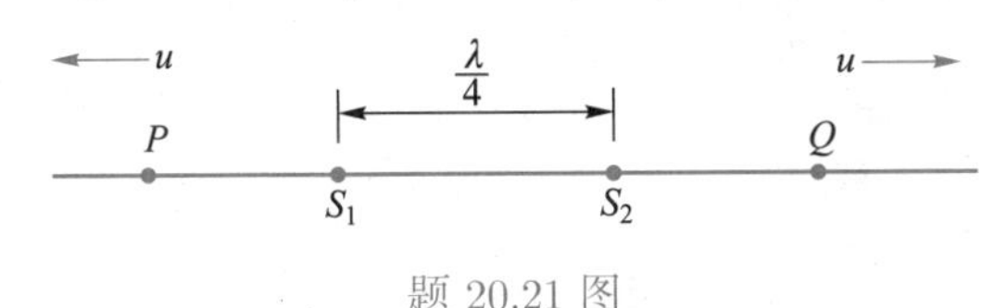

题 20.21 图

20.22 B、C 两点处的两波源具有相同的振动方向和振幅, 它们在介质中产生的波传播方向相反, 设两波的振幅为 0.01 m, 频率为 100 Hz, 波速为 $430\ \text{m}\cdot\text{s}^{-1}$, 波源振动的初相差为 π, 且 $\varphi_B=0$. 若 B 为坐标原点, C 点坐标 $x=30$ m, 求两波的波函数.

20.23 一平面简谐波沿 x 轴正方向传播, 其波函数为 $y_1=A\cos2\pi\left(\nu t-\dfrac{x}{\lambda}\right)$. 而另一平面简谐波沿 x 轴负方向传播, 其波函数为 $y_2=2A\cos2\pi\left(\nu t+\dfrac{x}{\lambda}\right)$. 求:

(1) $x=\dfrac{\lambda}{4}$ 处介质质元的合振动方程;

(2) $x=\dfrac{\lambda}{4}$ 处介质质元的振动速度.

20.24 已知一平面简谐波的波函数为 $y_1=0.15\cos(32t+0.083x)$, 式中, x、y_1 以 m 为单位, t 以 s 为单位. 欲使另一列波与上述列波叠加而成驻波, 且在原点 $(x=0)$ 处为波节, 那么, 后一列波的波函数如何?

20.25 两列波在一根很长的细绳上传播, 设其波函数为

$$y_1=0.06\cos\pi(x-4t)$$

文档 第20章 章末问答

$$y_2 = 0.06\cos\pi(x+4t)$$

式中, y_1、y_2 以 m 为单位, t 以 s 为单位.

(1) 证明细绳上的振动为驻波式振动;

(2) 求波节和波腹的位置.

动画 第20章 章末小试

20.26 利用多普勒效应制成的测速仪称为多普勒计速器, 其主要结构包含三大部分: 超声波发射器, 超声波接收仪及频速转换器. 设计速器发出的超声波频率为 100 kHz, 接收到汽车反射波的频率为 110 kHz, 当时的声速为 $344\ \mathrm{m\cdot s^{-1}}$, 问汽车行驶的速度为多少?

20.27 当火车驶近时, 观察者觉得它的汽笛声音比离去时高一个音节 (即频率为离去时的 9/8 倍), 已知空气中的声速为 $340\ \mathrm{m\cdot s^{-1}}$, 求火车的速度.

第 20 章习题答案

20.28 距一点声源 10 m 处的声强级为 20 dB, 若介质对声音的吸收可以忽略, 求距声源 5 m 处的声强级 (声强的大小与距离平方成反比).

天籁之光

第五篇

光学

光学是研究光的传播规律、光与其他物质的相互作用、光的本性及其应用的科学，它是物理学的一个重要分支.

文档 郭守敬

早在两千多年前，我们的祖先就已开展了对光的直线传播、小孔成像、平面镜及凸、凹面镜成像的现象及其规律的研究. 公元 13 世纪，我国元代的大科学家郭守敬 (参见文档) 在自己研制的景福、阳仪等天文仪器中反复地运用了小孔成像原理，这是中国光学史上的一项巨大成果，是我国古代人们对光学知识应用能力的表征.

17 世纪，欧洲的一些物理学家开始用经典力学的观点去研究光的本性，出现了牛顿的经典微粒说和惠更斯的机械波动说，前者能解释光的直线传播现象但不能解释光的干涉和衍射现象；后者能解释光的直线传播、反射、折射、干涉、衍射现象，但不能解释光为什么能在真空中传播的问题.

19 世纪后期，由于麦克斯韦电磁波理论的建立和赫兹用实验证实了电磁波的存在，人们才认识到光是一种电磁波而不是机械波，使得光的波动理论得到进一步的完善. 到 20 世纪初，光学的研究已深入到发光原理、光与物质相互作用的微观领域，人们认识到光呈现出明显的粒子性，但这种粒子不是牛顿的经典粒子，而是爱因斯坦的光量子，并在此基础上进一步认识到，光具有波粒二象性：当光与物质作用时，其行为主要表现为粒子性；当光传播时，其行为主要表现为波动性，干涉、衍射、偏振，是其波动性的主要表征，它们构成了波动光学的主要内容.

光学中所讨论的光多为可见光，其波长较短 (约为 10^{-7} m 数量级)，因而在传播途中会经常遇到线度比光的波长大得多的障碍物，这时，光的波动性便不明显，而可近似地认为, 光是沿着直线传播的, 进而可用几何语言来描述. 因而常将这部分内容 (光的直线传播) 称为几何光学.

本篇仅讨论光的传播行为、规律及其应用, 内容包括光的干涉、衍射、偏振和直线传播等. 至于光与物质的相互作用则属量子光学的范畴, 我们将在量子物理篇中再行讨论.

皂膜童趣

第二十一章 光的干涉

两列满足一定条件的光在空间相遇后总会在一些固定的地方产生稳定的相长干涉，出现明纹；而在另一些固定的地方却产生稳定的相消干涉，出现暗纹，这样的现象称为光的干涉现象，亦称光的干涉，它是光的基本特性之一，是光具有波动性的有力佐证. 本章主要讨论光干涉的基本概念、基本规律及其应用，要侧重掌握等厚干涉的条件、规律及其应用， 会熟练地分析、计算劈尖、牛顿环之类的干涉问题；掌握杨氏双缝干涉的实验规律，能分析、计算一些较简单的双光源干涉问题；要理解等倾干涉的规律；理解光程及光程差的概念及其物理意义，会分析、计算一些简单光路的光程和光程差；要了解半波损失及其附加光程差的计算；了解迈克耳孙干涉仪和光的时空相干性.

21.1 光与光程

21.1.1 光与相干光

本章所讲的光主要是指可见光，它是波长 (或频率) 变化范围相对较窄 (400 ~ 760 nm) 的一种电磁波.

实验表明，可见光中能引起视觉效应的成分主要是电磁波中的电矢量 $\boldsymbol{E}$. 因此，在波动光学中常将电磁波中的电矢量称为光矢量，其振幅 E_0 称为光振幅.

依据波动理论，光的发光强度 (简称光强) 与光振幅的平方成正比. 在波动光学中，主要考虑的是光的相对光强，因而可以不考虑比例系数，直接将光矢量的平方定义为相对光强，即

$$I = E_0^2$$

凡能发光的物体均称为光源. 前已提及，若光源发出的两列光波同频率、同振动方向且相位差恒定，则它们在空间相遇时便会在一些固定的地方产生光强极大，在另一些固定的地方产生光强极小. 这样的现象称为光的干涉，相应的光称为相干光，相应的光源称为相干光源. 前述“同频率、同振动方向且相位差恒定”则称为相干条件. 如果发出的光波中只有一种波长成分，这样的光称为单色光，相应的光源称为单色光源. 平常我们见到的光 (如太阳光) 多为白光，它是“红、橙、黄、绿、青、蓝、紫”七种颜色光的合成.

光的颜色与光的频率 (或波长) 有关，其对应关系大致如表 21.1 所示.

表 21.1 可见光的颜色与频率

颜色	红	橙	黄	绿	青	蓝	紫

波长 λ/nm	760	700	650	600	550	500	450	400
频率 $\nu/(10^{14}$ Hz)	3.9	4.3	4.6	5.0	5.5	6.0	6.7	7.5

动画 获得相干光的基本方法

21.1.2 获得相干光的基本方法

近代物理指出，发光体中含有大量的原子或分子，它们的能量是不连续的、分立的，称为能级. 通常情况下，各原子或分子总是趋于使自己的能量处于最低的状态 (称为基态). 当它们受到外界激励后，便会吸收一定的能量跃迁到能量较高的激发态上，而后再自发地从各激发态跃迁到能量较低的状态或基态，并向外辐射出光子，发出一定频率的光波，其过程极短 (约 10^{-8} s)，且不连续，并具有相当大的偶然性. 因此，普通光源所发出的光波的频率、振动方向及相位差均不满足相干条件，因而不能相干.

为了获得相干光, 常用的方法是"一分为二再相聚", 即将一束光用几何或物理的方法将其分割成两部分, 然后再让其相遇、相干: 或者从一个波阵面上取出两点作为点光源, 则它们发出的光便为相干光, 此法称为分割波面法 (如双缝干涉), 将在 21.2 节中介绍; 或者让一束光照射到薄膜的上、下两个表面进行反射, 然后再让其相遇、相干, 此法称为分割振幅法 (如薄膜干涉), 将在 21.3 节中讨论.

21.1.3 光程与光程差

实验表明, 光在真空中的传播速度 c 与光在介质中的传播速度 v 并不相等. 我们将两者之比定义为介质的折射率, 用 n 表示, 即

$$n = \frac{c}{v} \tag{21.1}$$

而将两种介质的折射率之比称为相对折射率. 其中, 折射率较大的介质称为光密介质; 折射率较小的介质称为光疏介质.

表 21.2 给出的是一些常见透明介质的折射率, 以资参考.

表 21.2 常见透明介质的折射率

介质	折射率
空气	1.000 3
水	1.33
酒精	1.36
光学玻璃	1.49 ~ 1.79

介质的折射率 n 与光在该介质中走过的几何路程 r 的乘积称为光程, 用 L 表示, 即

动画 光程的物理意义

$$L = nr \tag{21.2}$$

由波长及折射率的概念可以得到, 在一个周期内, 光在真空中所走过的路程 (即真空中的光波长) $\lambda = cT$; 光在介质 (折射率为 n) 中所走过的路程 (即介质中的光波长)

$$\lambda_n = vT = \frac{c}{n}T = \frac{\lambda}{n} \tag{21.3}$$

可见, 在相同时间内, 光在真空及介质中走过的路程是不相等的, 但它们所传播的光程则是相同的.

如果光通过厚度分别为 $r_1, r_2, \cdots$, 折射率分别为 $n_1, n_2, \cdots$ 的多层介质, 根据光程的概念则有

$$L = n_1 r_1 + n_2 r_2 + \cdots = \Sigma n_i r_i \tag{21.4}$$

这就是说, 全段光程等于各分段光程之和.

在实际的干涉、衍射问题中, 两相干光的初相位相同, $\varphi_{10}=\varphi_{20}$, 于是因光传播而带来的相位差

$$\Delta\varphi=\varphi_2-\varphi_1=2\pi\left(\frac{r_2}{\lambda_2}-\frac{r_1}{\lambda_1}\right)=\frac{2\pi}{\lambda}(L_2-L_1)=2\pi\frac{\delta}{\lambda} \tag{21.5}$$

式中, λ 为光在真空中的波长, $\delta=L_2-L_1$ 为两光波的光程之差, 简称为光程差, 其值对光的干涉、衍射行为有着重要的影响.

顺便指出, 理论和实验均可证明, 光通过理想透镜不会产生附加的光程差. 为了便于理解, 下面仅以平行光为例来简要说明. 如图 21.1 所示, 设 A、B、C 分别为垂直于光轴的平面波阵面上的三个点, 根据透镜成像理论 (参见 24.4.2), 过 A、B、C 的平行光, 经透镜折射后必会聚于透镜的焦点 F 上. 由图可见, 光线 AA_1A_2F 的镜外路程 AA_1+A_2F 要比光线 BB_1B_2F 的镜外路程 BB_1+B_2F 长. 但是, 在镜内的传播, A_1A_2 却要比 B_1B_2 小, 且还要乘以系数 n (折射率的值大于 1). 因此, 以上两点综合作用的结果, 使得 AA_1A_2F 与 BB_1B_2F 的光程相等, 光程差为零. 换言之, 光通过理想透镜时不会产生附加光程差.

文档 托马斯 · 杨

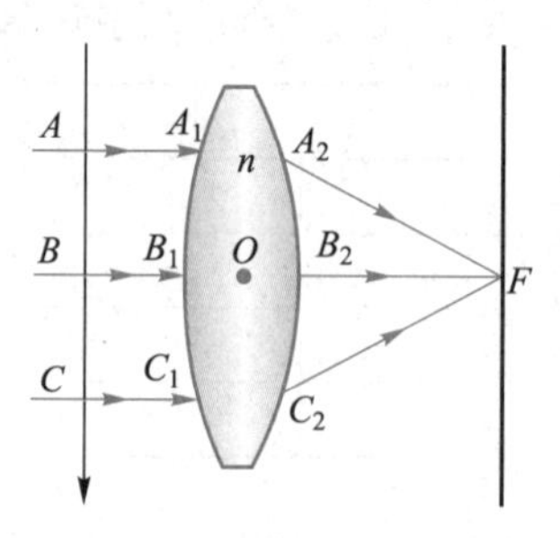

图 21.1 光通过理想透镜不产生附加光程差

21.2 双缝干涉

21.2.1 杨氏双缝干涉实验

动画 杨氏双缝干涉实验

早在 1801 年, 英国科学家托马斯 · 杨就成功地利用普通光源实现了光的干涉. 他最初做的是双孔实验, 如图 21.2 所示. 用 $\mathrm{P_1}$ 屏上的小孔限制入射光, 用 $\mathrm{P_2}$ 屏上的两个位于同一波面上的小孔得到两个相干点光源, 从这两个小孔发出的光波在空间相遇而发生干涉, 在观察屏 $\mathrm{P_3}$ 上得到明暗相间的干涉条纹.

后来, 人们发现将小孔改成狭缝也能实现干涉, 且干涉图案更加明亮, 效果更好. 这便形成了后来的杨氏双缝干涉实验. 其实验原理如图 21.3(a) 所示. 图中, S 为点光源, d 为双缝间距, D 为双缝至观察屏的距离, 且 $D\gg d$; P 为双缝 S_1、

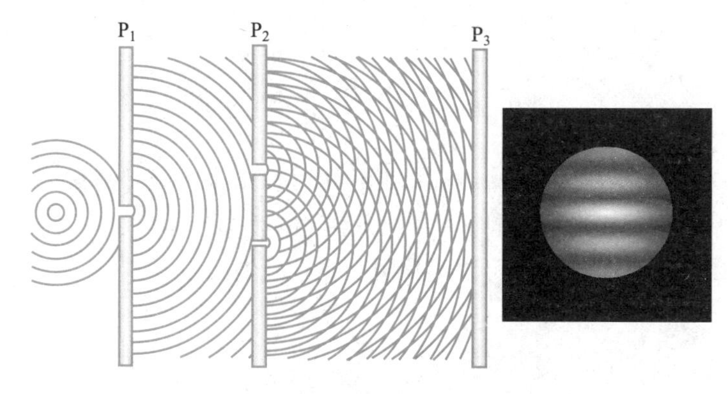

图 21.2 杨氏双孔干涉实验

S_2 所发出的两束光在屏上的相遇点，它到 S_1、S_2 的距离分别为 r_1 及 r_2. O' 为两缝连线的中点, P 点在 x 轴的坐标为 x. 实验获得的条纹及光强分布分别如图 21.3(b)、(c) 所示. 其定量解释可借助于几何条件及波的相长、相消规律来获得.

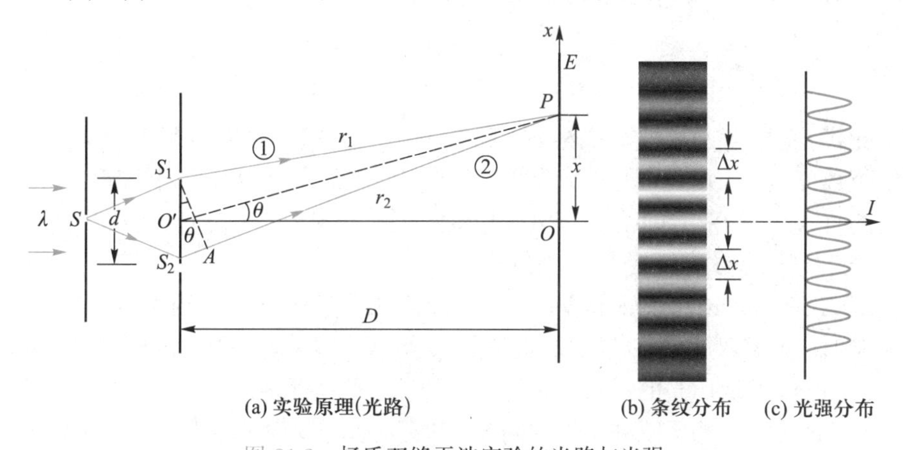

图 21.3 杨氏双缝干涉实验的光路与光强

自 S_1 作 PS_2 的垂线，交 PS_2 于 A 点. 由于 $D \gg d$, 所以 $\angle S_1PS_2 \to 0$, 且 $S_2P \perp S_1A, S_1A \perp O'P, S_1P = AP$. 设 $\angle S_2S_1A = \theta$, 则 $\angle PO'O$ 亦为 θ, 且

$$\theta \approx \sin\theta \approx \tan\theta = \frac{x}{D}$$

由图 21.3 可以看出, ①、② 两束光的光程差 (设双缝及屏均在空气中)

$$\delta = nr_2 - nr_1 = r_2 - r_1 = S_2A = d\tan\theta = d\frac{x}{D} \tag{21.6}$$

由式 (20.14) 可知, 当

$$\delta = \pm k\lambda \quad (k = 0, 1, 2, \cdots) \tag{21.7}$$

时, P 点发生相长干涉, 屏上将出现一组明纹. 式中, k 为明纹级数, $k = 0$ 为中央

明纹, $k=1$ 为一级明纹 ……. 当

$$\delta=\pm(2k+1)\frac{\lambda}{2}\quad(k=0,1,2,\cdots)\tag{21.8}$$

时, P 点发生相消干涉, 屏上将出现一组暗纹. 式中, k 为暗纹级数, $k=0$ 为零级暗纹① (分布于中央明纹的两侧), $k=1$ 为一级暗纹 ……

由式 (21.6) 及式 (21.7) 可以得到明纹中心的坐标为

$$x_{明}=\pm k\frac{D}{d}\lambda\tag{21.9}$$

由式 (21.6) 及式 (21.8) 可以得到暗纹中心的坐标为

$$x_{暗}=\pm(2k+1)\frac{D}{d}\frac{\lambda}{2}\tag{21.10}$$

由式 (21.9) 或式 (21.10) 可得相邻两级明纹或暗纹的间距为

$$\Delta x=\frac{D}{d}\lambda\tag{21.11}$$

此式表明, 当 D 一定时, 条纹间距与波长 λ 成正比, 与双缝距离 d 成反比, 与条纹级数 k 无关. 由此可见, 杨氏双缝干涉实验中的条纹为一系列明暗相间, 且等宽度的直条纹, 当双缝间距 d 变大, 或入射波长 λ 变小, 则条纹间距 Δx 变小, 条纹变密; 否则, 条纹间距变大, 条纹变稀.

例 21.1 在杨氏双缝干涉装置中, 双缝间距为 0.4 mm. 当用单色平行光进行实验时, 在距双缝 2 m 远的屏上测得第 4 级明纹中心与中央明纹中心的距离为 12.0 mm. 求所用光的波长及相邻两级明纹之间的距离.

解: 这是一道杨氏双缝干涉的问题, 主要是检查我们对杨氏双缝干涉规律, 特别是对光程差公式, 相长、相消干涉条件及明、暗纹坐标公式的理解与应用.

由光程差公式及相长干涉的条件得

$$\delta=\frac{d}{D}x=4\lambda$$

由此可解得波长

$$\lambda=\frac{dx}{4D}=\frac{0.4\times10^{-3}\times12.0\times10^{-3}}{4\times2}\ \mathrm{m}=6.0\times10^{-7}\ \mathrm{m}=600\ \mathrm{nm}$$

由条纹间距公式解得相邻两级明纹之间的距离

$$\Delta x=\frac{D}{d}\lambda=\frac{2\times6.0\times10^{-7}}{0.4\times10^{-3}}\ \mathrm{m}=3.0\times10^{-3}\ \mathrm{m}=3.0\ \mathrm{mm}$$

---

① 暗纹条件也可以用 $\delta=\pm(2k-1)\frac{\lambda}{2}(k=1,2,\cdots)$ 来表示, 若是这样, 则无零级暗纹.

21.2.2 劳埃德镜干涉与半波损失

与杨氏双缝干涉相似, 劳埃德镜干涉也是通过分割波阵面来实现的, 其实验原理如图 21.4 所示. 当光源在 S_1 点发出的光以接近 90° 的入射角射向平面镜 AB 时, 其反射光 (可视为从虚光源在 S_2 点发出的光) 与直接从 S_1 点发出的光将会在屏上 P 点相遇. 由于这两条光均从同一波阵面分割而来, 因而完全满足相干条件, 在相遇区内发生干涉, 称为劳埃德镜干涉.

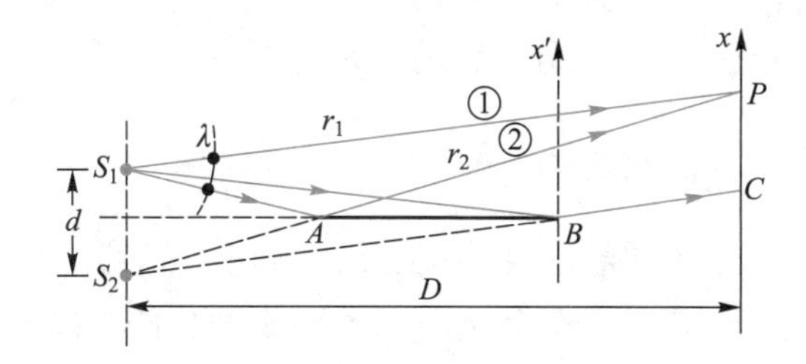

图 21.4 劳埃德镜干涉实验原理 (光路)

若将屏平行移至 B 处, 这时入射光与反射光的光程差将变为零. 理论上 [参见式 (21.7)] B 点处应出现明纹, 但实验结果却是暗纹, 相当于两束光在 B 处发生了 π 的相位突变, 损失了半个波长的光程, 这一现象称为半波损失. 它仅在反射光中才有可能发生.

劳埃德镜干涉实验表明, 当光从光疏介质向光密介质入射时, 其分界面的反射光均有半波损失发生, 这时的光程差应为传播光程差与附加光程差 $\dfrac{\lambda}{2}$ 的总和; 如果光从光密介质向光疏介质分界面入射, 则反射光无半波损失, 这时的光程差便只有传播光程差, 没有半波损失. 在分析和计算劳埃德镜干涉问题 (其方法与杨氏双缝干涉分析方法相似) 时一定要特别注意.

例 21.2 在劳埃德镜干涉实验中, 设单色点光源 S_1 的光波波长 $\lambda = 500\ \text{nm}$, S_1 至观察屏相距 $D = 1.0\ \text{m}$. 欲使屏上的干涉条纹间距 $\Delta x = 0.5\ \text{mm}$, 则点光源 S_1 到镜面延长线的垂直距离为多少?

解: 由图 21.4 可见, S_1 到镜面延长线的垂直距 h 恰为 S_1S_2 距离 d 之半. 因此, 本题的实质是求 d, 然后将之除以 2 即得 h.

由式 (21.11) 可得, 两点光源 S_1, S_2 的距离

$$d = \frac{D}{\Delta x}\lambda$$

将题给条件代入上式, 得

$$d = \frac{1.0}{0.5 \times 10^{-3}} \times 500 \times 10^{-9}\ \text{m} = 1.0 \times 10^{-3}\ \text{m} = 1.0\ \text{mm}$$

故

$$h = \frac{d}{2} = \frac{1.0}{2}\ \text{mm} = 0.5\ \text{mm}$$

21.3 平行薄膜的等倾干涉

平行薄膜的等倾干涉主要有两种类型: 反射光干涉和透射光干涉, 其结果主要取决于相干光的光程差. 下面分两种情况来讨论.

21.3.1 反射光干涉的光程差

如图 21.5 所示, 设厚度为 e、折射率为 n_2 的平行薄膜, 其上、下两表面外部分别是折射率为 n_1 和 n_3 的透明介质、点光源 S 发出的光以入射角 i_1 射向薄膜上界面的 A 点, 一部分光被反射回介质 (光线 ①), 另一部分光 (光线 ②) 折射入薄膜, 并在薄膜下界面 B 点处发生反射, 再从 C 点处折射入上面的介质, 完成振幅的“分割”. 根据反射及折射定律可知, 这一部分光必与光线 ① 平行, 若加上一凸透镜便可将之与光线 ① 会聚于透镜的焦平面上, 以观察干涉图像.

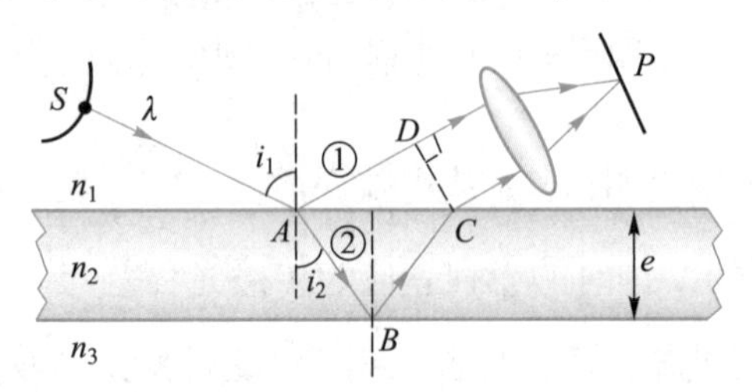

图 21.5 平行平面薄膜反射光干涉的光路

下面先讨论光线 ①、② 因传播而导致的光程差.

自 C 作光线 ① 的垂线交光线 ① 于 D 点. 从图中可以看出, $AB = BC = e/\cos i_2$, $AD = AC\sin i_1 = (2e\tan i_2)\sin i_1 = 2e\sin i_2\sin i_1/\cos i_2$. 由于透镜不会产生附加光程差, C、D 处于同一波面上, 因此, 光线 ①、② 的传播光程差

$$\delta_0 = n_2(AB+BC) - n_1 AD = \frac{2e(n_2 - n_1\sin i_2\sin i_1)}{\cos i_2}$$

注意到三角函数关系 $\cos i_2 = \sqrt{1-\sin^2 i_2}$ 及折射定律 $\sin i_2 = \dfrac{n_1}{n_2}\sin i_1$ 则可得到

$$\delta_0 = 2e\sqrt{n_2^2 - n_1^2\sin^2 i_1}$$

再讨论光线 ①、② 是否还有附加光程差 δ'.

如果 $n_1 < n_2 < n_3$, 或者 $n_1 > n_2 > n_3$ (上述两种情况均称为反射条件相同),

这时, 根据 21.2.2 节的结果, 光线 ①、② 无附加光程差, 即 $\delta' = 0$.

如果 $n_1 > n_2 < n_3$, 或者 $n_1 < n_2 > n_3$ (以上两种情况则称为反射条件不同), 这时, 根据同样的缘由, 则光线 ①、② 有 $\dfrac{\lambda}{2}$ 的附加光程差, 即 $\delta' = \dfrac{\lambda}{2}$.

综上所述, 平行平面薄膜反射光干涉的总光程差为

$$\delta = \delta_0 + \delta' = 2e\sqrt{n_2^2 - n_1^2 \sin^2 i_1} + \begin{cases} 0 & \text{反射条件相同} \\ \dfrac{\lambda}{2} & \text{反射条件不同} \end{cases} \tag{21.12a}$$

当光线垂直入射, 即 $i_1 = 0$ 时, 上式便可写成

$$\delta = \delta_0 + \delta' = 2en_2 + \begin{cases} 0 & \text{反射条件相同} \\ \dfrac{\lambda}{2} & \text{反射条件不同} \end{cases} \tag{21.12b}$$

由式 (21.7) 及式 (21.8) 可知, δ 与干涉条纹明、暗纹的关系为

$$\delta = \begin{cases} \pm k\lambda & (k = 0, 1, 2, \cdots) \quad \text{明纹} \\ \pm(2k+1)\dfrac{\lambda}{2} & (k = 0, 1, 2, \cdots) \quad \text{暗纹} \end{cases} \tag{21.13}$$

式中, λ 为入射光在真空中的波长.

21.3.2 透射光干涉的光程差

可以证明 (参见文档), 透射光干涉的传播光程差与反射光干涉的传播光程差相等, 即

文档 反、透射相干传播光程差相等的证明

$$\delta_0 = n_2(AB + BC) - n_1 AD = 2e\sqrt{n_2^2 - n_1^2 \sin^2 i_1}$$

但附加光程差 δ' 则不同: 若反射光干涉中的 $\delta' = 0$, 则透射光干涉中的 $\delta' = \lambda/2$; 若反射光干涉中的 $\delta' = \lambda/2$, 则透射光干涉中的 $\delta' = 0$. 这从图 21.5 也可清楚地看出: 反射光干涉的两处反射分别在 A、B 处, 而透射光干涉的两处反射分别在 B、C 处. 其中, B 为公共反射处. 因此, 反射条件的异同全由 A、C 反射决定. 从图中可以看出, 不管 n_1、n_2 的大小如何变化, A、C 两处的反射条件均不相同, 故 δ' 的取值必定有异: "反干不取 $(\lambda/2)$ 透干取; 反干若取透干休". 换言之, 式 (21.12) 和式 (21.13) 对于透射光的干涉也同样适用, 区别在于对 δ' 的取舍.

上面的讨论, 从能量守恒的角度也是很容易理解的: 反射光干涉相长, 透射光干涉必定相消. 因此, 透射光干涉的长、消问题也可以化为反射光的消、长问题来处理.

式 (21.12) 表明, 在膜厚 e、折射率 n_2 以及周围介质给定的情况下, 对于某一

波长 λ 的入射光, 两反射光的光程差 δ 只取决于入射角 i_1. 因此, 入射角 i_1 值相等的一切光线, 其反射相干光都有相同的光程差, 并产生同一级干涉条纹. 换句话说, 同一条干涉条纹, 都是由来自倾角相等的入射光线形成的. 这样的干涉称为等倾干涉, 这样的条纹称为等倾干涉条纹. 它是一系列不等距的明暗相间的同心圆条纹, 如图 21.6 所示.

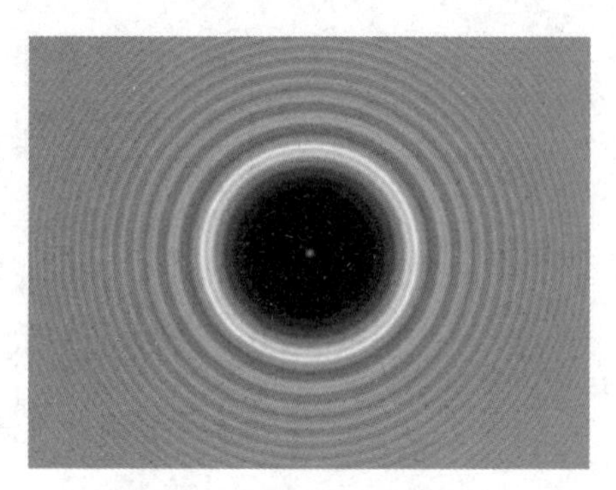

图 21.6 等倾干涉图纹

例 21.3 处于空气 (折射率为 1.0) 中的平板玻璃 (折射率为 1.5), 其上涂有一层厚 250 nm, 折射率为 1.4 的均匀透明油膜, 若用白光垂直照射油膜, 则反射、透射光中何种波长的光发生了相长干涉?

解: 干涉问题的处理, 关键在于光程差的计算及干涉相长、相消条件的掌握.

由题意知, $n_1(1.0) < n_2(1.4) < n_3(1.5)$, 故光的反射条件相同, 无附加光程差, 总光程差 $\delta = \delta_0 + \delta' = \delta_0 = 2en_2$.

注意到波长不可能为负, 由反射光相长干涉的条件得

$$\delta = 2en_2 = k\lambda$$

解之得

$$\lambda = \frac{2en_2}{k}$$

当 $k = 0$ 时, 得

$$\lambda_0 = \infty \qquad \text{(不合理)}$$

当 $k = 1$ 时, 得

$$\lambda_1 = 2en_2 = 2 \times 250 \times 10^{-9} \times 1.4\ \text{m} = 700\ \text{nm} \qquad \text{(红光)}$$

当 $k = 2$ 时, 得

$$\lambda_2 = \frac{2en_2}{2} = \frac{700\ \text{nm}}{2} = 350\ \text{nm} \qquad \text{(不可见光)}$$

k 越大 (大于 2 时), λ 越小, 对应的光为不可见光, 故后面的计算可以忽略.

透射光的相长干涉可转化为反射光的相消干涉来处理.

由反射光相消干涉条件得

$$\delta = 2en_2 = (2k+1)\frac{\lambda}{2}$$

由此可以解得透射光中相长干涉的波长

$$\lambda = \frac{4en_2}{2k+1}$$

当 $k=0$ 时, 得

$$\lambda_0 = 4en_2 = 2\times 700\ \text{nm} = 1\ 400\ \text{nm} \qquad \text{(不可见光)}$$

当 $k=1$ 时, 得

$$\lambda_1 = \frac{4en_2}{3} = \frac{1\ 400\ \text{nm}}{3} = 467\ \text{nm} \qquad \text{(青光)}$$

当 $k=2$ 时, 得

$$\lambda_2 = \frac{4en_2}{5} = \frac{1\ 400\ \text{nm}}{5} = 280\ \text{nm} \qquad \text{(不可见光)}$$

从上面的计算可以得出, 反射光中, 700 nm 的红光干涉相长; 透射光中 467 nm 的青光干涉加强.

从上面的讨论可以看出, 若给某些光学元件的表面镀上一层介质薄膜, 它便能使某些波长的光波透射得到加强, 这样的薄膜称为增透膜. 照相机镜头 (参见图 21.7) 上镀的氟化镁 ($n=1.38$) 就是这样的薄膜; 若给某些光学元件表面镀上一层介质薄膜后, 它能使某些波长的光波反射得到加强, 这样的膜则称为增反膜, 太阳镜镜片上镀的硫化锌 ($n=2.35$) 薄膜就是这样的膜. 可以理解, 适当地增加高、低折射率相间的薄膜层数 (现已实现多达 200 层的镀膜), 则其光的反射率还可以达到更高 (现已实现了 99.99% 的反射率), 这样的多层膜称为高反膜.

图 21.7 照相机镜头增透

21.4 非平行薄膜的等厚干涉

如图 21.8(a)、(b) 所示, 在两块平板玻璃之间构筑一个劈形的空气薄膜, 或在一个平凸透镜和一块平板玻璃之间构成的凹形空气薄膜, 在单色平行光垂直照射下, 在膜上则可以看到一系列按一定规律分布的干涉条纹, 且薄膜厚度相同的地方形成同一级条纹. 这样的干涉称为非平行薄膜的等厚干涉. 下面讨论两种典型的情况.

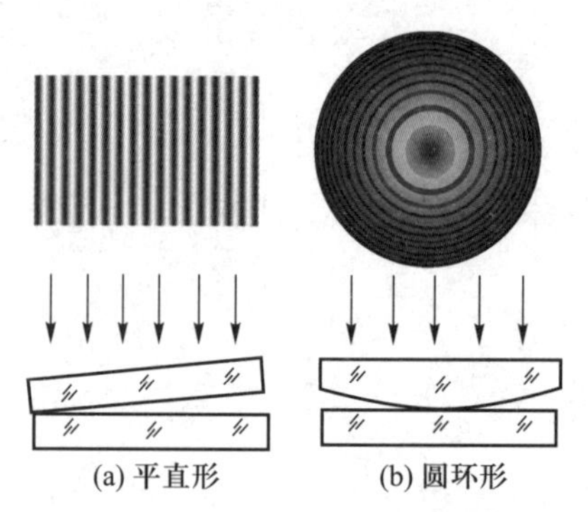

图 21.8 非平行薄膜的等厚干涉

21.4.1 劈尖干涉

如果一个薄膜的上、下表面不平行, 且构成一个很小的夹角, 这样的薄膜称为劈尖. 令两块平行板玻璃的一边重合 (重合的部分称为棱边), 另一边夹一小物块所形成的劈形空间即为空气劈尖, 它是一种较为常见的光学元件.

如图 21.9(a) 所示, 点光源 S 所发出的单色光 SA 以入射角 i_1 入射到劈尖的 A 点处 (该处膜的厚度为 e), 一部分光被反射回折射率为 n_1 的介质中 (称为光线 ①), 另一部分则折射入折射率为 n_2 的介质中, 在介质下表面的 B 点反射到介质上表面的 C 点, 再折射入折射率为 n_1 的介质中 (称为光线 ②), 实现振幅的分割. 由于劈尖的夹角 θ 很小, A、C 两点的劈尖厚度可近似视为相等, 因而可用式 (21.12a) 来计算光线 ①、② 的光程差. 当光线垂直入射 ($i_1=0$) 时 (实际中通常这样处理), 由式 (21.12b) 可以得到光线 ①、② 的光程差:

$$\delta = 2en_2 + \begin{cases} 0 & \text{反射条件相同} \\ \dfrac{\lambda}{2} & \text{反射条件不同} \end{cases} \tag{21.14}$$

它与明、暗纹的对应关系为

$$\delta = \begin{cases} \pm k\lambda & (k=1,2,\cdots) & \text{明纹} \\ \pm(2k+1)\dfrac{\lambda}{2} & (k=0,1,2,\cdots) & \text{暗纹} \end{cases} \tag{21.15}$$

式 (21.14) 表明, 当入射光、劈尖及界面反射条件给定后, 代表光的光程差仅由劈尖的厚度 e 决定: e 相等, δ 亦相等, 干涉结果便相同 (形成同一条纹). 前已提及, 这样的干涉称为等厚干涉, 相应的条纹称为等厚干涉条纹. 因此, 若劈尖的上下界面均为理想平面, 则与劈尖棱边平行的线上都有相同的 e 值, 其等厚干涉条纹必为一系列与棱边相平行的明、暗相间的直条纹, 如图 21.9(b) 所示.

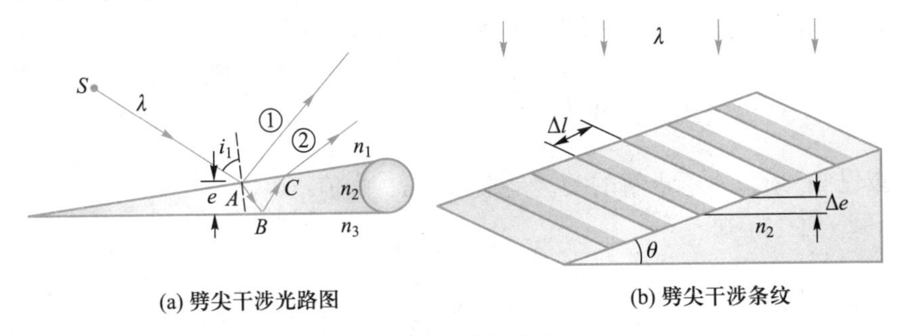

(a) 劈尖干涉光路图　　(b) 劈尖干涉条纹

图 21.9　劈尖干涉

利用式 (21.14) 和式 (21.15) 可以算出, 相邻两明纹 (或暗纹) 间所对应的劈尖厚度差

$$\Delta e = \frac{\lambda}{2n_2} \tag{21.16}$$

注意到图 21.9(b) 中的边角关系 $\Delta e = \Delta l \sin\theta$, 将其与上式结合, 则可得到在劈尖界面上形成的相邻两条纹间的距离

$$\Delta l = \frac{\Delta e}{\sin\theta} = \frac{\lambda}{2n_2 \sin\theta} \tag{21.17}$$

对于空气劈尖 ($n_2 = 1$) 则有

$$\Delta e = \frac{\lambda}{2} \tag{21.18}$$

$$\Delta l = \frac{\lambda}{2\sin\theta} \tag{21.19}$$

劈尖干涉在工程技术中有着广泛的应用. 例如, 可以利用劈尖干涉的规律来检查工件的平整度 (参见图 21.10, 工件平整度的检测), 或者用以测量微小的厚

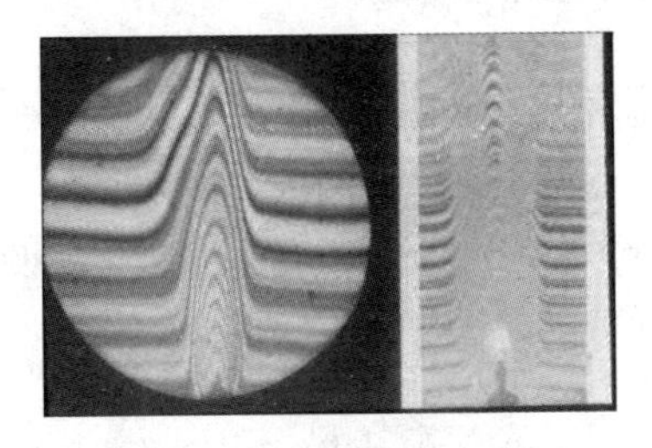

图 21.10　工件平整度的检测

度 (长度)、角度及其微小的变化, 精确简明, 为其他方法所不能比.

例 21.4 如图 21.11 所示, 利用空气劈尖测量金属丝的直径, 用单色光垂直照射. 已知 $\lambda = 589.3$ nm, $L = 28.88$ mm, 测得其中的 30 条暗纹的距离为 4.29 mm, 求金属丝的直径 D.

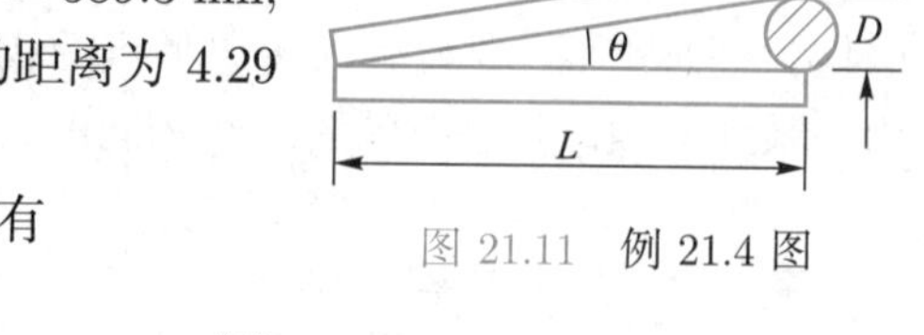

图 21.11 例 21.4 图

解: 设劈尖夹角为 θ (值很小), 因而有

$$\theta \approx \sin\theta \approx \tan\theta = \frac{D}{L} \qquad (1)$$

由于 L 已知, 所以本题求解的关键是求出 $\sin\theta$ 的值.

由式 (21.17) 知

$$\sin\theta = \frac{\Delta e}{\Delta l} \qquad (2)$$

注意到条纹间距 $\Delta l = \frac{4.29}{29}$ mm $= 0.148$ mm, 条纹厚度差 $\Delta e = \frac{\lambda}{2} = \frac{589.3\times10^{-6}}{2}$ mm, 劈尖长度 $L = 28.88$ mm, 联立式 (1)、式 (2) 求解, 得金属丝直径为

$$D = L\frac{\Delta e}{\Delta l} = 28.88 \times \frac{589.3\times10^{-6}/2}{0.148}\text{ mm} = 0.0575\text{ mm}$$

例 21.5 在折射率为 2.35 的介质板上镀有一层均匀的透明保护膜, 其折射率为 1.76. 为了测出保护膜的厚度, 将其磨成劈尖状, 如图 21.12 所示. 当用波长为 589 nm 的钠黄光垂直照射时, 观察到膜层劈尖部分的全范围内共有 6 条等厚干涉条纹, 其中 A 端为一明纹中心, B 端为一暗纹中心. 求保护膜的厚度 e_B.

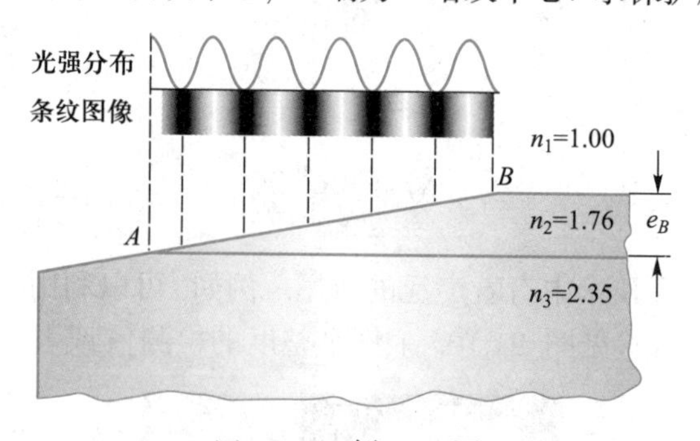

图 21.12 例 21.5 图

解: 由题意可知反射条件为 $n_1 < n_2 < n_3$, 故两反射相干光的附加光程差 $\delta' = 0$. 所以, 垂直入射时反射光干涉的光程差为

$$\delta = \delta_0 + \delta' = 2en_2$$

由暗纹条件有

$$2en_2 = (2k+1)\frac{\lambda}{2}$$

$k=0$ 时所对应的 e 是从最薄的一端 (左端) 算起的第一条暗纹处的厚度, 在 B 点处的暗纹中心 $k=5$, 该处的厚度 e_B 即为保护膜的厚度, 其量值

$$e_B = \frac{(2k+1)\lambda}{4n_2} = \frac{(2\times 5+1)\times 589\ \text{nm}}{4\times 1.76} = 920\ \text{nm}$$

21.4.2 牛顿环

牛顿环的实验装置如图 21.13(a) 所示. 图中, S 为点光源, L 为凸透镜, T 为观察显微镜, M 为半透半反的平板玻璃, D 为凸平玻璃, 其曲率半径 R 很大; P 为平板玻璃, 它与 D 之曲面共同形成了非平行空气膜. 当由 L 及 M 形成的单色平行光垂直投射于平凸玻璃上, 则会在反射光中 (通过显微镜 T) 观察到一系列以接触点为中心的明暗相间的同心圆环, 这样的等厚干涉条纹称为牛顿环. 其环半径的分布规律可用几何及相长、相消干涉的条件导出.

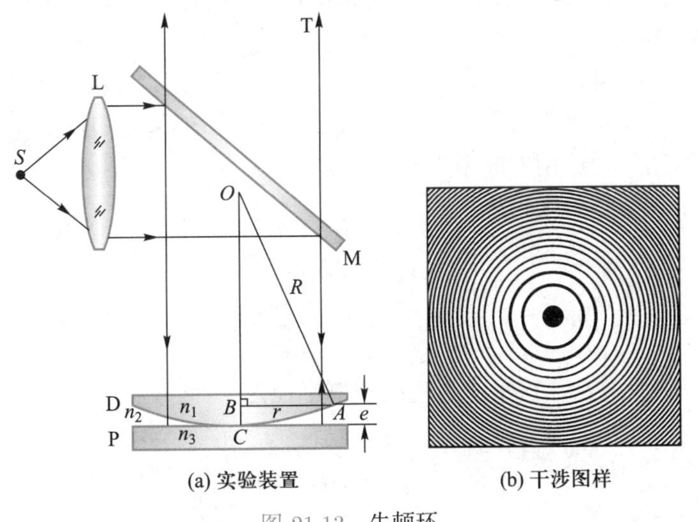

(a) 实验装置　　(b) 干涉图样

图 21.13　牛顿环

如图 21.13(a) 所示, 设透镜球面的球心为 O, 半径为 R, 代表光线在膜的上表面 A 处垂直入射, 对应的牛顿环半径为 r, 对应的膜厚为 e. 在直角三角形 OBA 中应用勾股定理则有

$$(R-e)^2 + r^2 = R^2$$

由于 $R \gg e$, 故上式展开后的 e^2 项可以忽略, 于是便有

$$e = \frac{r^2}{2R}$$

注意到空气膜的上、下两个界面的反射条件不同 $(n_1 > n_2 < n_3)$ 及 $n_2 = 1$, 由式 (21.14) 可得两反射代表光的光程差

$$\delta = 2en_2 + \frac{\lambda}{2} = 2e + \frac{\lambda}{2} = \frac{r^2}{R} + \frac{\lambda}{2} \tag{21.20}$$

由相长 $(\delta = k\lambda)$ 及相消 $\left[\delta = (2k+1)\dfrac{\lambda}{2}\right]$ 干涉条件可以推得牛顿环的明环和暗环半径分别为

$$r_{明} = \sqrt{(2k-1)R\frac{\lambda}{2}} \quad (k = 1, 2, \cdots) \tag{21.21a}$$

$$r_{暗} = \sqrt{kR\lambda} \quad (k = 0, 1, 2, \cdots) \tag{21.21b}$$

可见, 条纹半径与 $\sqrt{k}$ 成正比, k 越大, 相邻条纹的半径差就越小, 条纹就越密.

此外, 由于半波损失 $(n_1 > n_2 < n_3)$ 的存在, 牛顿环中心 $(e = 0, r = 0)$ 必为暗环 (斑).

综上所述, 牛顿环为一系列内疏外密、中心为暗环 (斑) 的同心圆环.

利用牛顿环既可测量光波长及凸透镜的曲率半径 (参见例 21.6), 也可用来检测工件的加工精度.

例 21.6 在用钠光灯观察牛顿环的实验中, 测得第 k 级暗环的半径 $r_k = 4$ mm, 第 $k+5$ 级暗环的半径 $r_{k+5} = 6$ mm. 已知钠黄光的波长 $\lambda = 5.893 \times 10^{-7}$ m, 求所用平凸透镜的曲率半径 R.

解: 由牛顿暗环公式得

$$r_k = \sqrt{kR\lambda}$$

$$r_{k+5} = \sqrt{(k+5)R\lambda}$$

由以上两式消去参数 k, 得平凸透镜的曲率半径为

$$R = \frac{r_{k+5}^2 - r_k^2}{5\lambda} = \frac{(6^2 - 4^2) \times 10^{-6}}{5 \times 5.893 \times 10^{-7}} \text{ m} = 6.79 \text{ m}$$

文档 迈克耳孙

*21.5 迈克耳孙干涉仪

利用光的干涉现象来进行精密测量的光学仪器称为干涉仪, 它在工程技术的测量中有着广泛的应用.

动画 迈克耳孙干涉实验

干涉仪的种类很多, 其中最常用、最典型的干涉仪为迈克耳孙干涉仪, 它不但可以用来进行各种精密的光学测量, 而且也是多种现代新型干涉仪的重要基础.

图 21.14(a) 是迈克耳孙干涉仪的基本结构示意图. 图中 S 为光源. M_1、M_2 是一对精密的反射镜, 其中 M_1 为可动镜, 可通过精密的丝杆控制产生平动, M_2

是固定镜, 其位置固定, 但角度可通过其背后的螺丝及微调机构进行微调. G_1、G_2 是一对材料和厚度都完全相同的平板玻璃, G_1 称为分束器, 在其背面镀有一层半透明的薄膜, 能使入射光能量反射和透射均分, G_2 称为补偿器, 补偿光路中的一些不对称因素. P 为观测屏, 是一块毛玻璃, 承接干涉图样.

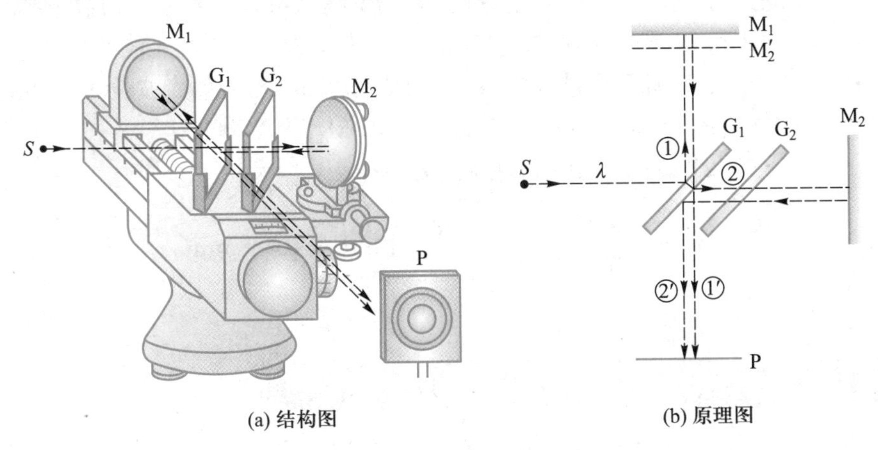

图 21.14 迈克耳孙干涉仪

迈克耳孙干涉仪的工作原理如图 21.14(b) 所示. 图中 S 为光源. 从光源射来的任一细光束, 被 G_1 背面的半透膜分为反射光束 ① 和透射光束 ②, 光束 ① 经 M_1 反射后再透过 G_1 以 ①′ 表示; 光束 ② 经 M_2 反射后在 G_1 的半透膜上反射以 ②′ 表示, 它与光束 ①′ 相遇而发生干涉. 通常将 G_1 与 M_1 之间和 G_1 与 M_2 之间的光路称为干涉仪的两个臂. 补偿器 G_2 的作用就是让两臂的光路都有相同的玻璃介质光程, 两臂间的光程差取决于光在空气中传播的光程差.

如果将 M_2 调整到与 M_1 严格垂直, 而两臂的臂长不等, 其差值就等效于 M_2 与 M_2' (虚线) 之间的距离, 其中 M_2' 是 M_2 在 G_1 上的镜像. M_1M_2' 所夹的空间构成一个等效的空气平行平面膜, 采用点光源或面光源入射, 可以观察到同心圆环状的等倾干涉条纹. 若通过微调机构使 M_1 发生平动, 改变 M_1 相对 M_2' 的距离, 则相当于改变平行膜的厚度, 等倾干涉条纹的级次同时发生变化, 呈现出一种沿径向运动的动态干涉条纹.

如果将 M_2 调整成与 M_1 略微偏离垂直, M_1 与 M_2' 所夹的空间构成一个等效的空气劈尖 (图中未画出), 采用平行光入射, 可以观察到一系列由平行直线组成的等厚干涉条纹. 若使 M_1 发生平动, 则等厚干涉条纹整体沿着 M_1 与 M_2' 的交棱变化方向发生平移.

不论是等倾条纹或等厚条纹, 当同一级条纹发生了一个级次的变化时, 则光程差便改变一个波长, 由于干涉仪的两个臂上的光路都是往返式光路, 因此, 动镜的移动量只需半个波长. 若同一级条纹发生了 N 个级次的变化 (例如, 在等厚干涉光路中, 有 N 个条纹移过视场中的固定指标线, 或在等倾干涉光路中, 圆环中

心的明暗周期性地变化了 N 次), 则动镜的移动量为

$$d = N\frac{\lambda}{2} \tag{21.22}$$

应用这一原理可以测定长度的微小变化, 其测量精度可以达到波长的数量级. 反之, 若测出了 d 和 N, 则可利用式 (21.22) 计算出实验中使用的光波波长.

例 21.7 用迈克耳孙干涉仪观察等厚干涉条纹时, 若入射光波长 $\lambda = 488\ \text{nm}$, 移动反射镜 M_1 使干涉条纹移动了 2 000 条, 求 M_1 所移动的距离 d.

解: 由公式 (21.22) 知, M_1 移动距离为

$$d = N\frac{\lambda}{2} = \left(2\,000 \times \frac{488}{2}\right)\ \text{nm} = 0.488\ \text{mm}$$

*21.6 光的时间相干性与空间相干性

前已介绍, 将一个光源所发出的光, 采用分波面或分振幅的方法可以获得相干光进而产生干涉现象. 然而, 这并非意味着从这一光源所发出的光波, 在其传播的任何空间中都一定能够产生干涉现象. 这是因为光干涉现象是否能够出现、干涉条纹是否清晰, 还与光源发光过程的时间特性以及空间特性有关. 这就是所谓的“时间相干性”和“空间相干性”的问题.

21.6.1 光的时间相干性

时间相干性问题起因于光源发光的微观机理, 光源中的原子能级跃迁导致光源发光, 而原子能级跃迁在时间上是非连续的. 因此, 从光源发出的任何一列光波的波列长度都是有限的. 一段有限长的波列, 不论是用分波面法 [参见图 21.15(a)] 还是用分振幅法 [参见图 21.15(b)] 所得到的两列波的长度也同样是有限的. 不难理解, 真空中, 一个波列的长度

$$l_0 = c\tau_0 \tag{21.23}$$

式中, c 为真空中的光速; τ_0 为每次发光的持续时间, 又称相干时间; l_0 则称为光源的**相干长度** (即光源发出的光波在波线方向上的相干长度). 容易理解, 只有当获得的两波列 [如图 21.15(a) 及图 21.15(b) 中的 ①, ② 波列] 的光程差 $\delta < l_0$ 的情况下, 这两列波才有机会相遇而发生干涉. 否则 [如图 21.15(a) 中的 ③, ④ 及图 21.15(b) 中的 ②, ③ 波列] 便不可能相遇, 更不可能相干. 显然, l_0 越长, 产生干涉所允许的光程差越大. 由于 l_0 的长短取决于光源的相干时间 τ_0, 人们就将光源的这种相干特性称为**时间相干性**. 普通光源的相干长度一般在毫米到厘米的数量级. 激光光源的相干长度较长, 但随激光器的类型和设计标准有较大差异, 可由

米数量级到百米或更高的数量级，与普通光源相比，激光光源是时间相干性很好的光源.

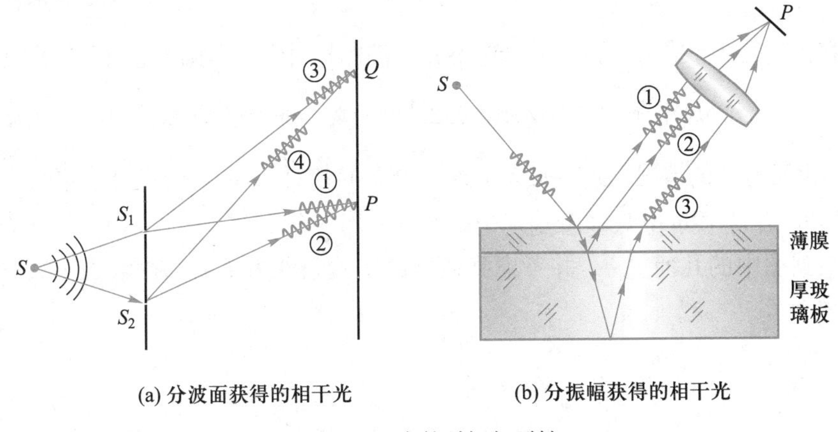

(a) 分波面获得的相干光　　(b) 分振幅获得的相干光

图 21.15　光的时间相干性

21.6.2 光的空间相干性

在用普通光源做杨氏双缝干涉实验时，我们总是要使用一个带有小针孔的入射屏去限制光源的入射面积，以便获得清晰的干涉条纹. 如果将这个针孔逐渐扩大，我们将会发现干涉条纹逐渐变模糊，当针孔扩大到一定程度时，干涉条纹就会完全消失. 这就是我们所要讨论的光的空间相干性问题.

如图 21.16(a) 所示，S 为一宽光源，假定当入射屏上的小针孔扩大到宽度为 b 时，观察屏上的干涉条纹刚好完全消失. 这一现象可以作下述解释：在图中所示的宽度为 b 的光源上有无数个发光点 (点光源)，各点都独立地发出波长为 λ 的光波，经双缝分波面后，各自在观察屏上产生自己的一套干涉条纹，其条纹间隔均为 $\Delta x=\dfrac{D\lambda}{d}$. 各套条纹的零级相互错开的程度随着小针孔宽度的逐步扩大而逐

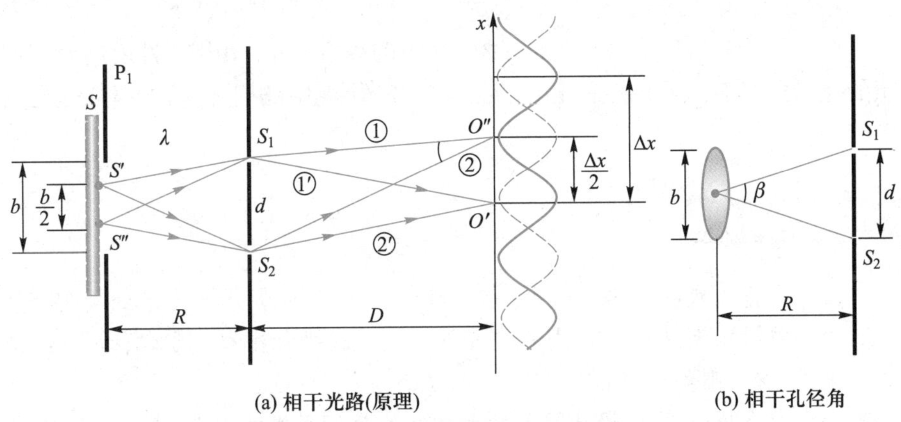

(a) 相干光路(原理)　　(b) 相干孔径角

图 21.16　光的空间相干性

步增大, 屏幕上干涉条纹的反衬度也就逐步变差. 当针孔宽度扩大到某一量值 b 时, 各套条纹的零级恰好相互错开半个条纹间隔 $\left(即\ \frac{\Delta x}{2}\right)$, 即一套条纹的明纹恰好落在另一套条纹的暗纹上, 结果看不到干涉图样. 图中只画出光源上任意两个相距为 $\frac{b}{2}$ 的发光点 S' 和 S'' 所发出的光波在双缝干涉中的两套干涉条纹 (虚线和实线) 相互错开的情况. 由于在 b 上连续分布的各对相隔 $\frac{b}{2}$ 的发光点都会发生同样的情况, 结果在屏上只能看到均匀的光强分布.

根据图中的几何关系, 并考虑到通常的实验条件为 $b \ll R$ 和 $\Delta x \ll D$, 则可得到

$$\frac{b/2}{R} = \frac{\Delta x/2}{D}$$

即

$$b = \frac{R}{D}\Delta x$$

将式 (21.11) $\Delta x = \frac{D\lambda}{d}$ 代入上式, 得

$$b = \frac{R}{D}\frac{D}{d}\lambda = \frac{R}{d}\lambda$$

令 $\beta = \frac{d}{R}$ 代表两孔 S_1、S_2 对光源 $S'S''$ 中心的张角, 称之为相干孔径角 [参见图 21.16(b)], 将之代入上式则得

$$b\beta = \lambda \tag{21.24}$$

这说明, 相干孔径角 β 与光源宽度 b 成反比: 光源越宽 (b 越大), 空间相干区域就越小 (β 越小); 反之, 若光源越窄 (b 越小), 空间相干区域就越大 (β 越大). 光源的这一特性称为光的空间相干性. 显然, 光源的线度越小, 其相干性就越好, 所以, 理想的点光源具有最好的空间相干性, 而扩展光源超出相干孔径角部分的光是不相干的.

思考题与习题

21.1 在杨氏双缝干涉实验中, 若一缝稍许加宽, 则屏上干涉条纹有何变化?

21.2 若将由两玻璃板构成的空气劈尖之上板平行上移, 则其干涉条纹是否会有变化? 若有, 则如何变化?

21.3 有人说: “等倾干涉就是倾角相等的膜所形成的干涉, 等厚干涉就是厚

度相等的膜所形成的干涉”. 你认为这话对吗?

21.4 在杨氏双缝干涉实验中, 设入射光波长为 λ, 测得干涉条纹的间距为 Δx, 将此实验装置全部没入折射率为 n 的液体中, 则光波在液体中的波长及测得干涉条纹的间距分别为 (　　).

A. $\lambda, \Delta x$　　B. $\frac{\lambda}{n}, \Delta x$　　C. $\frac{\lambda}{n}, \frac{\Delta x}{n}$　　D. $\lambda, \frac{\Delta x}{n}$

21.5 从单色点光源 S 发出波长为 λ 的球面波, 经透镜 L_1 变换成平面波, 再经透镜 L_2 聚焦于 P 点. 在 L_1 和 L_2 之间垂直于光线插入一折射率为 n、厚度为 d 的透明平板. 则从 S 到 P 的任一条通过平板的光线与任一条没有通过平板的光线之间的光程差为 (　　).

A. nd　　B. d　　C. $(n+1)d$　　D. $(n-1)d$

21.6 在一金属平板 M 的表面上有一层厚度为 e 的透明氧化膜, 若将此膜磨出两个不同楔角的劈尖 A 和 B, 如图所示. 设楔角 $\theta_A > \theta_B$, 若用同一波长的单色平行光垂直照射, 则在 A、B 上产生的等厚干涉条纹的数目 N_A______ N_B, 相邻明纹的间距 Δl_A______Δl_B, 相邻明纹对应的膜厚差 Δe_A______Δe_B. (填 >, = 或 <.)

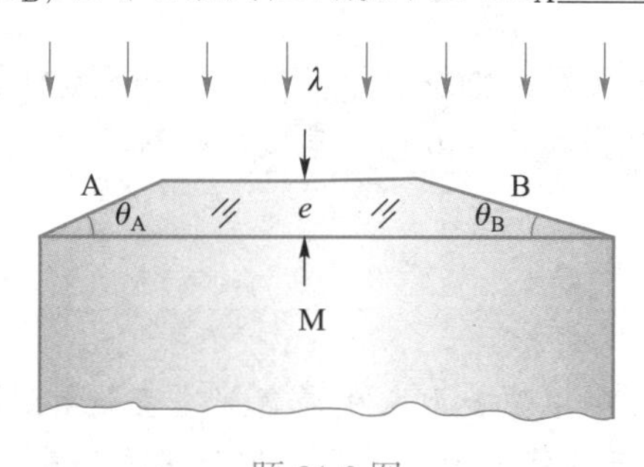

题 21.6 图

21.7 如图所示, 有一标准模块 M, 其两端面严格平行且光洁, A 是其复制品. 为检验 A 的端面高度是否与 M 一致, 将 M、A 同置于一光学平面 B 上, 使之相距为 D, 并在其上盖以一光学平板 G, 用波长为 λ 的单色平行光垂直于 M 入射. 若测得空气劈尖的等厚条纹间距为 Δl, 则 M、A 的断面高差为______, 若轻轻压下 G 的 b 端, 发现干涉条纹变稀, 则可判断 A 的端面高度______ 于标准高度.

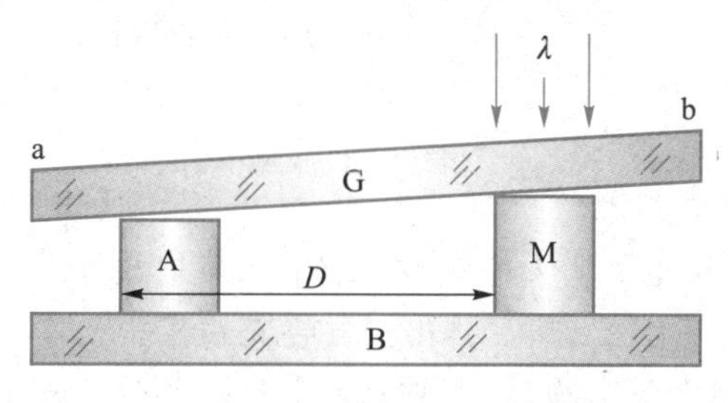

题 21.7 图

21.8 如图所示, 若将牛顿环实验装置中的空气层充满折射率为 1.6 的透明介质, 且平板玻璃由 A、B 两部分组成, 其折射率不相等. 当用单色平行光垂直入射时, 看到的反射等厚干涉条纹分布如图所示. 则 A、B 两部分介质的折射率应满足的条件为: n_{A}______1.6, n_{B}______1.6. (填 $>$, $=$ 或 $<$.)

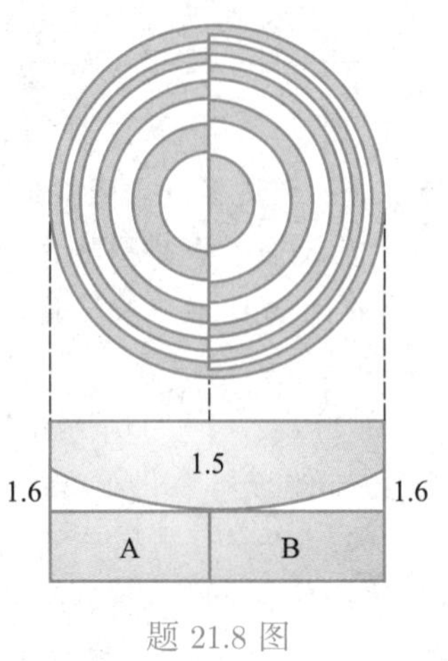

题 21.8 图

题 21.9 图

21.9 一竖放肥皂膜即将破裂前的反射光干涉条纹如图所示, 膜的底部出现第 4 条明纹. 设入射波长为 550 nm, 肥皂膜的折射率为 1.33, 此时该膜底部的厚度为 ______.

* * *

21.10 如图所示, 今用波长为 λ 的单色光垂直照射到膜厚为 e, 折射率为 n_2 的平行薄膜面上. 设平行薄膜的上、下两方均为透明介质, 其折射率与 n_2 的关系为 $n_1 < n_2, n_2 > n_3$. 求入射光在平行薄膜的上、下两分界面上反射的光程差.

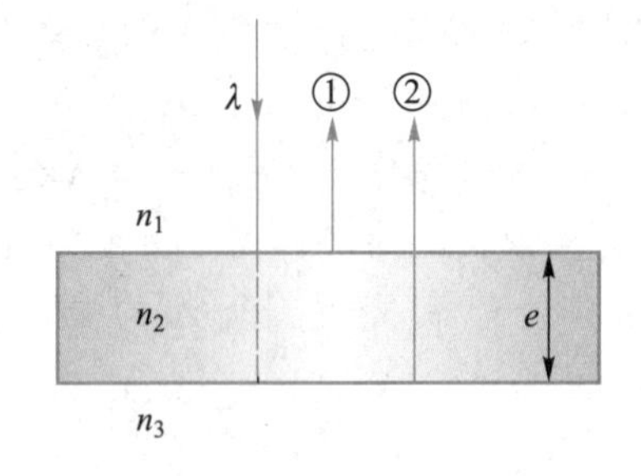

题 21.10 图

21.11 在杨氏双缝干涉实验中, 在 SS_1 光路中放置一长度 $l = 25$ mm 的玻璃容器. 先让容器充满空气, 然后排出空气再充满实验气体. 结果发现有 21 条亮纹从屏幕上的固定标志线上移过, 如图所示. 已知入射光波长 $\lambda = 656.281\,6$ nm, 空气的折射率 $n_0 = 1.000\,276$, 求实验气体的折射率 n.

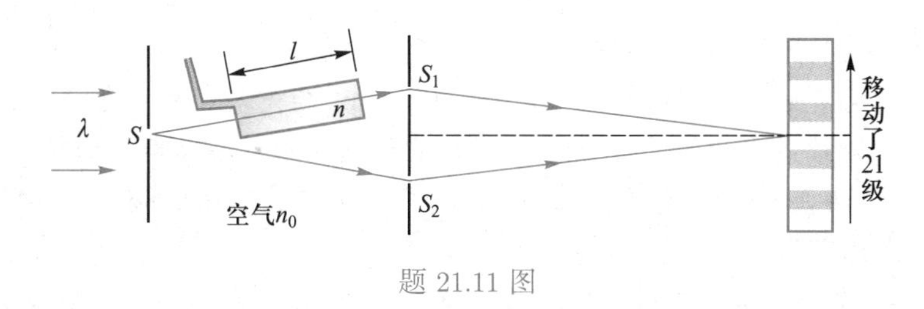

题 21.11 图

21.12 设杨氏双缝干涉实验用白光作为光源, 双缝间距 $d = 0.2\ \mathrm{mm}$, 缝屏距 $D = 1.0\ \mathrm{m}$, 求:

(1) 波长为 $\lambda_1 = 400\ \mathrm{nm}$ 及 $\lambda_2 = 600\ \mathrm{nm}$ 的光波的干涉条纹间距 Δx_1 及 Δx_2;

(2) λ_1 的暗纹中心与 λ_2 的明纹中心第一次重合时的位置坐标 x.

21.13 设杨氏双缝干涉实验的入射光波长为 λ, 双缝间距为 d, 缝屏距为 D, 今以折射率为 n, 厚度为 e 的透明薄片, 盖住双缝中上方的一条狭缝, 求这时屏上光程差为零的明纹的位置坐标 x.

21.14 在杨氏双缝干涉装置中, 双缝间距为 0.40 mm, 以单色平行光垂直入射, 在 2 m 远的屏上测得第 4 级暗纹中心与零级暗纹中心相距 11.0 mm.

(1) 求所用的光波波长;

(2) 若用折射率为 1.58 的云母透明薄片盖住双缝中的一条狭缝, 发现原来屏上的第 7 级明纹位置现在变为零级明纹位置, 求此云母片的厚度.

21.15 如图所示, 为了观察劳埃德镜干涉实验中的半波损失现象, 常将观测屏 P 紧靠平面镜 M 的一端. 设屏 P 至光源 S 的距离 $D = 4\ \mathrm{m}$, 入射光波长 $\lambda = 633\ \mathrm{nm}$, 要想使所获得的干涉条纹起码具有 $\Delta x = 1\ \mathrm{mm}$ 的条纹间距, 求光源 S 到镜面延长线的距离 h 的最大值.

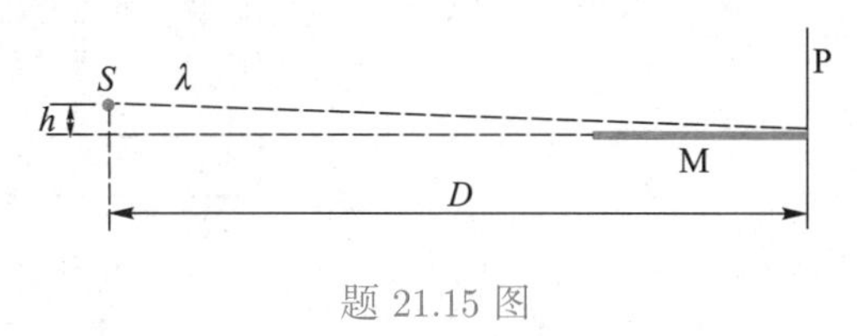

题 21.15 图

21.16 一束白光垂直照射到空气中的肥皂膜上, 设入射点处肥皂膜的厚度为 0.32 μm, 折射率为 1.33, 分别求出反射光和透射光中因干涉而获得强度极大的波长值.

21.17 如图所示, 在空气中有一半球形玻璃罩 G, 其折射率 $n = 1.80$, 球心处有一白光点光源, 今欲对波长为 $\lambda = 600\ \mathrm{nm}$ 的红光增透, 在玻璃罩的内壁镀了一层折射率为 $n' = 1.38$ 的介质膜. 求此膜的最小厚度.

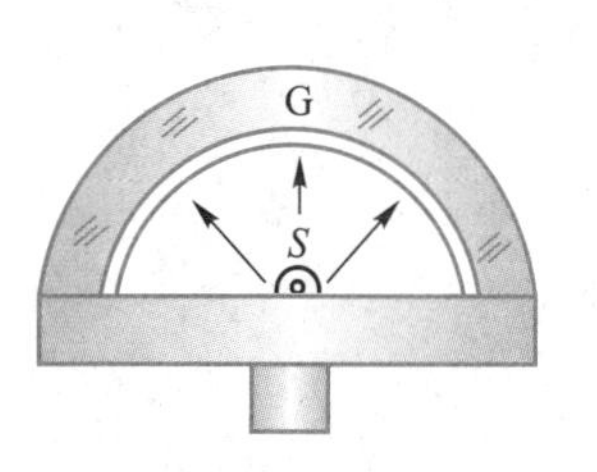

题 21.17 图

21.18 在空气中有一劈尖形透明物, 其劈尖解 $\theta = 1.0 \times 10^{-4}\ \mathrm{rad}$, 在波长 $\lambda = 700\ \mathrm{nm}$ 的单色光的垂直照射下, 测得两相邻干涉明纹的间距 $\Delta l = 0.25\ \mathrm{cm}$ 求此透明物的折射率.

21.19 在空气劈尖实验中, 设垂直入射光的波长 $\lambda = 600\ \mathrm{nm}$, 测得反射光等厚干涉条纹中平行条纹的间距 $\Delta l = 2.64\ \mathrm{mm}$, 但发现某处的等厚条纹有局部弯曲, 其中, 暗纹最大的弯曲量为 $b = 2\Delta l$, 且区线的顶端指向劈尖的交棱, 如图所示. 假设劈尖装置中的玻璃板 M 是标准平面, 问下方的玻璃板 G 有何缺陷? 并求缺陷处的最大凹凸程度.

21.20 如图所示, 在一石英容器 G 内有一金属样品 M, 其一端被磨光并具一小楔角, 与上方石英平面构成一空气劈尖, 用波长为 λ 的单色光垂直入射, 以观察其等厚干涉条纹. 已知温度为 t_0 时样品中心长度为 L_0, 升温到 t 时, 假设样品均匀伸长而石英容器不变形, 若在此过程中测得等厚条纹在视场中平移过 N 条, 求样品的伸长量 Δl 及线胀系数 β $\left(\beta \text{ 的定义为 } \dfrac{\Delta L}{L_0 \Delta t}\right)$.

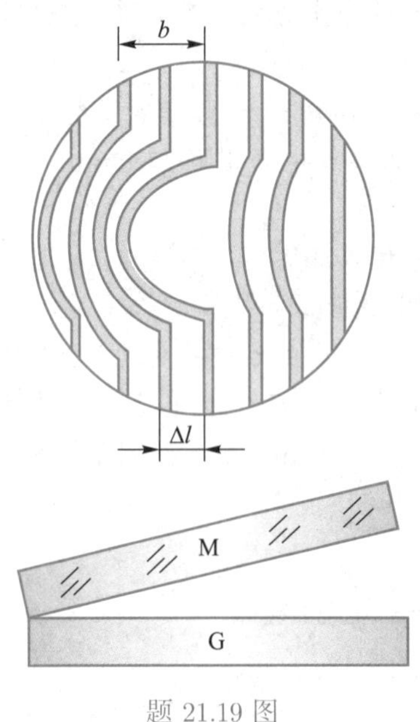

题 21.19 图

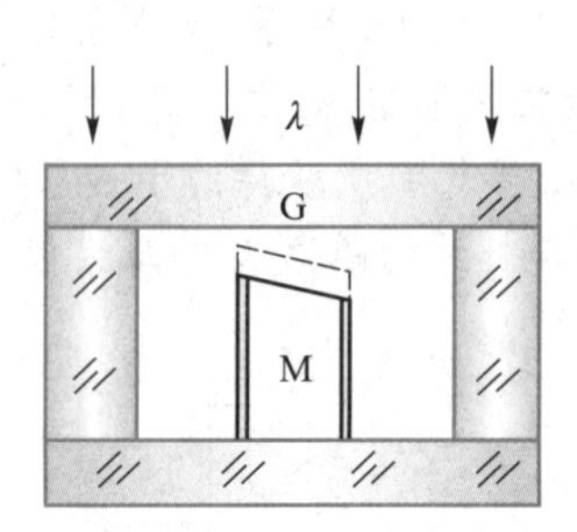

题 21.20 图

21.21 如图所示, 在硅片 (Si) 的表面上有一层均匀的 SiO_2 薄膜, 已知 Si 的折射率为 3.42, SiO_2 的折射率为 1.50. 为了测量 SiO_2 薄膜的厚度, 将它的一部分磨成劈尖. 现用波长为 $\lambda = 600\ \mathrm{nm}$ 的平行光垂直照射, 观测反射光形成的等厚干涉条纹, 发现图中 AB 段内共有 5 条暗纹, 且 A 和 B 处恰好都是一条明纹的中

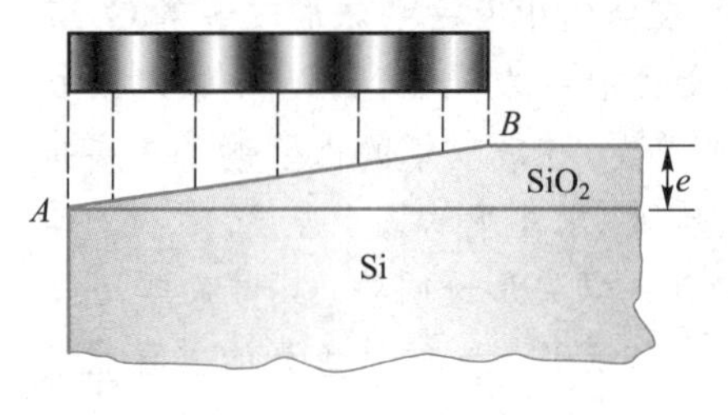

题 21.21 图

心. 求薄膜的厚度 e.

21.22 为了测定平凸透镜的曲率半径, 可将其置于一标准平板玻璃上, 构成一牛顿环装置, 并通过一半透半反的玻璃片将波长为 589 nm 的钠黄光垂直投射到平凸透镜上, 后用读数显微镜 T 来观测牛顿环 (参见题图), 设测得第 4 级暗环的半径为 4.00 mm, 第 9 级的暗环半径为 6.00 mm. 求平凸透镜的曲率半径.

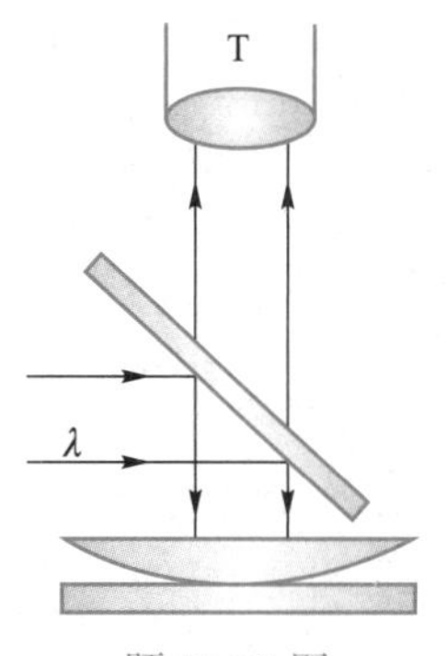

题 21.22 图

21.23 假设牛顿环装置的平凸透镜与平板玻璃间有一小缝隙 e_0, 如图所示. 现用波长为 λ 的单色平行光垂直入射, 已知平凸透镜的曲率半径为 R, 求反射光形成的牛顿环的各暗环半径.

21.24 一牛顿环装置如图所示, 图中 R_1 为一平凸透镜 L_1 的曲率半径, R_2 为一平凹透镜 L_2 的曲率半径, 今用一束波长为 5.893×10^{-7} m 的单色平行光垂直照射, 由反射光测得第 20 级暗条纹半径为 2.50 cm, 若已知 R_2 为 2.00 m, 求 R_1.

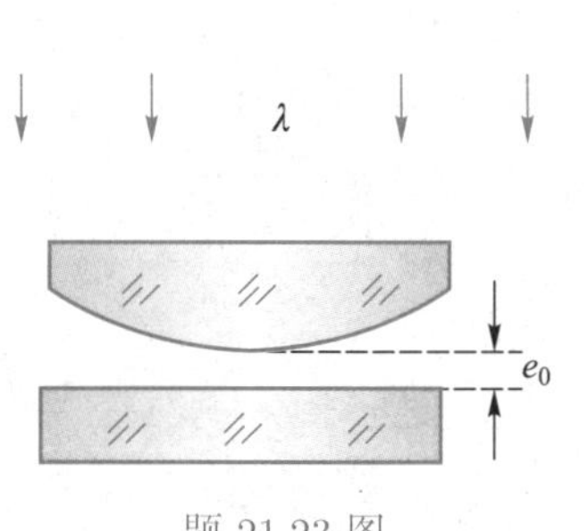

题 21.23 图

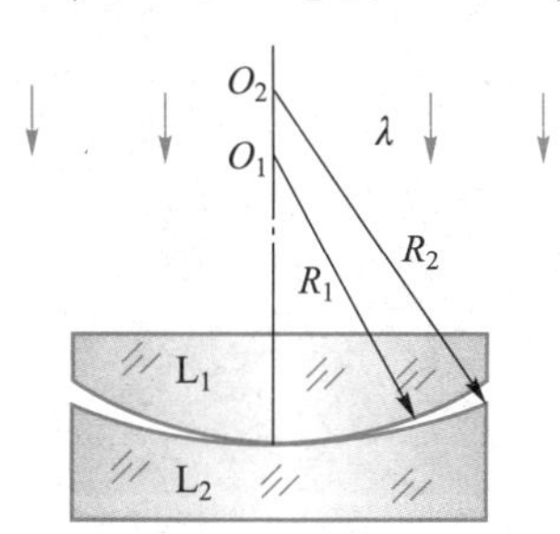

题 21.24 图

文档 第21章章末问答

动画 第21章章末小试

第 21 章习题答案

21.25 当牛顿环装置中的透镜与平板玻璃之间充满某种液体时, 某一级干涉条纹的直径由原为空气时的 1.40 cm 变为 1.27 cm. 求液体的折射率.

21.26 一迈克耳孙干涉仪的平面镜面积为 4×4 cm^2, 设入射光波长为 589 nm, 在镜的宽度范围内, 观测到等厚干涉条纹共 20 条 (即明、暗纹共 20 条), 求平面镜 M_2 的虚像 M_2' 与 M_1 的夹角.

森林衍射

第二十二章 光的衍射

大量事实说明, 当光在传播的过程中遇到障碍物时, 会偏离直线而进入障碍物的阴影区传播 (参见章首图), 这种现象称为光的衍射. 光的衍射现象是光的波动性的重要特征之一. 本章主要讨论光的衍射规律及其简单的应用, 要侧重掌握单缝衍射的暗纹公式, 会熟练地利用它来分析、计算单缝衍射的相关问题; 掌握光栅衍射的明纹公式 (光栅方程), 会熟练地利用它来分析、计算光栅衍射的相关问题; 理解惠更斯—菲涅耳原理和半波带概念及其分析方法; 理解圆孔衍射的特性和光学仪器的分辨本领; 理解谱线的缺级和重叠原因及其分析法; 了解 X 射线的衍射现象和全息照相原理.

22.1 惠更斯–菲涅耳原理

22.1.1 惠更斯–菲涅耳原理

文档 泊松–阿拉果光斑

在历史上, 表明光具有衍射现象的一个特别有说服力的例证是圆屏衍射实验, 如图 22.1(a) 所示. 用光源 S 照射一个完全不透明的小圆屏, 在观察屏上可观察到小圆屏阴影区的周围有一系列明暗相间的同心圆条纹, 更令人感到惊讶的是在阴影区内还出现一个清楚的亮斑, 这种现象是光的直线传播理论绝对无法解释的. 如果在一个不透明屏上开一个小圆孔, 当一束入射光通过小圆孔时, 在观察屏上也可观察到一系列明暗相间的同心圆条纹, 如图 22.1(b) 所示.

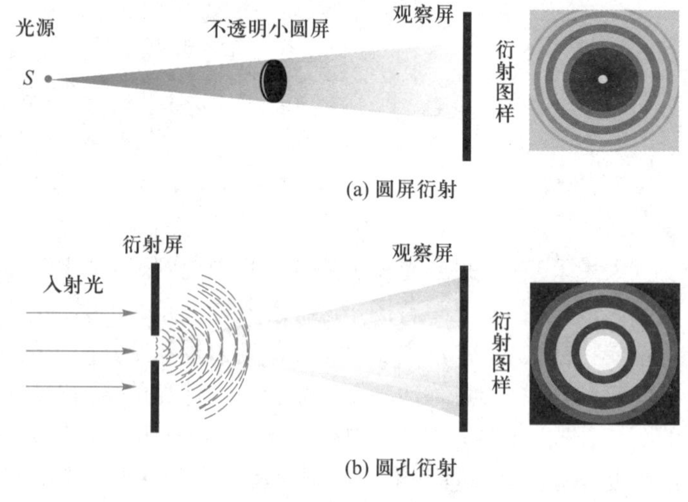

图 22.1 光的衍射现象

文档 菲涅耳

光的衍射现象可以用波动理论解释. 在讲波动的一般性质的时候, 我们介绍过惠更斯原理, 它所提出的子波概念可以定性地解释波的传播方向问题, 但不能定量地分析和研究光的衍射现象和规律. 菲涅耳 (参见文档) 运用并发展了惠更斯的子波概念, 提出了反映光的衍射规律的基本原理. **波面上的任一点都可看成能向外发射子波的子波源, 波面前方空间某一点 P 的振动就是到达该点的所有子波的相干叠加, 此即惠更斯–菲涅耳原理**

惠更斯–菲涅耳原理实际上已经很明确地指出了衍射现象的实质是子波干涉. 剩下的问题就是如何根据子波波源的空间分布和振动规律, 计算所有子波在空间某点相遇时产生干涉的规律.

如图 22.2 所示, 设 S 为一给定的波阵面, 根据惠更斯–菲涅耳原理, S 外任一点 P 的振动就是 S 上所有子波波源在该点所产生的振动的叠加. 我们可以将 S 面分成许多面元, 每个面元看作一个子波波源, 根据波动理论, 任一面元 $\mathrm{d}S$ 在 P

点引起的振动与面元 $\mathrm{d}S$ 的面积成正比, 与面元到 P 点的距离 r 成反比, 并且还与面元 $\mathrm{d}S$ 对 P 点的倾角 θ 有关. 于是, $\mathrm{d}S$ 在 P 点引起的振动通常可用下面的数学形式来表达:

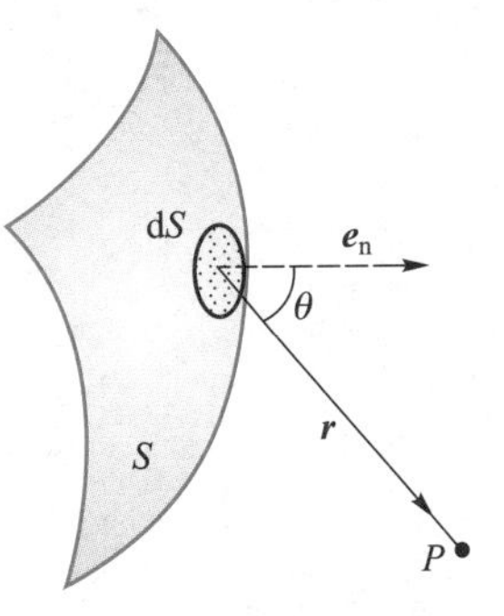

图 22.2 惠更斯–菲涅耳原理

$$\mathrm{d}y = C\frac{K(\theta)}{r}\cos\left(\omega t - 2\pi\frac{r}{\lambda}\right)\mathrm{d}S$$

式中, $K(\theta)$ 是随 θ 的增加而缓慢变小的函数, C 是比例系数. 将波阵面 S 上所有面元对 P 点振动的贡献进行叠加, 则为 S 上所有子波波源在 P 点产生的合振动

$$y = \int \mathrm{d}y = \int_S C\frac{K(\theta)}{r}\cos\left(\omega t - 2\pi\frac{r}{\lambda}\right)\mathrm{d}S$$

上述积分称为菲涅耳衍射积分, 它从原则上解决了光波通过任意形状孔径所产生的衍射规律的计算问题, 但过程复杂冗长, 故不详述.

22.1.2 衍射的分类

在定量计算和分析子波干涉在某点所产生的效果时, 由于要考虑波面是平面波还是球面波, 以及在多远的地方观测衍射图样等问题, 人们根据光源、障碍物和观测屏三者相对位置的差异将衍射问题大体划分为两大类:

菲涅耳衍射——光源和观测屏 (或其中之一) 离障碍物为有限远时所产生的衍射. 如图 22.3(a) 所示. 菲涅耳衍射又称非平行光衍射.

夫琅禾费衍射——光源和观测屏到障碍物的距离都为无限远时所产生的衍射. 如图 22.3(b) 所示. 夫琅禾费衍射又称平行光衍射.

文档 夫琅禾费

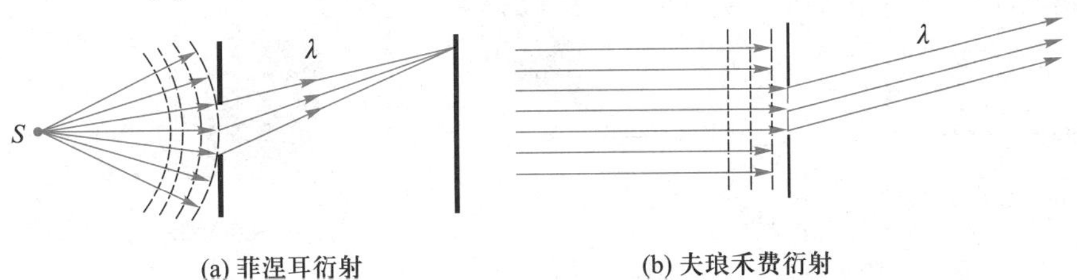

图 22.3 两类衍射

其中, 夫琅禾费衍射在实际应用中具有特别重要的意义, 而且, 在定量分析方法上相对比较灵活. 本课程只讨论夫琅禾费衍射.

图 22.4 是实现夫琅禾费衍射条件的具体方法. 用透镜 L_1 产生平行光 (平面波) 照射障碍物, 就等效于光源离障碍物无限远. 在障碍物后方用透镜 L_2 将障碍物所产生的衍射光波聚焦到焦平面上观测, 就等效于观测屏离障碍物无限远. 后面我们要讨论的单缝衍射、光栅衍射和圆孔衍射等, 都是采用这种方法来实现的.

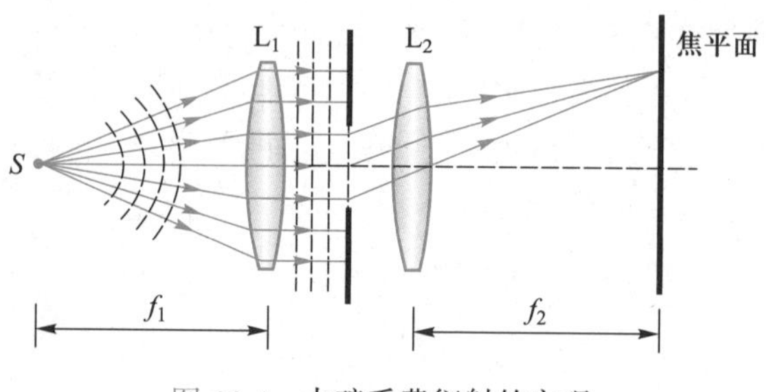

图 22.4 夫琅禾费衍射的实现

22.2 单缝衍射

22.2.1 单缝衍射实验

宽度远小于长度的矩形狭缝称为单缝. 图 22.5(a) 是单缝夫琅禾费衍射实验装置示意图. 图中, S 为点光源, L_1, L_2 为透镜, F 为单缝, P 为观察屏. 实验时, 光自 S 发出, 经 L_1 后变成平行光, 垂直投向单缝衍射, 后经 L_2 会聚于屏 P 上. 实验表明, 单缝衍射的图样为一组平行于狭缝的明暗相间的条纹 [参见图 22.5(b)]. 位于中央的条纹为亮纹, 最宽而且最亮, 称为中央明纹, 其光强约占总出射光强的 85%. 其他条纹对称地分布在中央明纹两侧.

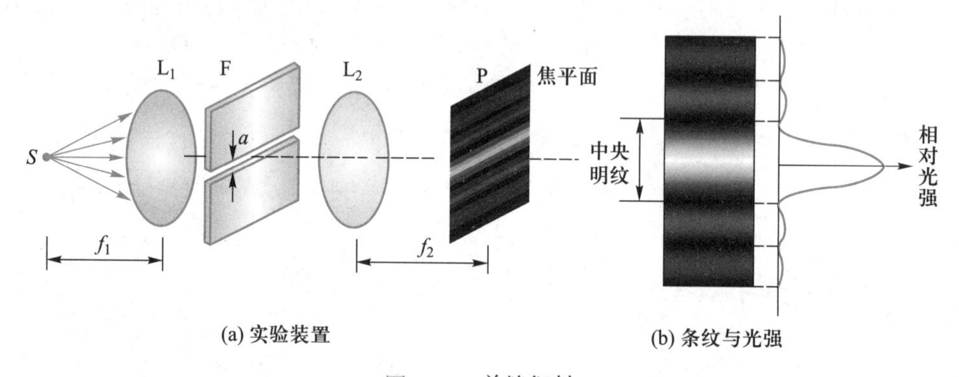

图 22.5 单缝衍射

图 22.6 给出的是单缝衍射原理 (光路) 示意图. 图中, AB 是缝宽为 a 的狭缝截面, θ 为衍射角 (衍射线与狭缝法线的夹角), O 为单缝 AB 的垂直平分线与置于透镜焦平面上的屏的交点, 光线 ①、② 代表自狭缝 AB 发出的、衍射角为 θ 的一束平行光中最边缘的两条光, P 为光线 ①、② 经过透镜后在屏上的会聚点, H 为光线 ② 与过 A 向光线 ② 所作垂线的交点. 由于 A、H 同在一个波面上, 且透镜不会产生附加光程差, 因此, BH 即光线 ①、② 的光程差 δ, 它对衍射光强的分布 (干涉结果) 有着决定性的作用. 由图 22.6 可以看出, 对应于中央明纹的衍

射角 $\theta=0$.

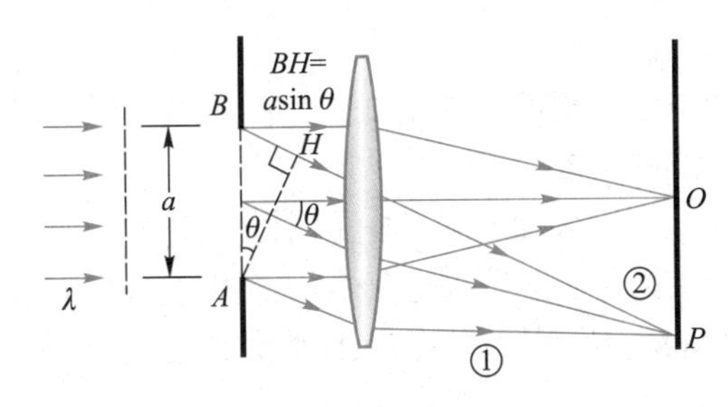

图 22.6 单缝衍射光路图

22.2.2 半波带法

衍射光强的分布规律多用菲涅耳首创的半波带法来进行讨论. 其要点是通过寻找代表光的光程差规律来实现.

如图 22.7 所示, 用平行于 BH 的一系列平面将 AB 划分成若干个面积相等、形如带状的小部分, 并使每一部分最边缘的两条光线到达屏上会聚点的光程差恰好为 $\dfrac{\lambda}{2}$, 这样的部分称为半波带. 在缝宽及入射光给定 (a, λ 为常量) 的情况下, 波面 AB 能分成半波带的数目由衍射角 θ 决定, θ 越大, AB 面上可划分出的半波带数目就越多. 由于每个半波带的面积相等, 因此它们所发出的子波在 P 点所引起的光振动强度相同.

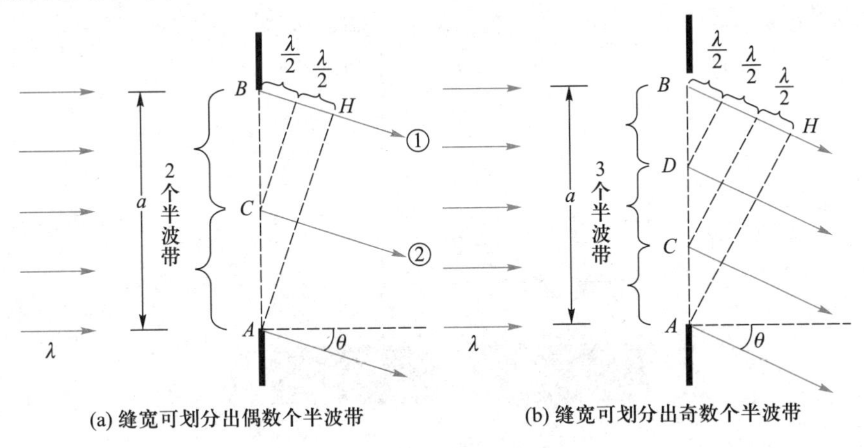

(a) 缝宽可划分出偶数个半波带　　(b) 缝宽可划分出奇数个半波带

图 22.7 半波带法

如图 22.7(a) 所示, 如果 AB 波面恰好可划分为偶数个 (例如为 2) 半波带, 这时, 由于相邻两个半波带上各对应点发出的子波 ① 及 ② 会聚到 P 点的光程差恰好为 $\dfrac{\lambda}{2}$, 因而两两干涉相消, 使 P 点出现暗纹. 即当衍射角 θ 满足

$$a\sin\theta = \pm 2k\frac{\lambda}{2} = \pm k\lambda \quad (k = 1, 2, \cdots) \tag{22.1}$$

时, 屏上为暗纹. 此即单缝衍射的暗纹公式, 式中, k 为暗纹级数, $\pm$ 表示各级暗纹对称地分布于中央明纹的两侧.

如图 22.7(b) 所示, 如果波面 AB 恰好被划分成奇数 (例如为 3) 个半波带, 这时两两相邻的半波带所发出的各对应光会聚于 P 时会相互抵消, 但却剩下一个半波带的光振动没有被抵消, 因而使得 P 点出现明纹. 这就是说, 当衍射角 θ 满足

$$a\sin\theta = \pm(2k+1)\frac{\lambda}{2} \quad (k = 1, 2, \cdots) \tag{22.2}$$

时屏上将出现明纹. 上式即为单缝衍射的明纹公式, 式中, k 为明纹级数, $\pm$ 表示各级明纹对称地分布于中央明纹的两侧.

从上面的讨论可以看出, 衍射角 θ 对屏上单缝衍射的条纹分布有着极大的作用: $\theta = 0$, 屏上为中央明纹; θ 满足式 (22.1), 屏上出现暗纹; θ 满足式 (22.2), 则屏上出现明纹.

如果 θ 不满足上述明、暗纹条件, 即波面 AB 不能恰好被分成整数个半波带, 则或多或少总有一部分光振动不能被抵消, 从而使屏上对应点的亮度处于明、暗纹之间.

单缝衍射条纹的光强分布如图 22.8 所示. 从图中可以看出, 中央明纹最宽、最亮, 其他各级明纹分居中央明纹的两侧, 其光强随着级次的增大而减少. 这主要是因为级次越高, 相应的衍射角就越大, 被分成半波带的数目就越多, 未被抵消的一个半波带的面积就越小, 对应明纹的光强自然就越小.

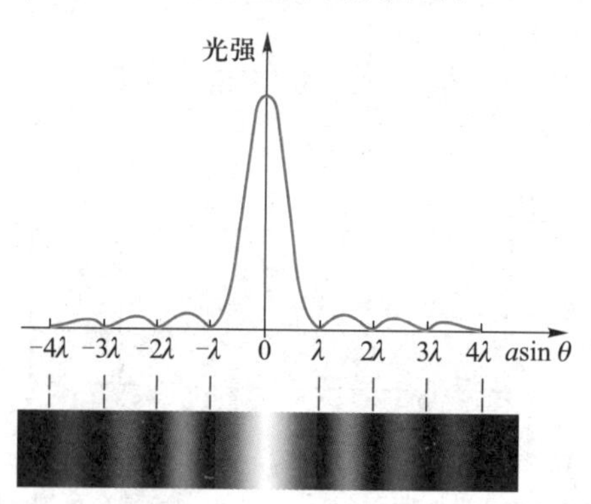

图 22.8 单缝衍射的光强分布

从式 (22.1) 和式 (22.2) 均可看出, **缝宽越窄** (a **越小**), θ **越大, 衍射条纹分得越开, 衍射现象就越显著. 否则, 衍射就越不明显.** 当 $a \gg \lambda$ 时, $\theta \to 0$, 各级明纹均接近于中央明纹, 以至不能分辨而形成光的直线传播. 换言之, 光的直线传播仅是波长远小于障碍物线度的特例.

例 22.1 用波长为 600 nm 的单色平行光垂直投射到宽度为 0.4 mm 的单缝

上, 并将焦距为 1 m 的凸透镜置于其后, 则可在距中央明纹中心 1.5 mm 处的焦平面上观察到有暗纹的出现. 求该暗纹的级次及其相应的半波带数.

解: 处理单缝衍射问题多用暗纹公式. 一般而言, 透镜均置于单缝后. 因此, 透镜的焦距即为缝至屏 (焦平面) 的距离. 由于 $f \gg a$, 且暗纹距中央明纹较近, 因而有 $\theta \approx \sin\theta \approx \tan\theta = \dfrac{x}{f}$.

由暗纹公式可得暗纹级次

$$k = \frac{a\sin\theta}{\lambda} = \frac{ax}{f\lambda}$$

将已知条件 ($a = 0.4$ mm, $x = 1.5$ mm, $f = 1$ m, $\lambda = 600$ nm) 代入上式, 得

$$k = \frac{0.4 \times 10^{-3} \times 1.5 \times 10^{-3}}{1 \times 600 \times 10^{-9}} = 1$$

将 $k = 1$ 代入暗纹公式, 得

$$a\sin\theta = \lambda = 2 \times \frac{\lambda}{2}$$

故知相应状况下, 单缝波面可划分出 2 个半波带.

例 22.2 如图 22.9 所示, 用波长为 546 nm 的单色平行光, 垂直入射到宽度为 0.437 mm 的单缝上, 用焦距为 0.4 m 的透镜将衍射光聚焦到置于透镜焦平面的观测屏上. 求:

(1) 中央明纹的角宽 (中央明纹两端对透镜中心的张角) $2\theta_1$ 和它在观测屏上的线宽 (中央明纹两端的间距) W_0;

(2) 第 3 级暗纹与第 2 级暗纹之间的衍射角差 $\Delta\theta_{32}$ 和它在观测屏上的距离 Δx_{32}.

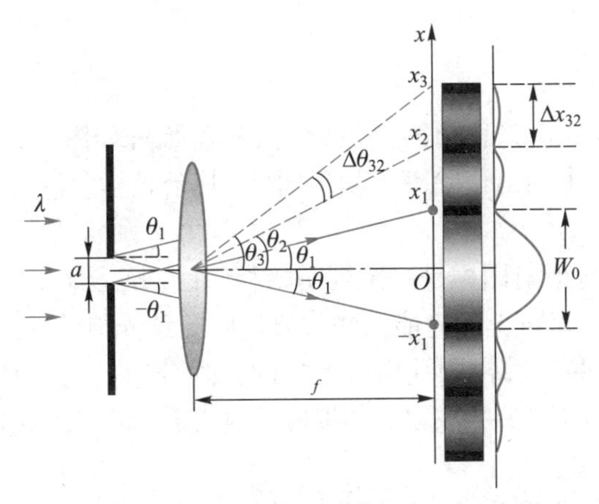

图 22.9 例 22.2 图

解: (1) 中央明纹的角宽及线宽就是 ±1 级暗纹在屏上所对应的角宽 $2\theta_1$ 及线宽 $2x_1$. 因此, 本题可用暗纹公式来求解.

注意到 $f \gg a$, 且暗纹级次仅为 1, 因而有 $\theta_1 = \sin\theta_1 = \tan\theta_1$. 由暗纹公式可得

$$\theta_1 = \sin\theta_1 = \frac{\lambda}{a}$$

故中央明纹的角宽为

$$2\theta_1 = \frac{2\lambda}{a} = \frac{2 \times 546 \times 10^{-9}}{0.437 \times 10^{-3}}\ \text{rad} = 2.5 \times 10^{-3}\ \text{rad}$$

中央明纹的线宽为

$$W_0 = 2x_1 = 2f\theta_1 = 2 \times 0.4 \times 1.25 \times 10^{-3}\ \text{m} = 1.0 \times 10^{-3}\ \text{m}$$

(2) 由图 22.9 可见 2、3 级暗纹的角差

$$\Delta\theta_{32} = \theta_3 - \theta_2 = 3\frac{\lambda}{a} - 2\frac{\lambda}{a} = \frac{\lambda}{a} = \frac{546 \times 10^{-9}\ \text{m}}{0.437 \times 10^{-3}\ \text{m}} = 1.25 \times 10^{-3}\ \text{rad}$$

相应于屏上的距离

$$\begin{aligned}\Delta x_{32} &= x_3 - x_2 = f\tan\theta_3 - f\tan\theta_2 = f(\tan\theta_3 - \tan\theta_2) \approx f(\theta_3 - \theta_2)\\ &= 0.40 \times 1.25 \times 10^{-3}\ \text{m} = 0.50 \times 10^{-3}\ \text{m} = 0.50\ \text{mm}\end{aligned}$$

22.3 圆孔衍射

22.3.1 圆孔衍射

动画 圆孔衍射

障碍物为圆孔的衍射称为圆孔衍射. 其实验装置如图 22.10 所示 (图中, 光源 S 及前透镜 L_1 未画出), 除障碍物不同外, 其余光学元件与单缝衍射装置完全相同, 故不详述.

实验发现, 圆孔衍射图样是一系列明暗相间的同心圆环, 中央是一个亮斑, 称为艾里斑, 分布在艾里斑上的光能大约占通过圆孔总光能的 84%. 应用惠更斯-菲涅耳积分法可以定量地算出圆孔衍射图样的光强分布, 艾里斑的直径是以艾里斑边缘的 1 级暗环的直径来定义的, 由于推导过程较为复杂, 我们只给出其中的主要结论及其实用意义.

如图 22.11 所示, 设垂直入射的单色平行光波长为 λ, 圆孔直径为 D, 透镜光心对焦平面上艾里斑的直径 d 所夹的平面角为 $2\theta_r$, 理论和实验表明, 艾里斑的角

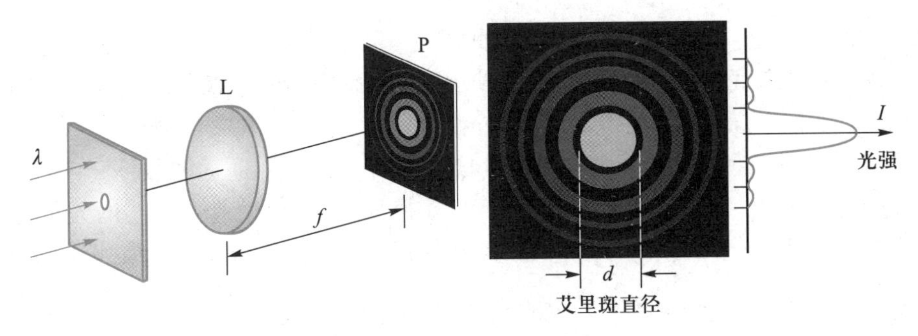

图 22.10 圆孔衍射

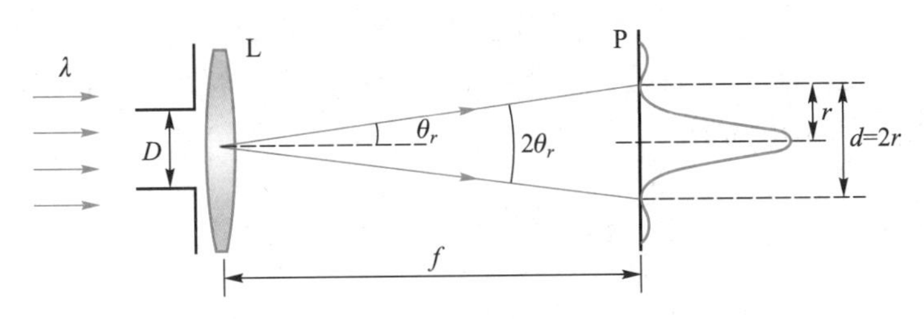

图 22.11 艾里斑的角半径 θ_r

半径 (艾里斑的半径对透镜中心的张角) θ_r 满足下述关系:

$$\sin\theta_r = 1.22\frac{\lambda}{D} \tag{22.3}$$

从上式可以看出, 比值 $\dfrac{\lambda}{D}$ 决定着圆孔衍射花样的尺度, 就像比值 $\dfrac{\lambda}{D}$ 决定着单缝衍射花样的尺度一样. 在圆孔的夫琅禾费衍射中, 艾里斑的直径通常都很小, 因此其角半径也很小, 因而有 $\sin\theta_r \approx \tan\theta_r \approx \theta_r$, 式 (22.3) 可写成

$$\theta_r = 1.22\frac{\lambda}{D} \tag{22.4}$$

若聚焦透镜的焦距为 f, 则在焦平面上得到的艾里斑直径 d 与角半径 θ_r 的关系为

$$2\theta_r = \frac{d}{f} = 2.44\frac{\lambda}{D} \tag{22.5}$$

22.3.2 光学仪器的分辨本领

从波动光学的角度来看, 透镜相当于一个圆孔, 平行入射光通过圆孔后, 由于光的衍射使得会聚于透镜焦面上的光不是一个理想的几何点, 而是一个以艾里斑为中心的圆孔衍射图样. 若透镜的焦距 f 一定, 则艾里斑的直径 d 取决于入射光的波长 λ 与圆孔的直径 D 之比, 只有当这个比值无限小时, 才能获得理想的几何点像. 然而, 实际的光学仪器, 其物镜口径就是一个圆孔, 光只要通过物镜就要产

生圆孔衍射, 就得不到理想的点像. 由此可见, 光学仪器的分辨能力总要受到光的衍射现象所限制. 下面我们从式 (22.5) 出发, 探讨提高光学仪器分辨能力的基本途径.

如图 22.12(a) 所示, 假设有两个点状物体 (例如, 两颗遥远的恒星), 它们发出的光强大致相等, 波长同为 λ, 两物点与孔径为 D 的物镜光心连线的夹角为 θ, 若 θ 恰好等于式 (22.5) 中的 θ_r, 两物点在物镜焦面上所形成的两个艾里斑的中心距离恰好等于艾里斑的半径 $\dfrac{d}{2}$, 两个艾里斑的光强曲线叠加, 其中部的光强约为峰值光强 I_m 的 0.8 倍, 这时恰好能分辨出是两颗星. 我们将此时的 θ 称为最小分辨角, 用 θ_0 表示. 即 $\theta=\theta_0$ 时恰好能分辨. 若 $\theta>\theta_0$, 则可以分辨, 如图 22.12(b) 所示; 若 $\theta<\theta_0$, 则不能分辨, 如图 22.12(c) 所示. 这种判断标准称为瑞利判据. 根据瑞利判据所定出的最小分辨角

$$\theta_0=\theta_r=1.22\frac{\lambda}{D} \tag{22.6}$$

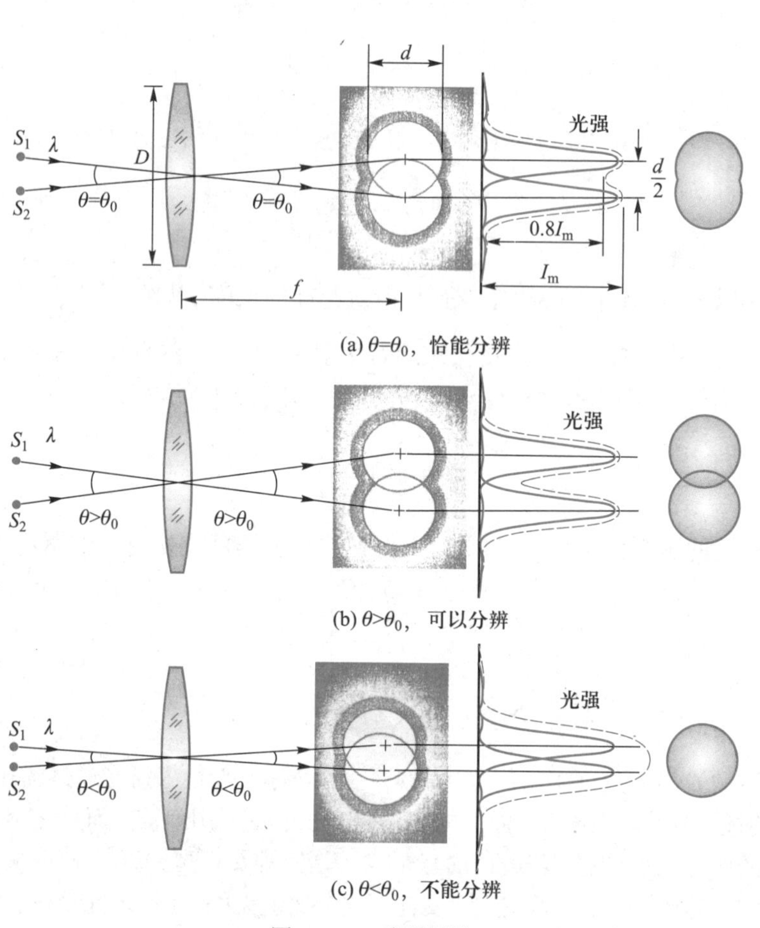

图 22.12 瑞利判据

并且, 将 $\frac{1}{\theta_0}$ 定义为光学仪器的**分辨本领**, 即

$$\frac{1}{\theta_0}=\frac{D}{1.22\lambda} \tag{22.7}$$

式 (22.7) 表明, 提高光学仪器分辨本领的基本途径是:

(1) 加大物镜的通光孔径 D;

(2) 采用较短的工作波长 λ.

为了提高分辨本领, 有的光学天文望远镜① (参见图 22.13) 的物镜直径已达 5 m. 而且, 天文学家在拍摄星体照片时, 常在望远镜上加一个滤色片, 滤掉波长较长的光, 采用较短的工作波长. 显微镜的物镜不可能很大, 但可采用将物镜和待观察物体同时浸在油液中的办法来增大物镜的数值孔径. 电子显微镜 (参见图 22.14) 的诞生, 其理论基础就是采用短的工作波长, 因为电子波长通常只有 10^{-12} m 的数量级.

图 22.13 一般的天文望远镜

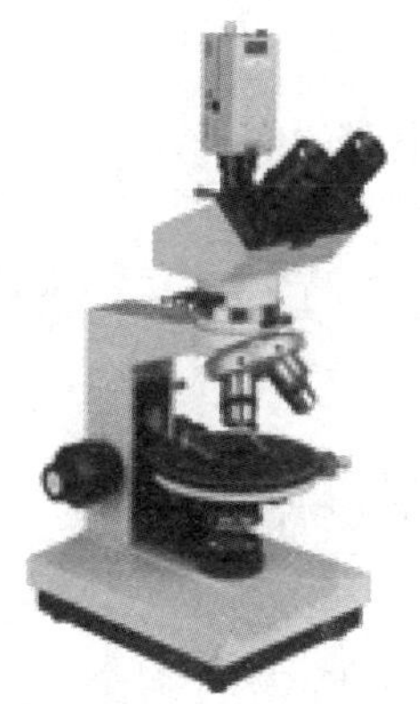

图 22.14 电子显微镜

例 22.3 在正常情况下, 人眼瞳孔的平均直径约为 2 mm, 眼内的玻璃状液的折射率为 1.34, 求:

(1) 人眼对可见光中最敏感的黄绿光 ($\lambda = 550$ nm) 的最小分辨角;

(2) 在明视距离 ($s = 25$ cm) 处可分辨两物点的最小距离.

解: (1) 应用式 (22.6), 并考虑光在眼内玻璃状液中的波长为 $\lambda' = \frac{\lambda}{n}$, 则

$$\theta_0 = 1.22\frac{\lambda'}{D} = 1.22\frac{\lambda}{nD} = 1.22 \times \frac{550 \times 10^{-9}\ \text{m}}{1.34 \times 2 \times 10^{-3}\ \text{m}} = 2.5 \times 10^{-4}\ \text{rad}$$

(2) 视物最清晰, 且视觉又不易疲劳的距离称为明视距离. 它与最小分辨角 θ_0. 最小分辨距离 Δl 的关系如图 22.15 所示. 由图可见

文档 中国天眼

$$\Delta l \approx s\theta_0 = 2.5 \times 10^{-1}\ \text{m} \times 2.5 \times 10^{-4}\ \text{rad} = 6.25 \times 10^{-5}\ \text{m}$$

① 天文望远镜有光学天文望远镜与射电天文望远镜 (参见文档) 之分.

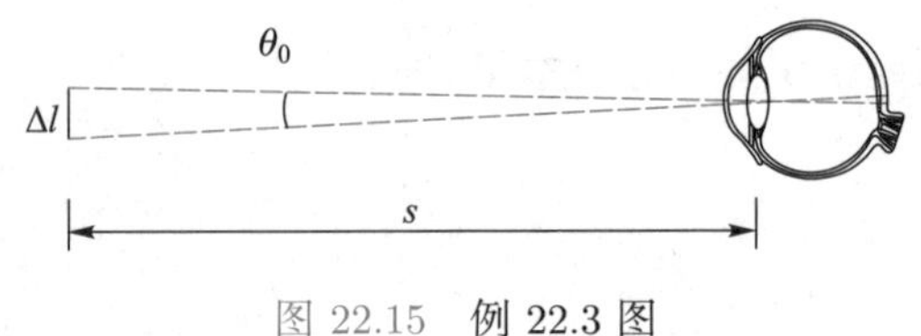

图 22.15 例 22.3 图

例 22.4 普通照相机 (详情可参见本书第二十四章光的直线传播) 的成像原理 (光路) 与圆孔衍射相似. 差别在于: 一是相机多在圆孔前加一光阑, 以影响成像光通及景深; 二是相机的透镜多置于圆孔内, 因此, (物) 透镜的焦距也可视为物像的像距. 照相机物镜的分辨本领常以底片上每毫米能分辨的线条数 N 来量度. 现有一架照相机, 其物镜直径 D 为 5.0 cm, 物镜焦距 f 为 17.5 cm, 取波长 λ 为 550 nm, 问这架照相机的分辨本领为多少?

解: 在底片上能分辨的最小距离 (参见图 22.15)

$$\Delta l = \theta_0 f$$

每毫米能分辨的线条数 N 为最小距离的倒数, 所以

$$N = \frac{1}{\Delta l} = \frac{D}{1.22\lambda f} = \frac{5.0\times 10}{1.22\times 0.55\times 10^{-3}\times 17.5\times 10}\ \mathrm{mm^{-1}} = 425.8\ \mathrm{mm^{-1}}$$

22.4 光栅衍射

22.4.1 光栅衍射现象

动画 光栅衍射

前已提及, 对单缝而言, 缝宽 a 越小, 衍射条纹就分得越开, 但其亮度也会急剧下降, 致使条纹分辨不清. 但若将多条单缝集合起来, 同时将光投射到屏上, 进行干涉则可很好地解决上述问题. 光栅就是在这样的背景下应运而生的.

由一组相互平行, 且等宽、等间隔的狭缝构成的光学元件称为光栅, 如图 22.16 所示. 在透明的玻璃片上刻划出一系列平行、等宽、等间隔的刻痕即得一实际光栅. 由于刻痕相当于毛玻璃, 不透光, 相邻两刻痕间即为可透光的狭缝, 这样的光栅亦称透射光栅, 其中每条狭缝的宽度 a 与两相邻缝间不透光部分的宽度 b 之和 $d(=a+b)$ 称为光栅常量, 它是表征光栅性能的重要参量. 一个较好的光栅, 其光栅常量的数量级为 $10^{-6}\sim 10^{-5}$ m.

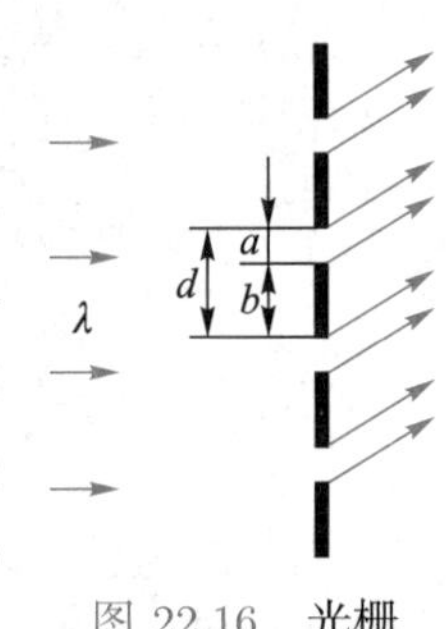

图 22.16 光栅

如图 22.17 所示, 一束平行光垂直投射到光栅 G 上, 经透镜 L 会聚, 在屏 E 上形成一组明暗相间的花纹, 这样的现象称为光栅衍射, 其花纹分布主要由两种因素决定: 一种是单缝衍射, 另一种是多缝干涉. 换言之, 光栅衍射是单缝衍射与

多缝干涉的共同效果, 其光强分布既与缝宽 d 有关, 也与缝数 N 有关.

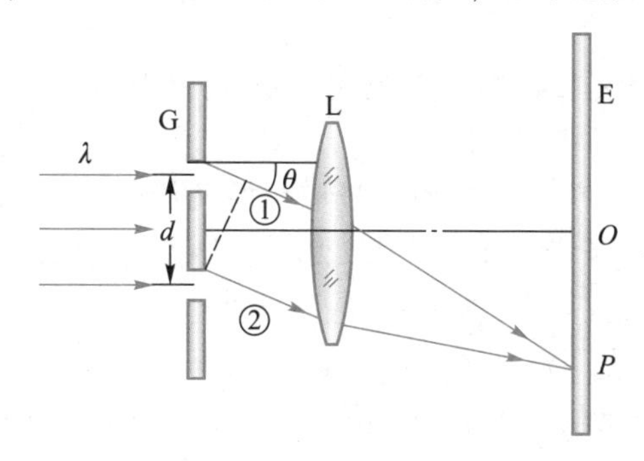

图 22.17 光栅衍射原理 (光路)

实验发现:

(1) 当 $N \geqslant 3$ 时, 衍射光强出现了不止一种极大值, 我们将所有那些相对最大的极大值都称为**主极大**; 将所有比主极大小的那些极大值都称为**次极大**.

(2) 随着缝数目 N 的增加, 相邻两个主极大之间的次极大数目变得越来越多, 但其相对强度却变得越来越小, 而主极大的相对强度则变得越来越大, 宽度却变得越来越窄. 当 N 很大时, 所有的主极大都变得又高又细, 而所有的次极大已小到完全可以忽略的地步, 致使各主极大变得更清晰, 更明亮; 并对称分布在中央主极大两侧, 其亮度依次变小 (暗), 如图 22.18 所示.

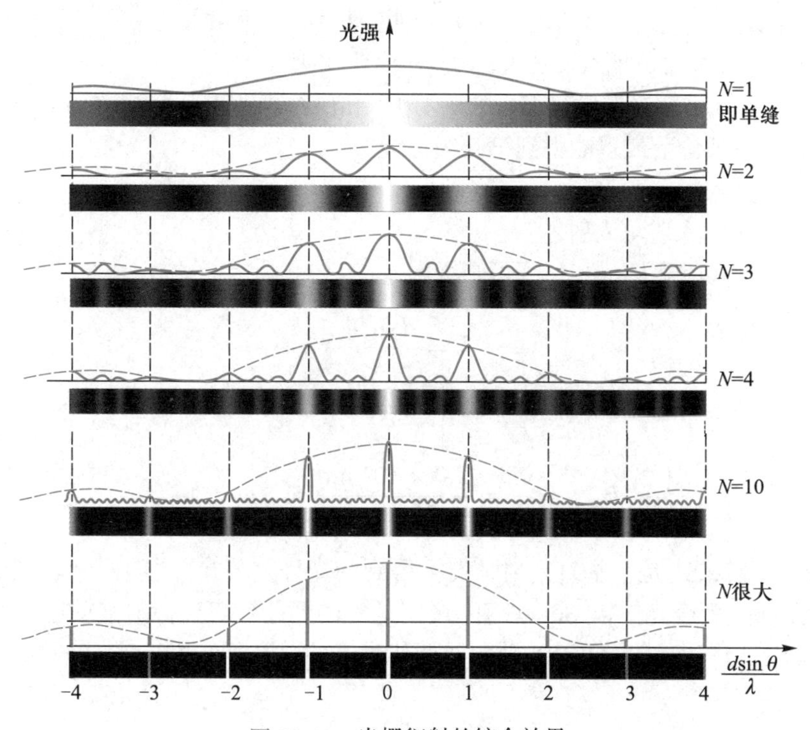

图 22.18 光栅衍射的综合效果

22.4.2 光栅方程

光栅方程是描述光栅衍射中主极大产生条件的数学表达式. 利用光程差的概念及相长干涉的条件可将其导出.

为方便起见, 我们将光栅的透光缝进行两两组合, 并选相邻两缝对应点发出的衍射角同为 θ 的两条光线作为代表光线 ①、②, 如图 22.19 所示. 采用与单缝衍射相似的分析方法可得, 光线 ①、② 的光程差 $\delta=(a+b)\sin\theta$, 若其值恰好为 λ 的整数倍, 则两光干涉加强, 于是, 两缝乃至整个光栅各缝衍射角同为 θ 的对应光到达 P 点干涉的结果均为加强. 这就是说, 当衍射角 θ 满足方程

$$(a+b)\sin\theta=\pm k\lambda\quad(k=0,1,2,\cdots)\tag{22.8}$$

时, 屏上出现光强主极大, 形成明纹. 式 (22.8) 称为光栅方程 (有时亦称光栅衍射的明纹公式). 式中, k 为明纹级数, $k=0$ 对应于中央明纹, $\pm$ 表示各级明纹在中央明纹两侧对称分布.

光栅方程是处理光栅衍射问题的理论依据. 从方程中可以看出, 在 $k\lambda$ 不变的情况下, 光栅常量 $a+b$ 越小, 则衍射角 θ 就越大, 屏上明纹分得就越开; 从方程中还可看出, 若单缝衍射在 P 点的振幅为 E_1, 则光栅衍射在 P 点的合振幅便为 NE_1 (N 为光栅狭缝数), 合成光强为 N^2I_1 (I_1 为单缝衍射的光强). 可见, 光栅缝数越多, 屏上明纹就越明亮, 越细窄 (参见图 22.18). 由于光栅的狭缝数一般都很大, 因此, 光栅衍射图像必为一系列明暗相间, 且明纹细而亮、暗纹宽而黑的条纹. 其中, 亮而细的明纹称为光谱线, k 为明纹级数.

例 22.5 已知光栅常量 $d=2.0\times10^3$ nm, 入射光波长为 589 nm, 问在下述两种情况下, 理论上最多能得到第几级谱线?

(1) 垂直入射;

(2) 以 30° 入射角入射.

解: (1) 由光栅方程 (22.8) 可知级次

$$k=\frac{d\sin\theta}{\lambda}$$

最大级次

$$k_{\max}=\frac{d}{\lambda}=\frac{2.0\times10^3\ \text{nm}}{589\ \text{nm}}=3.4\doteq3$$

(2) 式 (22.8) 是在垂直入射情况下得到的光程差公式, 说明两代表光衍射前没有光程差; 而今光波以 30° 入射, 说明这时的两条代表光衍射前就已存在光程差 $\delta_1=d\sin i_1$ (参见图 22.19). 故此时两代表光的总光程差 $\delta=\delta_1+\delta_2=d(\sin i_1+\sin\theta)$.

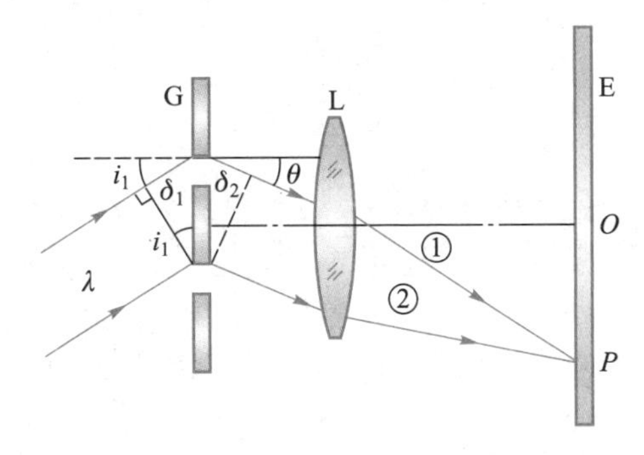

图 22.19 例 22.5 图

对于第 k 级谱线, 其光栅方程为

$$d(\sin i_1 + \sin\theta) = \pm k\lambda$$

故理论上最多能得到的谱线级次

$$k_{\max} = \frac{d(\sin i_1 + \sin\theta)}{\lambda} = \frac{2.0\times 10^3 \times (\sin 30^\circ + 1)}{589} = 5.1 \doteq 5$$

这说明, 在斜入射的衍射场中可以得到比正入射更高级次的谱线.

22.4.3 缺级与重叠

由于光栅衍射主极大的光强受单缝衍射曲线的调制, 若某一衍射角 θ 同时满足光栅方程的主极大条件 $(a+b)\sin\theta = \pm k\lambda$ 和单缝衍射的暗纹条件 $a\sin\theta = \pm k'\lambda$, 则光谱线中的第 k 级谱线就不会出现. 这一现象称为缺级. 这时有

$$\sin\theta = \frac{\pm k\lambda}{a+b} = \frac{\pm k'\lambda}{a}$$

解之, 得

$$k = \frac{a+b}{a}k' \quad (k' = 1, 2, \cdots) \tag{22.9}$$

此即谱线的缺级条件. 式中, k' 为单缝衍射暗纹的级次, k 为光栅衍射谱线缺级的级次 (k 必须为整数).

假设某光栅的缝距是缝宽的 3 倍, 即

$$\frac{a+b}{a} = 3, \quad k = 3k'$$

则 $\pm 3, \pm 6, \pm 9, \cdots$ 的谱线缺级, 如图 22.20(a) 所示.

若 $\dfrac{a+b}{a} = \dfrac{3}{2}$, 得 $k = \dfrac{3k'}{2}$, 则 $k' = 2, 4, \cdots$ 时, $k = 3, 6, \cdots$, 也会引起 $\pm 3, \pm 6, \pm 9, \cdots$ 的谱线缺级, 如图 22.20(b) 所示.

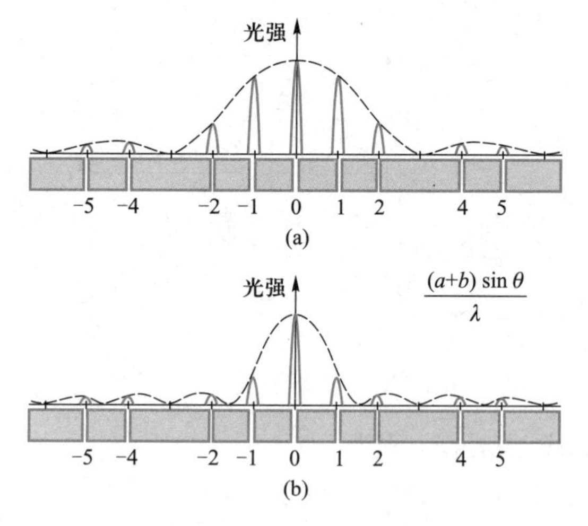

图 22.20 谱线的缺级现象

由光栅方程可知

$$\sin\theta = \pm\frac{k\lambda}{a+b} \tag{22.10}$$

从式 (22.10) 可以看出, 对于同一个光栅, 同一级谱线所对应的衍射角 θ 与入射光波长 λ 有关, 波长较长则 θ 较大. 若以白光垂直入射, 除零级谱线仍为白光外, 其他各级呈现为宽度不同的彩色谱带, 各级谱带中的颜色从紫到红向外排列, 级次越高谱带越宽, 并相互混合成彩色复杂的光谱, 称为光栅光谱, 如图 22.21 所示.

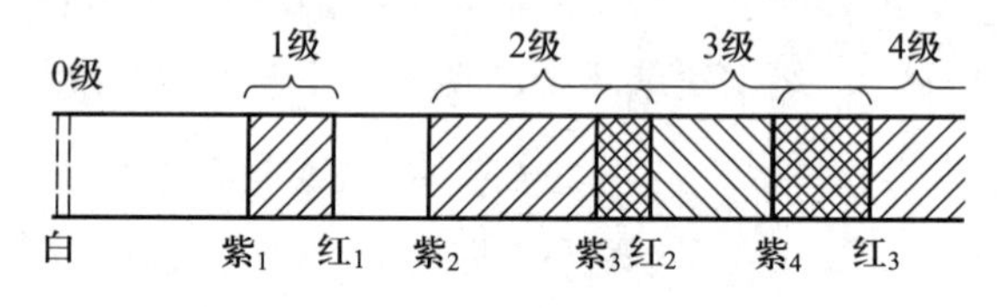

图 22.21 光栅光谱的重叠

从式 (22.10) 还可看出, 当以白光或任何复色光垂直入射于同一光栅时, 若波长为 λ 的第 k 级谱线与 λ' 的第 k' 级谱线同时满足下述条件

$$k\lambda = k'\lambda' \tag{22.11}$$

此时, 这两级谱线将对应于同一 θ 角, 出现在同一位置上, 这种现象称为谱线重叠 (参见图 22.21). 一般而言, 谱线的级次越高, 它被重叠的可能性就越大.

例 22.6 用每毫米 250 线的光栅测量一垂直入射单色光的波长, 测得第 3 级谱线的衍射角为 30°,

(1) 求待测波长值;

(2) 若该光栅的缝宽 $a = 2.00 \times 10^{-3}$ mm, 求在整个衍射场中, 在理论上最多能搜索到的光谱线总数目.

解: (1) 每毫米 250 线的光栅, 其光栅常量

$$d = a + b = \frac{1}{250}\ \text{mm} = 4.00 \times 10^{-3}\ \text{mm} = 4.00 \times 10^{-6}\ \text{m}$$

将已知条件代入光栅方程, 得待测波长

$$\lambda = \frac{(a+b)\sin\theta}{k} = \frac{4.00 \times 10^{-6}\ \text{m} \times \sin 30^\circ}{3} = \frac{2}{3} \times 10^{-6}\ \text{m} = 666.7\ \text{nm}$$

(2) 由光栅方程 $(a+b)\sin\theta = \pm k\lambda$ 得能搜索到的最高级次

$$k_{\max} = \frac{(a+b)\sin\theta}{\lambda} = \frac{a+b}{\lambda} = \frac{4.00 \times 10^{-6}}{\dfrac{2}{3} \times 10^{-6}} = 6$$

由缺级条件知缺级级次

$$k = k'\frac{a+b}{a} = \frac{4.00 \times 10^{-6} k'}{2.00 \times 10^{-6}} = 2k' \quad (k' = 1, 2, 3)$$

即 $\pm 2, \pm 4, \pm 6$ 级明纹缺级. 故理论上最多只能搜索到 $(1 + 2 \times 6) - 2 \times 3 = 7$ 条.

*22.5　X 射线衍射

1895 年, 德国物理学家伦琴在研究阴极射线管的过程中, 发现用高能电子束轰击金属靶时, 能得到一种穿透力很强的射线. 由于当时不知这种射线的本性而将它称为 X 射线, 如图 22.22 所示.

文档　伦琴

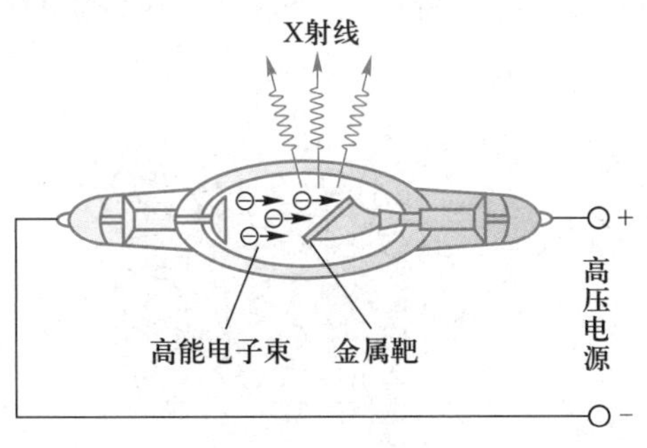

图 22.22　X 射线

为了解开 X 射线的本性之谜, 当时的科学家让 X 射线通过电场或磁场, 但没有发现偏转现象, 这说明 X 射线不是一种带电的粒子流. 人们也曾经想过它可能是一种波长很短的光波, 但却一直没有观察到它的干涉或衍射现象, 更谈不上测出它的波长了.

直到 1912 年, 即 X 射线发现 17 年后, 德国物理学家劳厄才找到了 X 射线具有波动本性的最有力的实验证据: 他发现并记录了 X 射线通过晶体时发生的衍射现象. 劳厄的 X 射线衍射斑纹称为劳厄斑, 如图 22.23 所示.

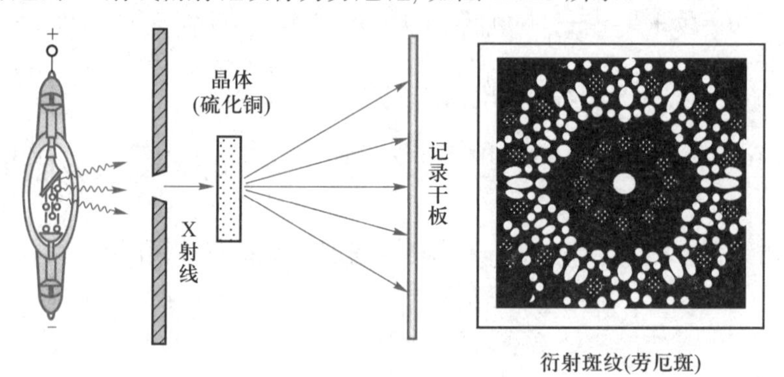

图 22.23 劳厄 X 射线衍射实验

在电磁波谱中, X 射线的波长范围为 0.001 ~ 10 nm, 相当于可见光波长的十万分之一到五十分之一. 晶体中有规则排列的原子可看作一个立体的光栅, 原子的线度和间距大约为 0.1 nm, 当入射 X 射线的波长与此数量级相当时, 就可能发生衍射现象.

晶体对 X 射线所产生的衍射现象, 既可以发生在透射空间, 也可以发生在反射空间. 1913 年, 英国物理学家布拉格父子提出了 X 射线在晶体上衍射的一种简明的理论解释. 根据子波 (或次波) 干涉的原理, 当 X 射线入射于晶体时, 一部分被晶体中的原子 (晶体中的每一原子都是一个散射中心) 散射到各个方向, 如图 22.24 所示. 这种散射的电磁波, 是原子中的束缚电子在 X 射线强迫下振动所产生的, 与入射 X 射线同频率, 它们就是沿各个方向传播的相干子波.

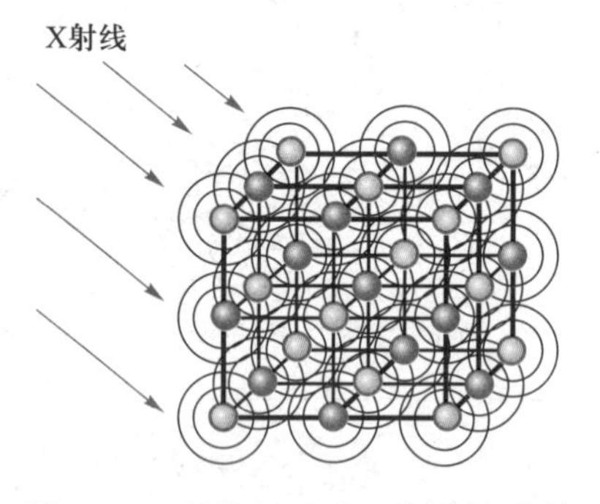

图 22.24 晶体原子对 X 射线的散射

当一波长为 λ 的平行 X 射线束沿某一方向 (通常以晶面为参考平面, 用掠射角 θ 表示) 射入晶体时, 对于同一晶面, 在反射方向上, 相邻原子的散射光的光程差等于零, 如图 22.25 所示. 因此, 在同一晶面的反射方向上, 散射光干涉的结果总是得到光强极大, 称为该晶面的零级衍射谱.

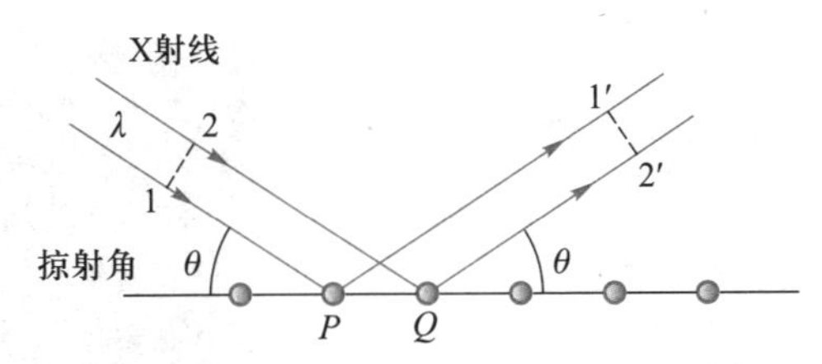

图 22.25 同一晶面两反射光的光程差为零

由于 X 射线的穿透力很强, 对晶体内其他层面上的原子也能激起散射波, 因此, 我们还必须考虑, 相邻两层之间的散射光在反射方向上产生干涉时满足光强极大的条件. 由图 22.26 可以看出, 若相邻两层晶面的距离为 d, 则层间反射光程差为

$$\delta = AC + CB = 2d\cos i_1$$

将上式改成用掠射角 θ 表示, 并且, 当 θ 满足

$$2d\sin\theta = k\lambda \quad (k = 1, 2, \cdots) \tag{22.12}$$

时, 反射方向上散射光产生相长干涉, 出现亮斑. 式 (22.12) 称为**布拉格公式**. 在反射方向所对应的掠射角 θ 称为布拉格衍射角, k 为衍射谱线的级次.

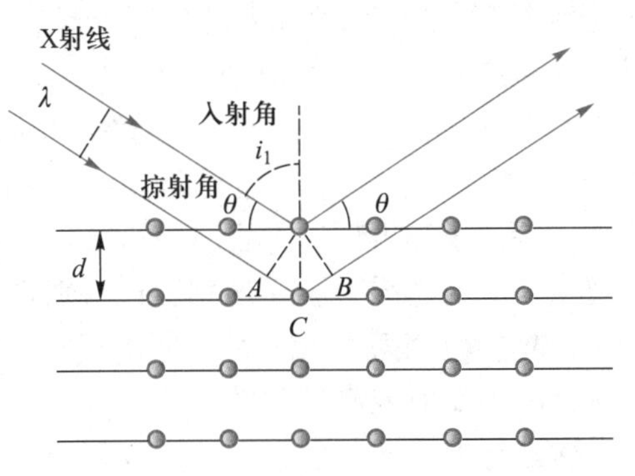

图 22.26 层间反射光程差的计算

不同晶体中的原子按不同的规则排列, 同一晶体中的原子, 按不同方向又可以划分出不同间距 d 的晶面族, 如图 22.27 所示. 然而, 对于任一晶面族, 只要满足布拉格公式就能在其反射方向上获得相长干涉.

由此可见, 若已知 X 射线的波长, 就可以通过测量掠射角 θ 来测定晶体的晶面间距, 分析晶体结构; 反之, 若已知晶体结构, 就可以通过测量掠射角 θ 来测定 X 射线的波长. X 射线的衍射规律已被广泛地应用于晶体及物质结构的分析中. 图 22.28 给出的是一种便携式 X 射线衍射仪, 用以分析、检测物质结构及元素成分的信息, 操作简便, 分析精准.

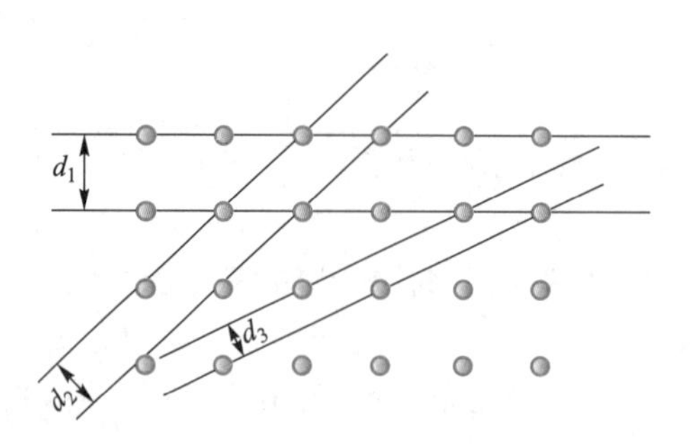

图 22.27 晶体的各晶面族

图 22.28 便携式 X 射线衍射仪

*22.6 全息照相

一张普通照片之所以没有三维空间效果, 是由于普通照相只能在底片平面上记录来自物体的光强分布信息 (光波的振幅信息), 而全息照相则是要记录来自物体光波的振幅和相位的全部信息. 相位信息反映物体的远近, 记录光波相位信息的有效办法是应用光干涉原理. 因此, 全息照相实际上是想方设法以干涉条纹的形式将来自物体光波的振幅和相位信息都记录下来, 然后, 应用光的衍射原理, 再现原物的立体图像. 全息照相不需要镜头, 它所记录的干涉条纹也与原物完全不同. 但记录着干涉条纹的干板上的任一个局部, 都能再现原物的立体图像.

全息照相最基本的一种记录和再现的方法, 如图 22.29 中 (a) 和 (b) 所示. 记录过程需要用激光器作光源, 这是因为激光的相干性特别好, 从激光器射出的细光束, 经过一个焦距很短的透镜扩束后, 用一块平板玻璃将其分为两束: 一束用于照明物体, 从物体上各点产生反射或漫反射的光称为物光; 另一束反射到记录干板处的光称为参考光. 物光与参考光产生干涉所形成复杂而细密的干涉条纹, 被记录在含有超细感光微粒的玻璃干板上, 经冲洗后的干板称为全息图. 一个布满复杂干涉条纹的全息图好比一个特殊的光栅, 若采用与记录时参考光相同的波长和光束结构的激光束照射全息图, 如图 22.29(b) 所示, 这个特殊光栅所产生的衍射光含有原来物光的振幅和相位信息, 从而再现出原物逼真的立体图像.

全息照相的主要特点是: ① 有三维再现性, 是真的立体感, 真的透视感, 真的前后阻挡感; ② 全息片上的每一小块, 都可包含整个物体上各点的子波振幅和相位信息, 并再现整个物体的立体像; ③ 在同一张底片上, 可对不同景物采用不同角度入射的参考光束作多次曝光, 重叠记录几个物像, 每个像可不受其他像的干扰而独立在不同角度再现; ④ 用大反差或小反差的照相乳剂记录, 再现像都与原

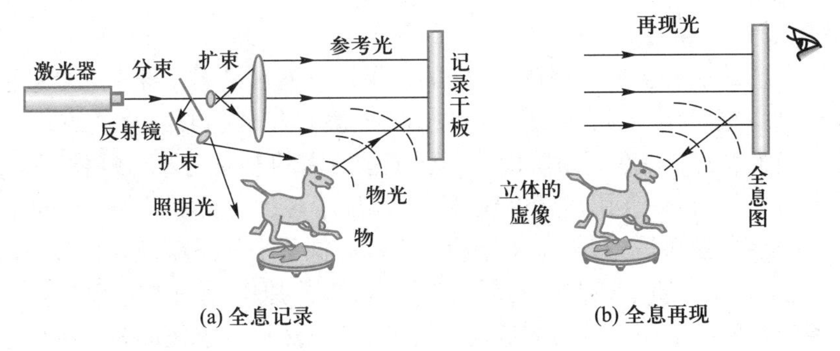

图 22.29 全息照相

物反差相近; ⑤ 全息片易于复制, 不论正片负片, 均能再现原物的立体像.

尽管全息照相有上述许多优点, 但用图 22.29 的光路和干板记录的全息图存在一个缺点: 不能用普通白光照明再现. 全息照相必须用激光记录, 这是不可避免的, 能否用白光再现呢? 下面我们简略介绍一下有关全息显示技术方面的内容. 应用白光再现的全息显示技术种类繁多, 下面只举两个常见的例子.

1. 反射全息

如图 22.30 所示, 它与图 22.29 相比较, 有两个最大的不同点: ① 参考光与物光分别在干板的对侧入射; ② 记录干板使用对激光波长敏感的厚记录介质. 例如, 用氩离子激光器的蓝绿色激光作记录光源, 用涂布有适当厚度的重铬酸明胶作感光记录介质. 我们在驻波一节中讲过, 相向传播的两相干光相遇时会产生驻波, 厚感光介质就能将驻波的波腹和波节的分布情况记录下来, 经过冲洗、脱水等工序处理后, 光波的振幅和相位信息, 以折射率分布的形式记录在透明的厚介质体积内, 好比一个立体的光栅. 这种光栅结构在再现阶段, 就与我们在晶体衍射中介绍过的情况相似, 只有满足布拉格条件才能得到光强极大的衍射图样, 用白光再现时, 由于白光中含有记录时所用的激光波长成分, 在适当的衍射角方向就能得到单色 (例如氩离子激光的蓝绿色) 的立体像. 我们常见的一些全息工艺品, 如全息十二生肖装饰品等, 大多是用反射全息原理制作的.

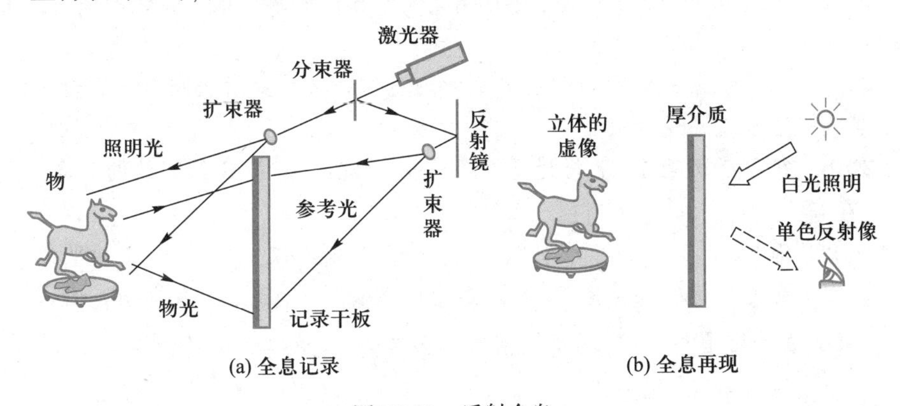

图 22.30 反射全息

2. 模压全息

模压全息是一种全息印刷技术, 它的记录过程通常是用一种彩虹全息记录光路来完成制作模板所需要的全息图, 我们不打算详细介绍彩虹全息的记录原理, 其光路的最大特点, 是在记录阶段除了要记录所需的对象之外, 还将一条狭缝记录在适当的空间, 以便在用白光再现时能限制由于多种波长串扰所引起的色模糊. 模压全息的感光材料是光刻胶, 将干涉条纹以高低不平的浮雕型分布形式记录下来, 也就是说, 在介质上以凹凸的形式来记录光波的振幅和相位信息. 在已经形成浮雕型的介质膜上用电铸的方法铸上坚硬的镍, 然后脱膜而成为模压全息的母板. 将母板装在模压机上, 在待压印的聚酯塑料薄膜上烫压滚印出成批的全息图, 最后在薄膜全息图上进行真空镀铝, 提高反光度, 再镀上保护膜, 背面贴上不干胶, 完成批量生产过程.

用彩虹全息法记录的模压全息产品, 在用白光再现时全息像呈彩虹色, 从不同角度观察, 彩色有所变化. 模压全息的缺点是视场受到一定的限制. 我们常见的防伪全息商标、全息贺卡等, 就是用模压全息工艺制作的.

光学全息术的应用范围很广, 在数字与数据的存储、图像与文字的识别、显微和测微、光信息处理、精密干涉测量、光谱分析等方面都有重要的应用.

思考题与习题

22.1 衍射现象与干涉现象之间有何区别和联系?

22.2 衍射现象是否明显, 关键在于障碍物的尺寸, 还是在于波长与障碍物的相对大小?

22.3 在单缝衍射实验中增大波长和增大缝宽各会产生什么效果?

22.4 在单缝衍射实验中若保持聚焦透镜不动, 将单缝沿缝宽方向微移, 衍射花纹是否会随之发生移动?

22.5 将单缝实验装置全部浸入水中, 屏上衍射花纹将如何变化?

22.6 用双缝干涉、牛顿环、单缝衍射、光栅衍射都可以测量光的波长, 哪种方法最准确?

22.7 光学仪器的分辨本领主要是受到光的什么现象所限制? 提高光学仪器分辨本领的基本途径是什么?

22.8 在单缝衍射中, 若将缝宽缩小一半, 则在原来第 3 级暗纹的方向上, 变成 ( ).

A. 2 级暗纹 B. 2 级明纹 C. 1 级暗纹 D. 1 级明纹

22.9 在光栅衍射实验中, 垂直入射光的波长为 λ, 若光栅常量 $d=(a+b)=3\lambda$, 且通光缝的宽度 $a=\dfrac{d}{2}$, 则最多能观察到谱线 (主极大) 的总数目为 ( ).

A. 3 条 B. 5 条 C. 6 条 D. 7 条

22.10 在单缝衍射实验中, 垂直入射光的波长为 λ, 若缝宽 $a=4\lambda$, 对应于衍射角为 $\theta=30^\circ$ 的衍射光, 单缝处的波面能划分为______ 个半波带.

22.11 在单缝夫琅禾费衍射实验中, 若单缝宽度 a 和垂直入射光的波长 λ 都已给定, 则观测屏上单缝衍射图样的中央亮纹宽度 W_0 与所用聚焦透镜的焦距 f 有关. 若 $a=1\ \text{mm}, \lambda=500\ \text{nm}$, 欲使所得到的中央亮纹宽度 W_0 等于单缝宽度 a, 则所用透镜的焦距 $f=$______ m.

22.12 衍射光栅主极大公式为 $(a+b)\sin\theta=\pm k\lambda\ (k=0,1,2,\cdots)$. 在 $k=2$ 的方向上, 第 1 条缝与第 6 条缝对应点发出的两条衍射光的光程差 $\delta=$______.

22.13 在光栅衍射中, 欲使单缝包络线的中央明纹宽度范围内恰好有 11 条光栅衍射谱线, 则光栅常量 d 与光栅中每条狭缝的宽度 a 之比必须满足的条件是 $d:a=$______ .

* * *

22.14 在单缝衍射中已知缝宽为 0.5 mm, 单缝到观察屏的距离为 1 m, 用单色可见平行光垂直入射于单缝, 发现观察屏上距离坐标中心为 2 mm 处是一条暗纹的中心, 如图所示, 求:

(1) 该暗纹的级次和入射光的波长;

(2) 对于该暗纹, 单缝上的半波带数目.

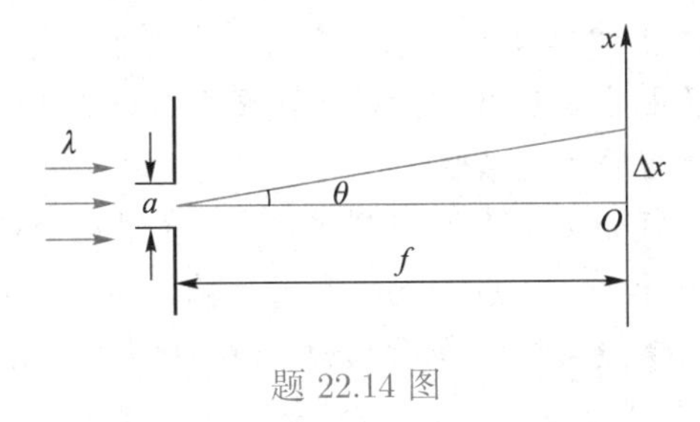

题 22.14 图

22.15 波长为 546.1 nm 的平行光垂直透射到缝宽为 1 mm 的单缝上, 单缝后面的会聚透镜的焦距为 100 cm, 问: 第 1 级暗、明纹到中央明纹中心的距离各是多少? 上述各暗、明纹在单缝上所对应的半波带数目各为多少?

22.16 一束单色平行可见光垂直入射于宽度为 $a=0.6$ mm 的单缝上, 用焦距为 400 mm 的透镜形成夫琅禾费单缝衍射图样, 发现距中央明纹中心为 $y=1.4$ mm 处是一条明纹,

(1) 求入射光波长的可能值及 k 的可能值;

(2) 根据求得的条纹级次 k 的可能值计算出相应的半波带数目.

22.17 一单缝宽 $a=0.1$ mm, 用波长为 $\lambda=546$ nm 的平行光垂直入射, 缝后置一焦距为 50 cm 的会聚透镜, 如图所示.

(1) 求在焦平面上得到的衍射图样的中央明纹宽度;

(2) 若将整个装置浸没于水中, 中央明纹宽度会有何变化? (水的折射率为 1.33.)

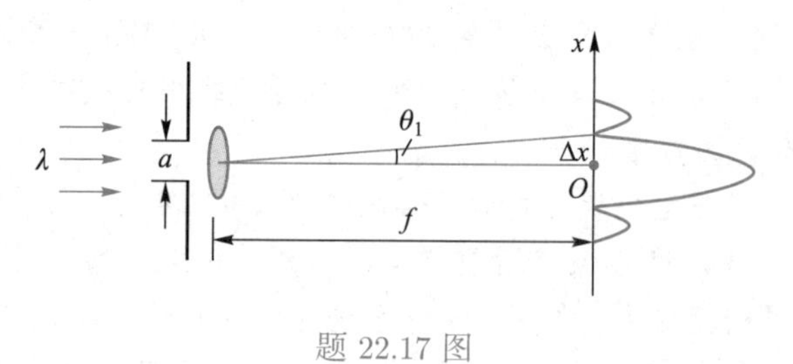

题 22.17 图

22.18 在白光形成的夫琅禾费单缝衍射图样中, 某一波长的第 3 级明纹与波长为 600 nm 的第 2 级明纹重合, 求该光波的波长.

22.19 波长分别为 λ_1 和 λ_2 的两束平行单色光, 同时垂直入射于同一单缝上, 观测到衍射图样中 λ_1 的第 1 级极小与 λ_2 的第 2 级极小重合, 问:

(1) λ_1 与 λ_2 波长值的比例关系如何?

(2) 衍射图中还有其他极小重合吗?

22.20 一衍射光栅每毫米有 200 条透光缝, 每条透光缝的缝宽 $a = 2.5 \times 10^{-3}$ mm, 以波长为 600 nm 的单色光垂直照射光栅, 求:

(1) 透光缝 a 所产生的单缝衍射包络线的中央亮纹角宽;

(2) 在整个衍射场中可能观测到衍射光谱线的最大级次;

(3) 能够出现的光谱线的总数目.

22.21 一复色平行光束垂直照射到光栅上, 发现在衍射角 $\theta = 41^\circ$ 方向上, 波长为 $\lambda_1 = 653.3$ nm 和 $\lambda_2 = 410.2$ nm 的谱线首次发生重叠, 求光栅常量 d.

22.22 钠光灯的谱线实际上含有 589.0 nm 和 589.6 nm 两种波长, 即使用每毫米 500 条刻线的光栅做实验, 这两种波长的 1 级谱线之间的角距也只有多大?

22.23 一宇宙探测器上有一通光孔径为 5 m 的望远镜, 在距离月球表面为 3.6×10^5 km 的高度上用此望远镜观测月球, 问能分辨出月球上最小的距离是多少? (设工作波长为 550 nm.)

22.24 用一架照相机在距离地面 $l = 20$ km 的高空中拍摄地面上的物体, 若要求它能分辨地面上相距为 $\Delta x = 0.1$ m 的两点, 如图所示, 问照相机镜头的直径 D 至少要多大? (设感光波长为 550 nm.)

22.25 万里长城 (上、下底宽约为 5 m 及 8.5 m), 厚重壮观 (参见题图). 一位曾经登上月球的宇航员曾对国人说, 他在月球 (半径约为 1.74×10^6 m) 上看地球 (半径约为 6.37×10^6 m), 除了能见长城外, 其他什么都看不见. 你认为他说的话当真吗? 为什么? (人眼的最小分辨角约为 2.5×10^{-4} rad, 地心到月心的距离约为 3.84×10^8 m.)

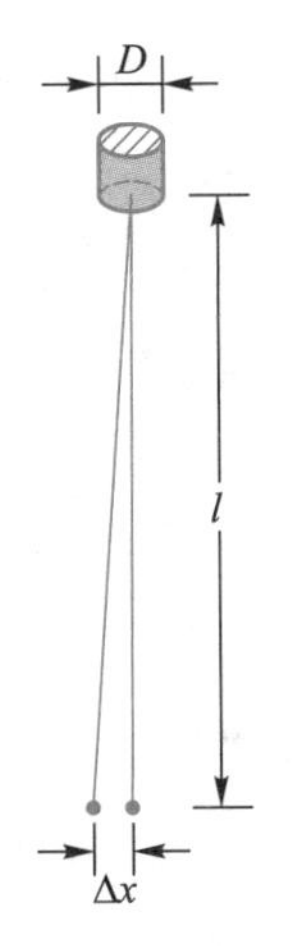

题 22.24 图

题 22.25 图

文档 第 22 章章末问答

动画 第 22 章章末小试

第 22 章习题答案

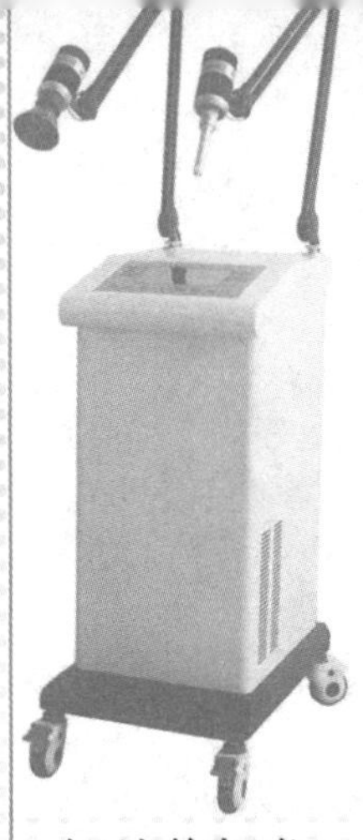
红外偏振仪

第二十三章

光的偏振

光的干涉和衍射现象证明了光有波动性，但却不能说明光波到底是横波还是纵波.

实验发现，光有偏振性. 根据波动理论，只有横波才有这样的可能. 换言之，由光的偏振性可以断言，光波是横波.

本章主要介绍偏振光的性质及其应用，要侧重掌握马吕斯定律，会用它来分析、计算光通过偏振片的相关问题；掌握布儒斯特定律，能熟练地应用它来分析、讨论光反射和光折射时的偏振特性，并能进行简单计算；理解光的偏振概念、特点及其描述方法，理解起偏和检偏的方法；了解光的双折射现象及偏振光的干涉，了解旋光现象和光的吸收、色散与散射.

23.1 自然光与偏振光

23.1.1 自然光

在光的干涉一章中已经说明, 光是一种电磁波, 其光矢量的振动方向与光的传播方向垂直; 普通光源 (如太阳等) 所发出的光是由光源分子或原子运动状态 (能级跃迁) 随机变化所产生, 因此, 含有各种不同的频率成分和各种不同振动方向的光矢量成分. 在垂直于光的传播方向的一个横截面内, 光振动在各个方向上出现的概率相等, 时间平均值相同, 且无固定的相位关系. 这样的光称为自然光. 图 23.1(a) 表示沿 x 轴传播的自然光. 由于任一方向的光振动都可以分解为两个相互垂直方向的振动, 故自然光所有不同方向的光振动在 y、z 两个相互垂直方向的分量的时间总平均值应彼此相等. 因此, 自然光又可以用任意两个相互垂直的等振幅、没有固定相位关系的独立振动来表示, 如图 23.1(b) 所示. 为了简洁起见, 通常采用图 23.1(c) 所示的符号来表示沿 x 轴传播的自然光, 图中用短线和圆点来表示图 (b) 中的两个相互垂直的振动, 短线表示振动在纸面内, 圆点表示振动垂直于纸面, 它们都同时垂直于传播方向, 由于它们的振幅相等, 所以, 作图时短线和圆点数目必须相等, 如图 23.1(c) 所示.

动画 偏振光就在您身边

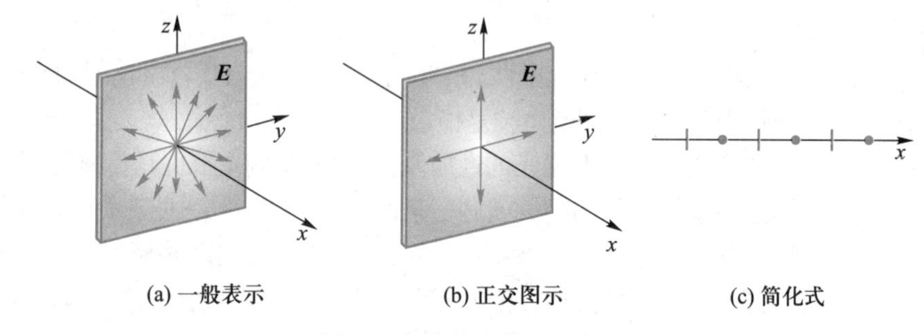

图 23.1 自然光的表示方法

23.1.2 偏振光

若某一束光的光矢量 $\boldsymbol{E}$ 只沿一个确定的方向振动, 这种光称为完全偏振光 (亦称线偏振光或简称偏振光). 图 23.2(a) 表示光振动在纸面内的线偏振光, 图 23.2(b) 表示光振动垂直于纸面的线偏振光. 线偏振光的光振动方向与光传播方向所组成的平面称为振动面, 图 23.2(a) 和 (b) 的振动面分别为在纸面内和垂直于纸面.

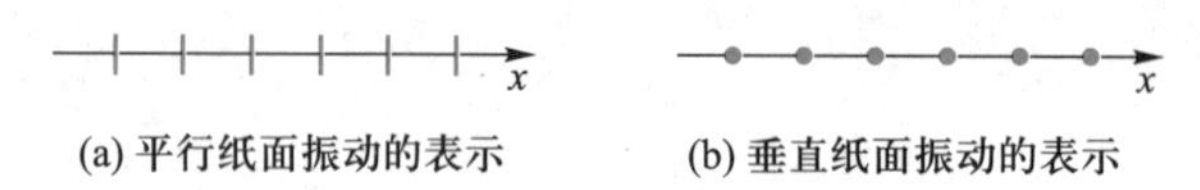

图 23.2 完全偏振光 (亦称线偏振光或平面偏振光) 的表示方法

若光束中某一方向的光振动分量比与它垂直方向的光振动分量占优势 (或更强), 这种光称为部分偏振光. 图 23.3(a) 表示在纸面内光振动占优势的部分偏振光, 图 23.3(b) 表示垂直于纸面的光振动占优势的部分偏振光. 部分偏振光的两个相互垂直的光振动分量之间没有固定的相位关系.

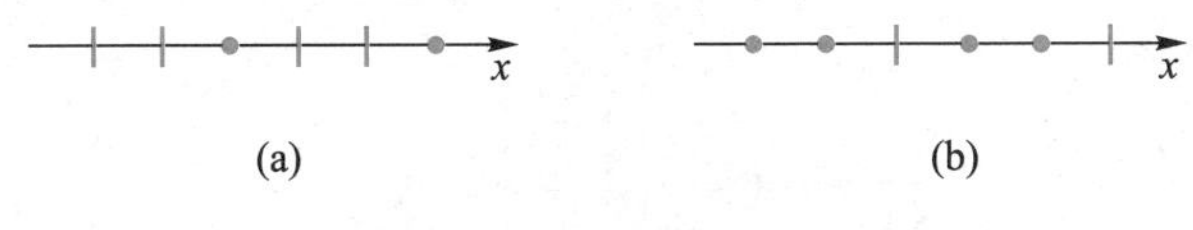

图 23.3 部分偏振光的表示方法

23.2 起偏与检偏 马吕斯定律

23.2.1 起偏与检偏

实验证明, 在一定条件下可以从自然光中获得线偏振光. 获得线偏振光的过程称为起偏振, 简称起偏. 起偏时所用的器件称为起偏振器, 简称起偏器. 检查某光束是否为线偏振光的过程称为检偏振, 简称检偏. 检偏振用的器件称为检偏振器, 简称检偏器.

动画 起偏与检偏

最常用的起偏器是一种称为偏振片的薄片, 偏振片通常是在聚合乙烯醇薄片上蒸镀一种称为二向色性的材料 (如硫酸碘奎宁晶粒)[①], 然后经过拉伸处理而成. 偏振片中的二向色性的材料对不同方向的光振动具有强烈的选择性吸收作用, 当一束自然光投射到偏振片上时, 与偏振片的某一个特殊方向相垂直的光振动分量很快被全部吸收掉, 只剩下平行于该特殊方向的光振动分量可以通过偏振片, 从而获得线偏振光. 允许光振动通过的那个特殊方向称为偏振片的偏振化方向, 或透振方向. 如图 23.4 中的双箭头符号 "↕" 所示. 图中偏振片 P 的作用就是起偏. 若入射于起偏器的自然光的光强为 I_S, 不考虑反射等损失, 从起偏器射出的线偏振光的光强 $I_0 = \frac{1}{2} I_S$.

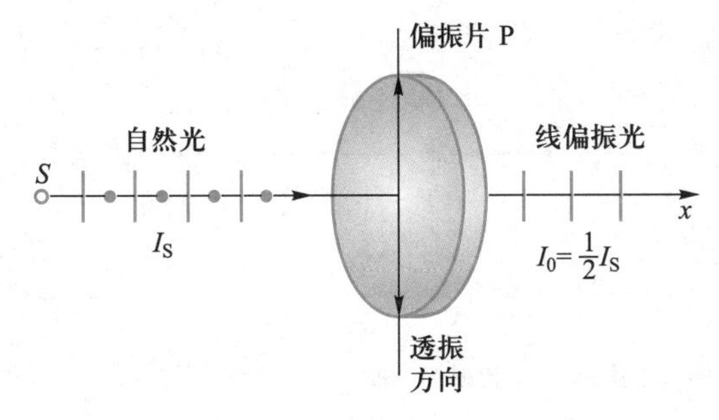

图 23.4 用偏振片起偏

① 参见 23.4.3.

偏振片既是一种起偏器, 也是一种常见的检偏器, 其检偏方法大致如下 (参见图 23.5).

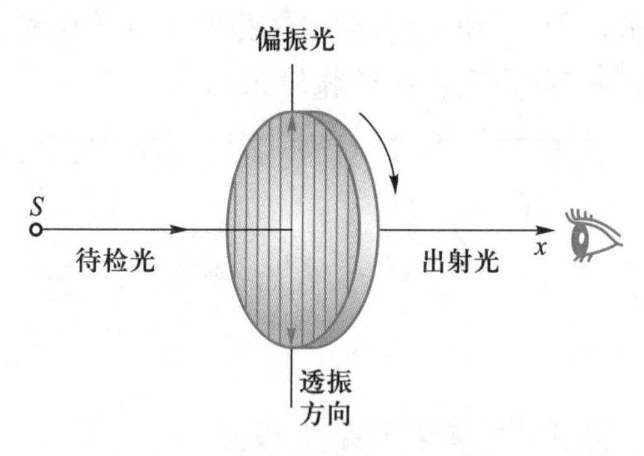

图 23.5 用偏振片检偏

将待检光束垂直投射到检偏器 (偏振片) 上, 然后让偏振片绕入射光轴缓慢旋转 360°. 其间, 若出射光强有 "明 (待检光振动与偏振片的偏振化方向相同) — 黑 (待检光振动与偏振片的偏振化方向垂直) — 明 — 黑" 变化, 则待检光为偏振光, 否则就不是偏振光.

23.2.2 马吕斯定律

1808 年, 马吕斯 (参见文档) 从实验中发现, 一束强度为 I_0 的线偏振光通过检偏器后的强度为

$$I = I_0 \cos^2 \alpha \tag{23.1}$$

式中, α 为入射偏振光的光振动方向与检偏器偏振化方向之间的夹角 (也是起偏器与检偏器的偏振化方向之间的夹角), 如图 23.6(a) 所示. 式 (23.1) 称为马吕斯定律.

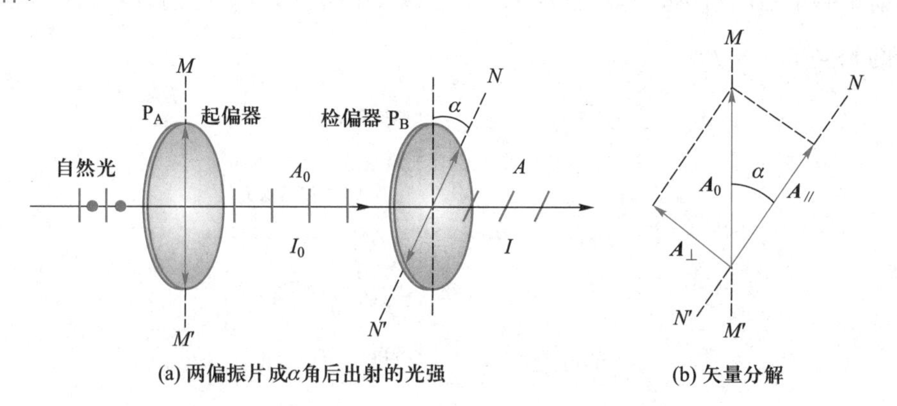

图 23.6 马吕斯定律

马吕斯定律也可用矢量分解的方法来导出. 如图 23.6(b) 所示, 设入射线偏振

光的振幅为 A_0, 其振动方向与起偏器的偏振化方向 MM' 相同, 若检偏器的偏振化方向 NN' 与起偏器的偏振化方向 MM' 之间的夹角为 α, 我们可以将振幅 A_0 分解为平行和垂直于 NN' 方向的分量 $A_{//}$ 和 $A_{\perp}$, 其中只有 $A_{//}$ 才能通过检偏器. 因此, 从检偏器出射的线偏振光的振幅为 $A = A_{//} = A_0 \cos\alpha$. 由于光强与光振幅的平方成正比, 所以从检偏器出射的线偏振光的光强 I 与入射于检偏器的线偏振光的光强 I_0 之间的关系为

$$\frac{I}{I_0} = \frac{A^2}{A_0^2} = \cos^2\alpha$$

即

$$I = I_0 \cos^2\alpha$$

例 23.1 欲使图 23.7 中从偏振器 P_B 出射的光强 I 等于入射偏振光强 I_0 的 $\frac{1}{2}$, 问:

(1) α 角的可能值为多少?

(2) 此时光强 I 是入射于起偏器的自然光强的几分之几?

解: (1) 由式 (23.1) 得

$$\cos^2\alpha = \frac{I}{I_0} \quad 即 \quad \cos\alpha = \sqrt{\frac{I}{I_0}}$$

由题意知 $I = \frac{1}{2}I_0$, 故

$$\cos\alpha = \sqrt{\frac{1}{2}}, \quad 即 \quad \alpha = \pm 45° \text{ 或 } \pm 135°$$

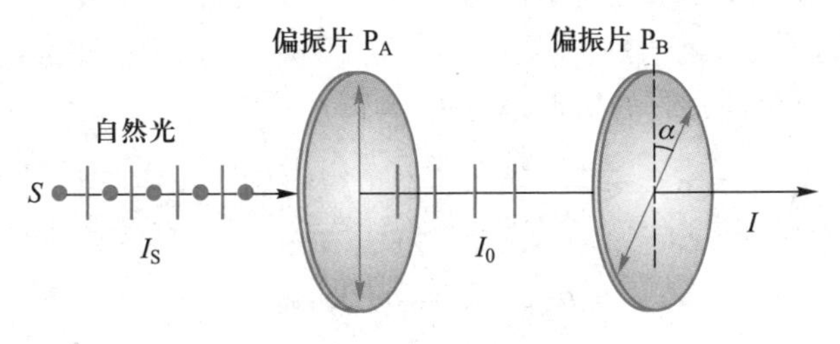

图 23.7 例 23.1 图

(2) 设入射于起偏器的自然光强度为 I_S, 因从起偏器出射的偏振光强 $I_0 = \frac{I_S}{2}$, 而题设 $I = \frac{I_0}{2}$, 故得

$$\frac{I}{I_S} = \frac{I_0/2}{2I_0} = \frac{1}{4}$$

23.3 布儒斯特定律 由反射与折射获得偏振光

23.3.1 布儒斯特定律

早在 19 世纪初, 人们就从大量的实验中发现, 当一束自然光以任意角 i_1 入射到折射率分别为 n_1 及 n_2 的两种介质分界面时, 其反射光是以垂直入射面振动为主的部分偏振光, 而折射光则是以平行入射面振动为主的部分偏振光, 如图 23.8 所示.

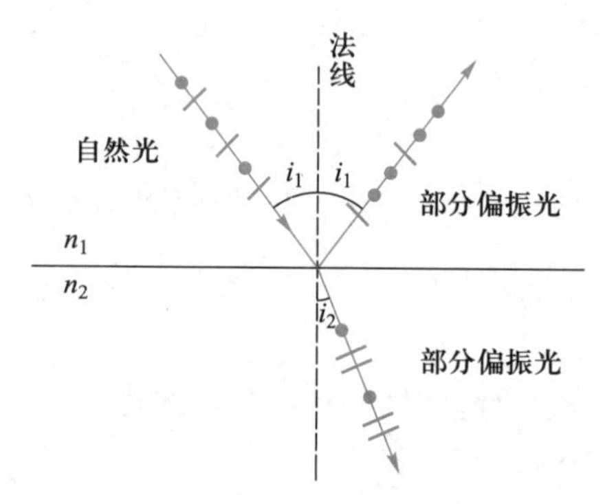

图 23.8 一般入射角下的反射光与折射光

文档 布儒斯特

1811 年, 布儒斯特 (参见文档) 首先从实验中发现, 当入射角为一特殊角 i_b, 且满足

$$i_b = \arctan \frac{n_2}{n_1} \tag{23.2}$$

时, 反射光则是垂直入射面振动的线偏振光, 而折射光则仍然是以平行入射面振动占优的部分偏振光. 这一规律称为布儒斯特定律. 式中 i_b 称为起偏角, 亦称布儒斯特角, 其值与两种介质的折射率有关.

由布儒斯特定律 $\tan i_b = \dfrac{\sin i_b}{\cos i_b} = \dfrac{n_2}{n_1}$ 可以得到

$$n_1 \sin i_b = n_2 \cos i_b \tag{1}$$

由折射定律 $\dfrac{\sin i_b}{\sin i_2} = \dfrac{n_2}{n_1}$ 可得

$$n_1 \sin i_b = n_2 \sin i_2 \tag{2}$$

比较式 (1)、式 (2) 得

$$\sin i_2 = \cos i_b$$

可见 i_2 与 i_b 互为余角, 即

$$i_b + i_2 = \frac{\pi}{2} \tag{23.3}$$

式 (23.3) 是从布儒斯特定律得出的一条重要推论, 它说明, 当光线以布儒斯特角入射时, 其反射光必与折射光垂直, 如图 23.9 所示. 这样, 我们便可以通过反射光来寻找折射光; 反之亦可通过折射光来找到反射光.

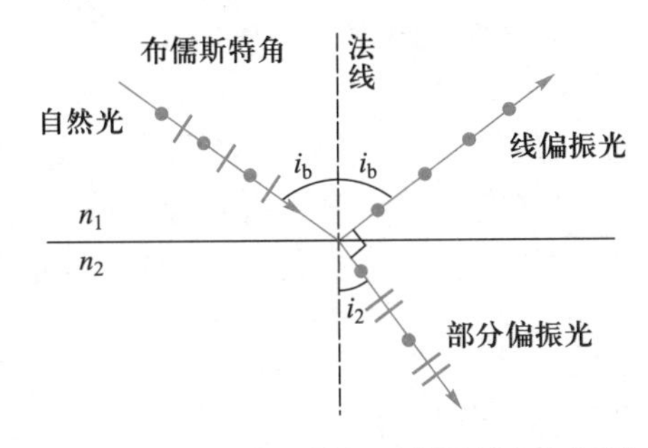

图 23.9 布儒斯特入射角下的反射光与折射光

例 23.2 应用布儒斯特定律可以测定不透明介质 (例如珐琅) 的折射率. 今测得釉质的起偏振角 $i_b = 58°$, 求其折射率.

解: 设空气的折射率为 n_1, 待求的折射率为 n_2, 由布儒斯特定律可得

$$\tan i_b = \frac{n_2}{n_1}$$

注意到 $n_1 \approx 1$, 故待测釉质的折射率

$$n_2 = \tan i_b = \tan 58° = 1.6$$

23.3.2 由反射与折射获得偏振光

布儒斯特定律指出, 由反射可以获得偏振光. 但实验指出, 这种光的能量占有比例很小. 例如, 自然光从空气向玻璃表面以起偏角 i_b 入射时, 反射光的能量只占入射光中垂直于入射面的光振动能量的 15%, 亦即只占入射光总能量的 7.5%. 换句话说, 入射光中垂直于入射面的光振动有 85% 的能量和 100% 的平行于入射面的光振动能量被折射入第二介质中.

动画 由反射和折射获得偏振光

能否设法让折射光也变成偏振光呢? 图 23.10 给出的是一种由折射光产生近似的偏振光的方法, 称为玻璃片堆法. 当一束自然光以起偏角 i_b 入射到一堆相互平行的平板玻璃时, 由于反射光的光振动是垂直于入射平面的偏振光, 因此每反射一次, 折射光中垂直于入射平面的光振动成分就减少一次, 经过多次反射后, 折射光中垂直于入射平面的光振动成分就非常少, 只剩下平行于入射面的光振动成分, 则可近似看作偏振光.

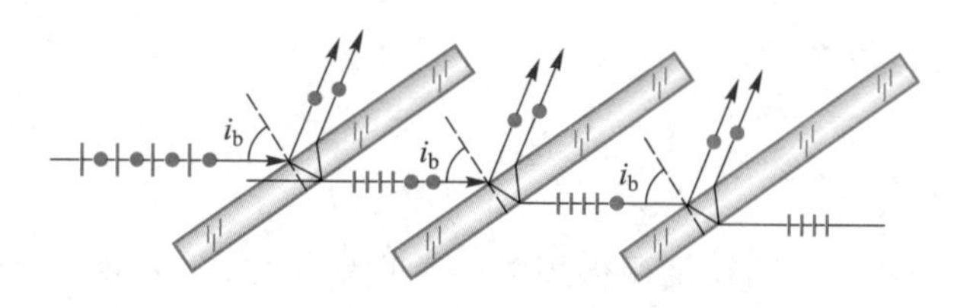

图 23.10 由折射获得偏振光

图 23.11(a) 给出的也是一种由折射获得偏振光的方法, 自然光以起偏角入射于玻璃片 B_2, 其折射光经反射玻璃 G 反射回到 B_2 再一次发生反射和折射, 折射光线在另一块玻璃 B_1 上发生反射和折射, 再借助反射镜 M 将折射光反射回来, 如此往返多次, 折射光只剩下平行于入射面的光振动成分, 成为偏振光从反射玻璃 G 射出. 这种装置称为布儒斯特窗. 图 23.11(b) 是某些激光器中的布儒斯特窗, 其输出的光也是偏振光.

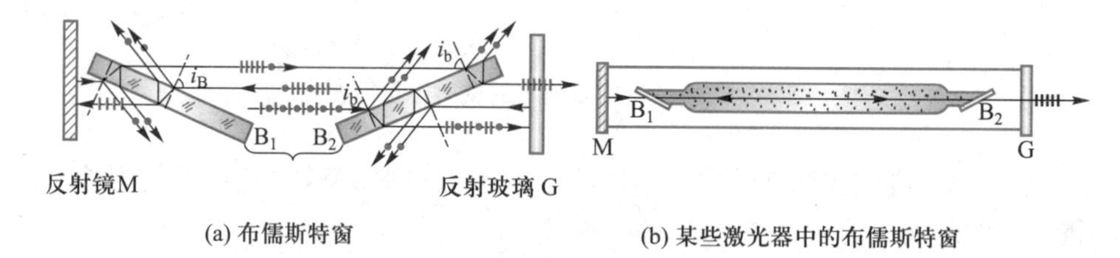

图 23.11 用布儒斯特窗获得偏振光

偏振光的应用非常广泛, 在激光、医疗、汽车、生活娱乐、LED 液晶高清显示或高清摄影等领域均有广泛的应用. 例如, 在拍摄表面光滑的物体, 如玻璃器皿、水面、列橱柜、油漆表面、塑料表面等, 常常会出现耀斑或反光, 这是由于光线的偏振而引起的. 在拍摄时加用偏振镜, 并适当地旋转偏振镜面, 能够阻挡这些偏振光, 借以消除或减弱这些光滑物体表面的反光或亮斑. 要通过取景器一边观察一边转动镜面, 以便观察消除偏振光的效果. 当观察到被摄物体的反光消失时, 即可以停止转动, 进行拍摄, 其高清度将会大幅度提高 (参见图 23.12).

图 23.12 偏振使用前后的照片对照

*23.4 双折射现象

23.4.1 双折射现象

实验发现, 当一束光射向某些各向异性的晶体 (如方解石晶体) 的表面时, 会产生两束折射光, 这种现象称为双折射. 如果将一块方解石晶体放在一张字条上, 则会出现双重字样, 如图 23.13(a) 所示. 自然界中大多数透明晶体 (岩盐等立方晶体除外) 都能产生双折射. 下面仅以方解石为例来简要介绍双折射的一些基本概念及特性.

在方解石的折射现象中, 若任意改变入射光的入射角, 则可以发现有一条折射线始终遵守折射定律, 其折射率不随入射方向而变化, 即 $\dfrac{\sin i_1}{\sin i_2}=$ 常量, 且折射线在入射面内. 这条光线称为寻常光, 用 o 表示, 简称 o 光. 另一条折射线, 不遵守折射定律, 其折射率随入射方向而变化, 即 $\dfrac{\sin i_1}{\sin i_2}\neq$ 常量, 且折射线不一定在入射面内. 这条光线称为非常光, 用 e 表示, 简称 e 光, 如图 23.13(b) 所示. 由于入射方向是任意的, 故 e 光不一定在入射面内.

图 23.13(c) 表示当光垂直于方解石晶面入射时 ($i_1=0$) 的双折射现象. 晶体内无偏折的为 o 光, 有偏折的为 e 光, 它们从晶体射出后形成两束有一定间距的平行光束. 如果以入射光为轴, 旋转方解石, 则会发现, e 光亦随之绕轴旋转. 若将入射光束换成白纸上的一个黑点, 则透过方解石去观察便可看到两个黑点, 转动方解石时, 其中一个黑点绕另一个黑点转动. 若用检偏器对图 23.13(c) 中的两束出射光进行检查, 则可发现, 它们都是偏振光.

动画 晶体的光轴

实验发现, 能产生双折射的晶体都存在一特殊方向, 光沿此方向传播时, o 光、e 光的折射率相同, 速度相等, 这一方向称为晶体的光轴. 只有一个光轴方向的晶体 (如方解石、石英、红宝石等), 称为单轴晶体; 有两个光轴方向的晶体 (如云母、硫黄、蓝宝石等), 称为双轴晶体. 包含光轴和晶体表面法线的平面称为晶体的主截面. 包含光轴和晶体内任一折射线的平面称为该折射光线的主平面. 用检偏器检验发现, o 光的振动总是垂直于自己的主平面, e 光的振动则恒处于自己的主平面内.

在一般情况下, o 光和 e 光的主平面并不重合, 只有当入射光在晶体的主截面内入射时, o 光和 e 光的主平面才会重合, 并与主截面也重合. 这时, o 光和 e 光的振动方向相互垂直. 图 23.14(a)、(b) 均表示入射光线在主截面内入射的情况. o 光和 e 光的主平面均在纸面内, 它们的振动分别与纸面垂直和平行.

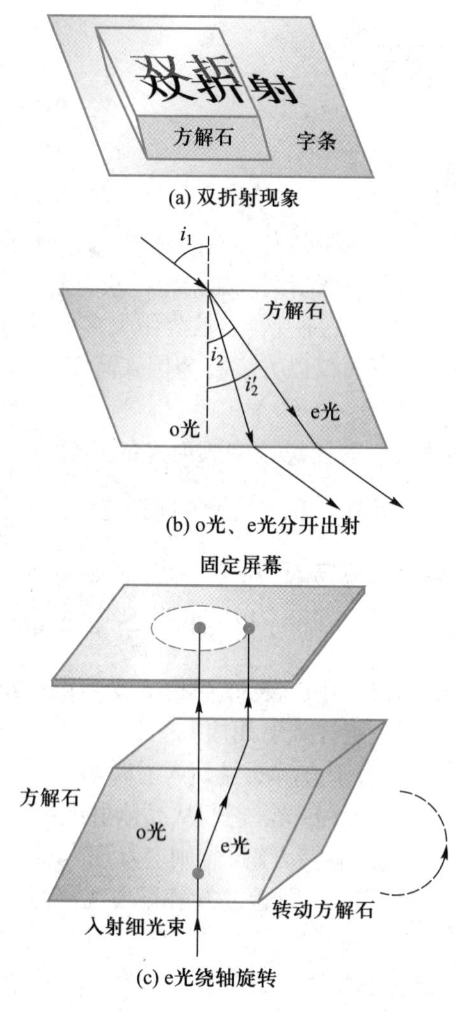

图 23.13 方解石的双折射现象

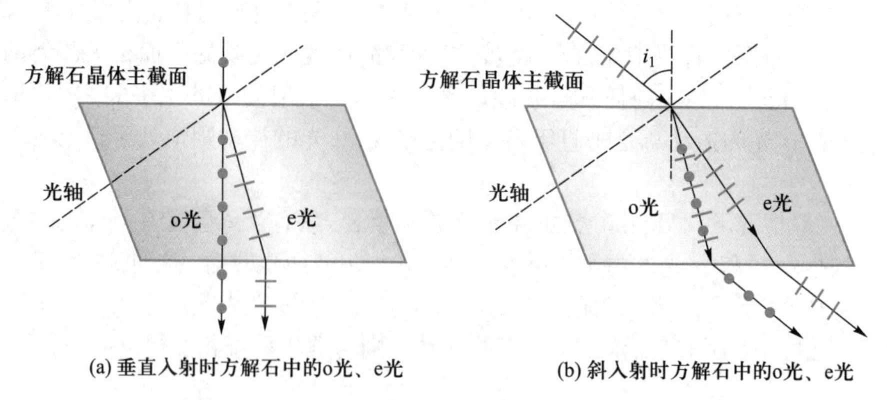

图 23.14 在主截面内入射时, 方解石中的 o 光和 e 光

23.4.2 双折射现象的产生机理

双折射现象的产生可用晶体中 o 光、e 光折射率的不同来解释.

设真空中传播的光速为 c, 则 o 光沿各方向的折射率均为 $n_{\rm o}=\dfrac{c}{v_{\rm o}}$, e 光在光轴上的折射率与 o 光相同, 在垂直于光轴方向的折射率 $n_{\rm e}=\dfrac{c}{v_{\rm e}}$, 通常将 $n_{\rm o}$ 和 $n_{\rm e}$ 合称为晶体的主折射率, 它是描述晶体特性的一个重要参量. 实验得出, 方解石对钠黄光 ($\lambda=589.3\ {\rm nm}$) 的主折射率 $n_{\rm o}=1.658, n_{\rm e}=1.486$. 可见, $n_{\rm o}>n_{\rm e}, v_{\rm e}>v_{\rm o}$. 这就是说, 在方解石晶体中除特殊方向 (如光轴方向) 外, e 光的偏折要比 o 光小, 但跑得却比 o 光快, 从而便导致了 o 光、e 光的分离, 双折射现象的产生.

双折射现象的产生还可应用惠更斯原理来说明.

设 S 为方解石内的一单色点光源, 它所发出的光波在各向异性晶体内分解成为 o 光和 e 光. 其中 o 光沿各个方向传播的速度大小相等, 波阵面为球面; e 光的传播速度大小除在光轴方向与 o 光相等外, 在其他方向均大于 o 光, 其波阵面为一椭球面, 若以垂直于光轴的分量来比较 e 光速度大小的变化规律, 则任一时刻 t, 在垂直于光轴的平面上方解石中 e 光的速率 $v_{\rm e}$ 总是大于 o 光的速率 $v_{\rm o}$, 使得椭球面除了在光轴交点处与球面相切外, 其余各点均处于球面外侧, 而将球面包围起来, 如图 23.15 所示. (图中 CC' 为光轴, A 为球面, B 为椭球面).

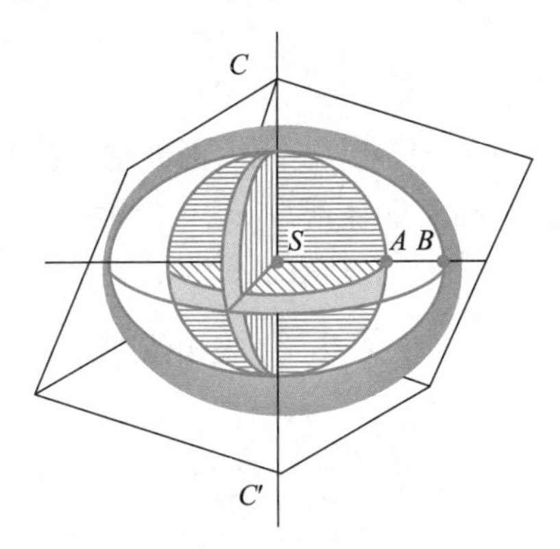

图 23.15 o 光、e 光的速度球与椭球

下面分两种情况来讨论:

(1) 晶体表面与光轴斜交, 光以任意角 i 入射.

以光入射到 S 点开始计时, 应用惠更斯原理可以求得, t 时刻 o 光及 e 光的波阵面如图 23.16 所示. 从图中可以清楚地看出, o 光、e 光的波线 SA 与 SB 明显分离, 即产生了双折射.

(2) 晶体表面与光轴平行, 光垂直入射.

以光入射到 S 点开始计时, 应用惠更斯原理可以求得 t 时刻的波阵面如图 23.17 所示. 从图中可以清楚地看出, 这时 o 光、e 光的波线相同, 即 o 光、e 光不分开, 但因折射率 (或传播速率) 不同而会产生光程差.

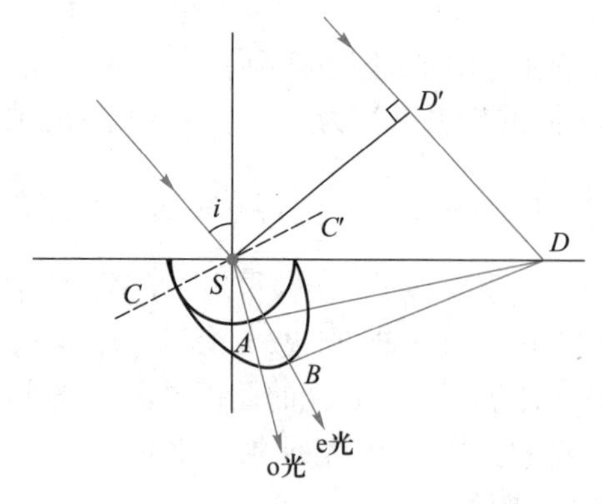

图 23.16 o 光、e 光分开传播

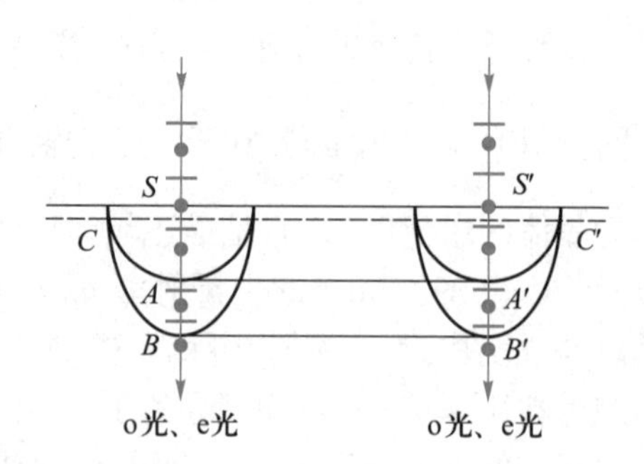

图 23.17 o 光、e 光不分开传播

23.4.3 晶片 波片 偏振片

1. 晶片与波片

前已提及 (参见图 23.17), 当光垂直投射到与光轴平行的晶体表面时, o 光、e 光不分开, 但由于折射率不同而具有光程差

$$\delta_{AB} = (n_{\mathrm{o}} - n_{\mathrm{e}})d$$

式中, d 为 o、e 两光所通过的公共几何路程. 根据这一特性, 我们可以制成许多能使 o 光、e 光产生各种光程差的晶体薄片, 这样的薄片称为晶片.

如果晶片的厚度 d 恰好能使通过它的 o 光、e 光的程差 $\delta = \lambda/4$, 这样的晶片称为 $\frac{1}{4}$ 波片, 它能使 o 光、e 光产生 $\frac{\pi}{2}$ 的相位差, 其厚度

$$d = \frac{\lambda}{4(n_{\mathrm{o}} - n_{\mathrm{e}})}$$

如果晶片的厚度恰好能使通过它的 o 光、e 光的程差等于 $\frac{\lambda}{2}$, 这样的晶体则称为 $\frac{1}{2}$ 波片, 或称半波片. 它能使 o 光、e 光产生的相位差 $\Delta\varphi = \pi$, 其厚度

$$d = \frac{\lambda}{2(n_{\mathrm{o}} - n_{\mathrm{e}})}$$

顺便指出, 不论是 $\frac{1}{4}$ 波片还是 $\frac{1}{2}$ 波片, 都是对确定的波长而言的, 对不同的波长均有各自相应的波片.

2. 二向色性与人造偏振片

有些晶体能对相互垂直的光振动有选择性吸收作用，这样的特性称为二向色性，这样的晶体称为二向色性晶体. 电气石就是一种典型的二向色性晶体. 当自然光垂直射到一块光轴平行于晶面的电气石时，光在电气石中将发生双折射，形成同向传播且振动方向相互垂直的 o 光和 e 光，如图 23.18 所示. 电气石对 o 光有强烈的吸收作用，最后只有 e 光透出而获得偏振光. 但天然的二向色性晶体太小，使用价值不大. 人们常用一种具有二向色性的有机化合物，例如碘化硫酸奎宁小晶体，通过特殊加工，将小晶体有序地排列在透明的塑料薄膜上，成为面积较大的人造偏振片. 此外，还可以将聚乙烯醇加热，沿一个方向拉伸，使其分子在拉伸方向排列成长链，再浸入碘溶液中形成碘链. 这种薄膜也能选择性地吸收某一方向的光振动，是常用的一种廉价的偏振片.

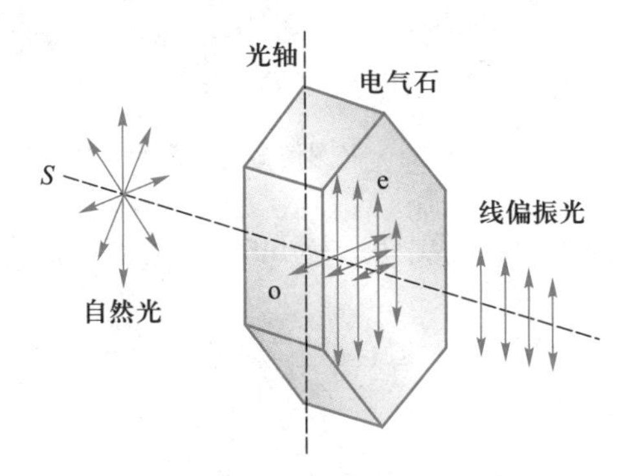

图 23.18　电气石的双折射与选择性吸收

*23.5　偏振光的干涉与人工双折射

23.5.1　圆偏振光与椭圆偏振光

若某光束中的光矢量以一定的角频率旋转，而且光矢量端点的轨迹在垂直于光传播方向的平面上的投影是一个圆，这种光称为圆偏振光，如图 23.19(a) 所示；如果光矢量端点的轨迹在垂直于光传播方向的平面上的投影是一个椭圆，则称为椭圆偏振光，如图 23.19(b) 所示. 如果迎着光的方向看，光矢量是逆时针方向转动的，这样的偏振光称为左旋偏振光；若是顺时针方向转动的，则称右旋偏振光. 它们在日常生活及工程技术上都有广泛的应用 (参见文档)，且均可通过合成来获得.

动画　椭圆偏振光的获得

文档　立体电影

图 23.20 是获得椭圆偏振光的一种方法：让自然光通过起偏器 A 获得线偏振光，后再让线偏振光通过一波片 B (如半波片)，使入射光被分解为平行于光轴方向振动的 e 光和垂直于光轴方向振动的 o 光. 其合成通常便是椭圆偏振光；若波

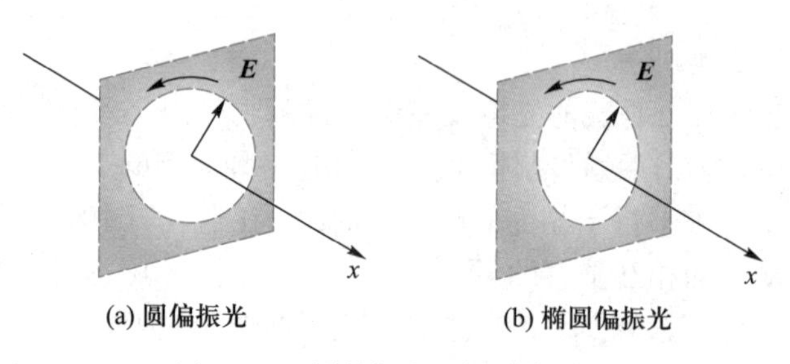

图 23.19 圆偏振光和椭圆偏振光

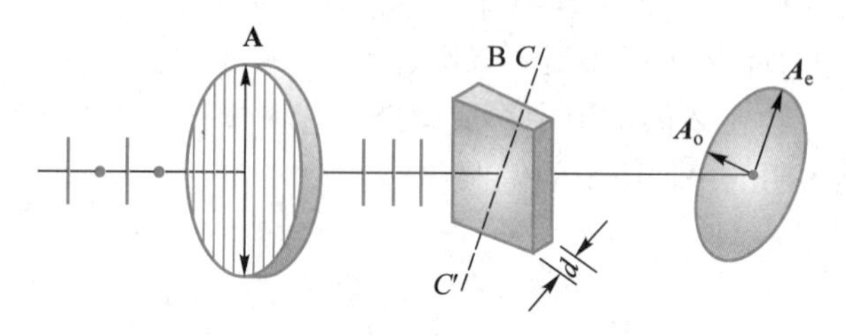

图 23.20 椭圆偏振光的产生

片光轴与入射偏振光振幅 A_m 的夹角 α 为 45°, o 光和 e 光的振幅 $A_\mathrm{o}=A_\mathrm{e}$, 则其合成便为圆偏振光.

23.5.2 偏振光的干涉

如图 23.21 所示, 将 23.5.1 中所获得的椭圆偏振光垂直于检偏器 D 入射, 于是, 椭圆偏振光中的两个相互垂直的光振动, 只有平行于检偏器 D 的透振方向的分量才能通过检偏器 D, 它们是同一偏振光的两个不同分量, 且相差 (传播相差与波片相差之和) $\Delta\varphi=\dfrac{2\pi d}{\lambda}(n_\mathrm{o}-n_\mathrm{e})+\pi$ 恒定, 完全符合相干条件, 因而在空间相遇时便会产生干涉, 这样的干涉称为偏振光的干涉. 与普通光的干涉规律相似, 偏振光的干涉结果亦由相差 (或程差) 来决定: **当 $\Delta\varphi=2k\pi$ 时, 干涉相长; 当 $\Delta\varphi=(2k+1)\pi$ 时, 干涉相消.**

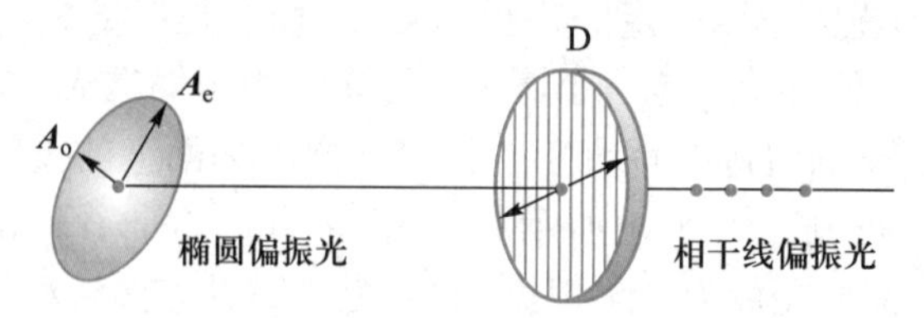

图 23.21 偏振光的干涉

利用偏振光的干涉原理可以制成偏振光显微镜 (参见图 23.22), 它在地质和冶金等科学技术领域有着广泛的应用.

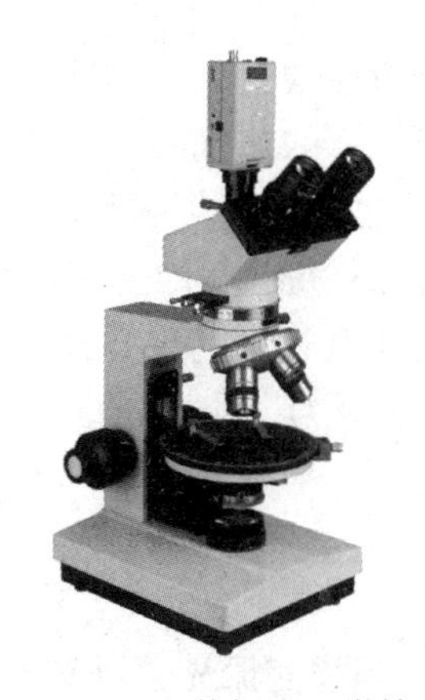

图 23.22 偏振光显微镜

23.5.3 人工双折射及其应用

某些各向同性的介质本来并不产生双折射现象, 但受到外力作用 (如机械力、电场力或磁场力等) 时, 可以变为各向异性介质, 从而显示双折射现象. 也有些各向异性介质, 受到外界作用时, 会改变其双折射性质. 这种在人工条件下产生的双折射, 称为人工双折射现象. 结合偏振光干涉原理, 下面仅介绍较典型的光弹性效应.

在机械力的作用下, 某些透明的各向同性介质 (如玻璃、塑料和树脂等) 会显示出光学上的各向异性而产生双折射, 这种现象称为光弹性效应. 如图 23.23(a) 所示, S 为单色光源, A、B 为偏振化方向相互正交的两个偏振片, G 为非晶体. 当 G 受到 OO' 方向上的机械力 F 的压缩或拉伸时, G 的光学性质就如同以 OO' 为光轴的单轴晶体一样而存在主折射率 n_{o} 和 n_{e}, 从 G 射出的两束偏振光通过 B 后产生干涉现象. 实验表明, $n_{\mathrm{o}}-n_{\mathrm{e}}$ 与所受压强 p 成正比, 即

$$n_{\mathrm{o}}-n_{\mathrm{e}}=kp \tag{23.4}$$

式中, k 为常量, 其值由材料的性质决定.

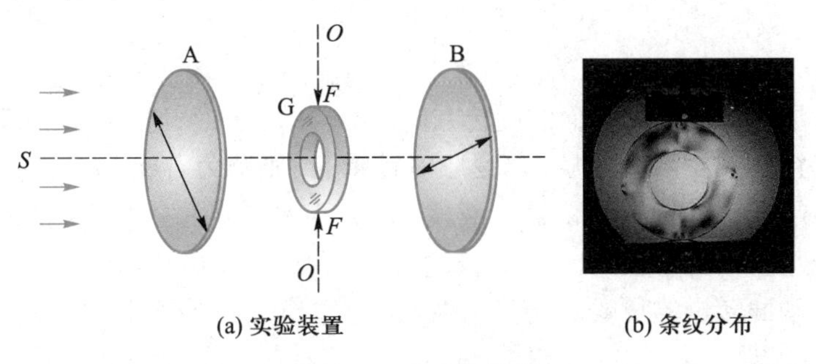

(a) 实验装置 (b) 条纹分布

图 23.23 光弹性效应

利用光弹性效应可以研究机械构件内部应力的分布情况. 其办法是: 首先用

有机玻璃等透明材料制成待分析应力分布的构件 (如齿轮、杆件等) 模型, 然后按照实际使用时的受力情况, 按一定的比例对模型施力, 观测和分析透明模型在两正交的偏振片 (或尼科耳棱镜) 之间所产生的干涉条纹的形状和分布规律, 按一定的法则推算出模型内应力的分布情况. 此即光测弹性法. 图 23.23(b) 是一块圆环形有机玻璃板受到径向压力时所观察到的光弹性条纹分布图样. 由于光测弹性法具有直观、可靠、经济、迅速等优点, 因而在工程技术上得到了广泛的应用.

*23.6 旋光现象

1811 年, 阿拉果首先发现, 当线偏振光通过某些透明物质时, 其振动面将会以光的传播方向为轴转过一定的角度. 这样的现象称为旋光现象, 亦称旋光效应. 具有旋光效应的物质称为旋光物质. 石英晶体、糖、酒石酸等液体均是性能良好的旋光物质.

图 23.24 为观察旋光现象的实验装置示意图. 图中 F 是滤色片, 用以获得单色光, C 是旋光物质 (例如, 晶面和光轴垂直的石英片), 当它放在两个偏振化方向互相正交的偏振片 A 与 B 之间时, 视场将由暗变亮. 如将偏振片 B 旋转某一角度后, 视场便由亮变暗. 这表明线偏振光通过旋光物质后仍然是线偏振光. 但是振动面旋转了一个角度, 这个角度就是偏振片 B 所旋转的角度. 上述情况所用的光是单色光. 若用白光, 则由于旋转的角度与波长有关, 各种色光的振动面将转过不同的角度而分散在不同的平面内, 经检偏器 B 后, 各色光所通过的分量不同, 这些不同强度的各色光合成后将显示某一色彩. 转动 B 使通过的各色光的强度发生变化, 因而合成的色彩也发生改变.

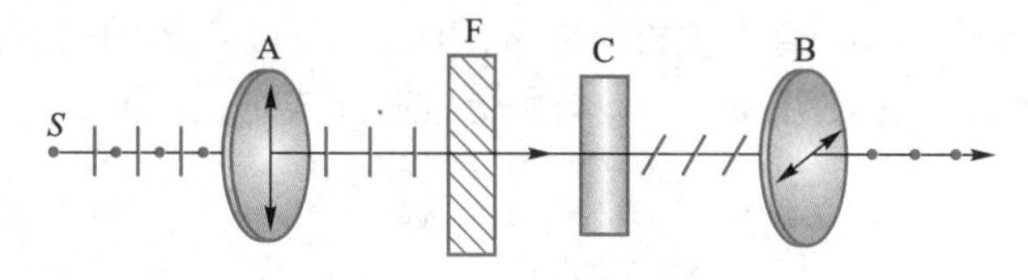

图 23.24 旋光现象实验

实验结果表明:

(1) 不同旋光物质振动面的旋转方向是不同的: 若迎着光看去, 振动面的旋转方向是逆时针转的, 称为左旋; 若是顺时针转的, 则称为右旋. 相应的旋光物质称左旋物质或右旋物质. 例如, 糖溶液就有左旋和右旋两种, 果糖溶液是左旋物质, 葡萄糖溶液是右旋物质.

(2) 振动面转过的角度 α 与光波波长有关. 当波长不变时, 则与固体物体的厚度 d 成正比, 即

$$\alpha = ad \tag{23.5}$$

式中, a 称为物质的旋光常量, 其值与物质的性质、入射光的波长有关.

(3) 如果旋光物质为液体, 当入射的单色光波长一定时, 振动面的旋转角

$$\alpha = a\rho d \tag{23.6}$$

式中, d 为所穿透溶液的长度; ρ 为旋光物质的浓度 (单位体积溶液中的溶质质量).

利用糖溶液的旋光性, 可制成测定糖溶液浓度的糖量计, 如图 23.25 所示. 图中玻璃容器 G 内装有待测的糖溶液, 放在两个偏振化方向互相正交的偏振片 A、B 之间. 在容器内注入糖溶液之前, 偏振片 B 后无光射出, 视场是暗的. 在容器中注入糖溶液后, 由于偏振面的旋转, 偏振片 B 后将出现亮点, 然后转动 B 片, 使其后的视场角度转为黑暗, 此时偏振片所转过的角度就是振动面的旋转角 α, 按式 (23.6) 即可求出糖溶液的浓度 ρ.

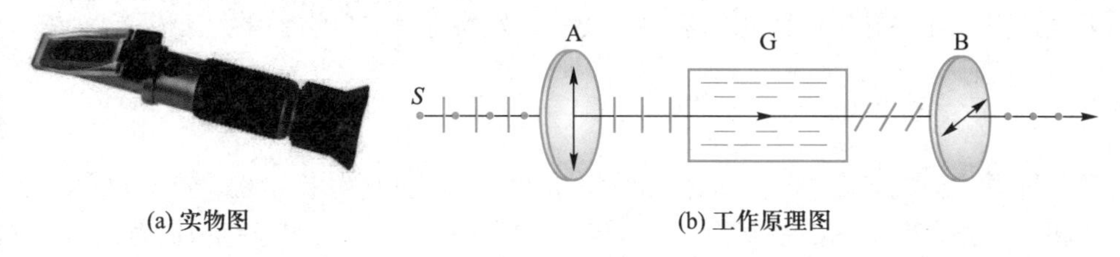

(a) 实物图　　(b) 工作原理图

图 23.25　糖量计

*23.7　光的吸收、色散与散射

23.7.1　光的吸收

光在介质中传播时, 由于部分光能被介质吸收而转化为其他形式的能量 (如化学能、热量等), 使得光强随着在介质中的传播距离的增加而减少, 这样的现象称为光的吸收.

设单色平行光束沿 x 轴方向传播, 通过厚度为 $\mathrm{d}x$ 的一层介质时, 其光强由 I 减少为 $I-\mathrm{d}I$. 实验表明, 其减少量 $\mathrm{d}I$ 与 I 及 $\mathrm{d}x$ 成正比, 即

$$-\mathrm{d}I = \alpha I \mathrm{d}x \tag{23.7}$$

式中, α 为与光强无关的比例系数, 称为介质的吸收系数, 其大小代表着介质对光的吸收的强弱. α 越大, 介质对光的吸收就越强. 对于大气 (在可见光范围内), α 约为 $10^{-5}\ \mathrm{cm}^{-1}$; 对于玻璃, α 约为 $10^{-2}\ \mathrm{cm}^{-1}$; 对于金属, α 为 $10^4 \sim 10^5\ \mathrm{cm}^{-1}$. 如果 $\alpha = 0$, 则称该介质对光无吸收, 因而是绝对透明的.

对式 (23.7) 分离变量后, 在 $0 \sim l$ 区间积分, 得

$$I = I_0 \mathrm{e}^{-\alpha l} \tag{23.8}$$

式中, I_0 为 $x=0$ 处的光强. 这一规律称为布格 – 朗伯定律. 它说明, 光在介质中传播时, 其光强随着传播距离的增加而按指数规律减少.

如果介质为溶液, 则式 (23.8) 应该改写为

$$I = I_0 e^{-A\rho l} \tag{23.9}$$

式中, A 为与溶液浓度无关的常量, ρ 为溶液的浓度. 这一规律称为比尔定律, 它只有在溶液中每个分子的吸收本领不受周围邻近分子影响时才成立. 在比尔定律成立的情况下, 可以通过测定溶液中光的吸收比例来计算溶液的浓度 ρ.

我们赖以生存的大气, 对于可见光和紫外线是透明的, 但对于红外线, 则只是部分透明的, 即只有在某些狭窄的波段内, 红外线才可以无吸收地穿过大气. 这些透明的波段常被称为 “大气窗口”, 又称红外窗口, 研究它与大气变化的关系对于天气预报、红外导航、跟踪、遥感等技术的发展都是非常有益的.

23.7.2 光的色散

不同波长的光在同一介质中传播时具有不同的速度, 或者说, 同一介质对不同波长的光具有不同的折射率. 这样的现象称为光的色散. 对于色散而言, 介质的折射率 n 是波长 λ 的函数, 即 $n=f(\lambda)$. 为了定量地表述介质的色散规律, 我们引入介质色散率的概念, 其定义为折射率对波长的导数 $\dfrac{dn}{d\lambda}$.

动画 怎样消除反射光对摄影的干扰

如果介质的色散率 $\dfrac{dn}{d\lambda}$ 随着波长的增加而减少, 即 $\dfrac{dn}{d\lambda}<0$, 这样的色散称为正常色散, 其折射率 n 与波长 λ 的关系可由下述经验公式 (亦称柯西色散公式) 给出

$$n = A + \frac{B}{\lambda^2} + \frac{C}{\lambda^4} \tag{23.10a}$$

式中, A、B、C 均为与物质特性有关的常量, 其值由实验确定.

当波长变化范围不大时, 上述公式取到右方第二项就足够了. 于是有

$$n = A + \frac{B}{\lambda^2} \tag{23.10b}$$

这时, 介质的色散率

$$\frac{dn}{d\lambda} = -\frac{2B}{\lambda^3} \tag{23.11}$$

如果介质的色散率 $\dfrac{dn}{d\lambda}$ 随着波长的增加而增加, 即 $\dfrac{dn}{d\lambda}>0$, 这样的色散称为反常色散. 实验表明, 介质会对某些波段的光有强烈的吸收作用, 其波长范围称

为吸收带. 在吸收带内, $\dfrac{\mathrm{d}n}{\mathrm{d}\lambda}>0$, 属于反常色散; 在吸收带的两旁, $\dfrac{\mathrm{d}n}{\mathrm{d}\lambda}<0$, 属于正常色散.

23.7.3 光的散射

光在非均匀介质中传播时, 有些光线会偏离原来的传播方向, 向四面八方传播, 这样的现象称为光的散射. 当一束光线从天窗射入尘土飞扬的室内时, 从侧面可以清楚地看到一根光柱, 这就是光的散射的表现.

依据被散射物质的性质, 散射可分为两类: 一类是质点散射, 如胶体、悬浊液、烟、雾、灰尘引起的散射就属质点散射. 另一类是分子散射, 由于分子热运动造成密度的局部不均匀引起的散射称为分子散射. 下面仅择其要, 各作一介绍.

1. 瑞利散射

瑞利散射属于质点散射. 瑞利指出, 这类散射的散射光强 $I_{\mathrm{S}}(\lambda)$ 与光波长 λ 的四次方成反比, 即

$$I_{\mathrm{S}}(\lambda)\propto\frac{f(\lambda)}{\lambda^4}$$

文档 液晶

这一规律称为瑞利散射定律. 需要指出的是, 瑞利散射定律仅在散射微粒的线度小于光波长的情况下才成立. 利用瑞利散射规律很容易解释一些常见的自然现象. 例如, 为什么天空是蔚蓝色的 (蓝光散射强烈)? 为什么夕阳 (或朝阳) 呈红色 (其他波长光强烈侧向散射, 仅红光到达地面)? 为什么云雾呈白色 (水滴线度较大, 瑞利散射定律不适用, 各种波长的光散射强度接近相同)?

文档 液晶显示原理

2. 拉曼散射

拉曼散射属于分子散射. 1928 年, 拉曼在研究液体和晶体的散射时发现, 液体和晶体的散射光谱中, 除了有原入射频率 ω 光谱线外, 还有一些与散射物质分子固有频率 $\omega_1,\omega_2,\cdots$ 有关的谱线成分: $\omega\pm\omega_1,\omega\pm\omega_2,\cdots$, 这种散射光频率有变化的散射称为拉曼散射. 利用拉曼散射方法可以测定出分子振动的固有频率, 也可利用拉曼散射来判定分子的对称性以及分子内部力的大小等问题.

思考题与习题

23.1 如图所示, 在下列光路图中, 1, 2, 3 段光路各表示什么光?

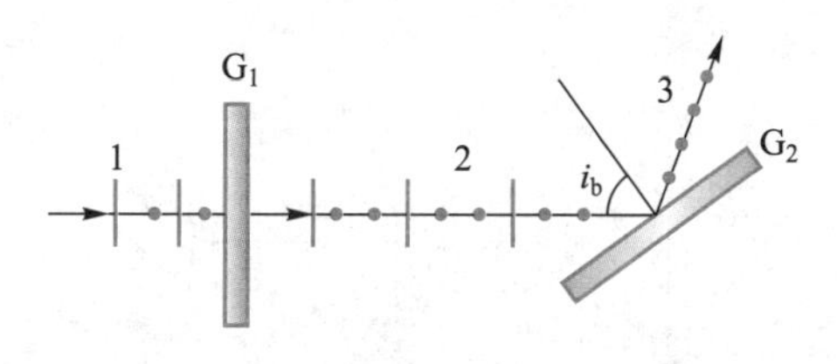

题 23.1 图

23.2 在空气质量较好的小河旁, 有时会出现“雨后初晴见彩虹”, 这是一种什么样的光学现象?

23.3 让一束自然光和线偏振光的混合光垂直通过一偏振片. 以此入射光束为轴旋转偏振片, 测得透射光的强度最大值为最小值的 5 倍, 则入射光束中自然光与线偏振光的强度之比为 (　　).

A. $\dfrac{1}{4}$　　B. $\dfrac{1}{2}$　　C. 5　　D. $\dfrac{1}{5}$

23.4 设两偏振片的偏振化方向成 30° 角时, 透射光强为 I_1. 若入射光强不变, 而使两偏振片的偏振化方向成 45° 角, 则透射光的强度为 (　　).

A. $\dfrac{1}{3}I_1$　　B. $\dfrac{1}{2}I_1$　　C. $\dfrac{2}{3}I_1$　　D. $\dfrac{\sqrt{2}}{2}I_1$

23.5 一束自然光从空气入射到折射率为 1.40 的液体表面上. 若反射光是完全偏振光, 则折射光的折射角为______.

23.6 如图所示, 如果从一池静水 ($n = 1.33$) 的表面反射出来的太阳光为完全偏振光, 那么太阳的仰角大致为______, 在此反射光中的电矢量 $\boldsymbol{E}$ 的方向应______.

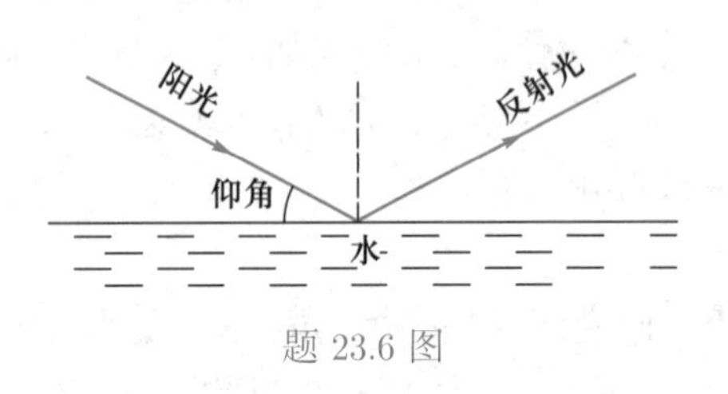

题 23.6 图

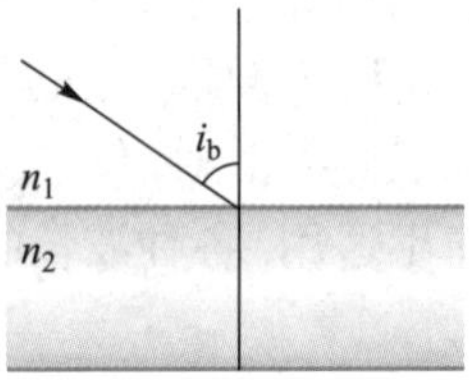

题 23.7 图

23.7 某种透明介质对于空气的全反射临界角 (对应于折射角为 90° 的入射角) 等于 45°, 则光从空气射向此介质时的布儒斯特角为______.

*　　*　　*

23.8 如图所示, 偏振片 A 和 B 的偏振化方向互相垂直. 今以单色自然光垂直入射于 A, 并在 A、B 中间平行地插入另一偏振片 C, C 的偏振化方向与 A、B 均不相同.

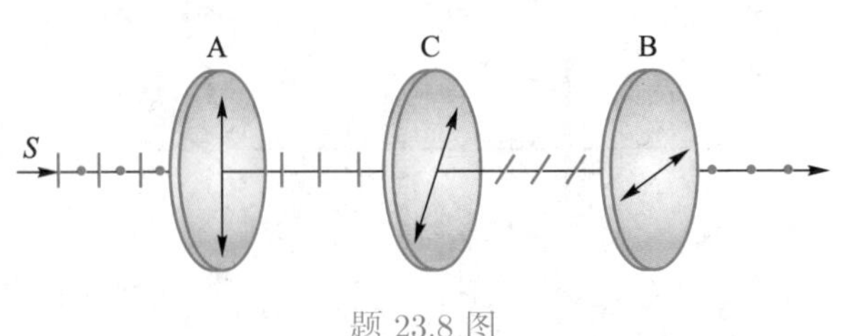

题 23.8 图

(1) 当 A 与 C 的偏振化方向的夹角为 α 时, 求透过 B 后的透射光的强度.

(2) 若以入射光线为轴将 C 片转动一周, 定性画出透射光强随转角变化的函数曲线. (设入射自然光强度为 I_S, 且不考虑反射及吸收损耗.)

23.9 一束自然光垂直通过两块叠放在一起的偏振片 A 和 B. 若以入射光线为转轴, 分别求出下述两种情况下, 使 A 和 B 的偏振化方向的夹角由 $\alpha_1 = 30°$ 变为 $\alpha_2 = 45°$ 时, 从 B 透出的光强 I_1 与 I_2 之比:

(1) A 不动, 旋转 B;

(2) B 不动, 旋转 A;

23.10 设强度为 I_1 的线偏振光和强度为 I_2 的自然光同时垂直入射于一偏振片, 如图所示. 欲使其透射光强 $I_1' = I_2'$, 则偏振片的偏振化方向应与入射偏振光的振动方向成多大夹角? 对 I_2 的大小有何限制?

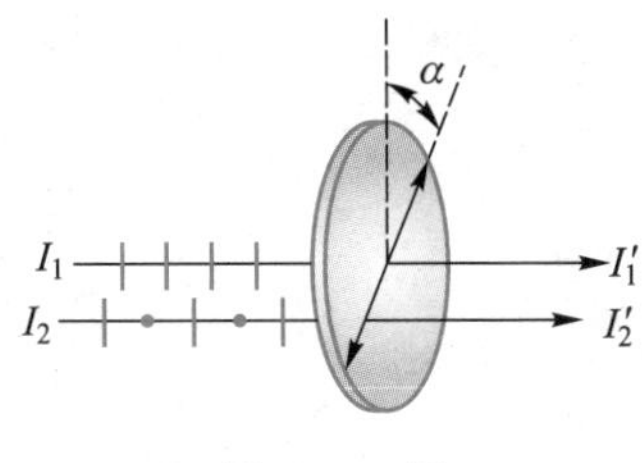

题 23.10 图

23.11 根据图中所给出的入射光的性质及入射条件, 定性画出反射光和折射光, 并用短线、圆点等符号表明其偏振性质、振动方向. 图中 i_b 为布儒斯特角, i_1 为不等于 i_b 的任意入射角.

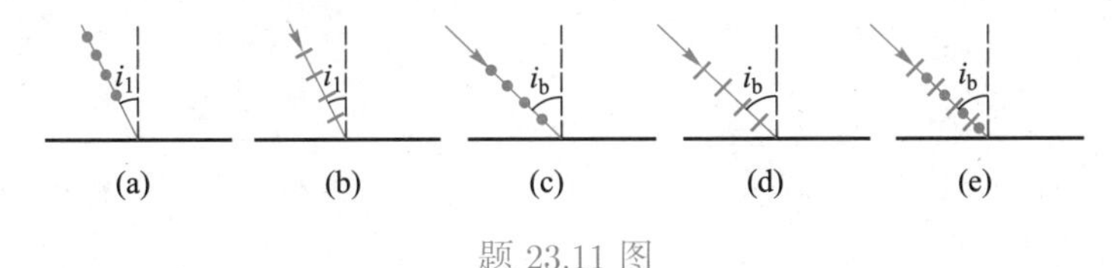

题 23.11 图

23.12 如图所示, 水 ($n = 1.33$) 中有一平面玻璃板 ($n' = 1.52$), 板面与水平面的夹角为 θ. 今用一自然光以 i_b 角射入水面, 问 θ 角为多大时, 水面与玻璃板面的反射光才都是偏振光?

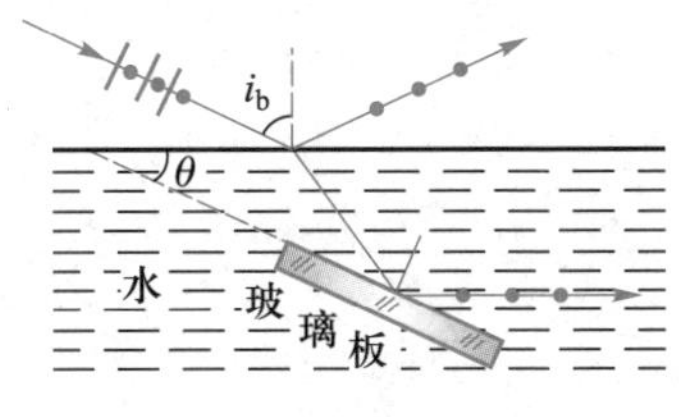

题 23.12 图

文档 第23章章末问答

动画 第23章章末小试

第 23 章习题答案

23.13 自然光从空气 ($n_1 = 1.00$) 射向水 ($n_2 = 1.33$) 和从空气射向玻璃 ($n_3 = 1.50$) 时的布儒斯特角各为多少?

23.14 如图所示, 一平板玻璃置于均匀介质中, 有一束光以起偏振角 i_{b} 入射到玻璃板的上表面, 证明玻璃下表面的反射光亦为偏振光.

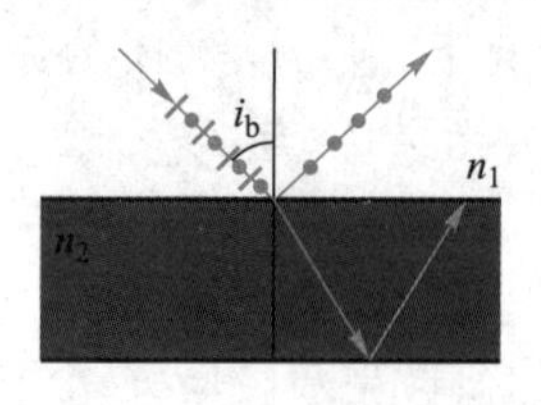

题 23.14 图

天狗吞日

第二十四章

光的直线传播

前面我们讨论了光以电磁波形式传播时的一些概念及规律,它们都是光在传播途中所遇到的障碍物尺寸较小的情况.但若障碍物的尺寸(与光波长 λ 相比)较大,则光的波动性便不显著,这时就可近似地认为 $\lambda \to 0$,光是一条一条地沿着光的传播方向传播着的几何线(波线).这样的几何线称为光线,这就是说,光是沿着直线传播的.

以光的直线传播为基础,研究光在介质中的传播现象及规律的科学称为几何光学.它不考虑光的本性,仅以几个基本定律为基础,应用几何手段,导出不同条件下的应用公式及方法,具有简便直观等特点,是研究光传播及其成像问题的有力工具,也是光学仪器设计的理论依据.

本章主要介绍几何光学中几个基本定律及其主要应用,要侧重理解几何光学的三个基本定律;理解光在平面和球面上的反射和折射规律,会用它来对一些简单的成像问题进行作图和计算的处理;理解薄透镜的成像规律,会用它来对一些简单的透镜成像问题进行作用和计算处理;了解显微镜、望远镜和照相机的工作原理.

24.1 几何光学的基本定律

24.1.1 光的直线传播定律

大量的观测和实验发现, 光在均匀介质中将沿直线传播. 这一结论称为光的直线传播定律. 自然界中有许多光学现象都可以用光的直线传播定律来解释, 例如, 在一个非常小的光源 (点光源——光源的线度在所讨论的问题中可以忽略) 的照射下, 障碍物在后方的屏幕上生成一个清晰的影子, 其形状与光源中心到障碍物的直线投影的形状一致. 又如, 小孔 (或针孔) 成像 (参见图 24.1), 小孔前方的物体与小孔后方屏幕上所形成物体的倒立像, 可以在物和像的各对应点之间作直线来进行解释.

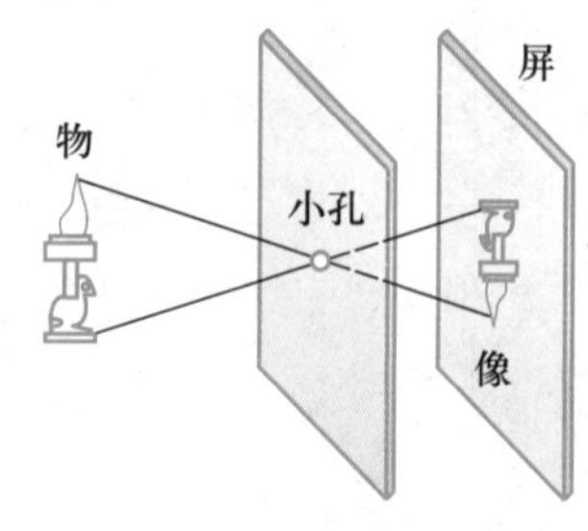

图 24.1 小孔成像

24.1.2 光的独立传播定律

观测表明, 两束光或多束光相遇时, 光并不因其他光束的存在而改变原来的方向, 换言之, 光是独立传播的. 这一规律称为光的独立传播定律. 例如, 图 24.2 中的观察者 A 和 B 分别看到光源 S_2 和 S_1, 不会因为这两个光源发出的光线或光束相交而受到影响.

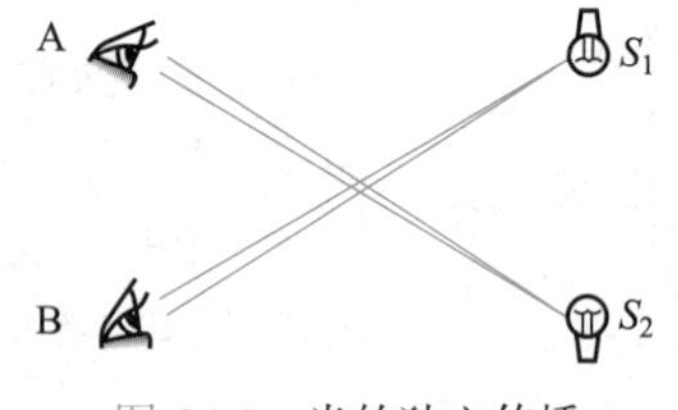

图 24.2 光的独立传播

24.1.3 光的反射与折射定律

实验表明, 光从一种介质传播 (入射) 到另一种介质时, 在两种介质的分界面上, 一般会一分为二: 一部分光将改变原来的传播方向, 返回原介质, 这部分光称为反射光; 另一部分光将进入另一介质, 称为折射光, 如图 24.3 所示. 它们分别服从光的反射和折射定律:

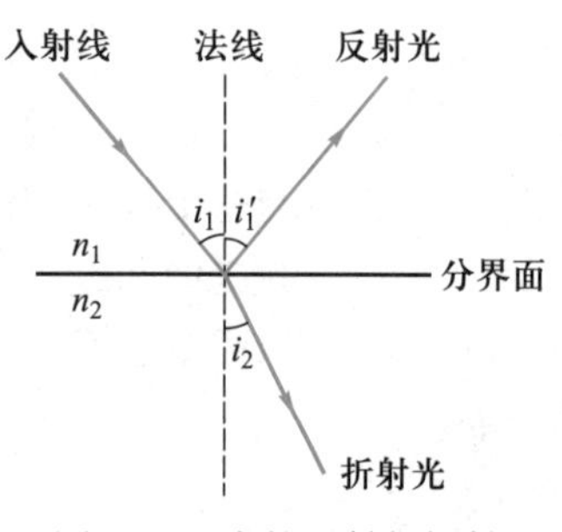

图 24.3 光的反射与折射

(1) 光的反射定律

反射线在入射面 (入射线与法线构成的平面) 内; 反射角 (反射线与法线的夹角) 等于入射角 (入射线与法线的夹角), 即

$$i_1' = i_1 \tag{24.1}$$

(2) 光的折射定律

折射线在入射面内；入射角的正弦与折射角（折射线与法线的夹角）的正弦之比为一常量，即

$$\frac{\sin i_1}{\sin i_2}=\frac{n_2}{n_1} \tag{24.2}$$

式中，n_1 和 n_2 分别为入射介质和折射介质的折射率，其物理意义前已提及，故不重叙.

从前述基本定律可以看出，如果光线逆着反射线的方向入射，这时的反射光必然逆着原来入射线的方向传播. 同样，如果光线逆着折射线的方向从介质 2 入射，这时的折射光必然在介质 1 逆着原来入射线的方向传播. 这就是说，在几何光学的光路中，当光线的方向返转时，它将逆着同一路径传播. 这一规律称为光的可逆性原理，它对众多具体问题的分析、讨论均会提供帮助.

24.2 光在平面上的反射与折射

24.2.1 光在平面上的反射

1. 平面反射成像

如图 24.4 所示，距平面为 s 的发光点 P（物）所发出的同心光束中的每一条光线，在平面反射时都服从反射定律，从而得到反射光束. 应用简单的平面几何定理不难证明，反射光束中的每一条光线的延长线必交于同一点 P'，该点到平面的距离 $s'=s$，且同在一条直线上. 若用眼睛对着反射光束观察，则可看到 P 的像 P'，这种现象称为平面反射成像. 由于光线不是真正从 P' 发出的，因而称为虚像. 平面成像中的物与虚像，具有镜面对称性，如图 24.4 所示.

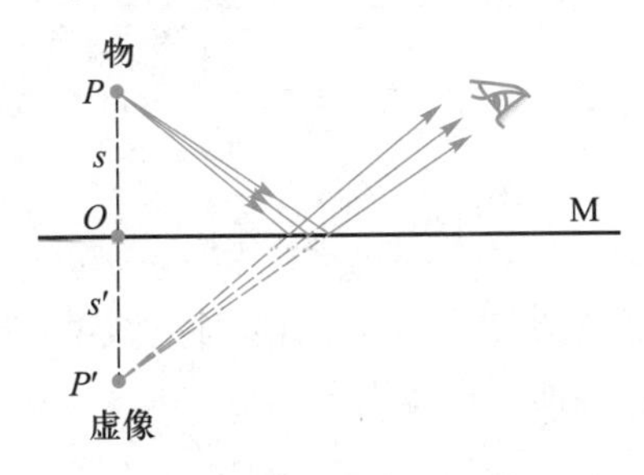

图 24.4 平面反射成像

动画 全反射与光纤

2. 全反射

当光线从光密介质（设其折射率为 n_1）射向光疏介质（设其折射率为 n_2，且 $n_2<n_1$）时，由折射定律式 (24.2) 得

$$\sin i_1 = \frac{n_2}{n_1}\sin i_2$$

当入射角 i_1 大于某个值时, 在界面上的光将全部反射回原介质 n_1 中, 这种现象称为全反射 (参见动画) 或内反射. 它在光纤通信中有着广泛的应用 (参见文档). 当 i_1 大到刚好开始发生全反射时的入射角称为全反射临界角, 用 i_c 表示, 它满足下述关系

文档 光纤通信

$$\sin i_c = \frac{n_2}{n_1} \quad (n_2 < n_1) \tag{24.3}$$

这时的折射角 $i_2 = 90°$. 容易算出, 光从水到空气界面反射的临界角 $i_c = 48.8°$.

24.2.2 光在平面上的折射

如图 24.5 所示, 设有两种折射率分别为 n 和 n' 的透明介质, 其分界面 (折射面) 为 AB 平面. 取一垂直于分界面的直线 ON 为轴, 轴上有一点状物体 P 处在介质 n 中, P 到分界面的距离 (称为物距) 为 p; 它所发出的某一条光线以入射角 i_1 射向分界面并折射到介质 n' 中 (假定 $n' > n$), 其折射角为 i_2. 则折射线的延长线与轴线的交点 P' 即为物点 P 的像, 它到 AB 的距离 p' 即为像距. 根据折射定律则有

$$n\sin i_1 = n'\sin i_2 \tag{24.4}$$

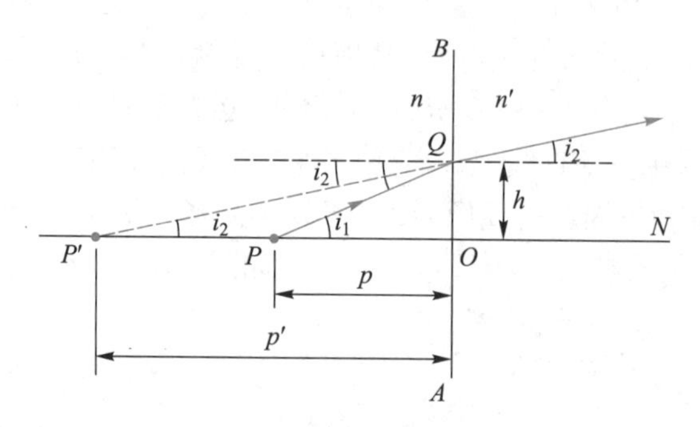

图 24.5 平面折射成像

一般情况的折射成像比较复杂, 本书仅讨论近轴光线的成像问题, 即折射点 Q 离轴线很近, 其高度 $h \ll p$, 因而近似地有

$$\sin i_1 = \tan i_1 = i_1 = \frac{h}{p} \tag{24.5}$$

$$\sin i_2 = \tan i_2 = i_2 = \frac{h}{p'} \tag{24.6}$$

将式 (24.5)、式 (24.6) 代入式 (24.4) 分别可得

$$ni_1 = n'i_2 \tag{24.7}$$

及

$$np' = n'p \tag{24.8}$$

式 (24.7) 称为近轴光线的折射定律, 它说明, 在近轴光线的近似下, 介质的折射率与相应的入射角、折射角的乘积在折射过程中保持不变; 式 (24.8) 称为平面折射成像公式, 它说明, 像距与入射介质折射率成反比, 与折射介质折射率成正比.

由于像是由折射光的反向延长线与轴相交得到的, 因此, 平面折射成像为虚像.

例 24.1 在水深为 h 处有一物体 P, 若在空气中近轴方向观察水中的该物体, 求其视觉深度 h' (即"像距").

解: 由题意知, 入射光线所在介质的折射率 $n = 1.33$, 折射光线所在介质的折射率 $n' = 1.00$, 由式 (24.8) 得物体的视觉深度

$$h' = \frac{n'}{n}h = \frac{1.00}{1.33}h = 0.75h$$

24.3 光在球面上的反射与折射

24.3.1 光在球面上的反射

反射面为球面一部分的镜称为球面镜, 它有凹面 (反射面为球面的凹面)、凸面 (反射面为球面的凸面) 镜之分. 下面分别以凹面、凸面镜为例来讨论光在球面上的反射成像问题.

1. 凹面镜反射成像

为了叙述方便, 下面先简要地介绍几个相关概念.

如图 24.6 所示, 球镜面上的中心点 O 称为镜的顶点, 球面的球心 C 称为镜的曲率中心, 球面的半径 R 称为镜面的曲率半径. 通过顶点和曲率中心的直线 CO 称为主轴, 只通过曲率中心 C 而不通过顶点 O 的直线称为副轴.

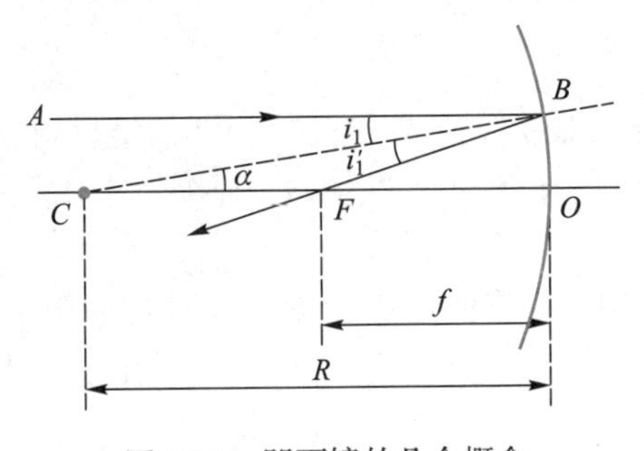

图 24.6 凹面镜的几个概念

如图 24.6 所示, 设 AB 为平行于主轴的近轴入射光线, 经凹面镜反射后交于镜前主轴的实焦点 F 上. 其焦距 (焦点到顶点的距离) 为 f. 由反射定律及平行光近轴入射可以推知, $\alpha = i_1'$, $f = FB = CF$, 是故可得

$$f = \frac{R}{2} \tag{24.9}$$

下面推导凹面镜反射成像公式.

如图 24.7 所示, 设 P、C、P'、F、O 分别为物点、曲率中心点、像点、焦点及顶点, 由几何关系知

$$\beta = \alpha + i_1 \tag{24.10}$$

$$\gamma = \beta + i_1' \tag{24.11}$$

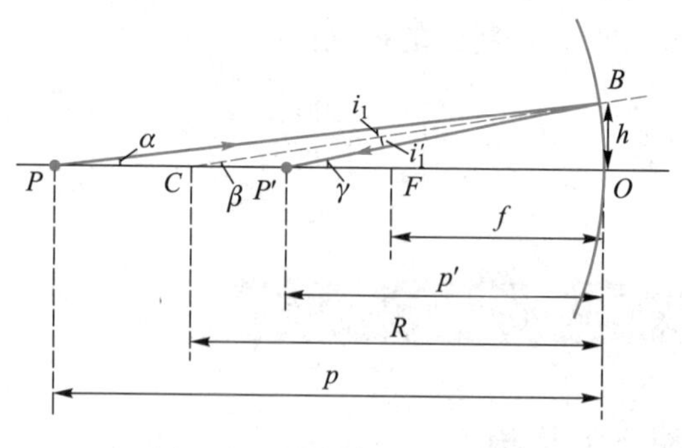

图 24.7 凹面镜的反射成像

联立式 (24.10) 和式 (24.11) 求解, 得

$$\alpha + \gamma = 2\beta \tag{24.12}$$

注意到光线近轴则有 $\alpha \approx \tan\alpha = \dfrac{h}{p}$, $\gamma = \dfrac{h}{p'}$, $\beta = \dfrac{h}{R}$; 前已导出, $f = \dfrac{R}{2}$. 将它们代入式 (24.12), 得

$$\frac{1}{p} + \frac{1}{p'} = \frac{1}{f} = \frac{2}{R} \tag{24.13}$$

式 (24.13) 称为凹面镜反射成像公式. 它说明, 凹面镜反射成像时, 其物距 p 的倒数与像距 p' 的倒数之和等于焦距 f 的倒数. 若按公式算得的像距 $p' > 0$, 则为实像, 否则为虚像.

在凹面镜反射成像中, 常将像高 h'、物高 h 亦即像距 p'、物距 p 之比定义为放大率, 用 M 表示, 即

$$M = \frac{p'}{p} = \frac{h'}{h} \tag{24.14}$$

例 24.2 已知一球面凹镜的曲率半径为 60 cm, 一高度为 2 cm 的物体在镜前 40 cm 处, 求此物的像距与像高, 此像是实像还是虚像?

解: 将 $R = 60\ \text{cm}, p = 40\ \text{cm}$ 代入凹镜成像公式

$$\frac{1}{p} + \frac{1}{p'} = \frac{1}{f} = \frac{2}{R}$$

得像距

$$p' = \frac{Rp}{2p - R} = \frac{60 \times 40}{2 \times 40 - 60}\ \text{cm} = 120\ \text{cm}$$

放大率

$$M = \frac{h'}{h} = \frac{p'}{p} = \frac{120\ \text{cm}}{40\ \text{cm}} = 3$$

故像高

$$h' = 3h = 6\ \text{cm}$$

为一放大的倒立实像.

2. 凸面镜反射成像

平行于凸面镜主轴的近轴入射光线, 其反射线是发散的. 然而, 反射光线的逆向延长线与主轴可以相交于一点 F, 称为凸面镜的主焦点. 凸面镜的主焦点是虚焦点, 如图 24.8 所示. 从图中不难看出, $\angle CBF = \angle BCF, BF = FC$. 在近轴条件下, $BF \approx OF$. 仿照推导式 (24.13) 的方法容易得到

$$\frac{1}{p} + \frac{1}{p'} = \frac{1}{f} = \frac{2}{R} \tag{24.15}$$

此即凸面镜反射成像公式, 其形式和物理意义均与式 (24.13) 相同. 应用此公式时应该注意, 对于实像, p' 为正; 对于虚像, p' 为负; 对于实焦点, f 和 R 为正, 对于虚焦点, f 和 R 为负.

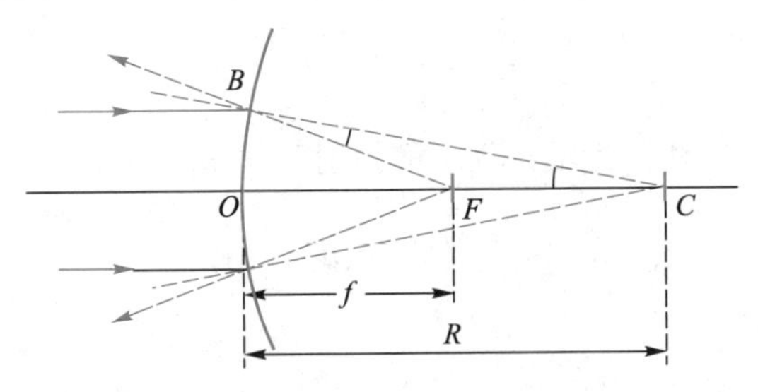

图 24.8 凸面镜的反射成像

凸面镜成像的一个显著的特点是: 不论物体放在凸面镜前任何位置, 所得到的

像总是缩小正立的虚像. 汽车驾驶员观察车后情况使用凸面反射镜 [参见图 24.9], 他所见到的就是这样的情况.

图 24.9 凸面镜反射成像

24.3.2 光在球面上的折射

假设有两种折射率分别为 n 和 n' 的透明介质, 其分界面 (折射面) 为球面, 其曲率中心为 C, 曲率半径为 R, 如图 24.10 所示. 下面讨论在介质 n 中, 物距为 p 的轴上点状物体 P, 由于光的折射而在介质 n' 中的成像规律.

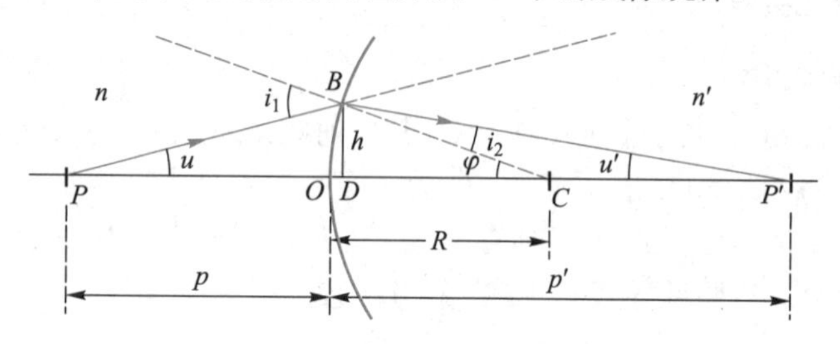

图 24.10 球面的折射成像

由 P 点作入射光线 PB, 其折射光线与轴线的交点 P' 为 P 点的像. 由图可见, i_1 和 φ 分别为 $\triangle PBC$ 和 $\triangle P'BC$ 的外角, 因而有

$$i_1 = u + \varphi \tag{24.16}$$

$$\varphi = u' + i_2 \tag{24.17}$$

将式 (24.16), (24.17) 代入近轴条件下的折射定律 $ni_1 = n'i_2$, 整理得

$$nu + n'u' = (n' - n)\varphi \tag{24.18}$$

注意到近轴条件

$$u \approx \tan u = \frac{h}{p}, \quad u' \approx \tan u' = \frac{h}{p'}, \quad \varphi \approx \tan\varphi = \frac{h}{R}$$

将它们代入式 (24.18) 得

$$\frac{n}{p}+\frac{n'}{p'}=\frac{n'-n}{R} \tag{24.19}$$

此即近轴条件下的**球面折射成像公式**. 应用此公式时, 必须注意根据成像的虚实和球面曲率中心的方位去取像距 p' 和曲率半径 R 的正负. 其符号规则为:

(1) 若从折射面到曲率中心的方向与折射光的方向相同, 则 R 为正, 否则为负;

(2) 若像 P' 位于球面折射光线行进方向的那一侧, 像距 p' 为正, 否则为负;

(3) 若物 P 位于入射到球面的光线的那一侧, 物距 p 为正, 否则为负.

下面, 推导球面折射成像的放大率. 设一折射面为球面的凸面镜, 如图 24.11 所示, 从垂直于轴的物体的端点 A 发出的光线, 在通过曲率中心 C 的方向上为一直线, 在顶点 O 处发生折射, 它与 AC 延长线的交点 A' 即为像的端点. 在近轴条件下 $i_1\approx\tan i_1=\dfrac{y}{p}$, $i_2\approx\tan i_2=\dfrac{y'}{p'}$. 将之代入近轴折射定律公式 $ni_1=n'i_2$ 得

$$n\frac{y}{p}=n'\frac{y'}{p'}$$

据定义, 球面折射成像的横向放大率

$$M=\frac{y'}{y}=\frac{np'}{n'p} \tag{24.20}$$

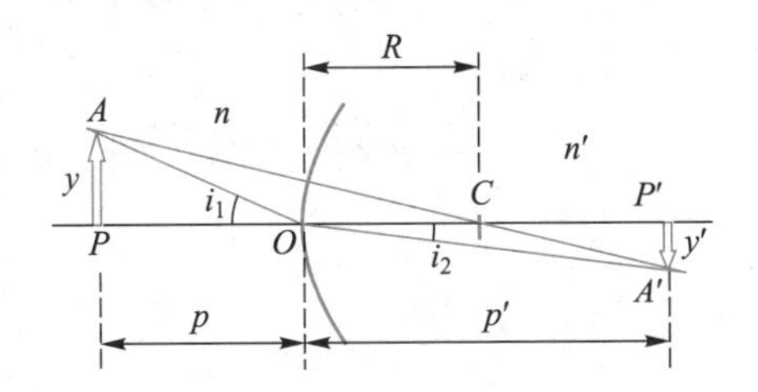

图 24.11 球面折射成像的放大率

例 24.3 已知折射率为 $n=1.00$ 与 $n'=1.50$ 两种介质的分界面为球面, 球面曲率半径为 $R=40$ cm, 在介质 n 中有一物距为 $p=20$ cm 的轴上物点 P, 求其像距 p', 此像是实像还是虚像? 并画出光路图.

解: 由于物体在介质 n 中, 物距 p 为正, 且 R 亦为正. 故可判定球面曲率中心 C 在从球面折射光线行进方向的另一侧, 如图 24.12 所示. 由式 (24.19) 可得

$$\frac{n'}{p'}=\frac{n'-n}{R}-\frac{n}{p}$$

将已知数据代入, 得

$$\frac{1.50}{p'}=\frac{1.50-1.0}{40\ \text{cm}}-\frac{1.00}{20\ \text{cm}}=-\frac{1.50}{40\ \text{cm}}$$

解之, 得

$$p' = -40 \text{ cm}$$

p' 为负表明像的性质为虚像, 像点 P' 是折射光线的反向延长线与轴线的交点. 其光路如图 24.12 所示.

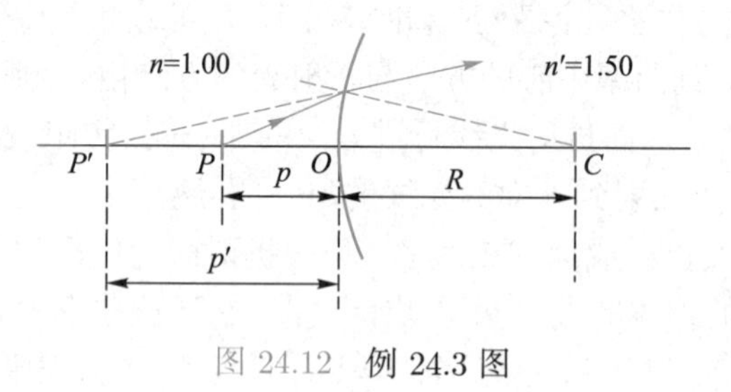

图 24.12 例 24.3 图

24.4 薄透镜

24.4.1 薄透镜及其成像原理

包含两个共轴折射曲面的透明物体称为透镜. 实际透镜的透明物体多为玻璃, 折射曲面多为球面, 如图 24.13 所示. 图中, R_1、R_2 分别为透镜前后两球面的曲率半径; C_1、C_2 分别为两球面的曲率中心; 通过两曲率中心的直线称为透镜的主光轴, 简称主轴. 如果透镜的厚度远小于两球面的曲率半径, 这种透镜就称为薄透镜. 下面主要讨论在近轴条件下, 薄透镜成像的基本规律.

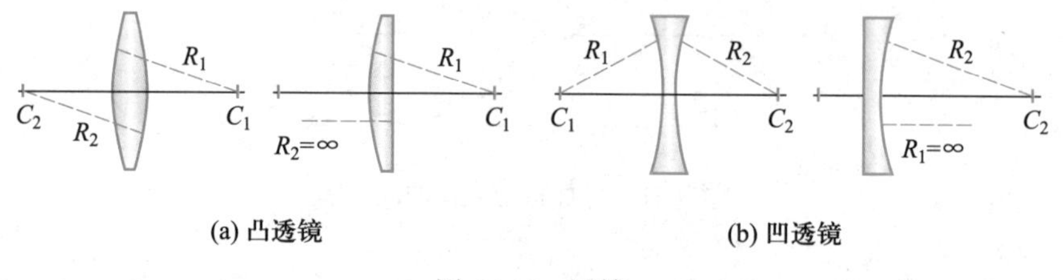

图 24.13 透镜

如图 24.14 所示, 设透镜由折射率为 n' 的透明介质构成, 其两个折射面曲率半径分别为 R_1 和 R_2, 相应的曲率中心分别为 C_1 和 C_2. 如果透镜处在折射率为 n 的介质 (例如空气) 中, 假设轴上有一点状物体位于 P 处, 它到第一折射面的顶点 O_1 的距离为 p, 从 P 发出的一条近轴光线 PB_1 入射于第一折射面, 进入透镜时沿某一方向产生折射, 折射光线为 B_2P'.

在光路 $P_1'B_1C_1$ 中, 应用球面折射公式 (24.19), 得

$$\frac{n}{p} + \frac{n'}{p_1'} = \frac{n' - n}{R_1} \tag{24.21}$$

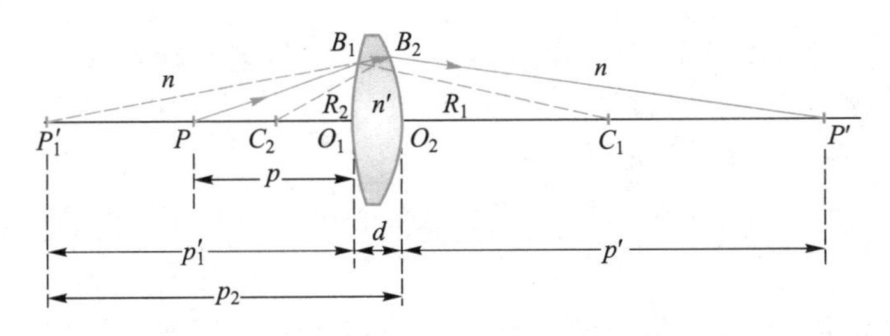

图 24.14 薄透镜成像

在光路 $P_1'B_2P'$ 中, 应用球面折射公式 (24.19), 得

$$\frac{n'}{p_2}+\frac{n}{p'}=\frac{n-n'}{R_2} \tag{24.22}$$

由于 P_1' 是第一折射面所成的虚像, 像距 p_1' 为负; 而 P_1' 作为第二折射面的物时, 它位于入射到球面的光线的另一侧, 物距 p_2 为正. 又由于透镜厚度 d 远小于 R_1 和 R_2, 也远小于 p_2 和 p_1', 可以忽略. 于是有 $p_2=-p_1'$. 将式 (24.21)、式 (24.22) 相加, 化简, 并以 n 除之, 得

$$\frac{1}{p}+\frac{1}{p'}=\left(\frac{n'}{n}-1\right)\left(\frac{1}{R_1}-\frac{1}{R_2}\right) \tag{24.23}$$

如果透镜处于空气中 ($n\approx 1$), 则上式便可改写为

$$\frac{1}{p}+\frac{1}{p'}=(n'-1)\left(\frac{1}{R_1}-\frac{1}{R_2}\right) \tag{24.24}$$

通常将轴线上物距 $p=\infty$ 时的像距 p', 或者将轴线上像距 $p'=\infty$ 时的物距 p 定义为透镜的焦距, 用 f 表示. 于是, 式 (24.24) 又可表示为

$$\frac{1}{f}=(n'-1)\left(\frac{1}{R_1}-\frac{1}{R_2}\right) \tag{24.25}$$

对于凸透镜 (又称正透镜), f 为正; 对于凹透镜 (又称负透镜), f 为负.

将式 (24.24) 与式 (24.25) 联立, 可解得

$$\frac{1}{p}+\frac{1}{p'}=\frac{1}{f} \tag{24.26}$$

此即薄透镜成像公式, 又称高斯公式.

薄透镜焦距的倒数 $\dfrac{1}{f}$ 称为薄透镜的光焦度, 用 Φ 表示, 即

$$\Phi=\frac{1}{f} \tag{24.27}$$

光焦度 Φ 表示透镜会聚或发散光线的本领, 光焦度的单位为屈光度, 用 D 表示,

$1\ \mathrm{D} = 1\ \mathrm{m}^{-1}$. 日常生活中所谓眼镜的度数, 等于光焦度 Φ 乘以 100. 例如, 200 度的眼镜, 其透镜的焦距为 0.5 m, 光焦度 $\Phi = 2$ D. 与焦距的正负值相对应, 凸透镜的光焦度为正值, 凹透镜的光焦度为负值.

24.4.2 薄透镜成像的作图法

利用作图来求解薄透镜成像问题的方法称为薄透镜成像作图法. 其要点是从下列三条特殊光线:

(1) 平行于主轴的光线, 折射后通过主焦点;

(2) 通过主焦点的光线, 折射后与主轴平行;

(3) 通过光心的光线, 按原方向无偏折行进;

其中任选两条, 则其交点即为待求的像点, 如图 24.15 所示. 从图中便可直接测量出 p'、y', 进而还可算出像的放大率 $M = \dfrac{p'}{p} = \dfrac{y'}{y}$.

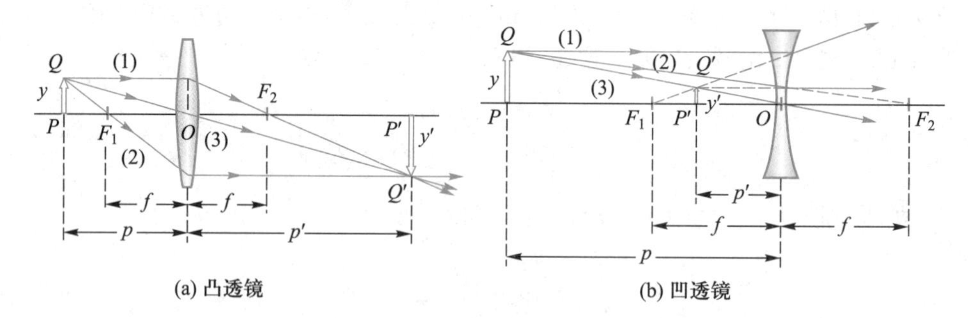

图 24.15 透镜成像作图法

作图法的优点是简明直观, 缺点是精度要相对差一些.

例 24.4 一薄透镜的玻璃折射率为 $n' = 1.50$, 其两个折射面的曲率半径分别为 $R_1 = 40$ cm, $R_2 = -10$ cm, 求:

(1) 在空气中该透镜的焦距 f 并判断透镜的凹凸;

(2) 物距为 20 cm 的轴上物点的像距, 并判定像的虚实.

解: (1) 由式 (24.25) 得

$$\frac{1}{f} = (n'-1)\left(\frac{1}{R_1} - \frac{1}{R_2}\right) = (1.5-1)\left(\frac{1}{+40\ \mathrm{cm}} - \frac{1}{-10\ \mathrm{cm}}\right) = \frac{2.5}{40\ \mathrm{cm}}$$

解之, 得

$$f = \frac{40}{2.5}\ \mathrm{cm} = 16\ \mathrm{cm}$$

结果为正, 故为凸透镜.

(2) 由式 (24.26) 得

$$\frac{1}{p'}=\frac{1}{f}-\frac{1}{p}=\frac{1}{16\ \text{cm}}-\frac{1}{20\ \text{cm}}=\frac{1}{80\ \text{cm}}$$

解之, 得

$$p'=80\ \text{cm}$$

$p'>0$, 故为实像.

*24.5 几种常见的光学仪器

24.5.1 眼睛

眼睛的主要构造为眼球, 其结构略如图 24.16 所示. 眼球的形状接近于球形, 直径约 2.3 cm. 光线通过角膜 C 进入一液体区 A 称为前房; P 为瞳孔, 瞳孔大小由巩膜 B 来控制, 以适应照明环境; L 为晶状体, 含胶质囊状物, 其曲率可由睫状肌 M 控制, 而看清不同远近的物体; V 为后方房, 充满液体; R 为视网膜, 含视觉神经, 其中有一微凹区 Y 称为黄斑, 其中央区的视觉最敏锐. 前房液和后房液的折射率约为 1.336, 晶状体的平均折射率约为 1.437. 通常可粗略地将眼睛看成是一个平均焦距为 1.5 cm 凸透镜的成像系统, 在视网膜上生成一缩小的倒立实像, 然而, 我们感觉到的却是正像, 这是由于我们对环境的长期感受习惯所养成的一种识别本能的原因.

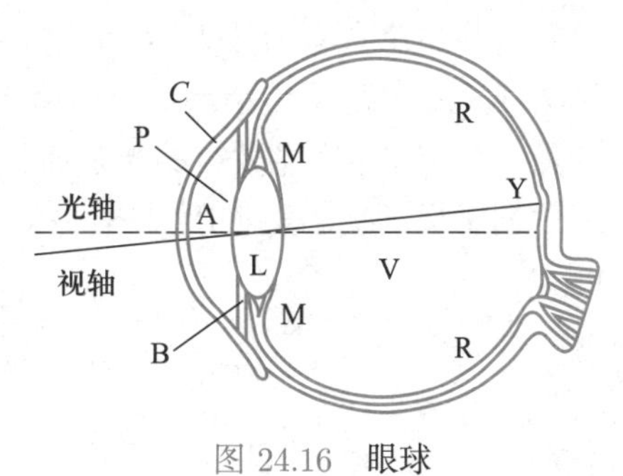

图 24.16 眼球

在明亮条件下, 眼睛的调节作用所能看清楚最远和最近的两点, 分别称为远点和近点. 正常眼的远点在无限远处, 近点因年龄的不同有较大差异, 一般青壮年正常眼的近点约在 10 cm 到 15 cm 处. 物体离开眼睛 25 cm 处成像在视网膜上最清晰, 而且视觉不易疲劳, 此距离称为明视距离。

远点变近的眼睛称为近视眼. 其特征是在眼内肌肉放松时, 无限远的物体不能成像于视网膜上, 而是成像于视网膜前, 以至于视远方物体模糊不清. 这主要是由于角膜曲率过大等原因造成的. 常用的矫正办法是佩戴合适的近视眼镜 (焦距和光焦度皆为负的凹透镜), 以使远方物体能成像于视网膜上, 凹透镜的光焦度定义为 $\Phi=\frac{1}{f}=-\frac{1}{p_{远}}$, 其 (近视) 度数定义为 $100\Phi=-\frac{100}{p_{远}}$ (式中, $p_{远}$ 代表近视眼看得清楚的最远点到眼睛的距离).

近点变远的眼睛称为远视眼. 其特征是在眼内肌肉放松时, 无限远的物体不能成像于视网膜上, 而是成像于视网膜后, 以至于视近物模糊. 这主要是由于晶状体离视网膜太近等原因造成的. 常用的矫正方法是佩戴一副合适的远视眼镜 (焦距和光焦度皆为正的凸透镜), 以使近方物体成像于视网膜上. 凸透镜的光焦度定义为 $\Phi = \dfrac{1}{f} = \dfrac{1}{p_{明}} - \dfrac{1}{p_{近}}$. 其 (远视) 度数定义为 $100\Phi = 100(1/p_{明} - 1/p_{近})$ (式中, $p_{明} = 0.25\ \mathrm{m}$ 为明视距离, $p_{近}$ 为近视距离——眼睛看得清楚的最近物点到眼睛的距离).

24.5.2 显微镜

显微镜 (参见图 24.17) 是一种可获得较大放大率的透镜组合系统, 其结构较为复杂. 通常多将它简化为两个凸透镜的组合来讨论. 其工作原理略如图 24.18 所示. 图中, y 与 y' 分别为物镜 $\mathrm{L_o}$ 的物高与像高, y' 及 y'' 分别为目镜 $\mathrm{L_e}$ (实为放大镜) 的物高与像高, p' 及 f'_o 分别为 $\mathrm{L_o}$ 的像距及焦距, $\varDelta$ 为透镜组合的焦点距, 其值约为 $p' - f'_\mathrm{o}$ (亦称显微镜的光学筒长). f'_e 为 $\mathrm{L_e}$ 的焦距.

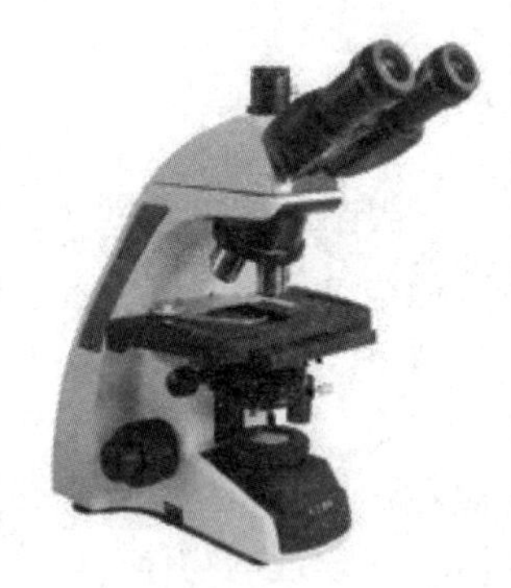

图 24.17 显微镜

据定义, 物镜 $\mathrm{L_o}$ 的放大率

$$M_\mathrm{o} = \frac{y'}{y} = \frac{p'}{f_\mathrm{o}} \approx \frac{\varDelta}{f'_\mathrm{o}} \tag{24.28}$$

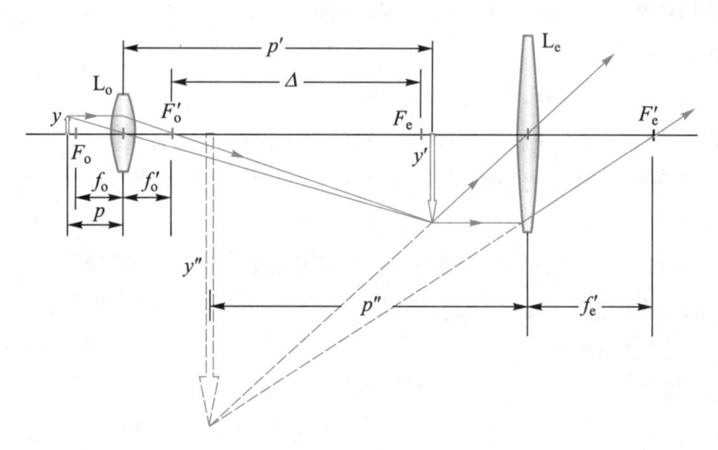

图 24.18 显微镜的工作原理

目镜的放大率

$$M_\mathrm{e} = \frac{p_{明}}{f'_\mathrm{e}} = \frac{25\ \mathrm{cm}}{f'_\mathrm{e}} \tag{24.29}$$

联立式 (24.28)、式 (24.29) 可以得到, 透镜组合亦即显微镜的放大率

$$M_{\text{显微镜}} = M_o M_e = \frac{\Delta}{f'_o} \frac{p_{\text{明}}}{f'_e} \tag{24.30}$$

24.5.3 望远镜

望远镜 (参见图 24.19) 是观察远距离物体的光学仪器, 它的作用是增大对远方被观察物体的视角.

图 24.19 望远镜

图 24.20 为开普勒望远镜的工作原理图. 图中, y 及 y' 分别为物镜 L_o 的物高与像高, f'_o 及 f'_e 分别为物镜及目镜的焦距.

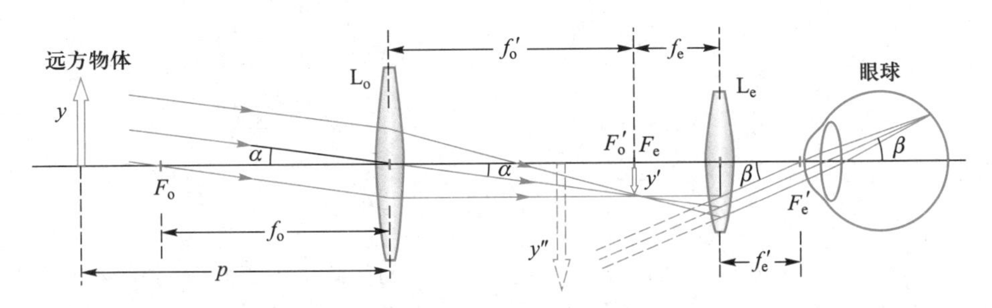

图 24.20 望远镜的工作原理

由于物体距离物镜 L_o 很远, 通过物镜所成的像 y' 可认为是在物镜的第二焦平面上, 是一个缩小的倒立实像. 物镜光心对物体的张角

$$\alpha \approx \frac{y}{p} = \frac{y'}{f'_o}$$

这一张角可近似看成眼睛直接观察物体时的视角.

调节目镜 L_e 到物镜的距离, 使目镜的第一焦点 F_e 与物镜的第二焦点 F'_o 重合, 即物镜所成的像 y' 落在目镜的第一焦平面上, 这时 y' 上各点的光线经目镜折射后都成为一组平行光线 (图中只画出了对应于箭头顶点的一组平行光线), 在眼球肌肉放松的情况下, 这些平行光线经眼睛聚焦在视网膜上生成一个清晰的像, 眼睛对这个像的张角 β 就是用了望远镜后对被观测物体的视角, 其大小

$$\beta \approx \frac{y'}{f'_e}$$

于是, 望远镜的放大率

$$M_{望远镜} = \frac{\beta}{\alpha} = \frac{f'_o}{f'_e} \tag{24.31}$$

24.5.4 照相机

照相机 (参见图 24.21) 是一种用来记录物体缩小实像的光学仪器. 尽管现代照相机种类很多, 但大体上均含有物镜 (镜头)、暗箱及感光板三大部件. 区别在于镜头的构成及信息的处理上, 其折射成像 (参见视频) 的工作原理大致如图 24.22 所示. 图中, y 为物高, y' 为像高, L_o 为物镜, 其焦距为 f'_o; p 及 p' 分别为物距及像距.

图 24.21 照相机

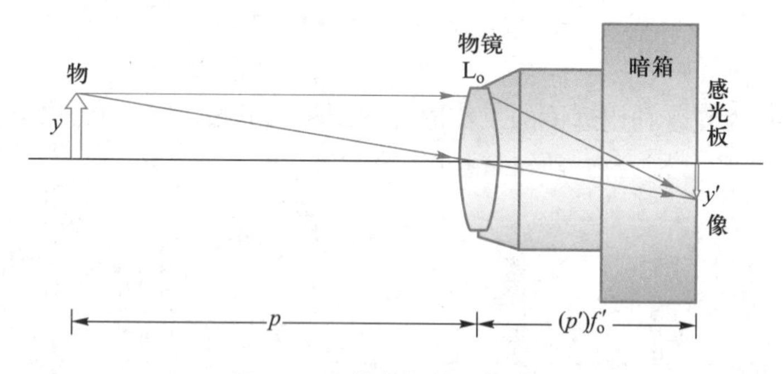

图 24.22 照相机的工作原理

视频 海市蜃楼

照相机的成像质量主要决定于物镜 (镜头) 的性能. 而物镜的性能则主要取决于物镜的相对孔径——物镜孔径直径 D 与物镜焦距 f'_o (其值较小, 民用机多为 5 ~ 10 cm) 之比 $\frac{D}{f'_o}$, 其值大小将直接影响着相机的光照度与景深——相机允许清晰成像的物点前后空间范围. 一般而言, 相对孔径越小, 其景深就越大, 成像质量就越高. 不过, 相对孔径过小会使通过透镜的光通量极大地减少, 进而会导致成像质量下降. 因此, 要想获得较好的照相效果, 必须要依据拍照时的实际条件来选取恰当的相对孔径. 一些较高级的照相机往往会提供多种不同的相对孔径 (亦称光圈数) 来供拍客选择, 以提高照相质量. 常见的 (光圈数) 相对孔径值为 1∶1.4, 1∶2.0, 1∶2.8 等. 一般而言, 物体的亮度越低, 选取的相对孔径就应越大.

思考题与习题

24.1 日常生活中说的“光线”(如常说“光线充足”中的光线) 与几何光学中所说的光线概念有何区别?

24.2 若光线入射到折射率递减的介质中, 则其轨迹如何?

24.3 已知水的折射率为 1.33, 从空气中垂直看水面下 1 m 深处物体的视觉深度约为 (　　).

A. 2.33 m　　B. 1.33 m

C. 1 m　　D. 0.75 m

24.4 身高 1.4 m 的儿童站在镜前 1 m 处, 欲从直立的平面镜中看到自己站立的全身像, 该镜子的最小长度为 (　　).

A. 2.4 m　　B. 1.4 m

C. 1.2 m　　D. 0.7 m

24.5 一物长 5 cm, 垂直立于焦距为 40 cm 的凸 (会聚) 透镜的主轴上, 距透镜 200 cm 处, 则该物像距为______ cm., 像长为______ cm.

24.6 某人眼睛的远点到眼睛距离为 $p_{远} = 0.8$ m, 其视力缺陷为______ 视眼, 可配______ D 的眼镜, 眼镜的度数为______ 度, 镜片的性质为______ 透镜.

24.7 某人眼睛的近点到眼睛距离为 $p_{近} = 0.8$ m, 其视力缺陷为______ 视眼, 可配______ D 的眼镜, 眼镜的度数为______ 度, 镜片的性质为______ 透镜.

24.8 为了使人们能随时了解急转弯处前方的路面状况, 管理部门多喜欢在该处立一球面镜. 如图所示, 如果某一时刻镜中出现了一缩小的正立虚像. 问该镜是凸面镜还是凹面镜?

题 24.8 图

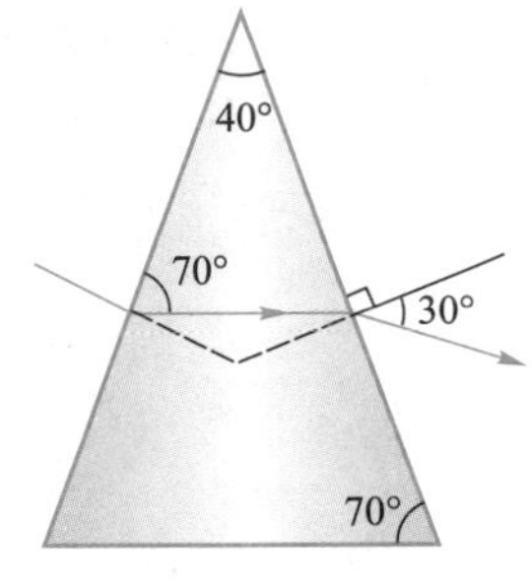

题 24.9 图

*　　*　　*

24.9 如图所示, 三棱镜的顶角 $\theta = 40°$, 光线从一面进入棱镜, 沿与底边平行的方向射向另一面, 然后以偏向角 $\delta = 30°$ 从另一面射出. 求棱镜玻璃的折射率.

24.10 牙科医生常用一个小球面反射凹镜放进患者口腔内来观察牙齿状况. 若当小反射镜中心距离某牙齿的一个小洞为 0.6 cm 时, 得到一个放大 5 倍的正立虚像, 求此凹镜曲率半径的大小.

24.11 有一球面反射镜, 当一物体沿光轴方向逐渐远离球面镜的顶点时, 始终能得到缩小的正立虚像. 问该球面镜是凹面镜还是凸面镜? 若该物体距离球面镜的顶点为 1 m 时, 得到一缩小倍数为 5 倍的正立虚像, 求此球面镜的曲率半径及焦距.

文档 第24章章末问答

动画 第24章章末小试

第24章习题答案

24.12 如图所示, 一凹凸薄透镜玻璃的折射率为 1.5, 其第一曲面的曲率半径大小为 2 cm, 第二曲面的曲率半径大小为 4 cm, 离透镜为 $p = 16$ cm 处有一长度为 $y = 5$ mm 的近轴物体. 求该透镜的焦距, 然后用作图法求像的位置及大小.

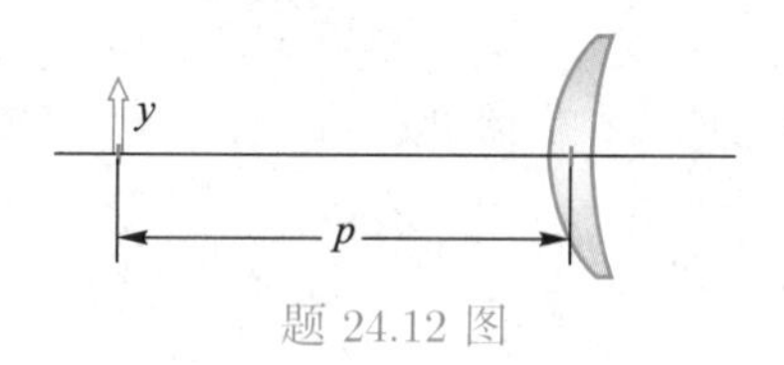

题 24.12 图

24.13 地质工作者使用一凸透镜贴近眼睛观察矿石, 在明视距离上得到一放大 10 倍的虚像. 问此透镜的焦距为多少?

量子卫星

第 六 篇

量子物理学基础

19 世纪末, 物理学已发展到了一个较为完善的阶段, 当时几乎所有的自然现象均可用相应的物理学理论去解释: 机械运动有牛顿力学, 热运动有热力学及统计物理学, 电磁运动有电磁场理论, 这些理论统称为经典理论.

而后, 随着生产技术及实验手段的进一步发展, 人们又发现了许多新现象, 如黑体辐射、光电效应等, 它们都是经典物理所无法解释的. 这说明, 经典理论与微观 (粒子) 世界的规律性存在矛盾. 这就迫使人们不得不去考虑探讨新的物质分割问题.

关于物质的分割, 早在战国时期, 我们的祖先就已有过研究, 其观点主要分为两派: 一派以墨子为代表, 认为物质不可无限分割 (参见《墨子 · 经说》: "端, 体之无序最前者也"); 另一派以庄子 (参见文档) 为核心, 认为物质无限可分 (参见《庄子 · 天下》: "一尺之棰, 日取其半, 万世不竭").

文档 庄子

1900 年, 德国物理学家普朗克 (参见文档) 率先深入微观领域, 提出了"量子"的概念, 并用"能量子"的概念很好地解释了黑体辐射问题; 继而, 爱因斯坦又用"光量子"的观点很好地解释了光电效应问题. 后在其他物理学家的共同努力下, 一个以研究量子层次为主导的学科体系 —— 量子物理学便应运而生.

量子物理学是通过一系列科学的假设而建立起来的新兴理论体系, 是处理微观粒子运动规律的有力工具, 在近代物理学及高新技术中均有着广泛的应用, 特别

文档 量子科技

是将量子理论与科学技术相结合而生成的量子科技 (参见文档), 其应用前景更是惊人, 从而受到了多国政府, 特别是我国政府的高度关怀与重视. 因此, 学好量子物理学既有理论意义, 又有巨大的实际意义.

阳光黑窗

第二十五章

量子力学的实验基础

量子力学是研究微观粒子运动规律的基本理论，是为解释新兴实验事实需要而通过科学假设逐步建立和发展起来的理论.

19 世纪末 20 世纪初, 人们发现了许多新的实验事实, 如黑体辐射、光电效应等, 当时人们曾试图用已有的经典理论去加以解释, 结果均未成功. 于是, 一些富于创新的物理学家, 如普朗克、爱因斯坦等, 经过认真反复的科学思考与研究, 适时、大胆地提出了一系列新假设、新概念, 进而发展成为量子力学, 对物理学本身及相关学科 (如化学、生物学等) 和工程技术 (如能源工程、信息工程等) 都产生了深远的影响.

本章主要讨论量子力学的实验基础，要侧重掌握黑体辐射的实验规律和普朗克的能量子假设; 掌握光电效应和康普顿效应, 会用光子假设和光电效应方程来进行一些简单的分析与计算; 掌握德布罗意物质波假设, 会用其波长公式来对物质波进行一些简单的分析与计算; 理解波函数及其概率解释; 了解玻尔的氢原子模型与对应原理, 了解戴维森—革末实验和弗兰克—赫兹实验.

25.1 黑体辐射的实验规律

25.1.1 黑体辐射

动画 黑体辐射实验模型

实验表明, 一切物体在任何温度下都要向外辐射各种波长的电磁波, 其强度与物体的温度有关, 因而称为热辐射. 理论研究表明, 热辐射是由物体中大量带电粒子的无规则热运动引起的. 物体中的每个原子、分子或离子都在各自平衡位置附近以不同频率做无规则的微振动, 而每个带电微粒的振动都会产生变化的电磁场, 从而向外辐射各种波长的电磁波.

为了描述物体热辐射能量按波长的分布规律, 我们引入单色辐出度 $M_\lambda(T)$ 的概念, 其定义为单位时间内从物体单位表面积上发射的波长在 λ 到 $\lambda+\mathrm{d}\lambda$ 范围内的电磁波能量 $\mathrm{d}M_\lambda$ 与波长间隔 $\mathrm{d}\lambda$ 之比, 即

$$M_\lambda(T)=\frac{\mathrm{d}M_\lambda}{\mathrm{d}\lambda} \tag{25.1}$$

其单位为 $\mathrm{W\cdot m^{-3}}$, 它是物体辐射波长和热力学温度的函数, 与物体的材料及表面情况等有关.

单位时间内, 从物体单位表面积上所辐射的各种波长电磁波能量的总和称为物体的辐射出射度, 简称 辐出度, 用 $M(T)$ 表示. 由式 (25.1) 可以得到辐出度

$$M(T)=\int_0^{+\infty} M_\lambda(T)\mathrm{d}\lambda \tag{25.2}$$

其单位为 $\mathrm{W\cdot m^{-2}}$. 辐出度是物体辐射能力大小的表征, 代表着辐射面上的功率密度.

实验表明, 物体在向空间辐射的同时, 还不断吸收外来的辐射. 在给定的温度条件下, 不同的物体对某一波长范围内的电磁波, 其辐射和吸收能力是不同的. 如果一个物体能够完全地吸收投射在它上面的所有电磁波, 这样的物体称为黑体. 与质点一样, 黑体也是一种理想的模型, 是实际情况的一种近似. 自然界中绝对意义的黑体是不存在的, 但是, 有许多物体的行为接近于黑体. 例如, 在不透明材料做成的空腔上开一个小孔, 这样的小孔就可视为黑体模型. 这是因为由小孔进入空腔的电磁波, 将会在空腔内壁上发生多次反射, 而每次反射时, 空腔内壁都将会吸收一部分能量. 这样, 经过多次反射后, 电磁波的能量几乎全部被腔壁吸收, 最后从小孔逃逸出来的电磁波将趋近于零, 如图 25.1 所示.

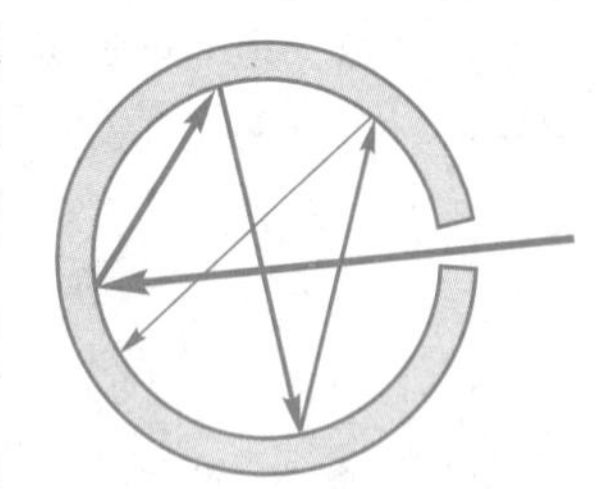
图 25.1 黑体模型

又如阳光下眺望远处楼房的窗口, 将会发现窗口特别黑暗. 这是因为光线透进窗口后, 经过墙壁的多次反射与吸收, 从窗口射出的光线甚少, 因而亦可将窗口

视为黑体 (参见章首图).

黑体辐射的实验可用带有小孔的空腔来进行: 当空腔处于某一温度时, 空腔内壁便不断地辐射各种波长的电磁波, 其中一部分电磁波将从小孔射出, 由小孔发射出的电磁辐射就可看成黑体辐射. 图 25.2 为用实验方法测得的黑体单色辐出度 $M_\lambda(T)$ 随波长和温度变化的分布曲线. 由实验曲线和式 (25.2) 可知, 黑体的辐出度 $M(T)$ 等于与 T 对应的曲线和 λ 轴所围的面积, 其值随温度的升高而迅速增大. 斯特藩 (1879 年) 和玻耳兹曼 (1884 年) 分别从实验和理论上得出

$$M(T)=\int_0^{+\infty} M_\lambda(T)\mathrm{d}\lambda=\sigma T^4 \tag{25.3}$$

这一规律称为斯特藩–玻耳兹曼定律. 式中, $\sigma=5.670\ 374\times10^{-8}\mathrm{W\cdot m^{-2}\cdot K^{-4}}$, 称为斯特藩–玻耳兹曼常量. 式 (25.3) 表明, 黑体的辐出度与其温度的 4 次方成正比.

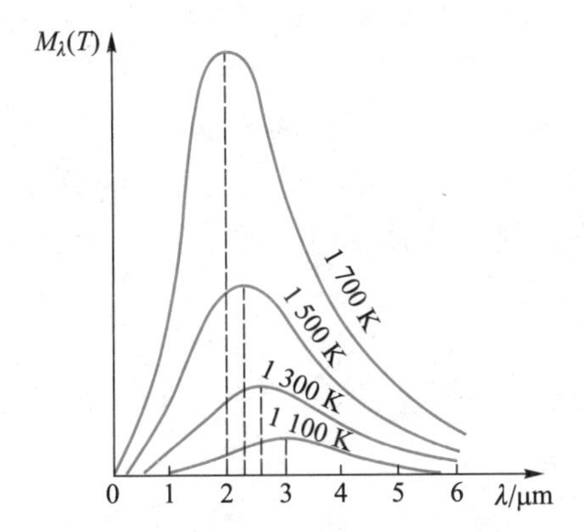

图 25.2 黑体单色辐出度的实验曲线

从图 25.2 可以看出, 随着温度的升高, 与 $M_\lambda(T)$ 的最大值对应的波长 λ_m (称为峰值波长) 将向波长减小的方向移动. 1893 年, 维恩用热力学理论推出

$$\lambda_\mathrm{m}T=b \tag{25.4}$$

此式叫维恩位移定律, 式中, $b=2.897\ 772\times10^{-3}\ \mathrm{m\cdot K}$, 为与温度无关的常量.

热辐射的规律是高温测量、星球表面温度的估计、遥感、红外追踪等技术的物理基础, 在科学技术中有着广泛的应用.

例 25.1 太阳的辐射与黑体相似, 若在波长 $\lambda_\mathrm{m}=500\ \mathrm{nm}$ 处的单色辐出度最大, 问太阳表面的温度及辐出度各为多少?

解: 由维恩位移定律得太阳表面的温度

$$T=\frac{b}{\lambda_\mathrm{m}}=\frac{2.90\times10^{-3}}{500\times10^{-9}}\ \mathrm{K}=5.8\times10^3\ \mathrm{K}$$

由斯特藩–玻耳兹曼定律得太阳表面的辐出度

$$M(T) = \sigma T^4 = 5.67 \times 10^{-8} \times (5.8 \times 10^3)^4 \mathrm{W \cdot m^{-2}} = 6.4 \times 10^7 \mathrm{W \cdot m^{-2}}$$

25.1.2 普朗克能量子假说

为了找出与上述实验曲线对应的理论解释, 许多物理学家做出了不懈的努力. 其中较有代表性的工作是由瑞利 (1900 年) 和金斯 (1905 年) 完成的, 他们分别用经典电磁理论和能量均分定理推出了黑体的单色辐出度

$$M_\lambda(T) = \frac{2\pi c}{\lambda^4} kT \tag{25.5}$$

此式叫瑞利–金斯公式. 式中, $k = 1.380\,65 \times 10^{-23} \mathrm{J \cdot K^{-1}}$ 称为玻耳兹曼常量. 由瑞利–金斯公式得到的曲线在长波区与实验结果符合得较好, 在短波部分即紫外区与实验结果偏差很大. **当 $\lambda \to 0$ 时, $M_\lambda(T) \to \infty$, 这一发散结果称为“紫外灾难”**.

文档 普朗克

视频 叶企孙

为解决经典物理在热辐射中所遇到的困难, 普朗克对瑞利–金斯公式的导出过程进行了认真的分析. 他认为, 导致“紫外灾难”的原因在于建立在能量可连续取值基础上的能量均分定理对黑体辐射失效. 于是, 普朗克抛弃了能量连续取值的观念, 大胆地提出了能量量子化假设:

(1) 组成黑体腔壁的分子或原子可视为带电的线性谐振子;

(2) 这些谐振子和空腔中的辐射场发生相互作用时所吸收和发射的能量是量子化的, 只能取一些分立值: $E, 2E, \cdots, nE$;

(3) 频率为 ν 的谐振子, 吸收和发射的能量最小值 $E = h\nu$ 称为能量子, 其中 $h = 6.626\,070 \times 10^{-34} \mathrm{J \cdot s}$, 称为普朗克常量①.

利用这一假设, 普朗克于 1900 年 12 月 14 日宣布他导出了一个公式

$$M_\lambda(T) = \frac{2\pi hc^2}{\lambda^5} \frac{1}{\mathrm{e}^{hc/\lambda kT} - 1} \tag{25.6}$$

此式在全波段内与实验相符, 称为普朗克公式, 它是国际实用温标特别是光学高温计 (参见图 25.3) 定标的基础.

图 25.3 光学高温计

普朗克提出的能量量子化假说不仅成功地解释了热辐射的实验规律, 而且还开创了物理学研究的新局面, 标志着人类对自然规律的认识从宏观领域进入了微观领域, 为量子力学的诞生奠定了基础. 普朗克因此而获得了 1918 年的诺贝尔物理学奖.

---

① 1921 年, 我国物理学家叶企孙等测定普朗克常量 $h = (6.556 \pm 0.009) \times 10^{-27} \mathrm{J \cdot s}$, 这一结果曾被公认为当时最精确的数值, 一直沿用了 16 年之久.

25.2 光电效应

25.2.1 光电效应的实验规律

光照射到金属表面时, 有电子从金属表面逸出的现象称为光电效应, 逸出金属表面的电子称为光电子, 由光电子形成的电流叫光电流. 光电效应的研究对光的本性的认识和量子论的发展起了非常重要的作用.

光电效应的实验装置如图 25.4 所示. 图中, K 为发射极, B 为集电极, S_2 为换向开关, A 为电流表, V 为电压表, R 为滑动电阻, $\mathscr{E}$ 为电源, S_1 为单向开关, 当 S_1、S_2 合上后, K 与 B 之间便存在直流电压 U, 此时再用单色光照射发射极 K 时, 发射极上就会有光电子逸出, 它们将在加速电场的作用下飞向集电极 B 而形成光电流. 实验发现, 光电效应有如下规律:

(1) 饱和光电流 i_{m} 与入射光强成正比.

图 25.5 是实验测得的光电效应的伏安特性曲线, 从中可以看出, 光电流 i 随加速电压 U 的增大而增大, 当 U 增大到一定值时, 光电流便达到一个最大值 i_{m}, 此后将不再随着 U 的增加而增加, 这一最大电流 i_{m} 称为饱和光电流, 其值与入射光强成正比.

(2) 光电子的最大初动能 $\frac{1}{2}m_{\mathrm{e}}v_{\mathrm{m}}^2$ 随入射光频率 ν 的增加而增加, 与入射光强无关.

由图 25.5 还可看出, 当 B 和 K 两极间的电压为零时, 光电流并不为零, 这表明从发射极逸出的光电子有一定的初动能. 在 B、K 间加上某一反向电压, 恰好使得光电子不能到达 B 形成光电流, 这一反向电压称为遏止电压, 用 U_{a} 表示.

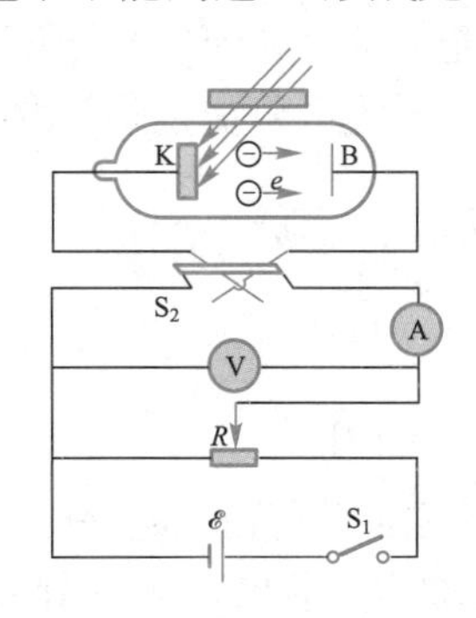

图 25.4 光电效应的实验装置

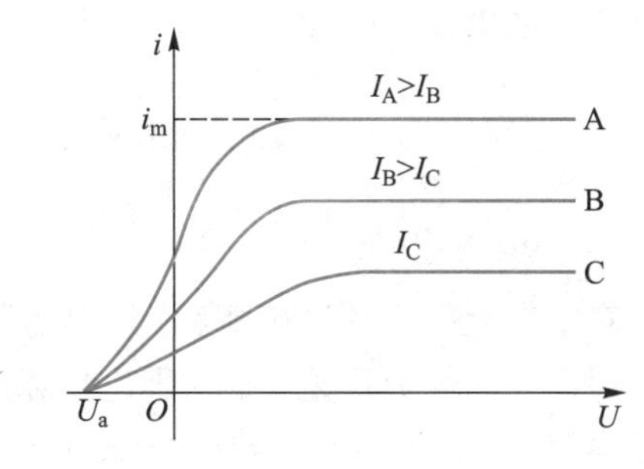

图 25.5 光电效应的 $i-U$ 曲线

由动能定理知, 光电子的最大初动能

$$\frac{1}{2}m_{\mathrm{e}}v_{\max}^2 = eU_{\mathrm{a}} \tag{25.7}$$

式中, m_e、e 分别为电子的质量和电荷绝对值.

实验还发现, 遏止电压与入射光的频率呈线性关系, 与入射光的强度无关, 即

$$U_a = k\nu - U_0 \tag{25.8}$$

式中, k 是与发射极金属材料无关的普适常量. U_0 是由发射极金属材料性质决定的常量. 将式 (25.7) 代入上式, 得

$$\frac{1}{2}m_e v_{\max}^2 = ek\nu - eU_0 \tag{25.9}$$

由此可见, 光电子的最大初动能随入射光的频率增大而线性增大, 与入射光的强度无关.

(3) 光电效应存在截止频率 ν_0.

由式 (25.9) 可知, 若入射光的频率 $\nu < \dfrac{U_0}{k} = \nu_0$, 则有 $\dfrac{1}{2}m_e v^2 < 0$, 这是不可能的. 即只有当 $\nu > \nu_0$, $\dfrac{1}{2}m_e v^2 > 0$ 时才会产生光电效应. 这一极限频率 ν_0 称为金属光电效应的截止频率 (习称红限), 相应的波长 λ_0 称为截止波长. 表 25.1 给出的是几种不同金属的红限, 以供参考.

表 25.1 几种金属的红限和逸出功

金属	钨	钙	钠	钾	铷	铯
红限 $\nu_0/(10^{14}\ \text{Hz})$	10.95	7.73	5.53	5.44	5.15	4.69
逸出功 W/eV	4.54	3.20	2.29	2.25	2.13	1.94

(4) 光电效应具有“瞬时性”.

实验发现, 当入射光的频率 $\nu > \nu_0$ 时, 无论光的强度如何, 从光照射发射极到光电子逸出这段时间不超过 10^{-9} s. 从而可以认为, 光电效应是瞬时发生的.

25.2.2 光电效应的理论解释 爱因斯坦的光子理论

1. 经典物理遇到的困难

对于光电效应的理论解释, 经典物理遇到了极大的困难.

根据光的经典理论 (波动理论), 光的能量仅与光强 (或光振幅) 有关. 当光照射金属时, 金属内的自由电子便会从入射光中获取能量, 逸出表面, 因此, 逸出电子的初动能应与光强有关, 而实验结果却是无关的 [参见式 (25.7)].

其次, 按照经典理论, 只要光照时间足够长, 则金属中的电子就一定能从光波中吸取足够的能量, 克服金属表面的逸出功, 产生光电效应, 因而不应存在红限, 但实验指出却有红限存在.

另外, 按照经典理论, 金属中的电子必须经过一定的时间累积才能从光波中获取足够的能量, 逸出金属表面, 产生光电效应. 换言之, 光电效应不应具有瞬时

性, 但实验结果却表明, 光电效应是瞬时发生的.

2. 爱因斯坦的光子理论及其对光电效应的解释

为了克服经典理论带来的困难, 科学合理地解释光电效应, 在普朗克能量子假设的启发下, 爱因斯坦于 1905 年提出了光子假设: 光是以光速运动的光量子(简称光子) 流, 一个频率为 ν 的光子的能量

$$E = h\nu \tag{25.10}$$

其质量

$$m = \frac{E}{c^2} = \frac{h\nu}{c^2} \tag{25.11}$$

其动量大小

$$p = mc = \frac{h\nu}{c} = \frac{h}{\lambda} \tag{25.12}$$

这便是爱因斯坦光子理论的主要内容. 根据这一理论及能量守恒定律, 当频率为 ν 的光照射金属表面时, 金属中的电子将吸收光子, 获得 $h\nu$ 的能量, 其中的一部分用于电子逸出金属表面所需做的功 (此功称为逸出功 W, 其值随金属的不同而不同); 另一部分则转变为逸出电子的初动能 $\frac{1}{2}m_e v^2$, 即

$$h\nu = \frac{1}{2}m_e v^2 + W \tag{25.13}$$

这就是爱因斯坦的光电效应方程, 它是处理光电效应问题的基础. 利用光子理论可以很好地解释光电效应的问题.

按照光子理论, 照射光强越大, 单位时间打在金属表面上的光子数就越多, 由金属内激发出的光电子数也越多, 所以饱和光电流与光强成正比, 如图 25.5 所示.

由于每一个电子从光波中得到的能量只与单个光子的能量 $h\nu$ 有关, 即只与光的频率成正比, 所以光电子的初动能与入射光的频率呈线性关系, 与光强无关.

从式 (25.13) 可以看出, 当入射光频率 $\nu = \nu_0 = \frac{W}{h}$ 时, 光电子的速度 $v = 0$, 这时, 电子就不能从金属中逸出, 不能产生光电效应, 这样便出现了红限 ν_0.

当光照射金属时, 光子便会与金属内的电子发生作用, 一次性地将能量 $h\nu$ 全部传给电子, 因而不需要时间积累, 即光电效应是瞬时的.

由于光子理论在处理光电效应问题上所获得的巨大成功, 爱因斯坦获得了 1921 年的诺贝尔物理学奖.

光电效应可方便地实现光电信号转换, 因而在近代工程技术中得到了广泛的应用. 例如, 利用光电转换器 (习称光电管, 参见图 25.6) 可制成光电继电器来自动控制电路, 实现计数跟踪、报警的自动化; 还可利用光电管来制作光电倍增管 (参

见图 25.7)——将弱光激发出来的光电子通过多极倍增电压作用而实现“光电子”的倍增, 进而获得强大的 (光) 电流. 光电倍增管在军事、天文及光工程技术等方面均有广泛的应用.

图 25.6 光电管

图 25.7 光电倍增管

例 25.2 用波长为 0.35 μm 的紫外线照射金属钾做光电效应实验, 求:

(1) 紫外线光子的能量、质量和动量;

(2) 逸出光电子的最大速度和相应的遏止电压.

解: (1) 求解光子的微观参量主要依据是爱因斯坦的光子理论, 由式 (25.10) 得光子的能量

$$E = h\nu = \frac{hc}{\lambda} = \frac{6.63\times10^{-34}\times3\times10^{8}}{0.35\times10^{-6}}\text{J} = 5.68\times10^{-19}\text{J}$$

由式 (25.11) 得光子的质量

$$m = \frac{E}{c^2} = \frac{5.68\times10^{-19}}{(3\times10^{8})^2}\text{kg} = 6.31\times10^{-36}\text{kg}$$

由式 (25.12) 得光子的动量

$$p = \frac{h}{\lambda} = \frac{6.63\times10^{-34}}{0.35\times10^{-6}}\ \text{kg}\cdot\text{m}\cdot\text{s}^{-1} = 1.89\times10^{-27}\ \text{kg}\cdot\text{m}\cdot\text{s}^{-1}$$

(2) 查表 25.1 得钾金属的逸出功 $W = 2.25$ eV, 将它代入光电效应方程, 得逸出光电子的速度

$$v = \sqrt{\frac{2(h\nu - W)}{m_\text{e}}} = \sqrt{\frac{2\times(5.68\times10^{-19} - 2.25\times1.6\times10^{-19})}{9.11\times10^{-31}}}\text{m}\cdot\text{s}^{-1}$$

$$= 6.76\times10^{5}\text{m}\cdot\text{s}^{-1}$$

将式 (25.7) 与式 (25.13) 联立, 得

$$\frac{1}{2}m_\text{e}v^2 = h\nu - W = eU_\text{a}$$

解之得遏止电压

$$U_a = \frac{h\nu - W}{e} = \frac{5.68 \times 10^{-19} - 2.25 \times 1.6 \times 10^{-19}}{1.6 \times 10^{-19}} \text{ V} = 1.3 \text{ V}$$

例 25.3 以波长 $\lambda = 410$ nm 的单色光照射某一金属做光电效应实验, 测得它所产生的光电子的最大动能为 1.4 eV, 求能使该金属产生光电效应的单色光的最大波长.

解: 处理光电效应问题的主要依据是爱因斯坦的光电效应方程式 (25.13), 由该方程可以得到

$$h\nu = \frac{1}{2}m_e v^2 + W = h\frac{c}{\lambda} \tag{25.14}$$

由上式可知, 欲使照射光波长最大, 则要求式中的动能 $\frac{1}{2}m_e v^2$ 最小, 令其值为 0, 即光电子吸收的光能全部用于克服逸出功, 得

$$W = \frac{hc}{\lambda_{\max}} \tag{25.15}$$

由题设条件可知, $\lambda = 410$ nm 时, 光电子的动能最大为 $\frac{1}{2}m_e v_{\max}^2 = 1.4$ eV. 将之代入式 (25.14), 得逸出功

$$W = \frac{hc}{\lambda} - \frac{1}{2}m_e v^2 = \frac{6.63 \times 10^{-34} \times 3 \times 10^8}{410 \times 10^{-9}} \text{ J} - 1.4 \times 1.6 \times 10^{-19} \text{ J} = 2.61 \times 10^{-19} \text{ J}$$

代入式 (25.15), 得最大光波长

$$\lambda_{\max} = \frac{hc}{W} = \frac{6.63 \times 10^{-34} \times 3 \times 10^8}{2.61 \times 10^{-19}} \text{m} = 762 \text{ nm}$$

25.2.3 光的波粒二象性

通过波动光学的学习, 我们知道, 光是一种电磁波, 它具有一定的波长、频率, 以一定的速度在空间传播, 并具有干涉、衍射、偏振等波的通性. 本章讲的黑体辐射、光电效应等则证明了光还具有粒子性, 组成光的光子具有质量、动量、能量等粒子的基本属性. 可见, **光既具有波动性, 又具有粒子性, 光所具有的这种双重特性, 称为光的波粒二象性**.

通常认为, 在涉及光的传输问题时, 光的波动性起主导作用, 要用波动理论来解释; 在涉及光与物质相互作用时, 光的粒子性占主导地位, 需用光的粒子性来处理. 但是, 这种区分只是侧重于处理方法上的考虑, 实际上光的波动性和粒子性总是共存的. 光所表现的这两种性质, 反映了光的本性. 这是经典物理无法理解的.

应该指出的是, 光并不是经典物理中所描述的粒子, 因为其状态不能用位矢和动量来描述; 光也不能理解成经典意义的波, 因为光波在空间某处的强度实际

上反映了光子在该处出现的概率.

25.3 康普顿效应

文档 康普顿

动画 康普顿效应

视频 吴有训

1922 年到 1923 年间, 美国物理学家康普顿曾用如图 25.8 所示的实验装置对 X 射线的散射实验进行了认真的研究, 结果发现, 散射线中除了有波长和入射线 λ_0 相同的成分外, 还有一种波长更长的新成分 (参见图 25.9) λ 的存在, 这种现象称为康普顿效应①. 新谱线则称为位移线, 其波长 λ 与原波长 λ_0 之差 $\Delta\lambda=\lambda-\lambda_0$ 称为波长偏移量, 也叫康普顿偏移, 其大小随散射角 φ 的增大而增大, 且与散射物质 (在同一散射角度下) 无关.

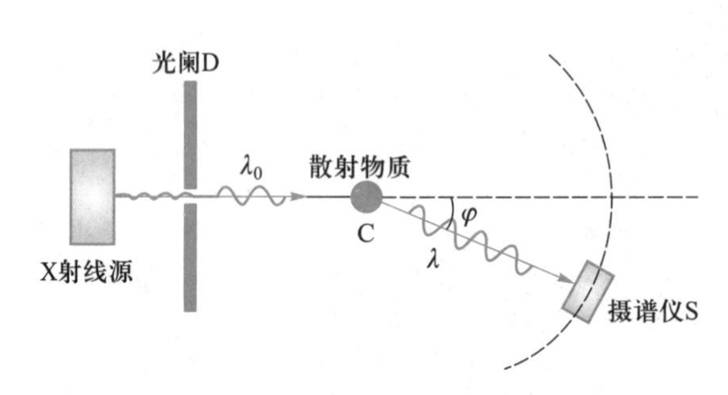

图 25.8 康普顿效应的实验装置

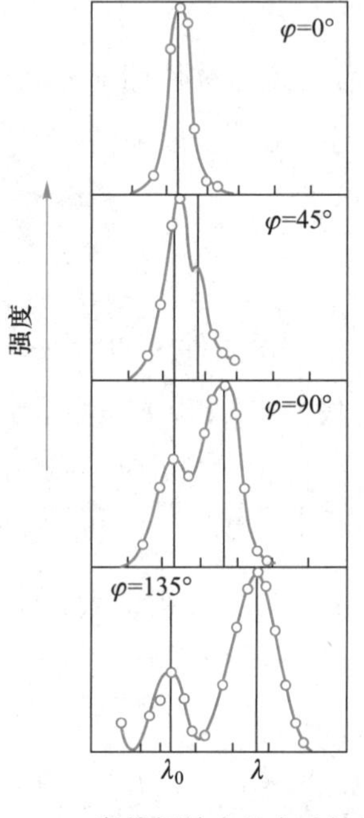

图 25.9 康普顿效应的实验结果

这显然是经典理论无法解释的现象. 因为按照经典电磁理论, 当一定频率的电磁波通过物体时, 将引起物体内带电粒子的受迫振动, 每个振动着的带电粒子将向四周辐射出与原入射电磁波同频率 (亦即同波长 λ_0) 的电磁波, 这就是散射光. 换言之, 散射光中只能有与入射波同波长 λ_0 的成分, 不可能出现波长大于 λ_0 的新谱线.

文档 康普顿偏移公式的推导

但若从光子论的角度来考虑, 则可圆满地解释康普顿效应. 按照光子论的观点, 康普顿散射的实质是光子与散射物中的电子发生弹性碰撞的结果. 因此, 碰撞前后光子与电子的动量及能量均守恒. 根据这一思想, 康普顿导出了公式 (参见二

① 1923 年 5 月, 康普顿首次公布了他的 X 射线散射的实验结果, 但却遭到了异议, 主要原因是美国哈佛大学的名教授 P. W. Bridgman 未能重复康普顿的结果. 吴有训得知这一情况后, 亲赴哈佛, 以精巧的实验技术在同行面前演示了康普顿的结果, 使物理界对康普顿效应确信无疑. 康普顿对吴先生的工作大加赞扬, 曾在其专著中 19 次提到了吴有训的工作, 特别是吴先生作的 15 种元素的 X 射线散射光谱图. 因此, 国内曾有人建议将康普顿效应改为康–吴效应, 但吴先生坚决不同意.

维码文档)

$$\Delta\lambda = \lambda - \lambda_0 = \frac{h}{m_e c}(1-\cos\varphi) = 2\lambda_C \sin^2\frac{\varphi}{2} \tag{25.16}$$

此式称为康普顿偏移公式. 式中, m_e 为电子的静质量, φ 为散射角, λ_C 称为康普顿波长, 其值

$$\lambda_C = \frac{h}{m_e c} = \frac{6.63\times10^{-34}}{9.11\times10^{-31}\times3\times10^8}\ \text{m} = 2.43\times10^{-12}\ \text{m}$$

式 (25.16) 不仅说明了康普顿效应的存在, 而且还定量地表达了 $\Delta\lambda$ 随 φ 角而变化的关系. 由于公式中不含与散射物质有关的量, 所以 $\Delta\lambda$ 与散射物质无关.

例 25.4 今用波长 $\lambda_0 = 2.07\times10^{-11}$ m 的 X 射线做康普顿散射实验. 求:

(1) 散射角为 $\dfrac{\pi}{2}$ 方向上散射线的波长;

(2) 反冲电子的动能.

解: 处理康普顿散射问题的主要依据是康普顿偏移公式及能量与频率 (波长) 的关系式 $E = h\nu = \dfrac{hc}{\lambda}$.

(1) 由康普顿偏移公式 (25.16) 可得被散射的 X 射线的波长

$$\begin{aligned}\lambda &= \lambda_0 + \Delta\lambda = \lambda_0 + \frac{h}{m_e c}(1-\cos\varphi)\\ &= \left[2.07\times10^{-11} + \frac{6.63\times10^{-34}}{9.11\times10^{-31}\times3\times10^8}\left(1-\cos\frac{\pi}{2}\right)\right]\ \text{m}\\ &= 2.31\times10^{-11}\ \text{m}\end{aligned}$$

(2) 根据能量守恒定律, 反冲电子的动能等于入射光子的能量与散射光子的能量差, 即

$$\begin{aligned}E_k &= E_0 - E = hc\left(\frac{1}{\lambda_0} - \frac{1}{\lambda}\right)\\ &= 6.63\times10^{-34}\times3\times10^8\times\left(\frac{1}{2.07} - \frac{1}{2.31}\right)\times10^{11}\,\text{J}\\ &= 9.98\times10^{-16}\,\text{J}\end{aligned}$$

*25.4 氢原子的玻尔理论 弗兰克–赫兹实验

25.4.1 氢原子光谱的实验规律

实验发现原子光谱是离散的线状光谱, 每一条谱线均有一确定的频率, 不同元素的原子都有自己的特征谱线. 可见, 原子光谱中有反映原子结构的重要信息.

因此, 研究原子光谱是正确认识原子结构的重要方法.

早在 19 世纪中叶, 人们就已发现氢原子在可见光和近紫外波段有一组谱线, 如图 25.10 所示. 其中, H_α 线波长为 656.28 nm (红色), H_β 线波长为 486.13 nm (深绿色), H_γ 线波长为 434.05 nm (青色), H_δ 线波长为 410.17 nm (紫色) 等, 波长最短的谱线波长 $\lambda = 364.56$ nm, 称为线系限. 随着波长的减小, 谱线间隔越来越小, 且强度越来越弱, 越过线系限后, 变成暗淡的连续光谱.

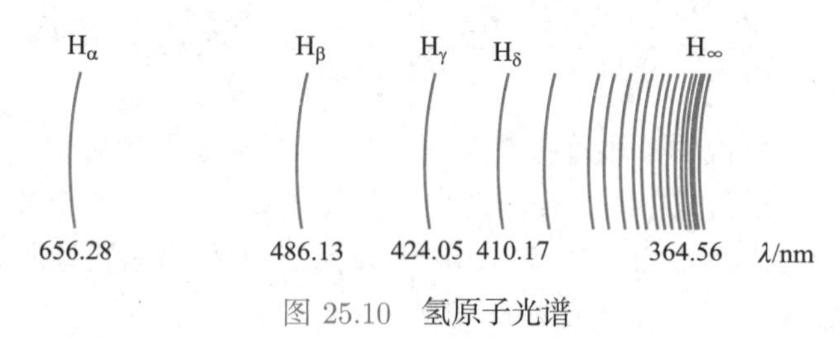

图 25.10 氢原子光谱

1885 年, 巴耳末发现, 这一组谱线的波长可表示为

$$\lambda = B\frac{n^2}{n^2-4} \tag{25.17}$$

此式称为巴耳末公式. 式中, $B = 3.645\,6 \times 10^{-7}$ m$(n = 3, 4, 5, \cdots)$.

1890 年, 里德伯将巴耳末公式改写成较为对称的形式:

$$\sigma = \frac{1}{\lambda} = R\left(\frac{1}{2^2} - \frac{1}{n^2}\right) \quad (n = 3, 4, 5, \cdots) \tag{25.18}$$

其中, $\sigma = \dfrac{1}{\lambda}$ (波长的倒数) 称为谱线的波数, $R = 1.096\,7758 \times 10^7\ \text{m}^{-1}$, 称为氢光谱的里德伯常量. 满足式 (25.18) 的一组谱线叫巴耳末系.

式 (25.18) 的准确性和简明性, 促使人们猜想, 除巴耳末系外, 还可能有氢原子光谱的其他线系, 其公式应与式 (25.18) 类似, 1914 年, 人们果然在紫外波段发现了莱曼系, 其波数

$$\sigma = \frac{1}{\lambda} = R\left(\frac{1}{1^2} - \frac{1}{n^2}\right) \quad (n = 2, 3, 4, \cdots) \tag{25.19}$$

1908 年, 在近红外波段发现了帕邢系, 其波数

$$\sigma = \frac{1}{\lambda} = R\left(\frac{1}{3^2} - \frac{1}{n^2}\right) \quad (n = 4, 5, 6, \cdots) \tag{25.20}$$

1922 年和 1924 年, 分别在远红外波段发现了布拉开系和普丰德系, 其波数分别为

$$\sigma = \frac{1}{\lambda} = R\left(\frac{1}{4^2} - \frac{1}{n^2}\right) \quad (n = 5, 6, 7, \cdots) \tag{25.21}$$

$$\sigma = \frac{1}{\lambda} = R\left(\frac{1}{5^2} - \frac{1}{n^2}\right) \quad (n = 6, 7, \cdots) \tag{25.22}$$

式 (25.18)—式 (25.22) 可用一个更一般的公式表示, 即

$$\sigma = \frac{1}{\lambda} = R\left(\frac{1}{m^2} - \frac{1}{n^2}\right) \tag{25.23}$$

式中, n, m 均为正整数, 且 $n > m, m$ 一定时, 不同的 n 构成一个谱线系; 不同的 m, 则相当于不同的谱线系.

25.4.2 氢原子的玻尔理论

为了揭开原子光谱的奥秘, 人们对原子结构进行了大量的研究, 提出了不少原子结构的模型. 其中较有影响的是卢瑟福根据盖革、马斯登所做的 α 粒子散射实验. 卢瑟福于 1911 年提出了原子结构的核式模型, 他认为, 原子中心有一个带有正电荷为 Ze(Z 为原子序数) 的原子核, 其半径为 $10^{-13} \sim 10^{-12}$ cm, 核虽小, 但几乎集中了全部原子的质量. 在正常情况下, 核外有 Z 个电子绕核运动.

卢瑟福 (参见文档) 模型虽然成功地解释了 α 粒子的散射实验, 但也遇到了不可克服的困难. 根据经典电磁理论, 电子环绕原子核的运动是加速运动, 因而应不断产生电磁辐射, 不断损失能量, 使运动轨道半径不断减小, 在不到 10^{-10} s 内即可落在核上, 使原子瓦解. 同时, 加速运动的电子所辐射的电磁波的频率也将连续变化, 形成带状光谱, 这与原子是稳定的和原子光谱是离散的线状光谱相矛盾.

文档 卢瑟福

为解决上述困难, 玻尔将普朗克、爱因斯坦的量子理论推广到原子系统, 并根据原子线状光谱的实验事实, 于 1913 年提出了如下假设.

1. 定态假设

原子中的电子只能在一些半径不连续的轨道上做圆周运动. 在这些轨道上, 电子虽做加速运动, 但不辐射 (或吸收) 能量, 因而处于稳定状态, 称为定态. 相应的轨道称为定态轨道.

2. 量子化条件假设

电子在定态轨道上运动时, 其角动量只能取 $\dfrac{h}{2\pi}$ 的整数倍, 即

$$L = m_e vr = n\frac{h}{2\pi} = n\hbar \quad (n = 1, 2, \cdots) \tag{25.24}$$

式中, m_e 为电子的质量, v 为电子运动的速率, r 为轨道半径, n 为量子数, $\hbar = \dfrac{h}{2\pi}$ 为约化普朗克常量. 此条件称为角动量量子化条件.

3. 频率条件假设

电子从某一定态向另一定态跃迁时, 将发射 (或吸收) 光子. 如果初态和终态的能量分别为 E_n 和 E_m, 且 $E_n > E_m$, 则发射光子的频率

$$\nu = \frac{E_n - E_m}{h} \tag{25.25}$$

此式称为玻尔的频率条件.

此外, 玻尔还认为, 核外电子在电子与核之间的库仑力的作用下, 绕核做圆周运动, 并服从牛顿运动定律, 即

$$\frac{1}{4\pi\varepsilon_0}\frac{e^2}{r^2} = m_e\frac{v^2}{r} \tag{25.26}$$

由玻尔的上述假设很容易推出氢原子的能量公式和氢光谱规律的公式 (25.21).

将式 (25.24) 与式 (25.26) 联立求解, 得电子在定态轨道上运动的速率和半径分别为

$$v_n = \frac{1}{4\pi\varepsilon_0}\frac{e^2}{n\hbar} \tag{25.27}$$

$$r_n = \frac{4\pi\varepsilon_0\hbar^2}{m_e e^2}n^2 \tag{25.28}$$

$n = 1$ 时, $r_1 = \dfrac{4\pi\varepsilon_0\hbar^2}{m_e e^2} = 0.529 \times 10^{-10}$ m 为电子轨道的最小半径, 称为玻尔半径, 用 a_0 表示.

若规定无限远处势能为 0, 并考虑到式 (25.27) 及式 (25.28), 则电子在 r_n 的轨道上运动时所具有的能量

$$\begin{aligned} E_n &= E_{kn} + E_{pn} = \frac{1}{2}m_e v_n^2 - \frac{e^2}{4\pi\varepsilon_0 r_n} = -\frac{e^2}{8\pi\varepsilon_0 r_n} = -\frac{m_e e^4}{32\pi^2\varepsilon_0^2\hbar^2}\frac{1}{n^2} \\ &= \frac{E_1}{n^2} \quad (n = 1, 2, \cdots) \end{aligned} \tag{25.29}$$

由于核的质量很大, 可视为静止, E_{pn} 属于电子与核这个系统所共有, 所以式 (25.29) 也为氢原子的能量公式. 可见, 氢原子系统的能量是量子化的. 上式中的 n 是氢原子能量的主要决定者, 称为主量子数, 有时亦简称为量子数,

$$E_1 = -\frac{m_e e^4}{32\pi^2\varepsilon_0^2\hbar^2} = -13.6 \text{ eV}$$

为氢原子的最低能量, 称为基态能, 相应的状态 ($n = 1$) 称为基态; $n > 1$ 的状态则统称为激发态. 若将氢原子中的电子从基态电离, 即由束缚态变为自由态, 外界至少要供给电子的能量为 $E_\infty - E_1 = 13.6$ eV, 这个能量叫电离能.

处于激发态的原子是不稳定的, 由式 (25.25) 和式 (25.29) 知, 原子由高能态 E_n 跃迁到低能态 E_m 时所辐射的光子频率

$$\nu = \frac{m_e e^4}{64\pi^3\varepsilon_0^2\hbar^3}\left(\frac{1}{m^2} - \frac{1}{n^2}\right)$$

相应的波数

$$\sigma=\frac{1}{\lambda}=\frac{\nu}{c}=\frac{m_{\mathrm{e}}e^4}{64\pi^3\varepsilon_0^2\hbar^3 c}\left(\frac{1}{m^2}-\frac{1}{n^2}\right) \tag{25.30}$$

经计算

$$\frac{m_{\mathrm{e}}e^4}{64\pi^3\varepsilon_0^2\hbar^3 c}=1.097\,373\times10^7\ \mathrm{m}^{-1}$$

与里德伯常量的测量值一致. 可见, 由玻尔理论推得的式 (25.30) 与氢光谱的实验规律式 (25.23) 完全符合, 氢原子能级及能级跃迁所产生的各谱线系如图 25.11 所示.

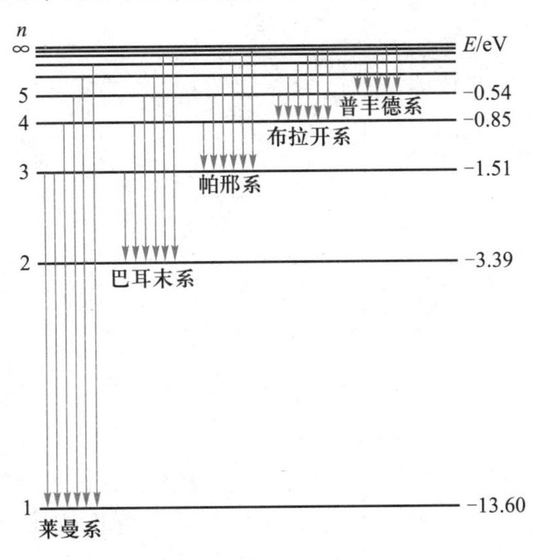

图 25.11 氢原子谱线系

玻尔理论克服了卢瑟福模型和电磁辐射的困难, 成功地解决了原子的稳定性问题, 从理论上推出了氢原子光谱的实验规律, 后经索末菲的发展和推广, 还能说明氢光谱的精细结构和碱金属原子的光谱, 从而首次推开了人们认识原子结构的大门. 但用它来解释复杂原子的光谱, 却显得无能为力, 即使对氢光谱, 也只能对频率进行计算, 而不能解释光谱的强度、光偏振等问题. 从理论上讲, 玻尔理论的缺陷在于没有完全摆脱经典物理的束缚. 一方面玻尔指出经典力学不适用于原子等微观粒子体系, 将量子条件引进原子系统; 另一方面, 他又保留了质点沿轨道运动的经典概念. 用经典力学和量子条件计算电子的定态能量, 这二者是相互矛盾的, 量子条件和允许的轨道是人为强加给微观粒子的, 因而玻尔理论是一个不自洽的理论.

尽管如此, 玻尔理论仍不愧为一个“光辉”的理论, 它开创了原子结构研究的新纪元, 为量子力学的诞生打下了坚实的基础, 它的“定态能级”“谱线的频率条件”等假设作为基本概念仍保留在量子力学中. 玻尔因为在研究原子结构及原子辐射方面的工作而获得了 1922 年的诺贝尔物理学奖.

25.4.3 弗兰克–赫兹实验

1914 年, 德国物理学家弗兰克与赫兹 (电磁波发现者赫兹的侄儿) 合作, 进行了有名的电子轰击原子的实验, 使轰击电子与原子核外电子发生碰撞, 进行能量交换, 其最初的目的是为了精确地测量原子的电离电势. 这就是有名的弗兰克–赫兹实验, 其装置略如图 25.12 所示. 图中, K 为发射极 (阴极), 通过电流加热发射电子; A 为网状阳极, A、K 间加一可调节的加速电压, 用来加速电子; B 为集电极, 用以收集电子.

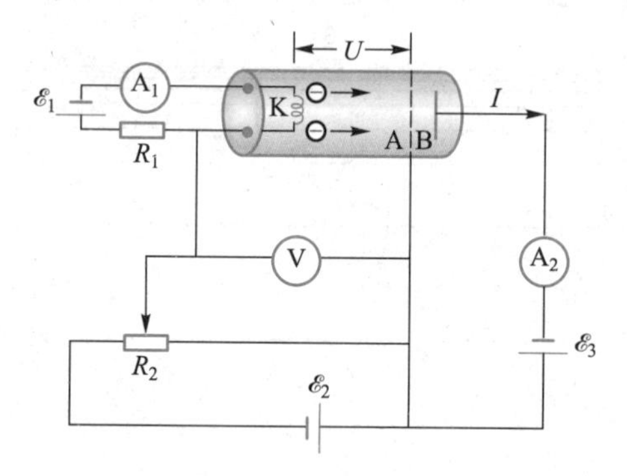

图 25.12 弗兰克–赫兹实验

弗兰克和赫兹通过不断增加加速电压来观察电子和原子的碰撞, 结果发现: 直到加速电压达到 4.9 V 为止, 电子和汞原子均做弹性碰撞; 超过这一电压, 则做非弹性碰撞; 将大小为 4.9 eV 的能量传递给原子, 导致一谱线的发射, 其能量值恰好等于谱线频率与 h 的乘积, 即 $E = h\nu$. 其电流电压变化关系如图 25.13 所示. 弗兰克和赫兹曾错误地认为, 汞原子的电离电势就是 4.9 V.

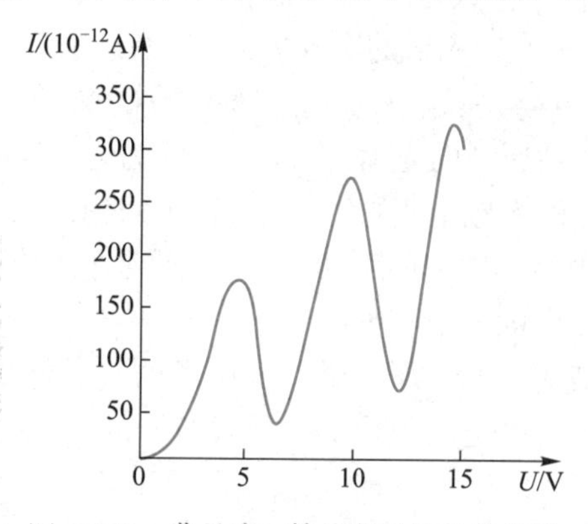

图 25.13 弗兰克–赫兹实验的伏安曲线

1915 年, 玻尔在题为《论辐射的量子论和原子的结构》的论文中, 用自己的理论对上述实验做出了正确解释. 玻尔认为, 当电子的能量达到 4.9 eV 时, 原子开始吸收电子的能量, 表现为非弹性碰撞. 由于电子做非弹性碰撞后动能减小, 不能克服反向电场作用到达集电极, 使放大器上的电流表读数大为降低. 当加速电压继续增大, 使得失能后的电子继续获得能量, 穿过阳极栅网, 飞向集电极, 当加速电压达到 $U_2 = 2U_1 = 2 \times 4.9$ V 时, 便发生第二次非弹性碰撞, 这时, 电子又会因为失去能量而不能克服反向电场的作用抵达 B, 使电流表的读数又迅速下降 $\cdots\cdots$. 形成了如图 25.13 所示的伏安曲线. 玻尔认为, 弗兰克–赫兹实验测得的 4.9 V 不是汞原子的电离电势, 而是汞原子从基态到第一激发态的激发电势. 1919 年, 弗兰克和赫兹完全同意玻尔的正确解释, 并于第二年改进了原来的实验装置, 重做了该实验. 结果显示汞原子内部确实存在一系列能量子态, 成为最先证明玻尔理论的著名实验, 获得了物理学界的极高评价. 弗兰克和赫兹也因这一成果而获得了 1925 年的诺贝尔物理学奖.

25.4.4 对应原理

1918 年玻尔提出, 在大量子数的极限情况下, 量子体系的行为将与经典体系的行为相同. 这就是玻尔的对应原理. 它表明, 经典的宏观体系与量子的微观体系之间存在一定的联系, 或者说, 经典的宏观体系与量子的微观体系之间存在一座 "桥梁", 这座桥梁就是对应原理. 这是玻尔对量子物理发展的又一重大贡献. 它与量子理论的计算完全相符合 (参见 26.4).

25.5 德布罗意波

25.5.1 德布罗意假设

1923 年到 1924 年间, 德布罗意 (参见文档) 仔细地分析了光的微粒说和波动说的历史. 他认为, "整个世纪以来, 在光学中, 比起波动的研究方法来说, 过于忽略了粒子的研究方法; 在实物粒子的理论上, 是否发生了相反的错误呢? 是不是我们将关于粒子的图像想得太多而过分地忽略了波的图像呢?" 从对称性出发, 既然光 (波) 有微粒性, 那么, 实物粒子也应该具有波动性. 在爱因斯坦光子说的启发下, 德布罗意大胆地提出了物质的波粒二象性假设. 他认为, **质量为 m、速度为 v 的自由粒子, 一方面可用能量 E 和动量 p 来描述它的粒子性; 另一方面还可用频率 ν 和波长 λ 来描述它的波动性. 它们之间的关系与光的波粒二象性所描述的关系式 (25.10) 和式 (25.12) 一样, 即**

文档 德布罗意

$$E = h\nu \tag{25.31}$$

$$p = \frac{h}{\lambda} \tag{25.32}$$

式 (25.31)、式 (25.32) 均称为德布罗意公式, 上述与实物粒子相联系的波称为德布罗意波, 也称物质波. 德布罗意的假说不久就为实验所证实, 并在科技领域获得了广泛的应用. 德布罗意也因这一开创性工作而获得了 1929 年的诺贝尔物理学奖.

由式 (25.32) 可以得出德布罗意波的波长

$$\lambda = \frac{h}{p} = \frac{h}{mv} \tag{25.33}$$

通常情况下, 电子多由电压 U 来加速, 其动能

$$E_\mathrm{k} = \frac{p^2}{2m} = eU$$

由此可以解得

$$p = \sqrt{2mE_\mathrm{k}} = \sqrt{2meU}$$

如果不考虑相对论效应 (电子的速率一般不是很大), 式 (25.33) 又可改写为

$$\lambda = \frac{h}{p} = \frac{h}{\sqrt{2mE_\mathrm{k}}} = \frac{h}{\sqrt{2meU}} \tag{25.34}$$

式 (25.33) 和式 (25.34) 称为德布罗意波长公式, 它们在处理物质波问题中有着重要的应用.

如果考虑相对论效应 [参见式 (7.19c)], 则式 (25.34) 应修正为

$$\lambda = \frac{h}{p} = \frac{h}{\sqrt{2E_\mathrm{k}(m_0 + E_\mathrm{k}/2c^2)}} \tag{25.35}$$

例 25.5 分别求出动能为100 eV的电子及质量为 0.01 kg、速率为400 $\mathrm{m \cdot s^{-1}}$ 的子弹的德布罗意波长.

解: 据式 (25.34) 得电子的德布罗意波长

$$\begin{aligned} \lambda &= \frac{h}{p} = \frac{h}{\sqrt{2m_0E_\mathrm{k}}} \\ &= \frac{6.63 \times 10^{-34}}{\sqrt{2 \times 9.11 \times 10^{-31} \times 100 \times 1.6 \times 10^{-19}}}\ \mathrm{m} = 1.23 \times 10^{10}\ \mathrm{m} \end{aligned}$$

子弹的德布罗意波长

$$\lambda = \frac{h}{p} = \frac{h}{m_0 v} = \frac{6.63 \times 10^{-34}}{0.01 \times 400}\ \mathrm{m} = 1.66 \times 10^{-34}\ \mathrm{m}$$

从以上的计算结果可以看出, 对于微观电子而言, 其波长可与 X 射线的波长相比拟, 因而具有一定的波动性; 但对于宏观子弹而言, 其波长则小到可以忽略,

因而仅表现为粒子性.

例 25.6 用德布罗意波的概念导出玻尔的角动量量子化条件.

解: 欲使绕核做圆周运动的电子不辐射能量, 处于定态, 则在此轨道上与运动电子相联系的德布罗意波应为驻波 (不与外界交换能量), 它所满足的条件为

$$2\pi r = n\lambda \quad (n = 1, 2, \cdots)$$

将德布罗意波长公式 $\lambda = \dfrac{h}{p} = \dfrac{h}{m_0 v}$ 代入上式, 得角动量

$$L = m_0 v r = n\frac{h}{2\pi} = n\hbar \quad (n = 1, 2, \cdots)$$

此即角动量量子化条件.

25.5.2 德布罗意物质波的实验验证

最早证实电子具有波动性的实验是 1927 年戴维森和革末做的电子衍射实验 (习称戴维森 – 革末实验), 其装置如图 25.14 所示. 图中, $\mathscr{E}_1$、$\mathscr{E}_2$ 为电源, K 为灯丝, R 为可变电阻器, D 为光阑, M 为镍单晶, B 为集电器, G 为电流计.

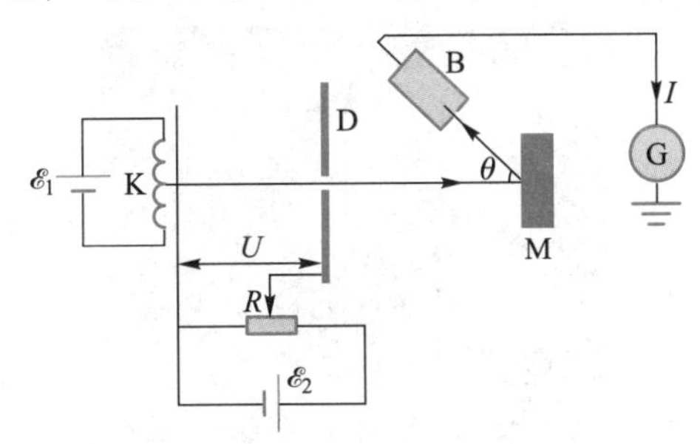

图 25.14 戴维森 – 革末的电子衍射实验

1927 年, 戴维森和革末将灯丝 K 加热后发射出来的电子, 用加速电压 U 加速, 后经光阑 D 垂直投射到镍单晶 M 的表面上, 让其发生散射, 散射电子流经集电器 B 收集, 形成电子流, 其强度 I 由电流计 G 测出, 图中集电器所在方向与反射线间夹角为 θ.

实验发现, 当加速电压达到 54 V 时, 在 $\theta = 50^\circ$ 的方向上, 观测到了一明显的电子流强度峰值 (参见图 25.15). 如果电子不具有波动性, 则散射电子的强度将随 θ 的增大而减小, 不会有峰值出现, 因此在 $\theta = 50^\circ$ 角处, 电子强度出现峰值是一种衍射效应, 是电子具有波动性的有力证明. 同年, 汤姆孙让电子束通过薄晶片后射到感光底片上, 也得到了清晰的电子衍射图样, 如图 25.16 所示, 这就再次证明了电子确实具有波动性. 戴维森和汤姆孙因为证实了电子的波动性而获得了 1937 年的诺贝尔物理学奖.

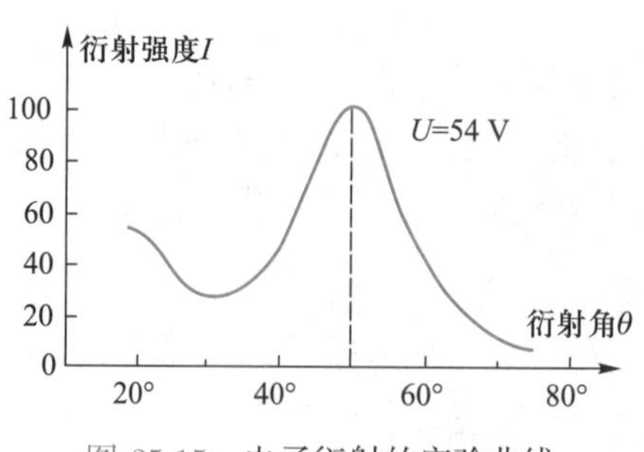

图 25.15 电子衍射的实验曲线

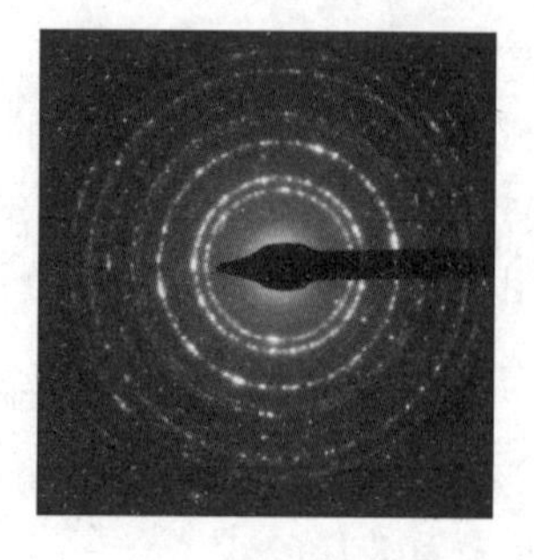

图 25.16 电子的衍射图纹

后来的实验还进一步证实, 除了电子外, 质子、中子、原子和分子等微观粒子同样具有波动性, 其行为同样可用式 (25.31)、式 (25.32) 和式 (25.33) 来描述.

实物粒子的波动性在现代科学技术中有着广泛的应用, 电子显微镜 (参见图 25.17) 的研制成功就是其应用之一. 我们知道, 光学仪器的分辨本领 (或分辨率) 与仪器的孔径成正比, 与所用光的波长成反比 (参见 22.3 节). 在孔径一定的条件下, 所用光的波长越短, 仪器的分辨率就越高, 而一般电子的波长仅为光波长的几万分之一, 因此电子显微镜的分辨率要比光学显微镜的分辨率高出数万倍, 因而在观察较大分子、探索物质结构等方面都有显著优势.

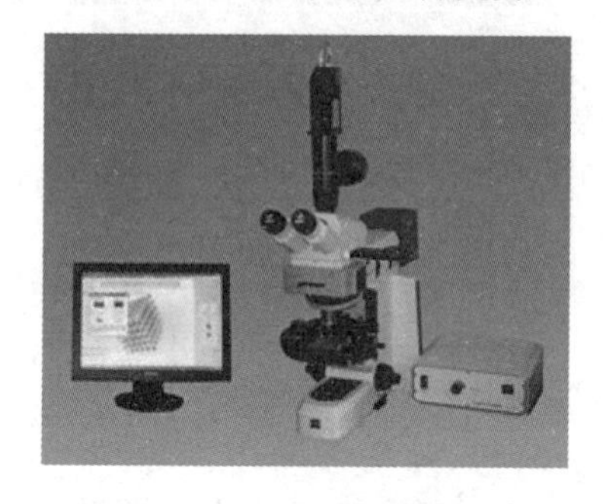

图 25.17 电子显微镜

思考题与习题

25.1 光电效应有哪些实验规律? 用光的波动理论解释光电效应遇到了哪些困难?

25.2 什么是德布罗意波? 哪些实验证实微观粒子具有波动性?

25.3 按照德布罗意假设, 一切物体都具有波粒二象性. 但我们却没有观测到宏观物体的波动性. 这是为什么?

25.4 一绝对黑体在 $T_1 = 1\,450$ K 时, 单色辐出度的峰值所对应的波长 $\lambda_1 = 2\ \mu\text{m}$, 当温度降低到 $T_2 = 976$ K 时, 单色辐出度的峰值所对应的波长 $\lambda_2 = 2.97\ \mu\text{m}$. 则两种温度下单色辐出度之比 $M_1 : M_2$ 为 (　　).

A. 4.87　　B. 1.49　　C. 0.673　　D. 0.205

25.5 波长为 0.071 nm 的 X 射线, 照射到石墨晶体上, 在与入射方向成 $\frac{\pi}{4}$ 角的方向上观察到康普顿散射 X 射线的波长是（　）.

A. 0.070 3 nm　　B. 0.071 7 nm　　C. 0.007 1 nm　　D. 0.717 nm

25.6 波长 λ 为 0.1 nm 的 X 射线, 其光子的能量 $E=$ ______, 质量 $m=$ ______, 动量 $p=$ ______.

25.7 处于基态的氢原子被外来单色光激发后发出巴耳末线系, 但仅观察到两条谱线, 这两条谱线的波长 $\lambda_1=$ ______, $\lambda_2=$ ______, 外来光的频率 $\nu=$ ______.

25.8 氢原子基态的电离能是 ______eV, 电离 $n=$ ______ 的激发态氢原子, 电离能为 0.544 eV.

*　　*　　*

25.9 用波长 $\lambda=300$ nm 的紫外线照射某金属, 测得光电子的最大速率为 $5\times10^5\ \mathrm{m\cdot s^{-1}}$, 求该金属的截止波长 λ_0.

25.10 测得从某炉壁小孔辐射出来的热量功率密度为 $20\ \mathrm{W\cdot cm^{-2}}$, 求炉内温度及单色辐出度极大值所对应的波长.

25.11 某黑体在 $\lambda_\mathrm{m}=600$ nm 处辐射为最强, 假如将它加热使其 λ_m 移到 500 nm 处, 求前后两种情况下辐射能之比.

25.12 太阳每分钟投射到地球表面的辐射能密度约为 $8.36\ \mathrm{J\cdot cm^{-2}}$, 若将太阳看作黑体, 求太阳表面的温度. 设太阳到地球的距离 $R=1.5\times10^{11}$ m, 太阳的半径 $r=6.9\times10^8$ m.

25.13 从钼中移出一个电子需要 4.2 eV 的能量. 今用 $\lambda=200$ nm 的紫外线照射到钼的表面上, 求光电子的最大初动能、遏止电压及钼的红限波长.

25.14 汞的红限 $\nu_0=1.09\times10^{15}$ Hz, 现用 $\lambda=200$ nm 的单色光照射, 求汞放出光电子的最大初速度和遏止电压.

25.15 某人做光电效应实验测得的实验曲线如图所示. 求实验曲线的斜率 k 及普朗克常量 h.

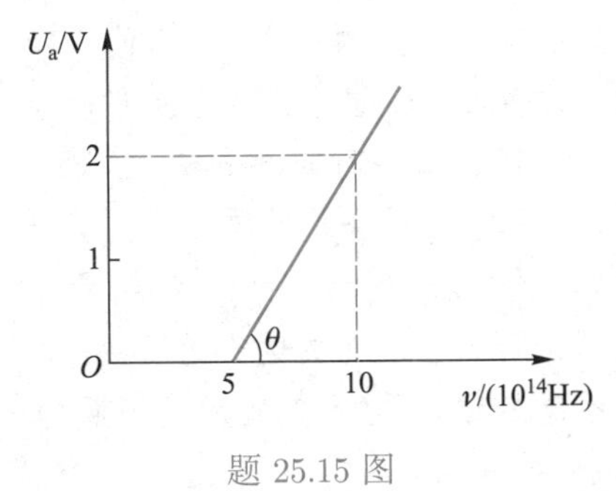

题 25.15 图

25.16 当波长 $\lambda=400$ nm 的光入射在一钡制发射极上时, 求使所有电子轨道弯曲限制在半径为 20 cm 的圆内所需要的横向磁感应强度. (钡的逸出功为 2.5 eV.)

25.17 波长为 3.0×10^{-12} m 的光子射到自由电子上, 测得反冲电子的速率为光速的 60%, 求散射光的波长及散射角.

文档 第25章章末问答

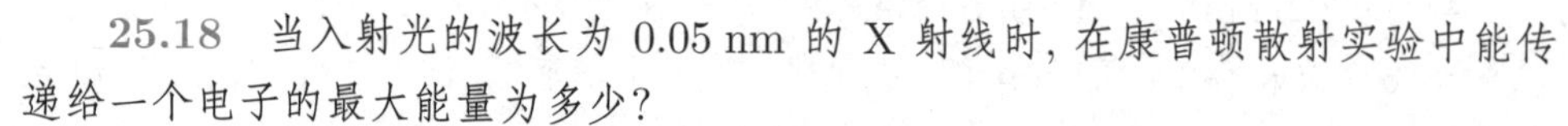

25.18 当入射光的波长为 0.05 nm 的 X 射线时, 在康普顿散射实验中能传递给一个电子的最大能量为多少?

25.19 在康普顿散射实验中, 用某一波长的光入射时, 电子可能获得的最大能量为 45 keV, 求入射光子的波长.

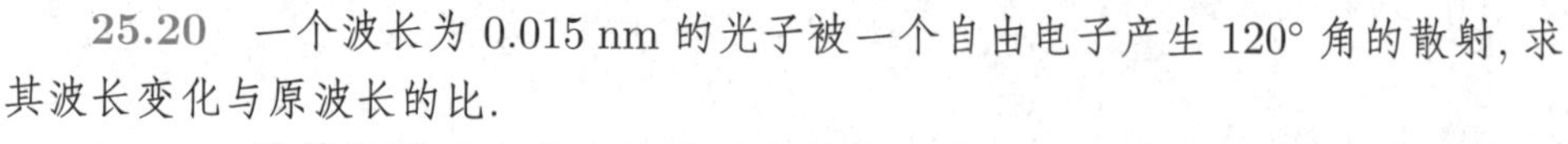

25.20 一个波长为 0.015 nm 的光子被一个自由电子产生 120° 角的散射, 求其波长变化与原波长的比.

动画 第25章章末小试

25.21 计算氢原子光谱中莱曼系的最短和最长的波长, 并指出它们是否为可见光.

25.22 μ 子所带电荷量为 $-e$, 质量为电子质量的 207 倍. 一个质子俘获一个 μ 子后形成 μ 子原子, 参照氢原子能级公式, 求出 μ 子原子的能级公式.

第 25 章习题答案

25.23 在一电子束中, 电子的动能为 200 eV, 则电子的德布罗意波长为多少? 当该电子遇到直径为 1 mm 的孔或障碍物时, 它表现出粒子性, 还是波动性?

25.24 若一个电子的动能等于它的静能, 求该电子的德布罗意波长.

25.25 已知电子的德布罗意波长与它的康普顿波长相等, 求电子的运动速度.

阅读材料

玻　尔

阅 25.1 图 玻尔

玻尔 (Niels Henrik David Bohr, 1885—1962), 丹麦伟大的物理学家, 1885 年 10 月 7 日出生于哥本哈根, 其父是哥本哈根大学的生理学教授, 这使他从小就有条件受到良好的正规教育.

1903 年, 玻尔进入哥本哈根大学攻读物理学. 读书期间, 他发表了关于精确测定表面张力的论文, 并由此获得丹麦皇家文理科学院的金质奖章. 玻尔作为一名才华出众的学生和一名球技高超的足球运动员而蜚声全校.

1911 年, 玻尔以应用电子论解释金属性质的论文获哥本哈根大学哲学博士学位. 随后, 玻尔到了剑桥大学, 希望在电子的发现者汤姆孙指导下, 继续他的电子论研究, 然而汤姆孙已对这个课题不感兴趣. 不久, 他转到曼彻斯特卢瑟福实验室工作, 在那里, 他和卢瑟福建立了良好的友谊, 并奠定了他在物理学上取得伟大成就的基础.

1913 年, 玻尔回到哥本哈根, 在卢瑟福、普朗克、爱因斯坦等人工作的基础上, 玻尔在原子结构的研究中, 迈出了决定性的一步, 提出了量子态的崭新概念, 并写成长篇论文《论原子结构和分子结构》. 由卢瑟福推荐, 分三部分发表在伦敦皇家学会的《哲学杂志》上. 大家熟悉的定态、原子辐射的频率条件和角动量量子化条件就是在这一论文中提出来的, 它们构成了玻尔氢原子理论的主要内容.

1916 年, 玻尔回母校工作, 获任哥本哈根大学理论物理教授. 他在进一步研究的基础上, 提出了“对应原理”, 指出了经典行为与量子力学的关系: 在大量子数的极限情况下, 量子体系的行为与经典体系行为相同. 三年后, 玻尔又提出了“互补原理”: 经典理论是量子理论的极限近似. 玻尔的理论很快获得了弗兰克–赫兹实验验证 (这使得玻尔在物理界的声望大增).

玻尔开创性的工作, 加上 1925 年泡利提出的不相容原理, 从根本上揭示了元素周期表的奥秘.

1921 年, 丹麦理论物理研究所 (现名玻尔研究所) 建成, 玻尔以他崇高的声望在自己周围吸引了一批优秀的年轻人, 创立了哥本哈根学派. 曾在玻尔研究所工作一个月以上的学者共有 63 人, 他们来自 17 个国家, 其中 10 人先后获得了诺贝尔物理学奖. 正是在这些人的夜以继日的努力下, 新的理论如矩阵力学、泡利不相容原理、不确定关系、互补原理、量子力学的哥本哈根解释 …… 一个接一个地问世.

1922 年, 玻尔因对原子结构及原子放射性的出色研究而获得了诺贝尔物理学奖. 25 年后又获得了政府授封的“骑象勋爵”. 量子力学的建立, 引起了物理学界的争论, 特别是爱因斯坦和玻尔之间的争论持续了将近 30 年之久, 争论的焦点是关于不确定关系. 爱因斯坦反对带有不确定性的理论, 他认为: “…… 从根本上来说, 量子理论的统计表现是由于这一理论所描述的物理体系还不完备.” 他认为, 玻尔还没有研究到根本上, 而将不完备的答案当成了根本性的东西. 他相信, 只要掌握了所有定律, 一切运动都是可以预言的. 争论中, 他提出了不同的 “假想实验”, 以实现对微观粒子的位置和动量, 或时间和能量同时进行准确的测量, 但结果都被玻尔否定. 在争论的基础上, 玻尔写了两本著作《原子论和自然的描述》《原子物理学和人类知识》.

1936 年, 玻尔在论文《电子的俘获及原子核的构成》中, 提出了原子核的液滴模型, 很好地解释了重核的裂变问题.

1937 年, 玻尔怀着对中国人民十分友好的感情来我国访问、讲学. 访问后玻尔曾说, 中国的治学传统使他产生了灵感. 他发现, 他的伟大创造 —— 互补原理, 在中国的古代文明中早就有了先河, 并认为, “阴阳” 图是互补原理的一个重要标志. 之后, 他曾在很多场合用了这个标志, 包括在他亲自设计的家族族徽中心 (参见阅 25.2 图).

阅 25.2 图　太极图

1939 年, 玻尔获任丹麦皇家科学院院长. 13 年后又被任命为欧洲核子研究中心主席一职. 由于玻尔对早期量子力学的发展贡献很大, 因而又获得了“量子力学三巨头”的称谓 (另外两个人分别是普朗克和爱因斯坦).

1962 年 11 月 18 日, 玻尔在丹麦卡尔斯堡家中因心脏病突发去世, 享年 77 岁.

2000 年, 英国《物理世界》杂志举办了一次“10 名最伟大的物理学家”评选, 玻尔名列其中, 排名第四.

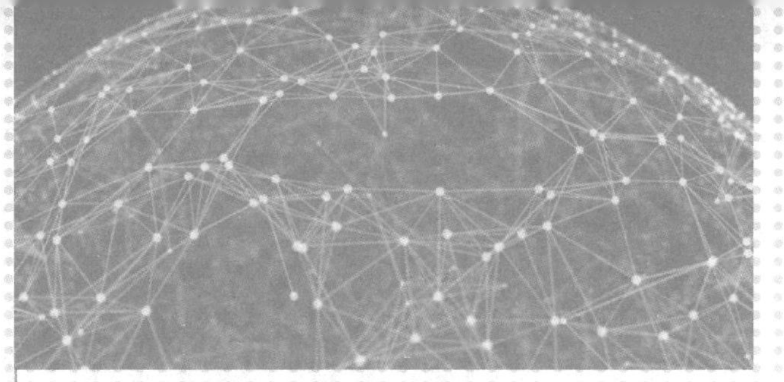

量子纠缠

第二十六章

量子力学初步

量子力学是一门描述微观粒子运动规律的学科，它是在一系列经典物理无法解释的新的实验事实的基础上，经过德布罗意、薛定谔、海森伯、玻恩、狄拉克等人的创造性的工作和物理大师们的争论（参见文档）而逐步发展起来的理论. 量子力学不仅是近代物理的理论支柱，而且还广泛地应用于化学、生物学、微电子学等许多高新技术领域.

本章主要介绍量子力学的基本概念及原理，要侧重掌握波函数的概念及其概率解释；掌握不确定关系，会用不确定关系估算粒子坐标及动量的不确定值；理解薛定谔方程，通过一维无限深势阱问题的求解来加深对薛定谔方程及微观粒子运动特征的理解；了解一维谐振子，一维势垒，隧道效应及电子隧穿显微镜.

文档　玻尔与爱因斯坦关于量子力学的争论

26.1 波函数

26.1.1 波函数的概念

前已说明, 一切微观粒子均有波动性, 因此其运动状态一定可以用一包含时间和空间变量的函数来描述, 这种与微观粒子波动状态相联系的函数称为物质波的波函数, 简称为波函数, 我们以自由粒子 (不受外力作用的粒子称为自由粒子) 为例, 结合机械波的波函数实例来导出其形式.

在第二十章中, 我们已经知道, 一个沿 x 轴正方向传播的单色平面波的波函数为 [参见式 (20.2c), 为简便起见, 我们取 $\varphi=0$]

$$y(x,t)=A\cos 2\pi\left(\nu t-\frac{x}{\lambda}\right)$$

为运算方便, 我们将它写成复数形式 (只取实数部分), 得

$$y(x,t)=A\mathrm{e}^{-\mathrm{i}2\pi\left(\nu t-\frac{x}{\lambda}\right)}$$

对于一个沿 x 轴正方向做匀速直线运动的自由粒子而言, 其行为相当于空间的一个平面物质波, 与上式类比, 并以符号 $\varPsi(x,t)$ 取代上式中的 y, 则有

$$\varPsi(x,t)=A\mathrm{e}^{-\mathrm{i}2\pi\left(\nu t-\frac{x}{\lambda}\right)}$$

利用德布罗意公式 $E=h\nu=\hbar\omega$ 及 $p=\dfrac{h}{\lambda}$ 可将上式改写为

$$\varPsi(x,t)=A\mathrm{e}^{-\frac{\mathrm{i}}{\hbar}(Et-p_x x)} \tag{26.1a}$$

将上式推广到三维空间的情况, 则得自由粒子的波函数

$$\varPsi(\boldsymbol{r},t)=A\mathrm{e}^{-\frac{\mathrm{i}}{\hbar}(Et-\boldsymbol{p}\cdot\boldsymbol{r})} \tag{26.1b}$$

26.1.2 波函数的统计解释

为了探讨波函数的物理意义, 物理学家们采用两种不同的方法来对电子波的双缝干涉进行实验: 一种是将处于同一状态的大量电子一次性地入射; 另一种是将同样数量的同状态电子一个一个地分别入射. 结果在照相底板上得到的干涉图样完全相同, 且与光的双缝干涉图样类似 (参见图 26.1), 这说明电子束的干涉规律具有统计性, 单个电子具有波动性.

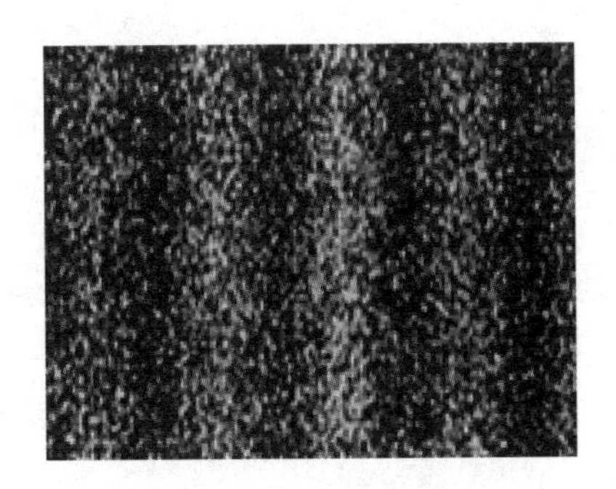

图 26.1 电子双缝干涉图样

文档 玻恩

对于电子束的干涉图样, 可从粒子性和波动性两个方面来解释. 从粒子的观点看, 干涉极大的位置正是到达粒子数较多的地方, 或者说粒子在该处出现的概率较大, 而粒子出现在干涉极小处的概率较小; 从波的观点看, 在干涉极大处波的强度较大, 干涉极小处波的强度较小. 玻恩 (参见文档) 统一了上述两种观点, 于 1926 年提出, 空间某处波的强度与在该处发现粒子的概率成正比; 而在该处单位体积内发现粒子的概率 (概率密度) $P(r,t)$, 与描述粒子运动状态的波函数 $\Psi(r,t)$ 的模平方成正比[①], 即

$$P(\boldsymbol{r},t)=|\Psi(\boldsymbol{r},t)|^2=\Psi(\boldsymbol{r},t)\Psi^*(\boldsymbol{r},t) \tag{26.2}$$

式中, $\Psi^*(\boldsymbol{r},t)$ 为 $\Psi(\boldsymbol{r},t)$ 的共轭复数. 这就是玻恩对波函数所作的统计解释. 按照这一解释, 和粒子相联系的德布罗意波可以认为是概率波, 与概率波相联系的波函数 $\Psi(\boldsymbol{r},t)$ 称为概率波幅, 简称概率幅. 式 (26.2) 表明, 微观粒子出现的概率随时间、空间而变化, 这正是微观粒子波动性的表现.

26.1.3 波函数的特性

根据波函数的统计解释, 很容易推知波函数具有如下性质.

1. 归一性

由于波函数的平方 $|\Psi|^2$ 代表着微观粒子出现的概率密度, 因此, 在空间体元 $\mathrm{d}V$ 中找到粒子的概率为 $|\Psi(\boldsymbol{r},t)|^2\mathrm{d}V$. 在非相对论的情况下, 粒子既不会产生, 也不会湮没. 因此, 在全空间找到粒子便为一必然事件, 其概率 (粒子在空间各点出现的概率总和) 为 1, 即

$$\int_V |\Psi(\boldsymbol{r},t)|^2\mathrm{d}V=\int_V \Psi(\boldsymbol{r},t)\Psi^*(\boldsymbol{r},t)\mathrm{d}V=1 \tag{26.3}$$

式中, V 为波函数存在的全部空间, 式 (26.3) 称为波函数的归一化条件, 满足式 (26.3) 的波函数称为归一化波函数. 对于一维运动的情况则有

① 为简便起见, 我们设其比例系数为 1, 后面 (参见 26.1.4) 将要说明, Ψ 与 $C\Psi$ 表示同一状态.

$$\int_{-\infty}^{+\infty} |\Psi(x,t)|^2 \mathrm{d}x = 1 \tag{26.4}$$

2. 连续性

由于概率不会在某处发生突变, 所以波函数必定处处连续.

3. 单值性

由于任何时刻、任何粒子在任何一个小体积元内出现的概率只有一个, 所以波函数一定是单值的.

4. 有限性

由于概率不可能无限大, 所以波函数必须是有限的.

波函数的上述特性在分析和处理微观粒子的运动问题时会经常用到, 因此一定要好好理解与掌握. 其中, **(2)、(3)、(4) 三条性质 (即连续、单值、有限) 常被称为波函数的标准条件**.

例 26.1 假设粒子只在一维空间中运动, 其状态可用波函数

$$\Psi(x,t) = \begin{cases} 0 & (x \leqslant 0,\ x \geqslant a) \\ A\mathrm{e}^{-\frac{\mathrm{i}}{\hbar}Et} \sin \dfrac{\pi}{a} x & (0 < x < a) \end{cases}$$

来描述, 式中, E、a 为常量, A 为任意常数, 求:

(1) 粒子的归一化波函数;

(2) 粒子的概率密度.

解: (1) 求解归一化波函数的关键是设法确定所给波函数的待定系数, 然后再将所求得的待定系数值代回原波函数即可. 待定系数通常由归一化条件来确定.

由波函数归一化条件式 (26.4) 得

$$\int_{-\infty}^{\infty} |\Psi(x,t)|^2 \mathrm{d}x = \int_{-\infty}^{0} |\Psi(x,t)|^2 \mathrm{d}x + \int_{0}^{a} |\Psi(x,t)|^2 \mathrm{d}x + \int_{a}^{\infty} |\Psi(x,t)|^2 \mathrm{d}x$$

$$= A^2 \int_0^a \left(\mathrm{e}^{-\frac{\mathrm{i}}{\hbar}Et} \sin \frac{\pi x}{a}\right) \left(\mathrm{e}^{+\frac{\mathrm{i}}{\hbar}Et} \sin \frac{\pi x}{a}\right) \mathrm{d}x = 1$$

解之, 得

$$A^2 \frac{a}{2} = 1, \quad A = \sqrt{\frac{2}{a}}$$

故归一化波函数

$$\Psi(x,t) = \begin{cases} 0 & (x \leqslant 0,\ x \geqslant a) \\ \sqrt{\dfrac{2}{a}} \mathrm{e}^{-\frac{\mathrm{i}}{\hbar}Et} \sin \dfrac{\pi}{a} x & (0 < x < a) \end{cases}$$

(2) 利用 (1) 的结果可得概率密度

$$P(x,t)=|\Psi(x,t)|^2=\begin{cases}0 & (x\leqslant 0,\ x\geqslant a)\\ \dfrac{2}{a}\sin^2\dfrac{\pi}{a}x & (0<x<a)\end{cases}$$

例 26.2 设在 $0<x<a$ 范围内做一维运动的粒子, 其波函数 $\Psi(x)=A\sin\dfrac{\pi x}{a}$, 式中, A 为任意常数. 求:

(1) 该粒子的概率密度;

(2) 在 $\left[0,\dfrac{a}{2}\right]$ 内发现粒子的概率.

解: (1) 求解概率密度的关键是确定归一化波函数, 然后再取其平方.

由归一化条件式 (26.4) 得

$$\int_0^{\infty}|\Psi(x)|^2\mathrm{d}x=A^2\int_0^a\sin^2\frac{\pi x}{a}\mathrm{d}x=A^2\frac{a}{2}=1$$

解之, 得

$$A=\sqrt{\frac{2}{a}}$$

故归一化波函数

$$\Psi(x,t)=\sqrt{\frac{2}{a}}\sin\frac{\pi x}{a}$$

概率密度

$$P(x,t)=|\Psi(x,t)|^2=\Psi(x,t)\Psi^*(x,t)=\frac{2}{a}\sin^2\frac{\pi x}{a}$$

(2) 由 (1) 的结果很容易得到在 $\mathrm{d}x$ 长度内发现粒子的概率

$$P\mathrm{d}x=\frac{2}{a}\sin^2\frac{\pi x}{a}\mathrm{d}x$$

故在 $\left[0,\dfrac{a}{2}\right]$ 内发现粒子的概率

$$\int_0^{\frac{a}{2}}|\Psi(x)|^2\mathrm{d}x=\frac{2}{a}\int_0^{\frac{a}{2}}\sin^2\frac{\pi x}{a}\mathrm{d}x=\frac{1}{2}$$

26.1.4 德布罗意波与经典波的比较

前面我们学过的机械波和电磁波均为经典波. 我们知道, 机械波是机械振动的传播, 其振幅为质点离开平衡位置的最大位移; 电磁波是变化的电场与磁场的

传播, 其振幅代表电场强度和磁场强度的最大值. 而德布罗意波并不代表任何物理量的传播, 它是为解释微观粒子的干涉、衍射现象而又不与微粒性相矛盾而提出来的波, 其振幅的平方代表微观粒子在空间出现的概率密度.

对于微观粒子出现的概率分布来说, 最重要的是知道它们出现的相对概率的分布. 由于 $\left|\dfrac{\Psi_1}{\Psi_2}\right| = \left(\dfrac{C\Psi_1}{C\Psi_2}\right)^2$. 因此, 可以认为, 波函数 Ψ_1 与 $C\Psi_1$ 所描述的德布罗意波的状态是相同的. 但对于经典波来说, 若其振幅增大到 C 倍, 则其能量便要扩大到 C^2 倍, 因而所代表的运动状态显然是不同的.

此外, 对于德布罗意波来说, 其波函数存在归一化问题, 而对于经典波来说, 则无归一化可言.

26.2 不确定关系

在经典力学中, 粒子 (或物体) 沿着空间一定的轨道运动, 其坐标和动量可以同时精确确定. 而在量子力学中, 由于微观粒子具有波动性, 其运动状态必须用波函数来描述. 因此, 我们不能预先知道粒子一定会在空间某处出现, 而只知道它在空间各点出现的概率, 因而不能同时准确地确定微观粒子的坐标和动量, 其不确定度可借助于电子的单缝衍射实验来说明.

如图 26.2 所示, 设一动量为 $\boldsymbol{p}_0$ 的电子束沿水平方向通过宽度为 a 的单缝发生衍射. 显然, 电子可从狭缝中的任一点通过, 因此, 电子在 x 轴上的坐标不确定量

$$\Delta x = a \tag{26.5}$$

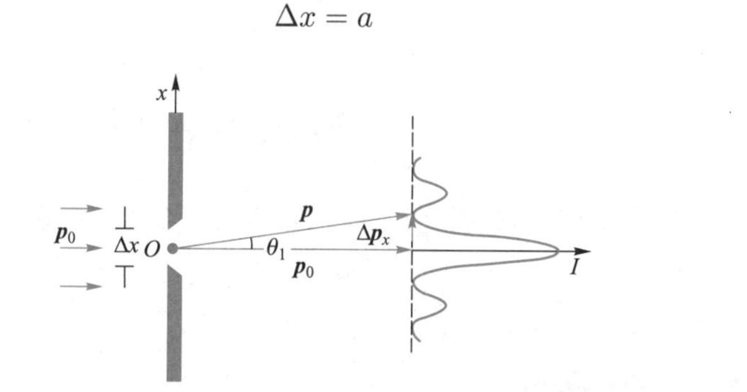

图 26.2 电子的单缝衍射

为简便起见, 我们只讨论中央明纹的情况.

设单缝衍射中央明纹的半角宽度为 θ_1 (即第一级暗纹的衍射角), 由图可见, 电子动量在 x 轴方向上的不确定量的大小

$$\Delta p_x = p\sin\theta_1 \tag{26.6}$$

式中, p 为电子射向第一级暗纹处的动量大小.

由单缝衍射的暗纹公式 $a\sin\theta_1 = \lambda$ 及德布罗意波长公式 $\lambda = \dfrac{h}{p}$ 可以得到

$$\begin{cases} \sin\theta_1 = \dfrac{\lambda}{a} \\ p = \dfrac{h}{\lambda} \end{cases} \tag{26.7}$$

由式 (26.5)、式 (26.6)、式 (26.7) 联立求解，得

$$\Delta x \Delta p_x = h \tag{26.8}$$

若将其他次级效应也计入其内, 这时 θ 将大于 θ_1, $\Delta x \Delta p_x$ 将大于 h. 于是, 式 (26.8) 应写为

$$\Delta x \Delta p_x \geqslant h \tag{26.9}$$

1927 年, 海森伯 (参见文档) 根据量子力学理论严格地导出了一条规律: 微观粒子的位置坐标和动量不能同时精确地确定, 两者不确定量的乘积恒大于或等于某一常量, 即

文档 海森伯

$$\Delta x \Delta p_x \geqslant \frac{\hbar}{2} \tag{26.10}$$

式 (26.10) 称为海森伯不确定关系[①], 有时亦称为海森伯不确定原理. 它说明, 同时精确确定微观粒子的位置和动量是不可能的, 在某一时刻, 微观粒子的位置越精确 (Δx 越小), 则该坐标方向上动量的投影越不精确 (Δp_x 越大); 反之, 若动量越精确, 则其坐标就越不精确.

动画 不确定关系

应该注意, 不确定关系是微观粒子的根本属性, 不是因为仪器精度不够而导致的测量误差, 其根源是波粒二象性.

例 26.3 一质量 $m = 0.01\ \mathrm{kg}$ 的子弹, 以速率 $v = 500\ \mathrm{m\cdot s^{-1}}$ 运动, 设其速率的不确定量 $\Delta v = 5\times10^{-4}\ \mathrm{m\cdot s^{-1}}$, 求子弹位置的不确定量.

解: 求解物理量的不确定问题, 通常用不确定关系来处理. 设子弹运动的方向为 x 轴正方向, 由式 (26.10) 得子弹位置坐标的不确定量

$$\begin{aligned} \Delta x &\geqslant \frac{\hbar}{2\Delta p_x} = \frac{\hbar}{2m\Delta v} = \frac{6.63\times10^{-34}}{2\times3.14\times2\times0.01\times5\times10^{-4}}\ \mathrm{m} \\ &= 1.06\times10^{-29}\ \mathrm{m} \end{aligned}$$

这一大小用现有仪器是无法测量的, 因此, 对宏观物体运动的描述可不受不确定关系的限制.

① 由于不确定关系通常多用来估算某一物理量的不确定范围, 因此, 有时也将式 (26.9) 称为不确定关系, 并用以对物理量的不确定范围进行估算.

例 26.4 一电子运动的速率为 200 $\mathrm{m\cdot s^{-1}}$, 速率的不确定度为 0.01%, 求电子位置坐标的不确定量.

解: 这是一个求不确定量的取值范围的问题, 需用不确定关系来处理.

由题设条件可知, 动量的不确定量

$$\begin{aligned}\Delta p_x &= m\Delta v = 9.1\times10^{-31}\times200\times0.01\%\ \mathrm{kg\cdot m\cdot s^{-1}}\\ &= 1.8\times10^{-32}\ \mathrm{kg\cdot m\cdot s^{-1}}\end{aligned}$$

由不确定关系式 (26.10) 得, 电子位置的不确定量为

$$\Delta x \geqslant \frac{\hbar}{2\Delta p_x} = \frac{6.63\times10^{-34}}{6.28\times2\times1.8\times10^{-32}}\ \mathrm{m} = 2.9\times10^{-3}\ \mathrm{m}$$

电子的线度在 10^{-10} m 以下, 显然这个不确定量的最小值要比它的线度大得多, 因此对电子之类的微观粒子就不能用经典力学的方法来处理, 而必须使用量子力学的方法来解决.

26.3 薛定谔方程

26.3.1 薛定谔方程的一般形式

前面已说明, 微观粒子的运动状态由波函数决定, 那么波函数又由什么来确定呢? 1926 年, 薛定谔经过认真地研究后指出, 波函数应由微观粒子运动的微分方程来确定, 其形式为

$$\mathrm{i}\hbar\frac{\partial\Psi}{\partial t} = \widehat{H}\Psi \tag{26.11}$$

式中, $\widehat{H} = -\dfrac{\hbar^2}{2m}\left(\dfrac{\partial^2}{\partial x^2}+\dfrac{\partial^2}{\partial y^2}+\dfrac{\partial^2}{\partial z^2}\right)+U(\boldsymbol{r},t)$ 称为哈密顿算符, m 为微观粒子的质量, $U(\boldsymbol{r},t)$ 为微观粒子所处势场的势能. 式 (26.11) 就是著名的薛定谔方程. 实际上它是量子力学的一个基本假设, 同牛顿运动定律一样, 薛定谔方程也是不可能从理论上推导出来的. 由于用薛定谔方程来处理原子及分子等物理问题均获得了成功, 因此, 我们有理由相信这一基本假设是完全正确的. 由薛定谔方程加上波函数的标准条件和归一化条件, 原则上可求出决定粒子状态的波函数.

26.3.2 定态薛定谔方程

文档 薛定谔

一般而言, 势能函数是空间和时间的函数, 但在有些情况下, 势能函数却不随时间变化, 而仅与空间坐标有关, 即 $U=U(r)$. 这样的状态称为定态. 在定态情况下, 波函数可表示为

$$\Psi(\boldsymbol{r},t)=f(t)\psi(\boldsymbol{r}) \tag{26.12}$$

将式 (26.12) 代入式 (26.11), 并将方程两边除以 $f(t)\psi(\boldsymbol{r})$ 则得

$$\frac{\mathrm{i}\hbar}{f}\frac{\mathrm{d}f}{\mathrm{d}t}=\frac{1}{\psi}\widehat{H}\psi$$

此方程左边为 t 的函数, 右边为 $\boldsymbol{r}$ 的函数, 而 t 和 $\boldsymbol{r}$ 是两个独立的变量, 所以只有上述方程两边都等于同一个与 t 和 $\boldsymbol{r}$ 都无关的常量时, 才有可能成立. 令此常量 (实为粒子的能量) 为 E, 则得

$$\mathrm{i}\hbar\frac{\mathrm{d}f}{\mathrm{d}t}=Ef \tag{26.13}$$

$$\widehat{H}\psi(\boldsymbol{r})=E\psi(\boldsymbol{r}) \tag{26.14}$$

式 (26.14) 称为定态薛定谔方程, 式中, $\psi(\boldsymbol{r})$ 仅为空间的函数, 称为定态波函数, 有时亦简称为波函数.

如果粒子仅做一维运动, 由式 (26.14) 可以得到一维定态薛定谔方程

$$-\frac{\hbar^2}{2m}\frac{\mathrm{d}^2\psi(x)}{\mathrm{d}x^2}+U(x)\psi(x)=E\psi(x) \tag{26.15}$$

式 (26.15) 说明, 当势函数 $U(\boldsymbol{r})$ 已知时, 通过求解定态薛定谔方程便可得出 $\psi(\boldsymbol{r})$ 的具体形式, 以决定粒子的运动状态. 这就是说, 从薛定谔方程看来, 波函数 $\psi(\boldsymbol{r})$ 仅为它的一个解.

*26.3.3 态叠加原理

设 Ψ_1 为薛定谔方程的一个解 (即代表体系的一个可能状态), 设 Ψ_2 为薛定谔方程的另一个解 (即代表体系的另一个可能状态), Ψ 为它们的线性叠加, 即

文档之猫　薛定谔

$$\Psi=C_1\Psi_1+C_2\Psi_2 \tag{26.16}$$

式中, C_1、C_2 为常数, 将式 (26.16) 对时间求偏导, 并注意到 Ψ_1、Ψ_2 均满足薛定谔方程则得

$$\mathrm{i}\hbar\frac{\partial\Psi}{\partial t}=\mathrm{i}\hbar\left[C_1\frac{\partial\Psi_1}{\partial t}+C_2\frac{\partial\Psi_2}{\partial t}\right]=(C_1\widehat{H}\Psi_1+C_2\widehat{H}\Psi_2)=\widehat{H}(C_1\Psi_1+C_2\Psi_2)=\widehat{H}\Psi$$

这说明, 体系两个可能状态的线性叠加态仍为体系的一个可能态. 这一结论称为量子力学的态叠加原理[①], 它实际上也是量子力学的一个基本假设, 已为电子、光

① 态叠加原理完整的表述为: 若 $\Psi_1,\Psi_2,\cdots$ 均为体系的可能状态, 则其线性叠加态

$$\Psi=\Sigma C_i\Psi_i\quad(i=1,2,\cdots)$$

亦为体系的一个可能状态.

子的双缝衍射实验所证实. 这在经典物理看来, 显然是无法理解的. 阅读文档“薛定谔之猫”, 对于理解态叠加原理是有益的.

26.4 一维无限深势阱

作为薛定谔方程的初步应用, 下面我们讨论一维无限深势阱的问题.

我们知道, 金属内部的电子只能在一个很狭小的空间中运动, 作为近似和简化, 我们可以从中抽象出一个简化的模型, 其势能函数为

$$U(x)=\begin{cases}0 & (0<x<a)\\ \infty & (x\leqslant 0,\ x\geqslant a)\end{cases}$$

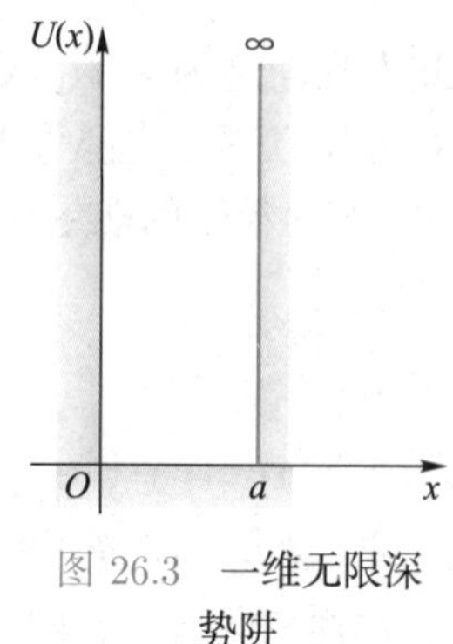

图 26.3 一维无限深势阱

其曲线形如深井, 故称一维无限深势阱, 如图 26.3 所示.

根据前述可知, 粒子在势阱中的运动由其波函数决定, 而波函数则由薛定谔方程来解得. 其方法大致可分四步进行:

1. 列方程

由题设条件可知, 粒子只能在阱内 $(0<x<a)$ 运动, 其定态薛定谔方程 [参见式 (26.15)] 为

$$-\frac{\hbar^2}{2m}\frac{\mathrm{d}^2\psi(x)}{\mathrm{d}x^2}=E\psi(x) \tag{26.17}$$

式中, m 为粒子的质量, E 为粒子的能量.

2. 求通解

令

$$k^2=\frac{2mE}{\hbar^2} \tag{26.18}$$

则式 (26.17) 又可写为

$$\frac{\mathrm{d}^2\psi(x)}{\mathrm{d}x^2}+k^2\psi(x)=0 \tag{26.19}$$

这是一个二阶常系数齐次微分方程, 其通解为

$$\psi(x)=A\sin kx+B\cos kx \tag{26.20}$$

式中, A、B 为待定常数.

3. 定常数

波函数中的常数常由边界条件 (边界上的函数值) 及归一化条件来确定. 由于在阱外的波函数值为 0, 因此在阱壁 $x=0$ 和 $x=a$ 处, 波函数值亦应为 0, 即

$$\psi(0)=B=0 \tag{26.21}$$

$$\psi(a)=A\sin ka=0 \tag{26.22}$$

而 A 不能为 0 [否则 $\psi(x)$ 恒为 0, 无意义], 所以由式 (26.22) 可以得到

$$\sin ka=0$$

解之, 得

$$k=\frac{n\pi}{a}\quad(n=1,2,3,\cdots) \tag{26.23}$$

于是, 阱内 $(0<x<a)$ 波函数变为

$$\psi_n(x)=A\sin\frac{n\pi}{a}x\quad(n=1,2,3,\cdots)$$

由归一化条件

$$\int_{-\infty}^{+\infty}|\psi_n(x)|^2\mathrm{d}x=A^2\int_0^a\sin^2\frac{n\pi}{a}x\mathrm{d}x=1$$

可以解得

$$A=\sqrt{\frac{2}{a}} \tag{26.24}$$

4. 再代入

将所求得的 A、B、k 的数值再代回式 (26.20), 得粒子在势阱内运动的归一化波函数

$$\psi_n(x)=\sqrt{\frac{2}{a}}\sin\frac{n\pi}{a}x\quad(0<x<a) \tag{26.25}$$

据式 (26.2) 可得粒子在势阱内各处出现的概率密度

$$|\psi_n(x)|^2=\frac{2}{a}\sin^2\frac{n\pi}{a}x\quad(n=1,2,3,\cdots) \tag{26.26}$$

联立式 (26.18)、式 (26.23) 可以解得粒子的能量

$$E_n=\frac{\hbar^2k^2}{2m}=n^2\frac{\pi^2\hbar^2}{2ma^2}=n^2\frac{h^2}{8ma^2}\quad(n=1,2,3,\cdots) \tag{26.27}$$

式中, n 称为量子数, 有时亦称主量子数. 式 (26.27) 表明, 粒子的能量是不连续的, 量子化的. 这种量子化的能量值称为能级. 其中, 能量最低的态 ($n=1$ 的态) 称为基态, 而 $n=2, n=3, \cdots$ 的态则分别称为第一, 第二 …… 激发态.

图 26.4 的 (a)、(b) 分别画出了 $n=1,2,3$ 的定态波函数曲线和概率密度曲线. 从图 (a) 中可以看出, 粒子的波函数会在一些固定的地方出现极小值, 而在另一些固定的地方出现极大值, 具有驻波的形式. 从图 26.4(b) 可以看出, 粒子在势阱内各处出现的概率并不相同. 其中, 出现概率最小, 即概率密度值 $|\psi_n(x)|^2=0$ 处称为节点; 出现概率最大, 即概率密度 $|\psi_n(x)|^2$ 值最大处称为最概然位置.

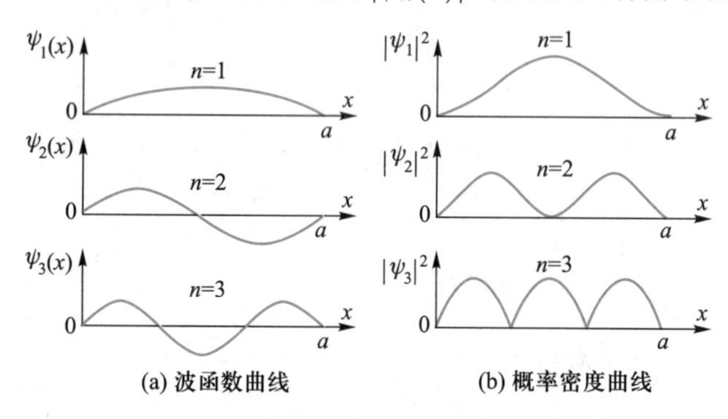

图 26.4 一维无限深势阱中粒子的波函数及概率密度的分布

例 26.5 设原子的线度为 10^{-10} m 数量级. 已知电子的质量为 9.11×10^{-31} kg. 求原子中电子的能级公式及基态和第一激发态能量.

解: 电子在原子中的运动类似于粒子在无限深势阱中的运动. 因此可用式 (26.27) 来计算原子中电子的能量.

由式 (26.27) 可得电子的能级公式

$$E_n = n^2\frac{h^2}{8m_e a^2} = n^2\frac{(6.63\times10^{-34})^2}{8\times9.11\times10^{-31}\times(10^{-10})^2}\ \mathrm{J} = 6.03\times10^{-18}n^2\ \mathrm{J}$$

电子的基态能量

$$E_1 = 6.03\times10^{-18}\ \mathrm{J}$$

第一激发态能量

$$E_2 = 4E_1 = 4\times6.03\times10^{-18}\ \mathrm{J} = 2.41\times10^{-17}\ \mathrm{J}$$

*26.5 一维谐振子

一维谐振子 (又名线性谐振子) 是个重要的物理模型, 在经典及近代物理学中均有广泛的应用. 一般地说, 在平衡态附近做微小振动的任何体系 (如双原子分子、晶体中的原子等) 均可用一维谐振子的模型来处理.

严格讨论谐振子的问题较为繁杂, 有兴趣的读者请参阅有关著作[①] 下面仅用初等方法 —— 试探法来求其能级, 而后再来探求其相应的定态波函数.

设谐振子沿 x 轴方向运动, 则其势能函数

$$U(x)=\frac{1}{2}kx^2=\frac{1}{2}m\omega^2x^2$$

将之代入薛定谔方程, 整理后得

$$\frac{\mathrm{d}^2\psi}{\mathrm{d}x^2}+\frac{2m}{\hbar^2}\left(E-\frac{1}{2}m\omega^2x^2\right)\Psi=0 \tag{26.28}$$

式中, m 为 (粒子) 谐振子的质量, E 为谐振子的能量, $\omega=\sqrt{\dfrac{k}{m}}$ 为谐振子的角频率. 为简便计, 我们引入参量

$$\lambda=\frac{2m}{\hbar^2}E,\quad \alpha=\frac{m\omega}{\hbar} \tag{26.29}$$

将之代入上式, 得

$$\frac{\mathrm{d}^2\psi}{\mathrm{d}x^2}+(\lambda-\alpha^2x^2)\Psi=0 \tag{26.30}$$

由式 (26.29) 可知, E 的取值可利用 α 与 λ 的比值来导出. 由普朗克量子化假设可知, E 的取值是量子化的, 所以 λ 的取值以及 α 与 λ 之比值也必须是量子化的, 不连续的, 且必须是从 1 开始往上取.

当 $\lambda=\alpha$ 时, 代入式 (26.29), 得能量最低值 (基态能值)

$$E_0=\frac{1}{2}\hbar\omega \tag{26.31}$$

当 $\lambda=2\alpha$ 时, 由于相应能级不符合普朗克的能量子假设而取消. 同理, 相应于 $\lambda=4\alpha, \lambda=6\alpha, \cdots$ 的能级均应被取消.

当 $\lambda=3\alpha$ 时. 由式 (26.29) 可得

$$E_1=\left(1+\frac{1}{2}\right)\hbar\omega$$

当 $\lambda=5\alpha$ 时. 由式 (26.29) 可解得

$$E_2=\left(2+\frac{1}{2}\right)\hbar\omega$$

根据上面的讨论可以推断, 一维谐振子的能量是量子化的, 其能级公式为

① 周世勋, 量子力学教程, P29–P34. 高等教育出版社, 2020.

$$E_n = \left(n + \frac{1}{2}\right)\hbar\omega \quad (n = 0, 1, 2, \cdots) \tag{26.32}$$

对应于 $n = 0$ 时的能量称为零点能, 其值

$$E_0 = \frac{1}{2}\hbar\omega \tag{26.33}$$

式 (26.32) 与普朗克的能级公式 $E_n = nh\nu = n\hbar\omega$ 相差 $\frac{1}{2}\hbar\omega$. 这说明, 普朗克的假设与量子力学结果有区别. 这对黑体辐射的理论无关紧要, 因此, 普朗克对黑体辐射规律的解释是正确的, 但对其他问题的处理则是需要加以考虑的.

下面再来探求一维谐振子的定态波函数. 显然, 式 (26.30) 是一个二阶变系微分方程, 其解的形式应为负指数形式. 若令其试探解为 $\psi = Ce^{-\frac{\alpha}{2}x^2}$, 将其代入式 (26.30), 整理化简后即得

$$(\lambda - \alpha)e^{-\frac{\alpha}{2}x^2} = 0$$

当 $\lambda = \alpha$, 即一维谐振子处于基态时, 其波函数 $\psi_0 = Ce^{-\frac{\alpha}{2}x^2}$ 为式 (26.30) 之解. 式中, C 为归一化常数. 同理可得其他状态的波函数. 有兴趣的读者可参阅相关资料[①], 此处从略.

26.6 一维势垒 扫描隧穿显微镜

26.6.1 一维势垒

一维势垒又名方势垒, 它是量子力学中从实际问题中抽象出来的一种模型. 当两块相同的金属间夹一薄层绝缘介质时, 金属中的自由电子穿越介质层的运动就可简化成这样的问题, 其势能函数

$$U(x) = \begin{cases} U_0 & (0 < x < a) \\ 0 & (x \leqslant 0,\ x \geqslant a) \end{cases}$$

的曲线形似矩形 (见图 26.5), 故称方势垒, 或称一维方势垒. 其中, U_0 为势垒高度, a 为势垒宽度.

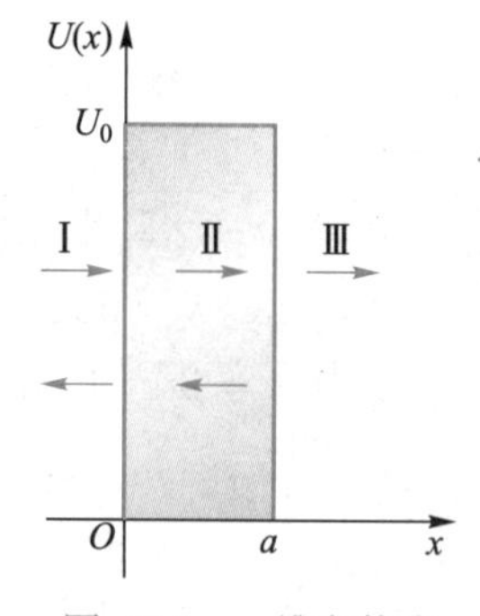

图 26.5 一维方势垒

处理一维方势垒的方法与处理一维无限深势阱的方法相似, 也是通过对薛定谔方程的求解来完成的. 不过, 其过程却要复杂得多. 为此, 我们侧重讨论它的方法、结果及应用. 下面我们仅讨论粒子的能量 $E < U_0$ 的情况.

为描述的方便起见, 我们将粒子运动的区间划分为 Ⅰ、Ⅱ、Ⅲ 三个区 (参见

① 廖耀发等. 大学物理 (下册), P206. 武汉大学出版社, 2002.

图 26.5).

在 Ⅰ 区 ($x \leqslant 0$) 及 Ⅲ 区 ($x \geqslant a$), 粒子的势函数为零, 故其定态薛定谔方程为

$$\frac{\mathrm{d}^2\psi}{\mathrm{d}x^2} + \frac{2mE}{\hbar^2}\psi = \frac{\mathrm{d}^2\psi}{\mathrm{d}x^2} + k_1^2\psi = 0 \tag{26.34}$$

在 Ⅱ 区 ($0 < x < a$), 其势能函数为 U_0, 故其薛定谔方程为

$$\frac{\mathrm{d}^2\psi}{\mathrm{d}x^2} + \frac{2m}{\hbar^2}(E - U_0)\psi = \frac{\mathrm{d}^2\psi}{\mathrm{d}x^2} - k_2^2\psi = 0 \tag{26.35}$$

式中, $k_1^2 = \dfrac{2mE}{\hbar^2}$, $k_2^2 = \dfrac{2m}{\hbar^2}(U_0 - E)$.

解上述两个二阶常系数微分方程, 得其通解①

$$\psi(x) = \begin{cases} A\mathrm{e}^{\mathrm{i}k_1x} + A'\mathrm{e}^{-\mathrm{i}k_1x} & (x \leqslant 0) \\ B\mathrm{e}^{k_2x} + B'\mathrm{e}^{-k_2x} & (0 < x < a) \\ C\mathrm{e}^{\mathrm{i}k_1x} + C'\mathrm{e}^{-\mathrm{i}k_1x} & (x \geqslant a) \end{cases} \tag{26.36}$$

式中, $A\mathrm{e}^{\mathrm{i}k_1x}$ 及 $A'\mathrm{e}^{-\mathrm{i}k_1x}$ 分别代表 Ⅰ 区的入射及反射波; $B\mathrm{e}^{k_2x}$ 及 $B'\mathrm{e}^{-k_2x}$ 分别代表 Ⅱ 区的入射及反射波; $C\mathrm{e}^{\mathrm{i}k_1x}$ 及 $C'\mathrm{e}^{-\mathrm{i}k_1x}$ 分别代表 Ⅲ 区的入射及反射波. 由于 Ⅲ 区前方无垒壁可供反射, 因而 C' 为零.

利用波函数的特性 (即连续、有限、单值、归一) 可以推断出式 (26.36) 右端各待定常数 A, A', B, B' 及 C, 但过程较为烦琐. 故此处从略. 有兴趣的读者可以自己推导.

注意到波强与粒子的概率密度成正比, 而概率密度则与波函数模的平方相等则可得到, 当粒子能量 E 很小, $k_2a \gg 1$ 时的透射系数

$$D = \frac{\text{透射波强}}{\text{入射波强}} = \frac{C^2}{A^2} = D_0\mathrm{e}^{-\frac{2a}{\hbar}\sqrt{2m(U_0-E)}} \tag{26.37}$$

式中, $D_0 = \dfrac{16E(U_0 - E)}{U_0^2}$. 可见, 对于 m 和 E 一定的粒子, 其透射系数 D 随着势垒高度 U_0 和宽度 a 的增加而呈指数规律衰减.

式 (26.37) 表明, 在一般情况下, 透射系数 $D \neq 0$, 这说明粒子能够穿过比其能量更高的势垒, 这种现象称为势垒穿透, 也叫隧道效应. 它是一种量子行为, 类似于光波在非均匀介质中的传播情况. 我们知道, 光波入射到不同介质的界面时, 既有反射回原入射介质的可能, 也有折射透过第二种介质的可能. 所以隧道效应被认为是微观粒子波动性的表现, 其波动图像如图 26.6 所示.

① 这里我们将通解写成指数形式主要是为了后面分析计算的方便. 它与上一节的三角函数形式是等价的.

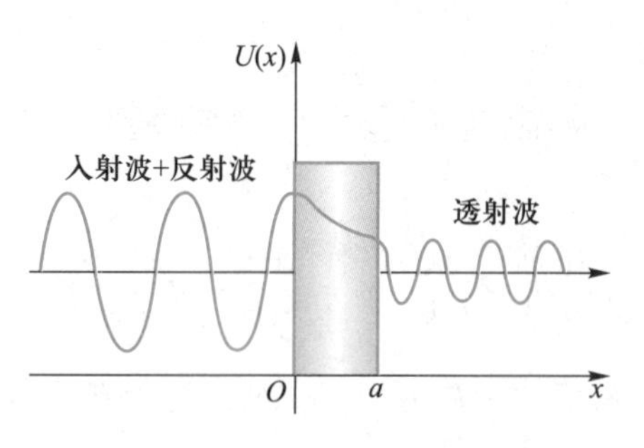

图 26.6 隧道效应的波动图像

26.6.2 扫描隧穿显微镜

扫描隧穿显微镜 (简称 STM) 是根据电子的隧道效应制成的, 与普通的光学显微镜及电子显微镜不同, 它既没有光照系统, 也没有透镜系统.

我们知道, 任何金属均存在逸出电势垒, 使得其内电子一般只能在金属内部运动, 不能越出金属表面, 这便是经典力学的观点. 但在量子力学中, 由于电子存在隧道效应, 因此它们可以穿过逸出电势垒而越出金属表面.

如图 26.7 所示, 若将两块金属靠近一定的距离 (nm 数量级), 则电子便会穿过两金属的逸出电势垒, 形成重叠电子云①. 这时, 若在两金属间加一微小电压, 便会有微小电流从一金属流向另一金属, 这种电流称为隧穿电流, 其大小与所加电压以及电势垒的高度和宽度有关.

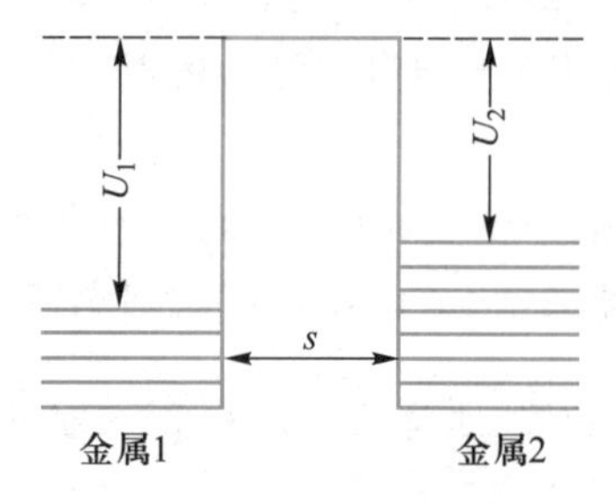

图 26.7 金属逸出电势垒

在具体的扫描隧穿显微镜 [参见图 26.8] 中, 通常将图 26.7 中的一块金属制成曲率半径极小 (几到十几纳米) 的针尖状探针, 另一块金属作为待测样品, 如图 26.9 所示. 这样, 只要在探针与被测样品间加一操作电压 ($2 \times 10^{-3} \sim 2$ V), 然后让探针尖在被测样品表面进行扫描, 同时测量隧穿电流. 在测试中, 只要通过微机控制, 不断调节探针尖与被测物表面的距离 s, 使 I 保持不变, 从而便可得出 s 随被测物表面坐标 (x, y) 的关系图, 进而得出待测样品表面起伏的图像.

① 电子云是电子概率分布的一种形象化的称谓, 并非指电子形状如浮云.

图 26.8 扫描隧穿显微镜

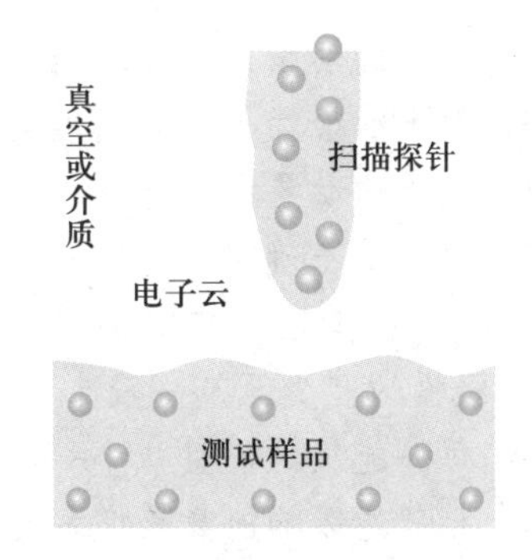

图 26.9 扫描隧穿显微镜的工作原理

STM 具有极高的分辨率. 利用它可以观察到离散原子, 显示出样品表面的原子台阶和阵列, 进而可以给出样品表面的三维图像, 其纵向 (z 方向) 分辨率可达 0.005 nm, 横向 (x、y 方向) 分辨率可达 0.1 nm, 比电子显微镜的分辨率高出约一个数量级. 由于 STM 特有的优越性 (分辨率高, 且不会损坏样品), 因此在表面科学、材料科学及生命科学的诸多领域均有广阔的应用前景. 德国科学家宾尼希、瑞士科学家罗雷尔因为发明扫描隧穿显微镜而获得了 1986 年的诺贝尔物理学奖.

图 26.10 原子力显微镜

但是, STM 也有缺陷, 那就是其工作要依赖于探针和样品间的导电性, 否则便不能工作. 为了克服这一缺陷, 宾尼希在 STM 的基础上对它进行改进, 将工作原理改成为依靠探针和样品表面间的原子作用力. 因而称为原子力显微镜 (简称 AFM, 参见图 26.10), 它在现代科技领域亦有广泛的应用.

思考题与习题

26.1 波函数的物理意义是什么? 它必须满足哪些条件?

26.2 物质波与经典波有何区别? 为什么说物质波是一种概率波?

26.3 怎样理解不确定关系? 它和宏观上的测量误差有何本质的不同?

26.4 已知粒子的归一化波函数为 $\psi(x)=\dfrac{1}{\sqrt{a}}\cos\dfrac{3\pi x}{2a}$ $(-a\leqslant x\leqslant a)$, 那么粒子处于 $x=\dfrac{5a}{6}$ 处的概率密度为 (　　).

A. $\dfrac{1}{2a}$　　B. $\dfrac{1}{a}$　　C. $\dfrac{1}{\sqrt{2a}}$　　D. $\dfrac{1}{\sqrt{a}}$

26.5 关于不确定关系 $\Delta x\Delta p_x\geqslant\dfrac{\hbar}{2}$, 下列说法中正确的是 (　　).

A. 粒子的动量不可能精确确定

B. 粒子的坐标不可能精确确定

C. 粒子的动量和坐标不可能同时精确确定

D. 粒子的不确定关系仅适用于电子, 不适用于其他粒子

26.6 在量子力学中, 一维无限深势阱中的粒子可以有若干个态, 如果势阱的宽度缓慢地减少至某一较小的宽度, 则下列说法中正确的是 (　　).

A. 每一能级的能量减小　　B. 能级数增加

C. 相邻能级的能量差增加　　D. 每个能级的能量不变

26.7 波函数必须满足的三个标准条件是______.

26.8 一维运动的粒子, 其波函数

$$\Psi(x)=\begin{cases}0 & (x<0)\\ 2\lambda^{\frac{3}{2}}x\mathrm{e}^{-\lambda x} & (x\geqslant 0)\end{cases}$$

式中, λ 为大于零的常量, 则粒子坐标的概率密度为______, 在 $x=$ ______ 处发现粒子的概率最大.

26.9 微观粒子的运动状态用______ 来描述, 反映微观粒子运动的基本方程为______ 方程.

*　　*　　*

26.10 在图 26.3 所示的一维无限深势阱中运动的粒子, 当 $n=2$ 时, 其能量为多少? 概率密度极大值的位置在哪里? 在 $0\leqslant x\leqslant \dfrac{a}{3}$ 区间内找到粒子的概率为多少?

26.11 一维运动的粒子其波函数

$$\Psi(x)=\begin{cases}Ax\mathrm{e}^{-\lambda x} & (x\geqslant 0,\ \lambda>0)\\ 0 & (x<0)\end{cases}$$

求:

(1) 粒子的归一化波函数;

(2) 粒子运动的概率分布函数.

26.12 如果电子的运动被限制在 x 与 $x+\Delta x$ 之间, 设 $\Delta x=0.05$ nm. 求电子动量在 x 轴方向上的不确定量 (设不确定关系为 $\Delta x\Delta p_x\geqslant h$).

26.13 如果枪口的直径为 5 mm, 子弹质量为 0.01 kg, 用不确定关系估算子弹射出枪口时的横向速率.

26.14 电子位置的不确定量为 0.05 nm 时, 其速率的不确定量是多少?

26.15 一光子的波长为 300 nm, 如果测定此波长的精确度为 10^{-6}, 求光子

位置的不确定量 $\left(提示：\dfrac{\Delta\lambda}{\lambda}=10^{-6},\ \Delta p=\dfrac{h}{\lambda^2}\Delta\lambda\right)$.

文档 第26章章末问答

26.16 质量为 m 的自由粒子, 沿 x 轴正方向以速率 $v(v\ll c)$ 运动, 求其薛定谔方程及其解.

26.17 质量为 m、电荷量为 q_1 的粒子, 在点电荷 q_2 所产生的电场中运动, 求其薛定谔方程.

动画 第26章章末小试

26.18 求电子处于宽度为 10^{-10} m 及 1 m 的方势阱中的能级公式.

26.19 质量为 m 的粒子在宽为 a 的一维方势阱中运动, 求其能级差 $E_{n+1}-E_n$.

第 26 章习题答案

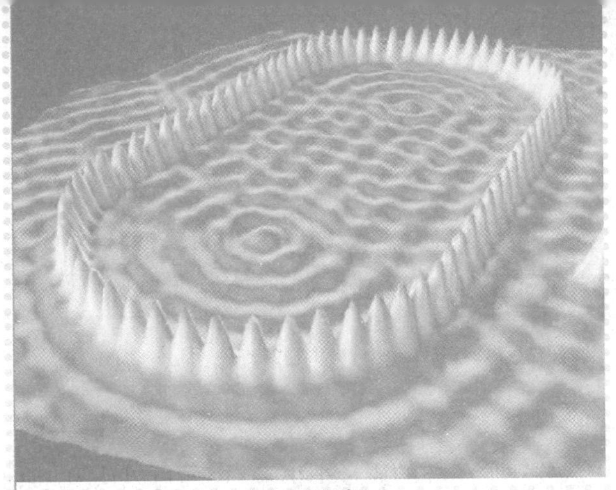

量子围栏

>>> 第二十七章

原子结构的量子理论

早在 19 世纪末 20 世纪初, 人们 (如巴耳末等) 就已发现, 原子光谱的波长 (或频率) 具有十分稳定和精确的规律. 这说明, 原子内部具有稳定的结构. 起初, 人们曾试图用经典理论来加以解释, 但没有获得成功. 量子力学诞生以后, 才使这些现象得到了科学的解释, 进而逐步弄清了原子内部的结构及其运动规律, 并且还推动了量子化学、量子生物学、光谱学、微电子学、激光、超导、纳米科学与技术等一大批新兴学科与高新技术的形成与发展. 本章以量子力学为依据, 来探讨原子内部的结构问题, 要侧重理解氢原子的能量及角动量的量子化; 理解电子的自旋及其实验验证; 理解泡利不相容原理，四个量子数及氢原子的壳层结构; 了解元素周期表。

27.1 氢原子的量子理论

27.1.1 氢原子的薛定谔方程

由于氢原子中的电子质量要比原子核的质量小很多, 因而可以认为, 原子核是静止的, 氢原子的状态完全由在原子核势场中电子的运动状态来决定.

由电磁学规律可知, 电子的势能

$$U(r)=-\frac{e^2}{4\pi\varepsilon_0 r}$$

其值与时间无关, 因而属于定态问题.

由式 (26.15) 可知, 电子的定态薛定谔方程为

$$-\frac{\hbar^2}{2m_e}\nabla^2\psi-\frac{e^2}{4\pi\varepsilon_0 r}\psi=E\psi \tag{27.1}$$

因为势场具有球对称性, 所以求解定态薛定谔方程采用如图 27.1 所示的球坐标系 (以坐标原点为参考点, 由方位角 φ, 仰角 θ 和位矢 r 所构成) 较为方便. 利用直角坐标与球坐标的变换关系可将上式转换成球坐标系下的定态薛定谔方程

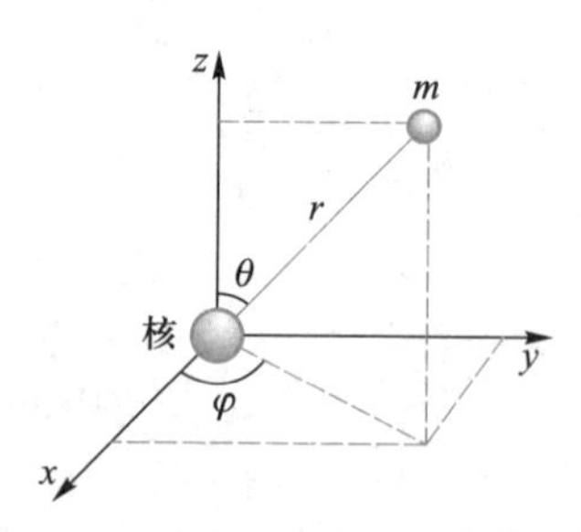

图 27.1 球坐标系中的氢原子

$$\frac{1}{r^2}\frac{\partial}{\partial r}\left(r^2\frac{\partial\psi}{\partial r}\right)+\frac{1}{r^2\sin\theta}\frac{\partial}{\partial\theta}\left(\sin\theta\frac{\partial\psi}{\partial\theta}\right)+\frac{1}{r^2\sin^2\theta}\frac{\partial^2\psi}{\partial\varphi^2}+\frac{2m_e}{\hbar^2}\left(E+\frac{e^2}{4\pi\varepsilon_0 r}\right)\psi=0 \tag{27.2}$$

这个偏微分方程较复杂, 可采用分离变量法来简化. 令

$$\psi=R(r)\Theta(\theta)\Phi(\varphi) \tag{27.3}$$

式中, $R(r)$ 为径向坐标 r 的函数, $\Theta(\theta)$ 为 θ 的函数, $\Phi(\varphi)$ 为 φ 的函数. 将式 (27.3) 代入式 (27.2), 经过一系列的换算、整理, 可依次得出分别含有 $\Phi(\varphi),\Theta(\theta),R(r)$ 的三个常微分方程

$$\frac{\mathrm{d}^2\Phi}{\mathrm{d}\varphi^2}+m_l^2\Phi=0 \tag{27.4}$$

$$\frac{1}{\sin\theta}\frac{\mathrm{d}}{\mathrm{d}\theta}\left(\sin\theta\frac{\mathrm{d}\Theta}{\mathrm{d}\theta}\right)+\left[l(l+1)-\frac{m_l^2}{\sin^2\theta}\right]\Theta=0 \tag{27.5}$$

$$\frac{1}{r^2}\frac{\mathrm{d}}{\mathrm{d}r}\left(r^2\frac{\mathrm{d}R}{\mathrm{d}r}\right)+\frac{2m_e}{\hbar^2}\left[E+\frac{e^2}{4\pi\varepsilon_0 r}-\frac{\hbar^2}{2m_e}\frac{l(l+1)}{r^2}\right]R=0 \tag{27.6}$$

式中, m_l 和 l 分别称为磁量子数和角量子数, 其物理意义将在 27.3 中介绍.

27.1.2 氢原子的能量及角动量

对方程 (27.6) 求解 (过程较繁, 此处从略), 得

$$E_n = -\frac{m_e e^4}{32\pi^2\varepsilon_0^2\hbar^2}\frac{1}{n^2} \quad (n = 1, 2, \cdots) \tag{27.7}$$

这就是氢原子的能量公式. 式 (27.7) 说明, n 是氢原子能量的主要决定者, 称为主量子数, 有时亦简称为量子数. 当 $n = 1$ 时, 有

$$E_1 = -\frac{m_e e^4}{32\pi^2\varepsilon_0^2\hbar^2} = -13.6 \text{ eV} \tag{27.8}$$

这是氢原子的最低能态, 称为基态. $n > 1$ 的定态则称为激发态. 若将氢原子中的电子从基态电离, 即由束缚态变为自由态, 外界至少要供给电子的能量为 $E_\infty - E_1 = 13.6$ eV, 这个能量叫电离能.

按照量子力学的算符理论 (参见文档), 力学量可用其相应的算符来表示. 角动量算符在 z 轴方向的投影与偏微分算符的关系为 $\widehat{L}_z = -\mathrm{i}\hbar\dfrac{\partial}{\partial\varphi}$, 将之与式 (27.4) 结合可得

文档 算符

$$\widehat{L}_z^2\Phi = \hbar^2 m_l^2\Phi$$

解之 (过程较繁, 故此从略), 得

$$L_z = m_l\hbar \quad (m_l = 0, \pm1, \pm2, \cdots, \pm l) \tag{27.9}$$

式中, m_l 为磁量子数. 式 (27.9) 表明, 电子的角动量在空间共有 $2l + 1$ 个可能取值, 因而是量子化的. 这一结论称为角动量的空间量子化.

下面用初等方法求解角动量的可能值 (本征值).

由等概率假设 $\overline{L}_x^2 = \overline{L}_y^2 = \overline{L}_z^2$ 可以得到

$$L^2 = \overline{L}^2 = \overline{L}_x^2 + \overline{L}_y^2 + \overline{L}_z^2 = 3\overline{L}_z^2 \tag{27.10}$$

式 (27.9) 表明, L_z 的最大可能值为 $\pm l\hbar$, 故在任意状态下 L_z^2 的平均值应为 $(2l+1)$ 个可能值 $m_l^2\hbar^2$ 的平均, 即

$$\overline{L}_z^2 = \frac{1}{2l+1}\sum_{m_l=-l}^{l} m_l^2\hbar^2 \tag{27.11}$$

利用代数公式 $\displaystyle\sum_1^l l^2 = 1^2 + 2^2 + \cdots + l^2 = \frac{1}{6}l(l+1)(2l+1)$ 可将上式改写为

$$\overline{L_z^2}=\frac{1}{3}l(l+1)\hbar^2 \tag{27.12}$$

将之代入式 (27.10), 得

$$L^2=l(l+1)\hbar^2 \tag{27.13}$$

故电子绕核运动的角动量

$$L=\sqrt{l(l+1)}\hbar \quad (l=0,1,2,\cdots,n-1) \tag{27.14}$$

这说明, 电子的角动量是量子化的, 式中, l 为角量子数. 大家知道, 在玻尔理论中, L 的量子化是一个人为引入的先决条件, 其表达式 (25.24) 与式 (27.14) 也有区别, 对实验结果的分析发现, 量子力学的结果更为准确. $l=1$ 和 $l=2$ 时, L 的可能取向如图 27.2 所示.

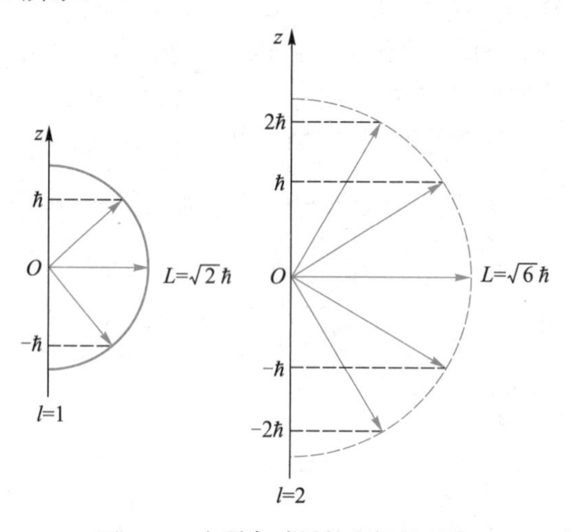

图 27.2 电子角动量的空间量子化

27.2 电子的自旋

27.2.1 施特恩–格拉赫实验

文档 施特恩

为了更好地观察微观粒子角动量的空间量子化现象, 1921 年施特恩 (参见文档) 和格拉赫对银原子进行了验证性实验, 其装置如图 27.3 所示. 图中, K 为银原子射线源, D 为狭缝, S、N 为产生非均匀磁场的磁铁的两极, P 为照相底片.

实验时, 让处于基态的银原子束 (由加热银原子源获得) 通过空间不均匀的磁场, 然后射向照相底片, 并将全部装置置于真空中. 结果发现, 一束射线被分裂为两束, 在照相底板上留下了两条对称分布的原子沉积.

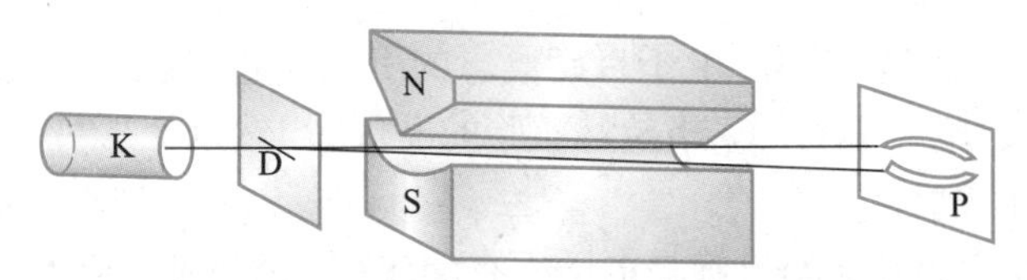

图 27.3 施特恩–格拉赫实验 (参见文档)

动画 施特恩–格拉赫实验

由于以一定的角动量绕核回转的电子相当于一圆电流，具有一定的磁矩，所以原子束通过非均匀磁场时将受到磁场力的作用，使射线产生偏转. 如果磁矩 (或角动量) 在空间取向并非量子化，则底板上的原子沉积应当是连续的，底板上呈现出两分立的原子沉积，表明原子磁矩 (或角动量) 在空间只有两种可能的取向，从而证明了磁矩和角动量空间量子化的存在.

27.2.2 电子的自旋

施特恩–格拉赫实验在验证角动量的空间量子化方面非常成功，但其理论解释在当时却令人困惑. 因为按照角动量的空间量子化理论，对于处于基态的银原子，其 $l = m_l = 0$. 所以，银原子的角动量亦应为零，与之相应的磁矩当不存在，引起银原子射线束一分为二应当另有原因.

为了正确地解释施特恩–格拉赫实验，1925 年莱顿大学的两位青年物理学家古兹密特和乌伦贝克提出了电子自旋的假说:

(1) 电子除有空间运动外，还有自旋运动，具有**自旋角动量和自旋磁矩**;

(2) 自旋角动量 S 和轨道角动量一样，均服从角动量的普遍法则，具有与式 (27.14) 类似的公式，即

$$S = \sqrt{s(s+1)}\hbar \tag{27.15}$$

式中，s 称为**自旋量子数**.

自旋角动量在 z 轴 (外磁场) 方向上的投影

$$S_z = m_s\hbar$$

式中，m_s 称为**自旋磁量子数**. 与 m_l 取值一样，m_s 的可取值为 $0, \pm1, \pm2, \cdots, \pm s$，共有 $2s+1$ 个值. 施特恩–格拉赫实验告诉我们，银原子束一分为二，说明 m_s 只能取两个值，即 $2s+1=2$，由此得

$$\begin{aligned} &s = \frac{1}{2}, \quad m_s = \pm\frac{1}{2} \\ &S = \sqrt{\frac{1}{2}\left(\frac{1}{2}+1\right)}\hbar = \frac{\sqrt{3}}{2}\hbar \quad S_z = \pm\frac{1}{2} \end{aligned} \tag{27.16}$$

z, $\frac{\hbar}{2}$, O, $S=\frac{\sqrt{3}}{2}\hbar$, $-\frac{\hbar}{2}$

图 27.4 自旋角动量的空间量子化

S 的可能取向如图 27.4 所示.

从上面的讨论可以看出, 电子自旋概念的引入使施特恩–格拉赫实验得到了合理的解释. 反过来, 施特恩–格拉赫实验的发现, 当然也就从另一侧面证明了电子自旋假设的正确性.

需要指出的是, 电子的自旋是电子固有的属性, 无经典类比可言. 过去, 曾有人将电子的自旋比拟为电子绕自身对称轴的旋转, 后来发现, 这种比拟是非常错误的. 因为按此模型计算, 则电子表面要以 $137c$ 的速率转动才能具有 $\hbar/2$ 的角动量, 这显然是不可能的. 此外, 自旋也并非电子所独有, 一切微观粒子都具有各自特定的自旋.

*27.2.3 全同粒子的交换对称性

质量、电荷、自旋等固有性质完全相同的微观粒子称为全同粒子. 所有的电子、质子都是全同粒子.

在经典力学中, 允许通过测量位置及动量去标记全同粒子集合中的每个粒子, 而且, 只要知道了 t 时刻的粒子运动状况 (位置、动量等), 便可推知而后 t' 时刻的运动状况. 因此, 全同粒子的概念仅在量子力学中存在. 在量子力学中, 上述标记是不可能的, 也是不允许的. 因为量子力学中的全同粒子完全失去了它们的个别性, 仅仅由交换两个 (或多个) 粒子而相互区别全同粒子的状态是不可能的. 换言之, 在量子力学中全同粒子是不可区分的, 由此可得出全同粒子体系的一个重要特性: 全同粒子体系中任何两个粒子的交换, 均不会引起体系状态 (例如体系的能量状态) 的改变, 这个特性通常称为全同性原理, 亦称全同粒子的交换对称性. 例如, 由两个电子构成的氦原子, 当其中的一个电子由位置 1 运动到位置 2, 另一电子由位置 2 运动到位置 1 时, 即完成位置交换, 显然, 氦原子的能量状态并不会因为两电子位置交换而改变. 交换对称性对全同粒子体系的物理性质有深刻的影响.

27.3 原子的壳层结构

27.3.1 四个量子数

通过前面的介绍可以看出, 氢原子核外电子的运动状态由四个量子数 (n, l, m_l, m_s) 来决定. 对于其他原子, 由于其核外有 Z ($Z \geqslant 2$) 个电子, 它们之间的相互作用也会对电子的运动状态发生影响, 因此, 其薛定谔方程要比氢原子的情形复杂得多, 但通过近似计算可知, 其核外电子的状态仍由如下四个量子数决定.

(1) 主量子数

决定原子中电子能量的量子数称为主量子数, 其符号为 n ($n = 1, 2, \cdots$).

(2) 角量子数

决定原子中电子角动量的量子数称为角量子数, 其符号为 l. 由于轨道磁矩与自旋磁矩间的相互作用, 因此角量子数对能量也有一定的影响, 因而又称副量子数. 在 n 给定的情况下, 角量子数 l 共有 n 个可能取值 $(l=0,1,2,\cdots,n-1)$.

(3) 磁量子数

决定电子轨道角动量在外磁场中取向的量子数称为磁量子数, 其符号为 m_l, 在 l 给定的情况下, 磁量子数 m_l 共有 $2l+1$ 个可能取值 $(m_l=0,\pm1,\pm2,\cdots,\pm l)$.

(4) 自旋磁量子数

决定电子自旋角动量在外磁场中取向的量子数称为自旋磁量子数, 其符号为 m_s, 磁旋量子数只有 $\pm\dfrac{1}{2}$ 两个可能取值 $\left(m_s=\pm\dfrac{1}{2}\right)$. 此外, 自旋磁量子数的大小对电子在外磁场中的能量也有一定的影响.

如果描述两个电子运动状态的四个 (即一组) 量子数 (n,l,m_l,m_s) 分别对应相等, 那么, 我们就说这两个状态为同一状态; 如果有一个或一个以上对应的量子数不相等, 那么, 我们就说这两个状态为不同的状态.

27.3.2 原子的壳层结构

原子中电子的分层次周期性排列称为原子的电子壳层结构, 常简称为原子的壳层结构, 亦称为电子组态.

1916 年, 柯塞耳提出了多电子原子核外的电子壳层排列模型: 同一壳层的电子具有相同的主量子数 n, 对应于 $n=1,2,3,4,5,\cdots$ 的电子壳层, 分别用符号 K, L, M, N, O, $\cdots$ 来表示; 同一壳层上, 角量子数相同的电子又可组成支壳层, 与 $l=0,1,2,3,4,5,\cdots$ 相对应的分壳层分别用 s, p, d, f, g, h, $\cdots$ 来表示.

电子在这些壳层和支壳层上的分布遵循下列两条原理.

(1) 泡利不相容原理 (简称泡利原理)

文档 泡利

1924 年, 泡利 (参见文档) 在《原子内的电子群与光谱的复杂结构》的论文中指出: 在一原子中, 不可能有两个或两个以上的电子具有完全相同的量子态, 即任何两个电子都不可能具有完全相同的一组量子数 (n,l,m_l,m_s). 这一规律称为泡利不相容原理.

理论和实验证明, 不仅电子, 凡自旋为 $\dfrac{1}{2}$ 或 $\dfrac{1}{2}$ 的奇数倍的微观粒子都遵守泡利不相容原理, 这类粒子称为费米子, 例如质子、中子等都是费米子. 自旋为整数的微观粒子, 不受泡利不相容原理的限制, 它们称为玻色子, 例如光子、π 介子等便是玻色子.

(2) 能量最低原理

当原子处于未激发的稳定态时, 在不违背泡利不相容原理的条件下, 每个电子都趋向于优先占据尽可能的低能级, 使原子系统的总能量为最低. 这一规律称为能量最低原理.

利用能量最低原理和泡利不相容原理可定性确定原子中电子的组态, 即确定多电子原子核外电子按壳层的分布.

对于第 n 个壳层, 可以分成 $l=0,1,2,\cdots,(n-1)$ 共 n 个支壳层; 对于每一个 l 值, 可能有 $2l+1$ 个不同的 m_l; 而对于每个 m_l 值, 又可以有两个 m_s 值. 因此, 对于每一个 l, 可以有 $2(2l+1)$ 个不同的状态. 按照泡利不相容原理, 每个状态只能有一个电子, 因此角量子数为 l 的支壳层可容纳的电子数为 $2(2l+1)$, 由此可以推断出第 n 个壳层最多能容纳的电子数

$$N_n=\sum_{l=0}^{n-1}2(2l+1)=\frac{2+2(2n-1)}{2}n=2n^2 \tag{27.17}$$

表 27.1 列出了各壳层和各支壳层最多能够容纳的电子数, 以供参考.

表 27.1 各壳层和支壳层最多可容纳的电子数

l n	0 s	1 p	2 d	3 f	4 g	5 h	6 i	$N_n=2n^2$
1(K)	2(1s)	—	—	—	—	—	—	2
2(L)	2(2s)	6(2p)	—	—	—	—	—	8
3(M)	2(3s)	6(3p)	10(3d)	—	—	—	—	18
4(N)	2(4s)	6(4p)	10(4d)	14(4f)	—	—	—	32
5(O)	2(5s)	6(5p)	10(5d)	14(5f)	18(5g)	—	—	50
6(P)	2(6s)	6(6p)	10(6d)	14(6f)	18(6g)	22(6h)	—	72
7(Q)	2(7s)	6(7p)	10(7d)	14(7f)	18(7g)	22(7h)	26(7i)	98

根据泡利不相容原理和能量最低原理可以推知, 核外电子的填充次序为

$$\begin{gathered}1\,\mathrm{s}-2\,\mathrm{s}-2\,\mathrm{p}-3\,\mathrm{s}-3\,\mathrm{p}-4\,\mathrm{s}-3\,\mathrm{d}-4\,\mathrm{p}-\\5\,\mathrm{s}-4\,\mathrm{d}-5\,\mathrm{p}-6\,\mathrm{s}-4\,\mathrm{f}-5\,\mathrm{d}-6\,\mathrm{p}-7\,\mathrm{s}-6\,\mathrm{d}\cdots\end{gathered}$$

由此确定下来的各元素原子核外电子分布跟元素周期表的完全一致, 从而从理论上阐明了元素周期表的本质. 量子力学的这一成果, 使物理和化学这两门不同的学科在原子壳层结构上得到了统一.

例 27.1 在描述原子内电子状态的量子数 n,l,m_l 中, 当 $n=5$ 时, l 的可能值是多少? 当 $l=5$ 时, m_l 的可能值为多少?

解: 根据 n 与 l 的关系式 $l=0,1,\cdots,n-1$ 可知, 当 $n=5$ 时, l 共有 $0,1,2,3,4$ 总计 5 个可能值.

根据 m_l 与 l 的关系式 $m_l=0,\pm1,\cdots,\pm l$ 可知, 当 $l=5$ 时, m_l 共有 $0,\pm1,\pm2,\pm3,\pm4,\pm5$ 总计 11 个可能值.

例 27.2 求元素周期表中第 19 号元素 K 的电子壳层结构 (即电子组态).

解: 19 号元素核外共有 19 个电子. 依据前述的电子填充次序和表 27.1 可以推知, 各壳层可填充的电子数为 1 s 层上 2 个, 2 s 层上 2 个, 2 p 层上 6 个, 3 s 层上 2 个, 3 p 层上 6 个, 4 s 层上 1 个, 其简记代号为 $1\,\mathrm{s}^2 2\,\mathrm{s}^2 2\,\mathrm{p}^6 3\,\mathrm{s}^2 3\,\mathrm{p}^6 4\,\mathrm{s}$. 此即

第 19 号元素的电子壳层结构 (电子组态).

一些元素原子的壳层结构如表 27.2 所示.

表 27.2 部分元素原子的壳层结构

序号	符号	元素名称	壳层结构 (电子组态)
1	H	氢	$1s$
2	He	氦	$1s^2$
3	Li	锂	$1s^2 2s$
4	Be	铍	$1s^2 2s^2$
5	B	硼	$1s^2 2s^2 2p$
6	C	碳	$1s^2 2s^2 2p^2$
7	N	氮	$1s^2 2s^2 2p^3$
8	O	氧	$1s^2 2s^2 2p^4$
9	F	氟	$1s^2 2s^2 2p^5$
10	Ne	氖	$1s^2 2s^2 2p^6$
11	Na	钠	$1s^2 2s^2 2p^6 3s$
12	Mg	镁	$1s^2 2s^2 2p^6 3s^2$
13	Al	铝	$1s^2 2s^2 2p^6 3s^2 3p$
14	Si	硅	$1s^2 2s^2 2p^6 3s^2 3p^2$
15	P	磷	$1s^2 2s^2 2p^6 3s^2 3p^3$
16	S	硫	$1s^2 2s^2 2p^6 3s^2 3p^4$
17	Cl	氯	$1s^2 2s^2 2p^6 3s^2 3p^5$
18	Ar	氩	$1s^2 2s^2 2p^6 3s^2 3p^6$
19	K	钾	$1s^2 2s^2 2p^6 3s^2 3p^6 4s$
20	Ca	钙	$1s^2 2s^2 2p^6 3s^2 3p^6 4s^2$
21	Sc	钪	$1s^2 2s^2 2p^6 3s^2 3p^6 3d 4s^2$
22	Ti	钛	$1s^2 2s^2 2p^6 3s^2 3p^6 3d^2 4s^2$
23	V	钒	$1s^2 2s^2 2p^6 3s^2 3p^6 3d^3 4s^2$
24	Cr	铬	$1s^2 2s^2 2p^6 3s^2 3p^6 3d^5 4s$
25	Mn	锰	$1s^2 2s^2 2p^6 3s^2 3p^6 3d^5 4s^2$
26	Fe	铁	$1s^2 2s^2 2p^6 3s^2 3p^6 3d^6 4s^2$
27	Co	钴	$1s^2 2s^2 2p^6 3s^2 3p^6 3d^7 4s^2$
28	Ni	镍	$1s^2 2s^2 2p^6 3s^2 3p^6 3d^8 4s^2$
29	Cu	铜	$1s^2 2s^2 2p^6 3s^2 3p^6 3d^{10} 4s$
30	Zn	锌	$1s^2 2s^2 2p^6 3s^2 3p^6 3d^{10} 4s^2$
31	Ga	镓	$1s^2 2s^2 2p^6 3s^2 3p^6 3d^{10} 4s^2 4p$
32	Ge	锗	$1s^2 2s^2 2p^6 3s^2 3p^6 3d^{10} 4s^2 4p^2$
33	As	砷	$1s^2 2s^2 2p^6 3s^2 3p^6 3d^{10} 4s^2 4p^3$
34	Se	硒	$1s^2 2s^2 2p^6 3s^2 3p^6 3d^{10} 4s^2 4p^4$
35	Br	溴	$1s^2 2s^2 2p^6 3s^2 3p^6 3d^{10} 4s^2 4p^5$
36	Kr	氪	$1s^2 2s^2 2p^6 3s^2 3p^6 3d^{10} 4s^2 4p^6$

27.3.3 元素周期表

早在 1869 年, 俄国化学家门捷列夫就已发现, 若将当时已知的 62 个元素按照原子量的大小依次排列起来, 则它们的性质会呈现出周期性的变化, 这一规律称为门捷列夫元素周期律, 这一排列称为门捷列夫元素周期表.

虽然, 门捷列夫元素周期表比较粗糙, 但它所取得的成就却不少: 它能反应出元素性质的周期变化特性, 还能发现多个新元素, 如锗, 镓等. 但其具有周期性的原因在近 50 年的时间里, 却始终没有一个令人满意的解释.

在 1916—1918 年间, 玻尔的研究工作率先给出了上述问题的科学解释. 玻尔认为, 元素性质的周期性主要来源于元素电子组态的周期性. 于是, 他将元素按其电子组态的周期性进行排列所得的元素周期表与按元素原子量大小依次排列所得的门捷列夫元素周期表进行了比较, 他认为前者比后者更科学、更精准. 例如对于第 72 号元素的定性, 按照门氏周期表的分析, 它应属稀土元素, 但按玻氏周期表来看, 则应为与锆相似的金属. 1922 年, 玻尔等人终于在锆矿中找到了这种现在称为铪的金属, 极大地提高了玻氏元素周期表的声望.

尔后, 物理学家和化学家们普遍接受了玻尔的理念, 将已知的 118 个元素遵照 "泡利不相容原理" 和 "能量最低原理", 即其核外电子按照从 (电子数) 少到多, 从 (能量) 小到大的原则, 进行组态排列, 所得长形 "七行 (每行代表一个周期), 十六列 (每列代表一个族), 外加两个 '悬窗' (分别代表镧系和锕系金属)", 即为现行的元素周期表 (参见书末附表). 它既为欲了解元素特性的读者提供了强有力的工具, 又为量子物理学理论的正确性以及物理、化学的紧密联系提供了有力的佐证.

思考题与习题

27.1 比较玻尔的氢原子图像和由解薛定谔方程得到的氢原子图像的异同.

27.2 描述原子中电子定态需要哪几个量子数? 取值范围如何? 它们各代表什么含义?

27.3 在原子的 K 壳层中, 电子可能具有的四个量子组数 (n, l, m_l, m_s):

(1) $\left(1,1,0,\frac{1}{2}\right)$　　(2) $\left(1,0,0,\frac{1}{2}\right)$

(3) $\left(2,1,0,-\frac{1}{2}\right)$　　(4) $\left(1,0,0,-\frac{1}{2}\right)$

的取值中, 正确的是 (　　).

A. 只有 (1)、(3) 是正确的　　B. 只有 (2)、(4) 是正确的

C. 只有 (2)、(3)、(4) 是正确的　　D. 全部是正确的

27.4 下面各电子态中角动量最大的是 (　　).

A. 6 s　　B. 5 p　　C. 4 f　　D. 3 d

27.5 直接证实电子自旋存在的最早的实验之一是 (　　).

A. 康普顿实验　　B. 卢瑟福实验

C. 戴维森–革末实验　　D. 施特恩–格拉赫实验

27.6 根据量子理论, 氢原子中核外电子的状态可由四个量子数来确定, 其中, 主量子数 n 的可能取值为_____, 它决定着_____.

27.7 原子中的电子排布必须遵循的两条基本原理是_____ 和_____.

27.8 当主量子数 $n=3$ 时, 角量子数 l, 磁量子数 m_l 的取值关系为 $l=$ _____, $m_l=$ _____; $l=$ _____, $m_l=$ _____; $l=$ _____, $m_l=$ _____.

文档　第27章章末问答

*　　*　　*

27.9 求角量子数 $l=2$ 的体系的 L 和 L_z 之值.

27.10 计算氢原子中 $l=4$ 的电子的角动量及其在外磁场方向上的投影值.

27.11 锂 $(Z=3)$ 原子中含有 3 个电子. 若已知基态锂原子中一个电子的量子态为 $\left(1,0,0,\dfrac{1}{2}\right)$, 则其余两个电子的量子态形式如何?

动画　第27章章末小试

27.12 设氢原子中的电子处于 $n=4$、$l=3$ 的状态. 问:

(1) 该电子角动量 L 的值为多少?

(2) 该角动量 L 在 z 轴的分量有哪些可能的值?

27.13 写出第 18 号元素 Ar 和 20 号元素 Ca 的原子在基态时的电子组态.

27.14 钴 $(Z=27)$ 有两个电子在 4 s 态, 没有其他 $n\geqslant 4$ 的电子, 则在 3 d 态的电子共有几个?

第 27 章习题答案

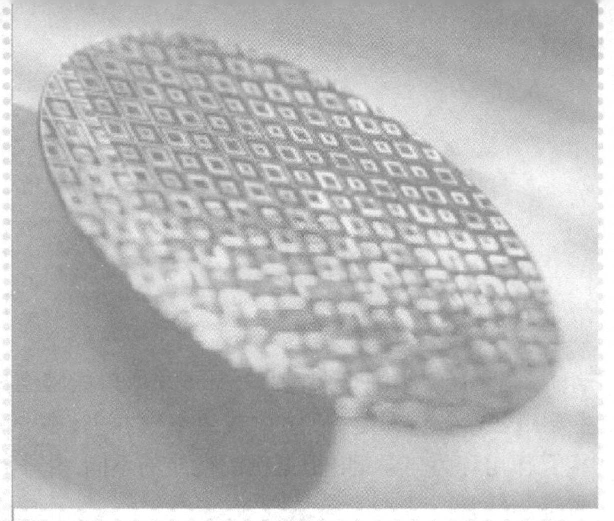

硅晶图片

*第二十八章

分子与固体

分子是由原子按照一定规则构建起来的系统, 它是组成物质 (包括生命) 的重要基础, 其相关概念和变化规律对现代科学技术有着重要的应用. 固体是指具有固定形状大小的物体, 它是物质结构的一种重要形态, 有晶 (体) 态和非晶 (体) 态之分, 是当前物理学研究的主要对象之一. 本章主要介绍分子与固体的相关概念、变化规律及其简单应用, 要侧重了解化学键的形成机理及分子结构的基本特点; 了解金属中自由电子的分布规律和导电机制; 了解能带的形成机理、半导体的特性及其应用。

28.1 化学键

我们知道, 物质由分子组成, 而分子则由原子组成. 原子之所以能够组成分子, 或者构成晶体 (固体), 主要是依靠参与构建的原子 (或离子) 之间存在一种强烈的相互作用, 这种强烈的相互作用称为化学键. 根据键的性质的不同, 化学键可分为多种形式, 下面仅择其要, 简介两种.

28.1.1 离子键

依靠原子或离子之间存在的强烈库仑作用而形成的键称为离子键. 大多数盐类物质中都存在离子键. 下面以氯化钠 (NaCl) 为例来简要地介绍离子键的形成和它在构成分子或晶体中的作用.

我们知道, 钠 (Na) 原子的外层是一个 3 s 态的电子, 它与原子核 (实) 的联系最松散, 仅需 5.1 eV 的电离能就能去掉这一电子, 而使 Na 原子成为正钠离子 Na^+. 而 Cl 原子的外层 (3 p 层) 只差一个电子就可以成为满壳层, 因此极易获取一个电子 (仅需 1.3 eV 的能量) 而使 Cl 原子成为负氯离子 Cl^{-1}. 钠离子 Na^+ 与氯离子 Cl^- 之间存在着强烈的库仑吸引作用, 亦即存在着一种离子键, 正是这样的离子键, 使 Na^+ 与 Cl^- 构建成为 NaCl 分子 (晶体). 由于电子要服从泡利不相容原理, 因此, Na^+ 与 Cl^- 又不能靠得过近, 否则, 它们之间便出现一种强大的 "不相容斥力" 而使 Na^+ 与 Cl^{-1} 恰好维系在一定的距离上.

28.1.2 共价键

通过原子之间共有价电子而形成的化学键称为共价键. H_2 分子、CCl_4 分子等的形成就是共价键作用的结果. 与离子键不同, 共价键的形成完全是一种量子效应.

下面以 H_2 的形成为例来简要地加以介绍.

我们知道, 氢原子有一个 1 s 态的电子. 当两个氢原子相距较远时, 两个电子被限制在各自的库仑势阱中, 互不相干, 不能形成氢分子 H_2.

当两个氢原子靠近到一定距离时, 两个电子的波函数 $\psi(r)$ 开始重叠, 发生叠加, 使得两个质子之间出现电子的概率密度为 $|\psi(r)|^2$. 因此两个原 1 s 态电子既可能属于第 1 个氢原子的质子 p_1, 也可能属于第 2 个氢原子的质子 p_2, 出现了两个价电子的共有化. 由于电子共有化而将两个氢原子核紧密地结合在一起, 形成了氢分子 H_2. 可见, 电子共有化是形成共价键的关键.

28.2 分子的振动与转动

分子除了发生电子跃迁, 产生光谱外, 还存在转动和振动两种运动形式. 它们对分子的能量及分子结构均有一定的影响.

28.2.1 分子的振动

分子的振动较为复杂. 这里我们仅讨论最简单、最基本的双原子分子的振动问题 (多原子的分子振动可以看成是双原子分子振动的叠加).

组成分子的双原子绕其平衡位置的周期性相对伸缩运动称为分子的振动. 其活动范围多发生在两原子的直线方向上, 其行为与一维谐振子的行为非常相似. 因此, 可以近似地用一维谐振子的能量来表示分子振动的能量, 即

$$E_n=\left(n+\frac{1}{2}\right)\hbar\omega \quad (n=0,1,2,\cdots) \tag{28.1}$$

式中, n 为振子的量子数, 也就是说, 分子振动的能量是量子化的. 因而常将振动能量称为振动能级. $n=0$ 所对应的能量最低, 称为零点能, 其值为 $\dfrac{\hbar\omega}{2}$.

28.2.2 分子的转动

组成分子的原子围绕分子质量中心的转动称为分子的转动, 其转动能量同样是量子化的. 下面利用双原子分子模型来推导分子的转动能级公式.

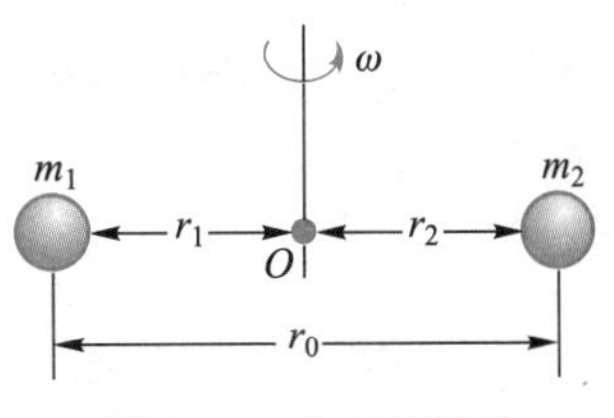

图 28.1 分子的转动

如图 28.1 所示, 设 m_1、m_2 为组成分子的两个原子, 其间距为 r_0; 两原子到分子质心 O 的距离分别为 r_1、r_2, 绕质心的转动角速度为 ω. 通过求解定态薛定谔方程可以求得分子转动的角动量本征值

$$L^2=l(l+1)\hbar^2 \tag{28.2}$$

由转动惯量的定义可以写出分子对质心的转动惯量

$$J=m_1r_1^2+m_2r_2^2$$

注意到 $r_0=r_1+r_2$, $m_1r_1=m_2r_2$ 则分子对质心的转动惯量又可写成

$$J=mr_0^2 \tag{28.3}$$

式中 $m=\dfrac{m_1m_2}{m_1+m_2}$ 为分子的折合质量. 将式 (28.2) 和式 (28.3) 代入转动能量公式 $E=\dfrac{L^2}{2I}$ 即可得到分子的转动能级

$$E_l=\frac{l(l+1)\hbar^2}{2mr_0^2} \tag{28.4}$$

利用一维方势阱模型 (阱宽 $a = r_0$) 可以推算出振动能级比转动能级大 $1 \sim 2$ 个数量级, 且振动能级、转动能级的间距均比电子能级的间距小许多, 因而可以认为是一些靠得很近的线系组成的光谱带, 故研究分子结构时, 通常采用分子吸收光谱方法来进行.

28.3 金属导电的量子解释

28.3.1 金属中自由电子的能量分布

金属是一种具有重大实用价值和理论价值的晶体, 铜、铝、金便是金属晶体的典型代表. 其特点是外层电子受到的束缚作用小, 容易成为自由电子, 可在整个金属中运动, 使金属具有极好的导电性.

我们知道, 气体分子服从玻耳兹曼分布, 每一个能级上可有多个粒子. 但是, 自由电子不遵守玻耳兹曼分布, 其行为要受泡利不相容原理的制约, 每一能级最多只能分布两个自旋方向相反的电子. 这样, N 个自由电子便会从基态 (能量最低的态) E_1 一直填充到能量最高状态 [即费米 (参见文档) 态], 它所对应的能级称为费米能级, 用 E_{F} 表示.

文档 费米

与费米能级对应的温度称为费米温度. 由热力学关系可以得到费米温度 $T_{\mathrm{F}} = \dfrac{E_{\mathrm{F}}}{k}$, 通常写成

$$kT_{\mathrm{F}} = E_{\mathrm{F}} \tag{28.5}$$

式中, k 为玻耳兹曼常量.

利用统计的方法可以导出, 自由电子按能量的分布关系为

$$f(E) = \frac{1}{\mathrm{e}^{\frac{E-E_{\mathrm{F}}}{kT}} + 1} \tag{28.6}$$

式中, $f(E)$ 称为费米统计分布函数, 简称费米函数. 前已说明, 自由电子只能填充到小于 E_{F} 的能级上, 因此有

$$f(E) = \begin{cases} 1 & (E < E_{\mathrm{F}}) \\ 0 & (E > E_{\mathrm{F}}) \end{cases}$$

28.3.2 金属导电的量子解释

金属导电的特点是电阻率 ρ 很小, 且随温度 T 而变化. 利用经典电子导电理论和量子理论都能对此作出解释, 但实验证明, 只有量子解释才是正确的.

应用电磁理论可以导出, 金属的电阻率

$$\rho=\frac{2m}{ne^2}\frac{1}{\tau} \tag{28.7}$$

式中, m 为电子质量, n 为电子数密度, e 为元电荷, τ 为电子与金属正离子组成的晶格相邻两次碰撞的平均时间, 即平均碰撞周期 (或称弛豫时间).

按照经典理论, 平均碰撞频率 $\overline{\nu}=\dfrac{1}{\tau}=\dfrac{\overline{v}}{\overline{\lambda}}$, 而 $\overline{\lambda}=\dfrac{1}{\sqrt{2}n\pi r^2}$, $\bar{v}\propto\sqrt{T}$, 由此可以得到, 电阻率 $\rho\propto\sqrt{T}$.

但是, 实验指出, $\rho\propto T$. 这说明, 经典理论不能很好地解释金属的导电问题. 必须从量子理论的观点来另行探讨.

设正离子由于热振动而离开平衡位置的距离为 r, 则其振动势能 (大小与 kT 相当)

$$E_{\mathrm{p}}=\frac{1}{2}kr^2=\frac{1}{2}m\omega^2r^2\approx kT \tag{28.8}$$

式中, m 为离子质量, ω 为离子的振动角频率. 自由电子与离子的碰撞实为离子对电子的散射, r 就是其散射截面的半径. 于是 πr^2 便可理解为散射截面积, 因而便有

$$\overline{\lambda}\propto\frac{1}{\pi r^2} \tag{28.9}$$

比较式 (28.8)、式 (28.9) 可得

$$\overline{\lambda}\propto\frac{1}{T} \tag{28.10}$$

按照碰撞理论

$$\tau=\frac{\overline{\lambda}}{\bar{v}} \tag{28.11}$$

式中, $\bar{v}$ 为电子热运动的平均速率. 考虑到泡利不相容原理的限制, 实际上参与导电的只是费米能级附近的电子, 其速率由费米能级决定, 与 T 无关, 即 $\tau\propto\dfrac{1}{T}$.

比较式 (28.7)、式 (28.10)、式 (28.11) 得

$$\rho\propto T$$

它与实验结果完全相符, 可见金属导电的量子理论解释是正确的.

28.4 能带理论

X 射线结构分析表明, 晶体中的粒子 (原子、分子或离子) 在空间呈完全有规则的周期排列, 形成空间点阵. 这种周期性的结构, 使晶体中的电子能态呈现出特殊的能带结构. 研究发现, 固体的能带结构不仅能阐述固体材料的许多重要性质, 如热电效应、光电效应、电磁性质和光学性质等, 而且还为设计和寻找新材料、新元件提供了理论依据. 本节主要介绍能带的形成.

28.4.1 电子的共有化

动画 电子共有化能带的形成

我们知道, 在金属原子中, 除价电子 (原子最外层的电子) 外, 其余电子和原子核的结合较为紧密, 可以视为一个实体, 称为原子实, 也可将其视为带正电的粒子. 对于孤立原子, 若零势能点选在无限远处, 则价电子会受到一个与原子实的距离成反比且为负值的势场作用, 如图 28.2(a) 所示. 当原子结合成晶体时, 价电子便受到所有原子实的合势场作用, 这个势场的势呈现如图 28.2(b) 实线所示的周期性, 因而称为周期势, 其周期长短取决于原子的间距.

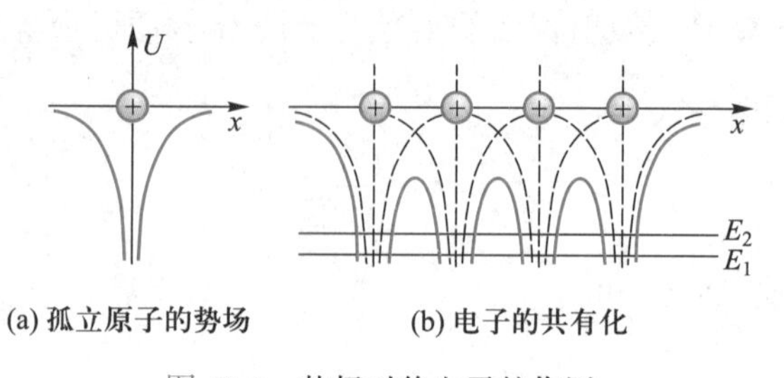

图 28.2 势场对价电子的作用

因为晶体一般是三维的, 所以相应的周期势也具有三维周期性 (图中只画出了一维的情况), 其作用相当于空间排列的势垒群. 在它的作用下, 原属各自原子的核外电子, 由于隧道效应可以穿越势垒, 由一个原子转移到另一个原子, 在整个晶体中运动, 这时的电子属各原子所共有, 称为 "电子共有化". 对于原子的芯电子, 如处于 E_1 能态上的电子, 由于能量较低, 势垒较宽, 据隧道效应可知, 其穿透系数较小, 即穿越势垒的概率较小, 所以共有化程度不显著. 原子外层的电子, 能量较大, 相应的势垒较窄, 所以穿越势垒的概率较大, 共有化程度较显著. 总之, 晶体中的电子都有不同程度的共有化, 产生这种现象的实质是电子波动性在晶体中的反映.

28.4.2 能带的形成

依据原子的电子壳层结构, 原子核外电子分壳层分布, 自核由里向外的壳层依次为 1 s、2 s、2 p、3 s、··· 不同壳层对应原子的不同能级. 例如, 1 s 壳层的原

子 (电子) 对应的能级便为 E_{1s}. 如果一个分子 (晶体) 由两个原子 a、b 组成 (如氢分子), 则由于分子 (晶体) 中电子共有化的影响, a、b 间原子间距将会减小, a 原子的能量将会发生变化, 由 E_{1s} 变为 E_{1sa}; b 原子 (电子) 的能量也将发生变化, 由 E_{1s} 变为 E_{1sb}, 即产生了能级的分裂 [参见图 28.3(a)]. 可以理解在由 N 个原子凝聚成晶体的过程中, 随着原子间距的减小, 原子外层价电子的能级开始相互分裂. 后面将要说明, 每一能级将会分裂成 N 个相距很近的不同能级, 当 N 很大时, 分裂后的相邻能级间隔很小 (小于 10^{-23} eV), 呈准连续的带状分布, 称为能带. 原子外层电子间因相互作用较强, 所以能级会分裂的宽度较大, 能带较宽. 芯电子则因原子间相互作用较弱, 所以能级分裂的宽度较小, 能带较窄. 若两能带之间有一能量区域是电子不能具有的, 则此区域称为禁带. 若两能带相互交叠, 则禁带消失. 由于晶体的能带是由原子能级分裂得到的, 所以仍用电子能级符号 s、p、d、··· 标记能带, 其结构略如图 28.3(b) 所示.

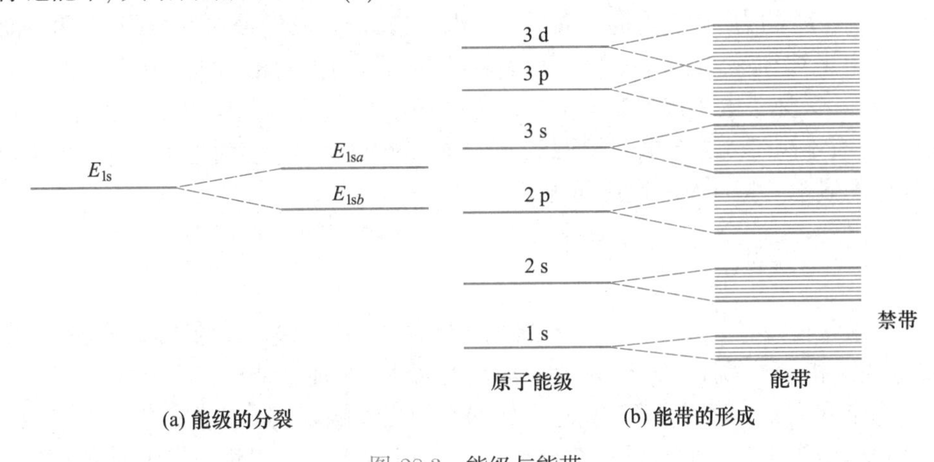

图 28.3 能级与能带

我们知道, 孤立原子的 n s 能级上最多可容纳两个自旋方向相反的电子, 称为 n s 电子, 因此, N 个相同的孤立原子的 n s 能级上最多可容纳的总电子数为 $2N$ 个 n s 电子. 当原子结合成晶体后, 若能级不分裂, $2N$ 个 n s 态电子将挤在同一个能级上, 显然, 这是违背泡利不相容原理的. 因此, 要形成稳定的晶体, 原 n s 能级必须分裂成 N 个不同的能级, 方能容纳 $2N$ 个电子. 同理, 原子的 n p 能级最多可容纳 6 个电子, 形成晶体后, 此能级必须分裂成 N 个不同能级, 才能容纳 $6N$ 个电子. 因此, N 个原子形成晶体后, 一个能级必须分裂成 N 个相距很近的不同能级, 形成能带. 每个能带所能容纳的最多电子数为该能带相对应的原子能级所容纳的最多电子数的 N 倍. 对于角量子数 l 一定的能带, 最多可容纳的电子数为 $2(2l+1)N$. 而且, 如果原来的原子能级被电子填满, 则对应的能带上各能级就完全被电子占据, 这样的能带叫满带. 如果原来的原子能级未被电子填满, 则相应的能带也没被电子填满, 按能量最低原理, 在正常情况下, 电子占据能带下面的部分能级, 上面的能级空着, 这样的能带称为不满带. 如果原来的原子的壳层上没有电子, 则相应的能带上也无电子占据, 这样的能带称为空带. 价电子的能级形成的能带叫价带. 后面将会看到, 在外电场的作用下, 不满带及激发到空带上的电子将参与导电, 所以不满带和空带又称为导带.

28.5　绝缘体　导体　半导体

前已指出, 各能级均被电子占据的能带称为满带. 当晶体中加入外电场时, 在外电场的作用下, 满带中电子的运动状态将会发生变化. 当电子由能带中某一能级向另一能级转移时, 由于受泡利不相容原理的限制, 必有另一电子沿相反方向转移, 结果, 电子的电荷分布没有发生变化, 宏观电流为零, 即满带不导电. 对于不满带, 当无外电场时, 导带中的较低能级全被电子占据, 且电子动量正反方向的态呈对称分布, 故不产生电流. 当加入外电场时, 该电场将对每一个电子施加 $F = -eE$ 的力, 逆着力的方向运动的电子被减速, 其能量减少, 顺着力的方向运动的电子被加速, 其能量增加, 从而跃迁到与该力方向相同的未被电子占据的空能级上, 破坏了电子按动量正反方向的对称分布, 因而在晶体中形成电流. 这就是说, 只有不满带才能导电. 下面我们将用能带理论来进一步讨论绝缘体、导体和半导体的概念、特性及其应用问题.

28.5.1　绝缘体

电阻率在 $10^{8} \sim 10^{22}\ \Omega\cdot\mathrm{m}$ 范围内的物体称为绝缘体. 大多数离子晶体 (如 NaCl 等) 和分子晶体 (如 CO_2 等) 都是绝缘体. 其能带结构有两个特征: 第一, 只有满带和空带; 第二, 满带和它上面的空带之间隔着一个较宽的禁带, 一般约为 4 eV. 由于满带中的电子不参与导电, 一般电场又不足以将满带中的电子激发到空带, 所以此类晶体导电性极差, 几乎不导电. 显然, 绝缘体的禁带越宽, 绝缘性能就越好. 绝缘体常被用来防止电流外泄, 以提高输电效率, 保护相关人员和设备的安全.

28.5.2　导体

电阻率在 $10^{-8} \sim 10^{-6}\ \Omega\cdot\mathrm{m}$ 之间, 导电性能良好的物体均称为导体. 除金属外, 电解质水溶液、电离气体等均为导体. 其能带结构一般较为复杂, 但大致上可划分为两类情况: 一类以一价碱金属为代表, 如钠晶体, 其原子的电子组态是 $1\,\mathrm{s}^2 2\,\mathrm{s}^2 2\,\mathrm{p}^6 3\,\mathrm{s}$. 在钠晶体中, 1 s、2 s、2 p 能级均被电子填满, 但 3 s 能级却并未被填满, 形成部分空带. 在外电场的作用下, 电子便容易被激发到空能级上, 形成电流, 所以碱金属晶体都是导体. 另一类以二价碱土金属为代表, 如镁晶体, 其原子的电子组态为 $1\,\mathrm{s}^2 2\,\mathrm{s}^2 2\,\mathrm{p}^6 3\,\mathrm{s}^2$. 虽然 1 s、2 s、2 p 及 3 s 上的能带全是满带, 但由于 3 s 带与较高的空带交叠, 这样, 在外电场作用下, 一部分电子将会进入空带能级, 形成电流. 因此, 镁 (Mg) 也是导体. 显然, 若晶体的价带与空带重叠的部分越多, 则其导电性能就越好, 这样的导体称为良导体, 否则就叫不良导体. 铜属于良导体, 镁则属于不良导体. 良导体常被用来作为输电导线, 已被广泛地应用于工农业生产和人们的日常生活中.

28.5.3 半导体

导电能力介于导体与绝缘体之间的晶体叫半导体, 其导电性能与半导体的掺杂和温度密切相关. 按掺杂与否半导体可分为如下两种类别.

1. 本征半导体

不含杂质的半导体称为本征半导体.

同绝缘体类似, 本征半导体的能带也只有满带和空带之分; 不同的是本征半导体的价带与空带间的禁带较窄. 例如, 在室温下, 硅的禁带宽度为 1.12 eV, 锗的为 0.67 eV, 砷化镓的为 1.43 eV. 所以在室温下, 由于热激发, 少量的电子由价带进入空带, 同时在价带中留下一个空位, 称为空穴, 其行为相当于一个带正电的粒子. 半导体中的电子和空穴总是成对出现, 称为电子–空穴对. 这种激发, 在光照射时也可发生, 只要入射光子的能量大于价带中的电子和满带中的空穴能级差即可. 热激发还可增加电子–空穴对, 这是半导体导电性对热敏感的内在原因.

2. 杂质半导体

含有杂质的半导体称为杂质半导体, 主要包含如下两种类型.

(1) n 型半导体

在四价元素 Si、Ge 晶体中掺入少量的五价元素 P 或 As 等杂质, 便可构成与 Si 或 Ge 相同的电子结构. 因五价的杂质元素多余的一个价电子不允许被容纳在原来的价带中, 而处在禁带中靠近空带下边缘附近的能级上, 此能级称为杂质能级. 该能级与空带间的禁带宽度很窄, 如 P、As 约为 0.04 eV, 故在热激发下, 大量电子由杂质能级跃迁到空带上. 这种能向半导体提供电子, 同时使自身成为正离子的杂质, 称为施主杂质. 它在禁带中提供带有电子的能级称为施主能级. 加外电场后, 电子依次跃迁到更高能级, 显示出导电性. 控制掺杂的数量, 即可控制其导电性能. 由于这种半导体的导电性主要是杂质能级激发到空带上的电子形成的, 因而称为电子型半导体, 也叫 n 型半导体, 其能带结构如图 28.4 所示.

(2) p 型半导体

在四价 Si 或 Ge 形成的本征半导体中掺入少量的三价元素 Al、B、Ga 或 In 等杂质, 便可构成与 Si、Ge 相同的电子结构. 因三价杂质缺少一个电子, 所以相当于这些杂质原子的存在而出现空穴. 相应这种空穴的杂质能级出现在禁带中靠价带附近. 价带与杂质能级间的能量差很少, 一般在 0.01 eV 以下, 所以常温下就有价带中的电子跃迁到杂质能级上, 相应地在价带中形成一定数量的空穴. 这种能够接受电子而自身成为负离子的杂质叫受主杂质. 在禁带中相应的能级叫受主能级. 这种半导体主要是靠空穴导电, 因而称为空穴型半导体, 也叫 p 型半导体, 其能带结构如图 28.5 所示.

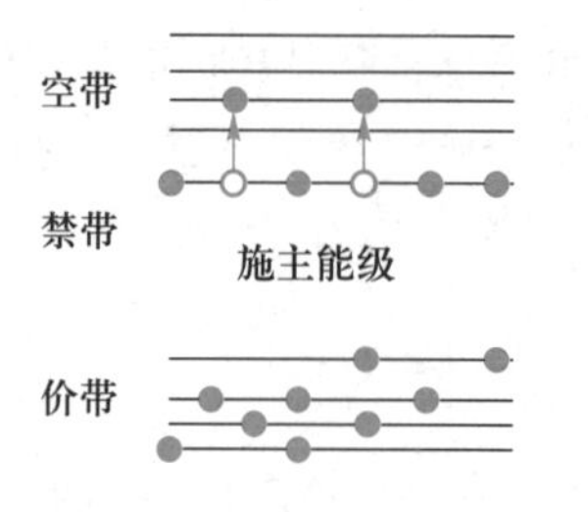

图 28.4 n 型半导体的能带结构

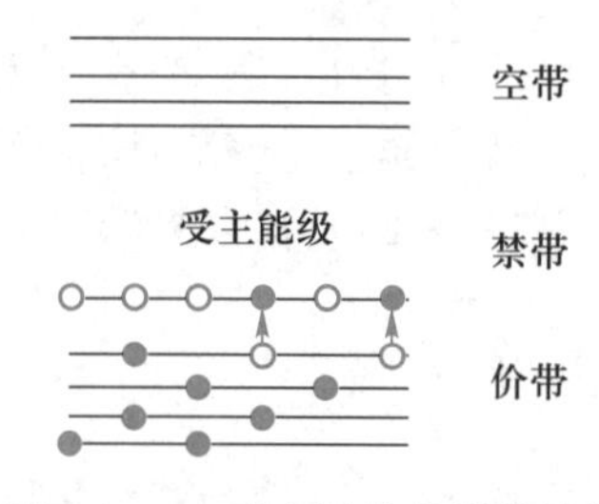

图 28.5 p 型半导体的能带结构

28.5.4 半导体的特性及其应用

由于半导体具有特殊的能带结构, 因而具有许多独特的性质, 它们在科研生产及日常生活中均有广泛的应用. 下面仅择其要, 予以介绍.

1. 热敏效应及其应用

随着温度的升高, 半导体中的载流子 (电子或空穴) 数目将会由于热激发而显著增加, 因而使得半导体的电阻显著下降. 这种现象在杂质半导体中特别明显. 我们将电阻随温度的升高而显著变化的现象称为半导体的热敏效应. 根据这一特性制作的半导体器件称为热敏电阻 (图 28.6). 由于热敏电阻体积小, 灵敏度高, 且使用寿命长, 并能进行远距离操作, 因而被广泛地用于遥感探测及自动控制技术中.

2. 光敏效应及其应用

某些半导体 (例如硒) 在可见光的照射下, 其载流子密度会显著增加, 从而导致其电阻值急剧下降. 这种现象称为半导体的光敏效应. 由于半导体中载流子数目的增加是因光激发而引起的, 而载流子对光的吸收具有选择性, 因此, 光敏效应也有选择性. 这与没有选择性的热敏效应是不相同的.

利用光敏特性制作的电阻称为光敏电阻 (图 28.7), 它同样具有体积小、反应快、灵敏度高等优点, 因而也被广泛地应用于自动控制及遥感测量技术中.

图 28.6 热敏电阻

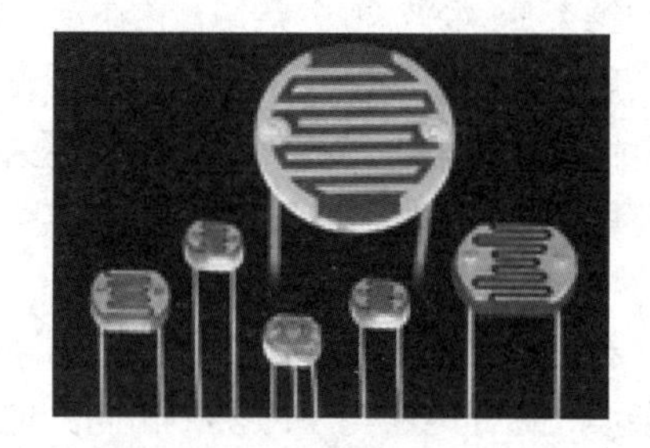

图 28.7 光敏电阻

3. 温差电效应及其应用

将两种不同的金属组成一个闭合回路, 并将回路的两接触点分别置于不同温度的热源中则可发现, 回路中会有电动势发生. 这种现象称为温差电效应, 这样的回路 (装置) 称为温差电偶, 亦称热电偶 (图 28.8). 不过, 用金属热电偶获得的温差电动势数值很小, 每单位温度差仅能产生几个微伏. 因此, 如何提高热电偶的温差电转换效率便成了科学家们感兴趣的课题.

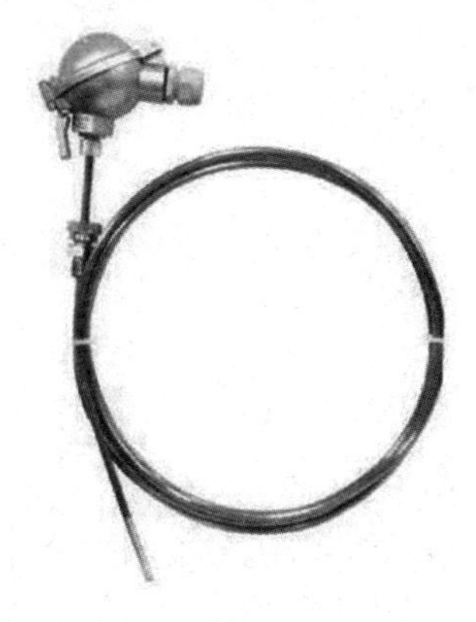

图 28.8 热电偶

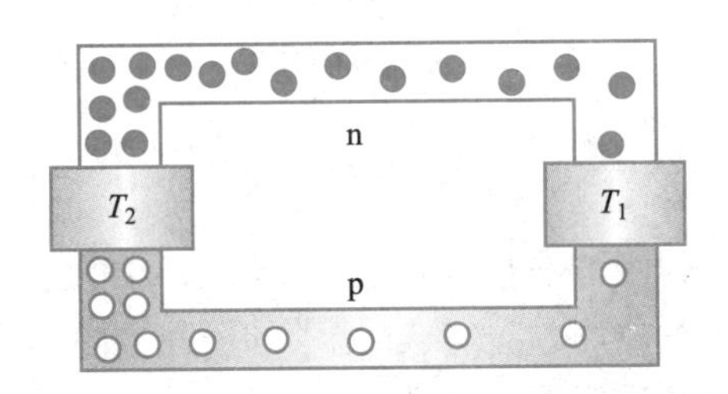

图 28.9 p 型和 n 型半导体组成的回路

前已指出, 半导体中的载流子对温度的响应特别灵敏, 其密度随温度的升高而迅速增加. 因此, 若将 n 型半导体与 p 型半导体组成如图 28.9 所示的回路, 则容易理解, 由于温度差的存在, n 型半导体中必然会存在电子密度差: 热端 (温度为 T_2) 密度大, 冷端 (温度为 T_1) 密度小. 于是, 电子便会从密度大且运动速度也大的热端奔向密度及运动速度都小的冷端, 使得热端带正电, 冷端带负电, 因而产生电动势 $\mathscr{E}_{\mathrm{n}}$. 根据类似的分析不难明白, 温度差的存在也会在 p 型半导体中产生电动势 $\mathscr{E}_{\mathrm{p}}$. 于是, 整个回路的电动势

$$\mathscr{E} = \mathscr{E}_{\mathrm{n}} + \mathscr{E}_{\mathrm{p}} + \Delta V$$

式中, ΔV 是由于 n 型半导体与 p 型半导体接触而产生的电势差. 实验指出, 在温度差相同的条件下, 利用半导体热电偶产生的电动势要比金属热电偶产生的电动势高几十倍: 半导体热电偶每单位温度差可产生数百微伏的电动势.

半导体热电偶既可用来获得电能, 也可用于温度测量, 还可用来制冷. 这时, 只要在热电偶上接入一个与电动势反向的电源即可. 根据半导体温差电效应制造的电冰箱, 不需要复杂的机械设备, 且有利于环境保护.

4. pn 结及其应用

如图 28.10(a) 所示, 将 p 型半导体与 n 型半导体接触, 则 p 型半导体的空穴将会穿过接触面向 n 型半导体扩散; 同时, n 型半导体的电子也会向 p 型半导体扩散, 在 p 型区产生一带负电的薄层, 在 n 型区产生一带正电的薄层, 因而产生静电场, 其方向由 n 型半导体指向 p 型半导体. 我们将 **p 型与 n 型半导体相互接触而形成的电偶层结构称为 pn 结**, 其厚度约为 10^{-7} m. 这一电偶层的存在阻止了空穴及电子的进一步扩散, 使 pn 结内的载流子运动达到宏观平衡.

容易理解, 在 pn 结中, n 区一侧的电势将高于 p 区一侧的电势, 进而在 pn 结上形成势垒，使半导体的能带结构发生变化：n 区电势将升高 U_0 (U_0 为 pn 结的电势差)，区内电子将因此而获得 $-eU_0$ 的附加势能，如图 28.10(b) 所示.

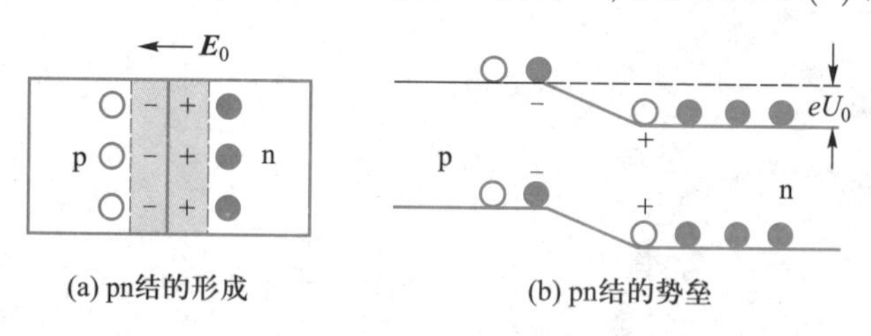

图 28.10 pn 结

如图 28.11(a) 所示，若在 pn 结的 p 区接上电源正极，在 n 区接上电源负极，则外加电场方向与 pn 结中的场强方向相反，因而会削弱 pn 结内的场强，使 pn 结的势垒高度下降，n 区电子可以容易地进入 p 区，p 区空穴也可容易地进入 n 区，破坏 pn 结中的原有平衡状态，形成沿外场方向的宏观电流，这种电流称为正向电流，相应的宏观电压称为正向电压. 正向电流的大小随着正向电压的增加而增加.

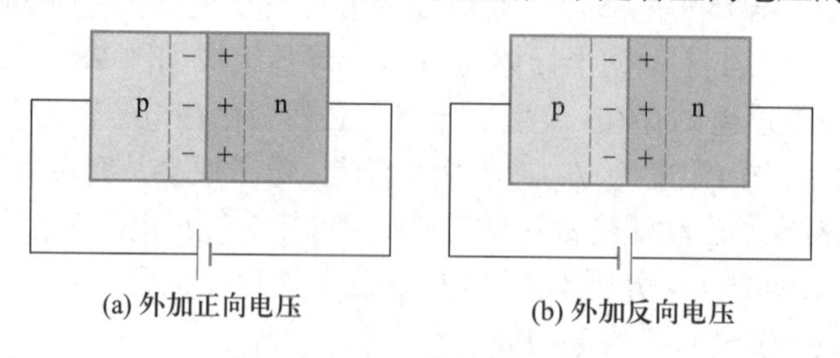

图 28.11 pn 结的外加电压

如图 28.11(b) 所示，若将 n 区接于外加电源的正极，p 区接于外加电源的负极，则外加电场与 pn 结中的原有电场同向，使 pn 结的势垒升高，n 区电子更难进入 p 区，p 区空穴也更难进入 n 区. 但是，外加电场的存在可以使已进入 pn 结中 p 区侧的少数载流子电子返回 n 区，使进入 n 区侧的少数载流子空穴返回 p 区，而形成反向电流 (相应的外加电压称为反向电压). 由于这是少数载流子形成的电流，因此，其值甚小，且当少数载流子全部参加导电时即达饱和，不再随外加电压的增加而变化. pn 结的伏安特性如图 28.12 所示.

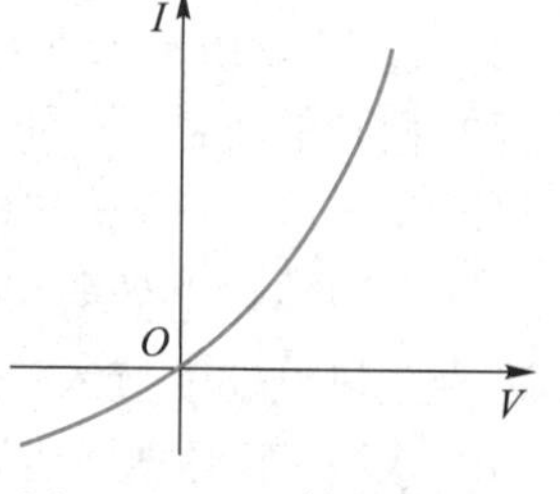

图 28.12 pn 结的伏安特性曲线

从上面的分析可以看出，若在 pn 结的两端加上正向电压，则电流容易通过；若在 pn 结的两端加上反向电压，则电流不易通过. pn 结的这种作用称为整流作用. 利用 pn 结的这一特性可以制作半导体二极管，它已广泛地应用于各种整流电路中.

半导体三极管 (参见图 28.13) 从某种意义上讲是两个 pn 结的巧妙组合, 即 npn. 因此, 利用 pn 结的理论容易理解它们的放大作用, 故不再介绍. 目前, 半导体三极管已被广泛地用于各种放大电路中, 它与二极管等电路元件构成的大规模集成电路 CPU 是计算机的核心部件.

图 28.13 半导体三极管

近年来发现, 半导体材料不仅具有热敏、光敏、电敏等特性, 而且对声、磁、湿度的反应也很敏感, 因而具有不可估量的应用前景.

半导体隧道二极管是根据半导体电子的隧道效应而制成的一种半导体二极管, 其实质是一种重掺杂的窄 pn 结二极管, 是日本人江崎玲于奈于 1960 年前后提出并制作成功的, 故又叫江崎二极管, 其伏安特性曲线上存在一段电流随电压增大而减小的所谓负电阻效应区域. 江崎玲于奈由于这一工作而与约瑟夫森等人分享了 1973 年的诺贝尔物理学奖.

后来, 随着半导体人工微结构制备技术的不断进步, 人们进一步提出了利用隧道效应制作半导体隧道三极管的设想. 这种三极管具有两段负电阻效应区域, 因而可存在三种稳定状态. 我们知道, 目前的集成电路的最小单元是双稳态电路, 分别对应于 0 与 1 两种状态. 若以三稳态器件为最少单元制作集成电路, 必将会使计算机的逻辑设计发生重大变革, 因而具有极大的应用前景.

文档 纳米科学与技术

思考题与习题

文档 第 28 章章末问答

28.1 何谓化学键? 它有几种主要类型? 它们是如何形成的?

28.2 定性说明能带形成的原因.

28.3 从固体的能带结构出发, 如何判断它是导体、绝缘体还是半导体?

28.4 半导体有哪些主要特性及应用? 本征半导体与掺杂半导体在导电性能上有何区别?

动画 第 28 章章末小试

* * *

28.5 计算角量子数 $l=1$ 时氧分子对质心的转动能量. (氧分子的有效直径为 3.8×10^{-10} m.)

28.6 设金属中自由电子的费米温度 $T_{\mathrm{F}}=800$ K, 求相应的费米能.

第 28 章习题答案

核电辰光

*第二十九章 核物理与粒子物理

核物理是研究原子核的结构、性质及核能利用的科学. 在当前能源日益趋紧的形势下, 学好核物理, 开发新能源更有其特殊的理论和实际意义.

粒子物理是研究物质结构及组成物质的基本粒子之间的相互作用问题的科学. 它对人们深入地、科学地认识物质世界, 改造物质世界均有重要意义.

本章主要介绍原子核的一般性质, 核反应以及粒子的分类及其相互作用等问题, 要侧重了解原子核的一般性质, 了解原子核的衰变、裂变及其应用, 了解描述不同粒子特性的物理量及其守恒定律, 了解相互作用的基本类型及其特性, 了解夸克模型.

29.1 原子核的一般性质

29.1.1 原子核的构造

放射性物质的发现和卢瑟福原子核式模型的建立, 促使人们进一步研究原子核的结构和性质. 1920 年, 卢瑟福用 α 粒子轰击氮、硼、锂等轻元素的原子核, 发现均可击出氢核, 这说明氢核是其他原子核的组成部分, 并命名为质子. 1930 年, 玻特和贝克用 α 粒子轰击铍的原子核时, 发现有一种不带电的粒子射线放出来, 开始认为是光子. 1932 年查德威克用这种射线轰击氢和氮核, 通过测量和计算, 得到这种粒子的静质量约为质子静质量的 1.001 倍, 显然, 它不是光子, 后来被命名为中子. 在此基础上, 海森伯和伊凡宁柯创立了原子核是由质子和中子组成的理论. 质子和中子统称为核子. 海森伯认为, 质子和中子是同种粒子的两种状态, 它们质量的微小差异是由于电性质不同所引起的.

不同的原子核是由不同数目的质子和中子组成的, 每个质子所带电荷为 $+e$, 其静止质量 $m_{\rm p}=1.007\,276\ {\rm u}$①; 中子不带电, 其静止质量 $m_{\rm n}=1.008\,665\ {\rm u}$.

当用原子质量单位 u 表示原子核的质量时, 发现各种原子核的质量都接近一个整数, 这个整数恰为它的核子数 A, 称为原子核的质量数. 核中的质子数用 Z 表示, 它等于原子核的电荷数, 也等于该元素的原子序数. 质量数 A 和电荷数 Z 是表征原子核特征的两个重要物理量. 若用 X 表示与 Z 相应的元素符号, 则可用符号 ${}_Z^A{\rm X}$ 来标记不同元素及同种元素的各个同位素的原子核. 例如, 氢有三种同位素, 分别用 ${}_1^1{\rm H}$、${}_1^2{\rm H}$、${}_1^3{\rm H}$ 标记, 电子、质子、中子虽不是原子核, 但也常用这种标记方法, 分别用 ${}_{-1}^{\ 0}{\rm e}$、${}_1^1{\rm p}$、${}_0^1{\rm n}$ 表示.

29.1.2 原子核的大小和密度

卢瑟福分别用快速电子 (能量为 $10^2\sim10^3$ MeV) 和快速中子 (能量约为 20 MeV) 作为入射粒子进行散射实验, 发现原子核的体积与所含的核子数, 即质量数 A 成正比. 若将核近似看成半径为 R 的球体, 则其体积 $V=\dfrac{4}{3}\pi R^3\propto A$, 所以有

$$R=R_0A^{\frac{1}{3}} \tag{29.1}$$

式中, R_0 为常量, 其值为 $1.2\times10^{-15}\sim1.5\times10^{-15}$ m.

核的质量 $m=1.66\times10^{-27}A$ kg, 取 $R_0=1.2\times10^{-15}$ m, 则核的密度

$$\rho=\frac{m}{V}=\frac{1.66\times10^{-27}A}{\dfrac{4}{3}\pi\left(R_0A^{\frac{1}{3}}\right)^3}=2.29\times10^{17}\ {\rm kg\cdot m^{-3}}$$

① u 是原子质量单位, 1 u=1.660 539 066 60 (50)×10^{-27} kg ≈ 1.66×10^{-27} kg.

可见, 一切核物质的密度都是相同的.

29.1.3 原子核的自旋和磁矩

和电子相似, 核内每个核子既有自旋运动, 也有轨道运动. 所有核子的自旋角动量和轨道角动量的矢量和, 称为原子核的自旋角动量, 根据量子力学的计算, 核自旋角动量的大小

$$S_I = \sqrt{I(I+1)}\,\hbar \tag{29.2}$$

式中, I 为核自旋量子数, 可取 $0, \frac{1}{2}, 1, \frac{3}{2}, \cdots$ 诸值之一; 当组成核的质子、中子数均为偶数 (偶–偶核) 时, 其自旋量子数等于 0; 当组成核的质子、中子数均为奇数 (奇–奇核) 时, 其自旋量子数为非零整数; 当组成核的核子为奇数 (奇–偶核) 时, 其自旋量子数为 $\frac{1}{2}$ 的奇数倍, 即半整数.

与核外电子运动具有磁矩相似, 原子核内的核子由于运动也会产生磁矩, 这种磁矩称为核磁矩. 实验表明, 核磁矩的大小

$$\mu = g\sqrt{I(I+1)}\,\mu_{\mathrm{N}} \tag{29.3}$$

它在给定方向上的最大可能投影值

$$\mu = gI\mu_{\mathrm{N}} \tag{29.4}$$

式中, g 称为原子核的朗德因子, 因原子核的不同而异, 可用实验方法测定; $\mu_{\mathrm{N}} = \dfrac{e\hbar}{2m_{\mathrm{p}}} = 5.050\ 784 \times 10^{-27}\mathrm{A}\cdot\mathrm{m}^2$, 称为核磁子.

原子光谱的超精细结构说明核自旋的存在. 用核磁共振法可以比较精确地测出核磁矩. 一些原子核的核自旋和核磁矩如表 29.1 所示.

视频 核磁共振查病情

表 29.1 几种原子核的核自旋和核磁矩

原子核	自旋 I	磁矩/μ_{N}	原子核	自旋 I	磁矩/μ_{N}
${}^1_0\mathrm{n}$	1/2	−1.913 0	${}^6_3\mathrm{Li}$	1	0.821 99
${}^1_1\mathrm{H}$	1/2	2.792 8	${}^7_3\mathrm{Li}$	3/2	3.255 9
${}^2_1\mathrm{H}$	1	0.857 4	${}^{14}_7\mathrm{N}$	1	0.403 7
${}^4_2\mathrm{He}$	0	0	${}^{15}_7\mathrm{N}$	1/2	−0.283 2

29.1.4 结合能

实验表明, 一个稳定的原子核的质量总小于组成核的各核子的质量的总和, 这种现象称为质量亏损. 设 m_{n}、m_{p} 和 m_A 分别表示中子、质子和原子核 ${}^A_Z\mathrm{X}$ 的质

量, 则原子核的质量亏损

$$B = Zm_{\mathrm{p}} + (A - Z)m_{\mathrm{n}} - m_A$$

根据相对论的质能关系, 与质量亏损相应的能量变化

$$E_{\mathrm{B}} = [Zm_{\mathrm{p}} + (A - Z)m_{\mathrm{n}} - m_A]c^2 \tag{29.5}$$

质量亏损表明, 质子和中子结合成原子核时, 有能量放出, 这个能量称为原子核的结合能. 反之, 若将原子核拆散成各个自由的质子和中子, 则外界必须供给它同数量的能量.

结合能亦可按下式计算

$$E_{\mathrm{B}} = [Zm_{\mathrm{H}} + (A - Z)m_{\mathrm{n}} - m_{\mathrm{X}}]c^2 \tag{29.6}$$

式中, m_{H} 为氢原子的质量, m_{X} 为中性原子的质量, 它可由质谱仪测得, 也可用其他方法推算.

29.1.5 核力

核子之间的作用力称为核力. 核力主要包括两种形式: 一种是质子之间的静电斥力, 另一种是核子之间的引力, 只有当两种力相互平衡时原子核才可能稳定, 才可能使不同的核具有不同的结构和特性. 实验表明, 核力具有如下的特性.

1. 核力是短程力

由于各种原子核的密度都相同, 而与核的大小无关, 因此核力的作用范围比核半径要小得多, 属于短程力, 其作用距离约为 10^{-15} m, 超过这一范围就可认为没有核力作用. 在核力作用范围内, 核子间的电磁作用势能约为 0.1 MeV 的量级, 而原子核中核子之间的平均结合能约为 1 MeV 量级, 可见核力比电磁力强得多.

2. 核力与电荷无关

无论是质子和质子, 还是质子和中子, 或是中子和中子之间, 核力的大小和特征都是相同的, 这说明, 核力与核子带电与否无关, 即核力是与电荷无关的力.

3. 核力是饱和力

对核内每一个核子来说, 它只能与近邻的几个核子有核力作用, 而不能与核内其他核子发生作用, 这种特性称为核力的饱和性. 对此, 可作如下的简单说明. 对于轻核, 核子数较少, 随着核内核子数的增加, 每一个核子的相邻核子数也增加, 核子所受的核力增大, 比结合能 (亦称平均结合能 E_{B}/A) 有随核子数增加而增大的趋势. 但当总核子数达到一定数量之后, 每个核子周围相邻核子数不再增加, 因而比结合能不再随核子数增加而增大, 这说明, 核力具有饱和性.

4. 核力是交换力

电磁相互作用是带电粒子之间交换光子而产生的交换力, 与此类比, 1935 年,

日本物理学家汤川秀树[①]提出了一个大胆的假想, 认为核力是一种交换力, 核子之间的相互作用是通过交换 π 介子实现的. 由于核力不仅发生在质子－中子之间, 而且还发生在中子－中子和质子－质子之间, 所以 π 介子应有三种状态: π^+、π^0、π^-, 分别带电 $+e$、0、$-e$, 并按图 29.1 所表示的交换方式产生作用.

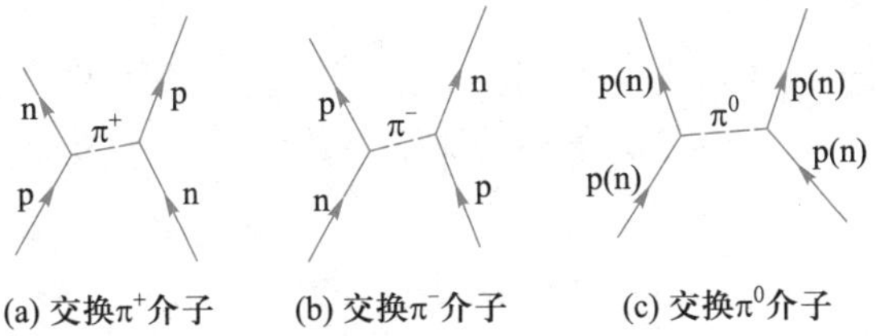

(a) 交换π^+介子　(b) 交换π^-介子　(c) 交换π^0介子

图 29.1　核力的产生

图 29.1(a) 表示质子放出一个 π^+ 介子, 并为中子所吸收, 此时, 质子转化为中子, 中子转化为质子; 图 29.1(b) 表示中子放出一个 π^- 介子, 为质子吸收后, 中子转化为质子, 质子转化为中子. 可见, 交换 π^+、π^-, 使质子、中子发生相互转化, 相当于交换两核子的位置, 所以交换 π^+、π^- 所产生的力叫交换力. 图 29.1(c) 表示质子 (或中子) 放出一个 π^0 介子, 并为另一质子 (或中子) 所吸收, 于是产生核力. 这里有两种情况, 若交换 π^0 介子后, 各核子自旋方向不变, 则核力为非交换力; 若交换 π^0 介子后, 各核子自旋方向也发生交换, 则核力为交换力.

29.2　原子核的衰变、裂变与聚变

29.2.1　原子核的衰变

实验发现, 原子序数较高的元素 (如铀元素、镭元素等), 其原子核会自发地放射出射线而转变成其他元素的原子核. 这样的射线称为放射线, 这样的现象称为原子核的放射性衰变, 简称原子核的衰变, 有时亦简称为衰变. 它是获取原子核内部状况的重要途径之一.

依据放射线的不同, 原子核的衰变可以分为 α 衰变、β 衰变与 γ 衰变三种形式.

1. α 衰变

放射线为 α 射线 (它是由 2 个质子、2 个中子组成的氦核 ${}_{2}^{4}\mathrm{He}$) 的衰变称为 α 衰变. 原子核放射出 α 粒子 (射线) 后, 其电荷将减少 2 个单位, 质量将减少 4 个单位, 变为原子序数减少 2、质量数减少 4 的另一原子核. 例如, 镭核 ${}_{88}^{226}\mathrm{Ra}$ 发生 α 衰变后, 其原子序数变为 86, 质量数变为 222 而成为氡核 ${}_{86}^{222}\mathrm{Rn}$, 其过程方程 (反应式) 为

① 汤川秀树, 因在核力理论研究的基础上预言 π 介子的存在而获得了 1949 年的诺贝尔物理学奖.

$$^{226}_{88}\text{Ra} \longrightarrow {}^{222}_{86}\text{Rn} + {}^{4}_{2}\text{He} \tag{29.7}$$

2. β 衰变

放射线为 β 射线 (它由电子流组成) 的衰变称为 β 衰变, 主要包括 β^- 衰变, β^+ 衰变及电子俘获三种形式.

β^- 衰变是原子核放射出 (负) 电子的衰变. 由于电子的质量比原子核的质量要少得多, 因此, β^- 衰变仅使原子核的原子序数增加 1, 而其质量则可认为是不变的, 其过程方程为

$$^{A}_{Z}\text{X} \longrightarrow {}^{A}_{Z+1}\text{Y} + {}^{0}_{-1}\text{e} + \bar{\nu}_\text{e} \tag{29.8}$$

式中, ${}^{0}_{-1}\text{e}$ 代表电子, $\bar{\nu}_\text{e}$ 代表反中微子.

β^+ 衰变是原子核放射出正电子, 使原子核衰变成原子序数减少 1 的新核的衰变, 其过程方程为

$$^{A}_{Z}\text{X} \longrightarrow {}^{A}_{Z-1}\text{Y} + {}^{0}_{+1}\text{e} + \nu_\text{e} \tag{29.9}$$

式中, ${}^{0}_{+1}\text{e}$ 代表正电子, ν_e 代表中微子.

电子俘获是指原子核俘获与它最靠近的 K 层电子, 使原子核变成原子序数减 1 的新核, 并放出一个中微子的衰变, 其过程方程为

$$^{A}_{Z}\text{X} + {}^{0}_{-1}\text{e} \longrightarrow {}^{A}_{Z-1}\text{Y} + \nu_\text{e} \tag{29.10}$$

3. γ 衰变

放射线为 γ 射线 (光子) 的衰变称为 γ 衰变. 它常由放射物质发生 α、β 衰变, 进入新核的激发态, 再由激发态向更低能态或基态跃迁, 放出 γ 光子而产生. 例如, 治疗肿瘤用的 ^{60}Co, 就是先发生 β^- 衰变, 变成 ^{60}Ni 的激发态 (2.5 MeV), 再放出能量 (1.17 MeV 和 1.33 MeV), 进入基态, 放射出两种 γ 射线治病.

由于 γ 光子不带电, 且无静止质量, 因此, γ 衰变并不改变原子核的电荷, 且对质量影响也很少.

实验指出, 原子核的衰变是按指数规律进行的, 即

$$N = N_0 \text{e}^{-\lambda t} \tag{29.11}$$

式中, N 为 t 时间后还存留的原子核数目, N_0 为 $t=0$ 时原子核的数目, λ 为衰变常量, 它是放射物质衰变快慢的标志. 式 (29.11) 亦称衰变定律.

表示放射性物质衰变快慢的另一重要标志是半衰期 $T_{\frac{1}{2}}$, 其定义为原子核数目衰减到原数目一半所需的时间. 由式 (29.11) 可得

$$\frac{N}{N_0} = \frac{1}{2} = \text{e}^{-\lambda T_{\frac{1}{2}}}$$

即

$$T_{\frac{1}{2}} = \frac{\ln 2}{\lambda} = \frac{0.693}{\lambda} \tag{29.12}$$

这说明, 衰变常量与半衰期成反比, 衰变常量越大, 半衰期就越短, 放射性物质的衰变就越快.

放射性强度的单位为 Ci (居里), 其定义为物质在 1 s 内发生 3.7×10^{10} 次核衰变. 显然, 这样的单位太大, 实际中多用 mCi (毫居里), 1 mCi = 10^{-3} Ci.

放射性在工农业生产及科研中均有广泛的应用. 例如, 在工业上, 可利用放射性来作无损探伤, 确定机械的磨损量, 了解半导体中杂质的扩散情况.

在农业中, 可用放射性来处理种子, 刺激生长.

在地质学中, 可利用放射性来推算地质的生成年代. 在考古学中, 可利用放射性来推算古生物死亡的年代等.

29.2.2 原子核的裂变

实验发现, 某些原子核 (如铀核) 受到中子轰击时会裂开成为两个 (或两个以上) 新原子核, 并放出大量热量, 同时放出两个中子. 这种现象称为原子核的裂变. 例如, 用一个慢中子 ($^1_0$n) 去轰击铀核 ($^{235}_{92}$U), 铀核便会裂开成为锶核 ($^{94}_{38}$Sr) 和氙核 ($^{140}_{54}$Xe), 并同时放出两个中子 (2^1_0n), 其过程方程为

$$^{235}_{92}\mathrm{U} + {}^1_0\mathrm{n} \longrightarrow {}^{94}_{38}\mathrm{Sr} + {}^{140}_{54}\mathrm{Xe} + 2{}^1_0\mathrm{n} \tag{29.13}$$

这样的裂变又称二分裂变[①]. 裂变所释放的能量称为裂变能, 又称原子能或核能. 将之用于和平, 则是一种既清洁, 又安全的巨大能源, 造福人类, 荫及子孙; 将之用于战争, 则是一种威力巨大的杀人武器; 1945 年, 美国在日本投了两颗原子弹 (参见图 29.2), 几十万生命瞬间消失, 死于非命, 15 年后人们发现, 所投弹处, 方圆百米, 寸草不生 (参见图 29.3). 我国坚决反对将原子能用于战争. 为此, 我们首先也必须要拥有原子弹. 在 “两弹一星” 元勋科学家邓稼先、钱学森 (参见第八篇篇首的文档)、钱三强、于敏、彭桓武、王淦昌、王大珩、程开甲、朱光亚和周光召等 (部分元勋事迹参见相关视频) 的努力下, 1964 年 10 月 16 日, 我国终于迎来了自制的第一颗原子弹的爆炸 (参见图 29.4).

视频 邓稼先

视频 钱三强

视频 程开甲

视频 朱光亚

从式 (29.13) 可以看出, 铀 −235 裂变时每次都要放出 2 个中子, 而这 2 个中子又可以去轰击 2 个铀核, 放出 4 个中子 …… 这就是说, 裂变中, 如果没有中子逃逸, 则中子数就会按几何级数增加, 这样的裂变就像链条一样, 一环紧扣一环地持续进行, 因而又称为链式裂变. 可见, 链式裂变的速度是很快的.

为了和平利用链式裂变所释放的能量, 必须要对反应中的中子数量进行控制, 一是要阻止中子逃离反应区, 使裂变过程的中子数增殖, 以保证裂变的持续稳定

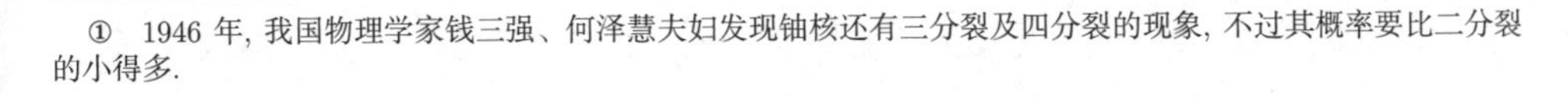
① 1946 年, 我国物理学家钱三强、何泽慧夫妇发现铀核还有三分裂及四分裂的现象, 不过其概率要比二分裂的小得多.

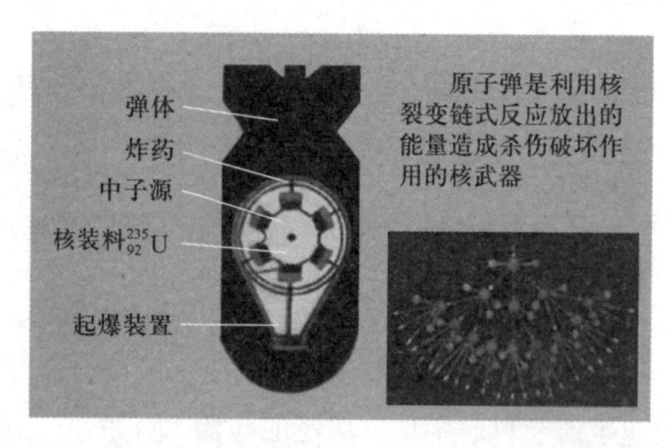

图 29.2 原子弹结构

图 29.3 焦土不毛

图 29.4 原子弹爆炸

进行; 二是要控制参与反应的中子数, 不能让它按几何级数无限制地增长下去. 这就是说, 必须要有一种能控制反应进行的装置, 这样的装置称为原子核反应堆, 简称核反应堆, 主要由五个部分组成.

1. 堆心

它是反应堆的核心, 是放置裂变材料 (通常为浓缩铀) 和中子减速剂 (通常为重水) 的地方.

2. 中子反射层

它由石墨或汽化铍等反射中子率极高的物质制成, 其作用是阻挡中子从反应堆中逃逸.

3. 冷却系统

由泵、管道及水或重水等冷却剂组成. 反应堆芯产生的热量主要由冷却剂来输送, 并通过换能装置来实现发电或供热. 所以, 在反应堆中, 冷却系统与换能系统常常是合二为一的.

4. 控制系统

主要成分是能吸收中子的镉或硼制成的调节棒. 通过控制插入堆心的控制棒的长短来控制反应中的中子数, 从而间接控制反应堆中核反应进行的速度.

5. 保护层

由金属外套、水箱、钢筋混凝土墙等构成. 其作用是防止中子和放射性射线的溢出.

核反应堆是实现核反应的重要场所, 也是利用原子能的关键设备.

目前世界上使用最广泛的能源是电能, 它是一种既清洁又方便的二次能源, 大多通过消耗煤或石油的化学能, 或是通过消耗水的机械能来获得. 但是, 随着煤或石油的大量开采, 它们的储量正在不断减少. 于是, 人们便想到了如何利用核反应放出的热量来发电, 这样得到的电称为核电. 它已得到了世界大多数国家的重视.

就目前的核电装机容量而论, 美国是最大的核电国家 (装机容量已过 10^5 MW), 其次是法国和日本. 我国政府对核电的建设也非常重视. 早在 1991 年, 我国就已建成了广东大亚湾核电站, 实现核电的零突破. 而后又相继建成了浙江秦山核电站、广东岭澳核电站及连云港核电站, 使我国核电建设的步伐日益加快, 核电在电力生产中的比重日益提高.

核电站的运行原理如图 29.5 所示. 核反应中释放的热量通过冷却剂被输运到热交换器, 将水加热, 变成蒸汽, 后进入汽轮机, 带动发电机发电.

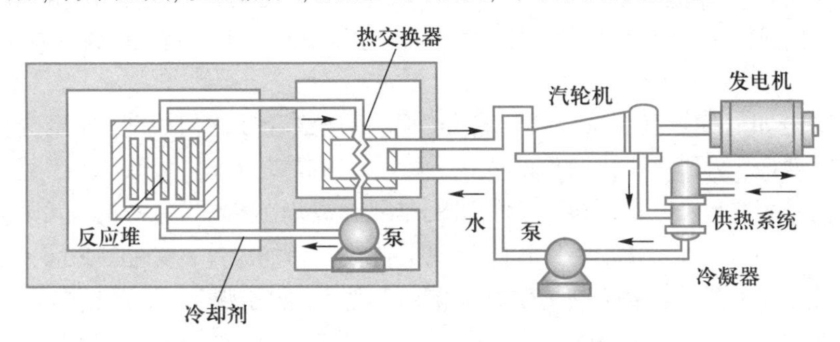

图 29.5 核电站的运行原理

核能利用的另一条途径是低温核供热, 其工作原理与核电站大致相同. 不过, 其目的不是发电, 而是向工农业生产及城市居民采暖提供热量. 据统计, 我国目前供热所耗能源约为能源总耗的 $\dfrac{2}{3}$. 因此, 大力发展低温核供热不论是对缓解我国煤炭生产及运输的紧张状况, 还是对降低灰尘及放射线对环境的污染都是很有意义的.

29.2.3 原子核的聚变

由轻原子核聚合成较重原子核并放出大量能量的现象称为轻原子核的聚变, 常用的聚变反应可用如下式子来表示:

$$\left.\begin{aligned}
&{}^2_1\mathrm{H} + {}^2_1\mathrm{H} \longrightarrow {}^3_2\mathrm{He} + {}^1_0\mathrm{n} + 3.25\ \mathrm{MeV}\\
&{}^2_1\mathrm{H} + {}^2_1\mathrm{H} \longrightarrow {}^3_1\mathrm{H} + {}^1_1\mathrm{H} + 4.0\ \mathrm{MeV}\\
&{}^2_1\mathrm{H} + {}^3_1\mathrm{H} \longrightarrow {}^4_2\mathrm{He} + {}^1_0\mathrm{n} + 17.6\ \mathrm{MeV}\\
&{}^2_1\mathrm{H} + {}^3_2\mathrm{He} \longrightarrow {}^4_2\mathrm{He} + {}^1_1\mathrm{H} + 18.3\ \mathrm{MeV}
\end{aligned}\right\} \qquad (29.14\mathrm{a})$$

它们的总效果为

$$6{}_{1}^{2}\mathrm{H} \longrightarrow 2{}_{2}^{4}\mathrm{He} + 2{}_{1}^{1}\mathrm{H} + 2{}_{0}^{1}\mathrm{n} + 43.15\ \mathrm{MeV} \tag{29.14b}$$

从上面的式子可以看出，式中的各个粒子都带正电，因此，要完成上述聚变，必须要克服强大的库仑斥力而做功. 换言之，必须要给反应中的各个原子核提供一定的初始能量. 理论计算表明，两粒氘核 ${}_{1}^{2}\mathrm{H}$ 要发生聚变，必须要给它们提供 10^{-13} J 的能量，为此其温度至少要达到 $10^8 \sim 10^9$ K. 换言之，只有让原子核在高速的无规则热运动中连续相互碰撞，才能发生聚变，因此，这样的反应又称热核反应. 如果这种反应能够被控制，则称受控热核反应. 显然，实现受控热核反应的难度要比实现核裂变反应的难度大得多.

首先是如何给轻原子核加热，使之具有较高的初始能，以便进行核聚变. 目前，比较一致的看法是用高温等离子体与轻核碰撞，交换能量. 但却又存在一个如何约束高温等离子体，使它能稳定在一定的区域，不“乱跑”“乱碰”，降低等离子体的温度，影响等离子体的稳定性. 一种较好的解决办法是实行“磁约束”，具体情况可参见本书第十一章.

其次是如何使聚变反应产生的能量大于输送给轻核的初始能，使聚变反应获得能量正效应，达到商业化运作的要求.

视频　于敏

视频　彭桓武

视频　王大珩

视频　周光召

目前，地球上人工实现核聚变的事例是氢弹爆炸 (在“两弹一星”元勋科学家等的努力下，1967 年 6 月 17 日我国实现了首枚氢弹的爆炸，参见图 29.6)，它是利用裂变能 (原子弹) 来给轻核提供初始能，实现“点火引爆”的，至于像裂变一样，实现利用聚变能发电，则尚有较大的差距. 目前有可能解决这一问题的实验装置是托卡马克 (参见图 29.7). 但至今还在不断地研究与探索中. 2021 年 12 月 30 日晚，我国的全超导托卡马克已成功实现了 1056 秒的长脉冲高参数等离子体运行.

图 29.6　氢弹爆炸

图 29.7　托卡马克

29.3　粒子及其分类

目前认识的物质结构中，比原子核更深一层次的是粒子，它是组成物质的基本单元，在粒子物理学领域，一些过去所学的基本物理思想、原理 (如相对论、量子力学等) 仍然适用. 不过，其数学处理十分复杂、抽象，因此，我们将避开抽象的数学处理, 而仅对粒子物理问题作些定性的讨论.

到目前为止, 发现的粒子 (包括粒子、反粒子和共振态粒子) 已达 400 多种, 其中比较稳定, 寿命较长 ($\tau > 10^{-16}$ s), 能够直接探测出来的有 30 多种. 此外, 大量的共振态粒子因寿命很短 (为 $10^{-24} \sim 10^{-23}$ s) 而不能直接观测到. 根据质量和自旋的不同, 可将较稳定的基本粒子分为四类.

1. 光子类

这一类粒子中只有 γ 光子, 其静质量为 0, 自旋量子数为 1.

2. 轻子类

这一类粒子包括正反电子 (e^-、e^+)、正反 μ 子 (μ^- 和 μ^+) 以及与它们相应的正反中微子 (ν_e、$\bar{\nu}_e$, ν_μ、$\bar{\nu}_\mu$), 此外还有重轻子 (τ^-、τ^+), 它们的自旋量子数均为 $\dfrac{1}{2}$.

3. 介子类

这一类粒子包括 π 介子 (π^+、π^- 及 π^0, 反粒子就是它自己). K 介子 (K^+、K^- 和 K^0 以及 K^0 与 $\overline{K}^0$ 的两种确定的组合状态 K_s^0 和 K_L^0), 此外还有 η 介子. 1974 年丁肇中和里希特发现的 J/ψ 粒子是一种介子共振态. 介子的自旋量子数为 0 或整数.

4. 重子类

这一类粒子除核子 p、n 及反粒子 $\bar{p}$、$\bar{n}$ 外, 还有质量超过核子的超子, 已发现的超子有 Λ 超子 (Λ、$\bar{\Lambda}$)、三种 Σ 超子 (Σ^+、Σ^0、Σ^-) 及它们的反粒子 ($\overline{\Sigma}^+$、$\overline{\Sigma}^0$、$\overline{\Sigma}^-$), 其中 $\overline{\Sigma}^-$ 是我国物理学家王淦昌 (参见视频) 教授领导的小组在 1959 年发现的; Ξ 超子包括 Ξ^0、Ξ^- 和它们的反粒子 $\overline{\Xi}^0$、$\overline{\Xi}^+$; Ω 超子中只有 Ω^- 和它的反粒子 Ω^+. 重子的自旋量子数均为半整数.

需要指出的是, 轻子原来因它们的质量很小而得名, 后来发现的重轻子 τ 的质量约为质子质量的两倍, 轻子的原意已成为过去. 介子原指质量介于电子和核子之间的粒子, 后来发现不少介子的质量超过了核子.

粒子的电荷以电子电荷为单位, 除光子、核子、中微子、η 介子、Λ 超子外, 一般用 "+" "−" "0" 标在其符号的右上角, 分别表示粒子所带的电荷为 "$+e$" "$-e$" 和 "0".

粒子的符号上面画 "−" 或 "∼" 表示对应的反粒子, 一切正反粒子都具有严格相等的质量、自旋和寿命, 但它们的电荷和磁矩却分别大小相等, 符号相反.

29.4 守恒定律

我们已熟悉的质量、能量、动量、角动量和电荷等都是描述粒子的重要物理量, 与这些量相应的守恒定律在粒子的相互作用和转换过程中仍然成立. 需要指出的是, 由于质量和能量有确定的关系 $E = mc^2$ 或 $m = \dfrac{E}{c^2}$, 所以在高能物理学中, 粒子的质量亦常用能量作单位, 如电子的质量为 0.511 MeV (即 0.511 MeV/c^2). 在对粒子的研究中发现, 有些过程, 并不违背已有的守恒定律, 但实际上却不能发生. 这表明, 还需要引进一些微观粒子所特有的物理量及相应的守恒定律, 用来限制或禁戒某些不能发生的过程. 下面仅择其要, 略加简介.

29.4.1 重子数守恒定律

有些反应过程, 如 $\mathrm{p+n \to p+\bar{p}+p}$ 并不违背已有的守恒定律, 但实验上从没有观察到. 是什么规律不允许这样的过程发生呢? 1938 年, 人们引进了重子数 B, 规定所有重子的 $B=1$, 反重子的 $B=-1$, 介子、轻子、光子等的 $B=0$. 实验证明, 对所有粒子的反应及衰变过程, 系统反应前后重子数相同, 此规律叫重子数守恒定律, 凡违背此规律的过程均不能发生.

例如, $\mathrm{p+n \to p+\bar{p}+p}$ 过程, 由于反应前的重子数为 $1+1=2$, 反应后的重子数为 $1-1+1=1$, 所以此过程不能发生.

29.4.2 轻子数守恒定律

同引入重子数的原因相似, 人们需要引入轻子数. 因为轻子有电子型和 μ 子型两类, 所以相应地引入两种轻子数 L_{e} 和 L_{μ}, 并规定电子型轻子 e^-、ν_{e} 的 $L_{\mathrm{e}}=1$, 它们的反粒子 e^+、$\bar{\nu}_{\mathrm{e}}$ 的 $L_{\mathrm{e}}=-1$; μ 子型轻子 μ^-、ν_{μ} 的 $L_{\mu}=1$, 它们的反粒子 μ^+、$\bar{\nu}_{\mu}$ 的 $L_{\mu}=-1$; 其他粒子的 L_{e}、L_{μ} 均为 0. 实验证明, 在所有的粒子反应中, 反应前后, 两类轻子数的代数和分别守恒, 这一规律称为轻子数守恒定律. 例如, 中子衰变过程 $\mathrm{n \to p+e^-}+\bar{\nu}_{\mathrm{e}}$, 反应前后轻子数 L_{e} 均为 0, 轻子数守恒, μ 子衰变过程 $\mu^- \to \mathrm{e}^- + \bar{\nu}_{\mathrm{e}} + \nu_{\mu}$, 反应前后, L_{μ} 均为 1, L_{e} 均为 0, 两种轻子数均守恒, 所以上述两种过程均可发生.

29.4.3 奇异数守恒定律

在研究产生 K 介子或产生超子的反应时发现一种奇特的现象, 即 K 介子和超子总是协同产生, 从没发现单独产生 K 介子或超子的反应过程, 而且它们的产生过程极快 (约 10^{-23} s), 衰变过程很慢 (寿命为 $10^{-10} \sim 10^{-8}$ s), 为此, 人们将 K 介子和各种超子统称为奇异粒子. 经过大量分析发现, 引入奇异数 S 就可说明奇异粒子协同产生这种奇异性. 规定 K 介子的 $S=0$, Λ、Σ 超子的 $S=-1$, Ξ 超子的 $S=-2$, Ω 超子的 $S=-3$, 各反粒子与相应的正粒子的 S 数值相同, 符号相反, 其他粒子奇异数为 0.

实验发现, 在强相互作用和电磁相互作用引起的过程中的奇异数守恒, 这一规律称为奇异数守恒定律; 在弱相互作用过程中, 奇异数虽不守恒, 但反应前后奇异数的变化满足 $\Delta S=0,\pm1$ 的过程也可发生, 此条件叫选择定则, 它禁戒了某些反应. 例如, $\mathrm{K}^+ \to \pi^+ + \pi^0$, 反应前后的奇异数分别为 1 和 0, 奇异数虽不守恒,

但 $\Delta S=-1$, 所以在实验中仍可观察到反应.

29.4.4 宇称守恒定律

在量子力学中, 微观粒子的状态可用波函数 $\Psi(\boldsymbol{r},t)$ 来描述, 若 $\boldsymbol{r}$ 改为 $-\boldsymbol{r}$, $\Psi(\boldsymbol{r},t)=\Psi(-\boldsymbol{r},t)$, 则表示它们对空间反演是对称的, 称该微观体系的状态具有偶宇称; 若 $\Psi(\boldsymbol{r},t)=-\Psi(-\boldsymbol{r},t)$, 则表示它对空间反演是反对称的, 称该微观体系的状态具有奇宇称. 偶、奇宇称统称为宇称, 分别用量子数 $P=+1$ 和 $P=-1$ 表示.

宇称是微观粒子所特有的性质, 它们都有自己的特定宇称, 称为内禀宇称. p、n、Λ、Σ 等重子的宇称都是偶的, 所以 $P=+1$; 其反粒子的宇称都是奇的, 所以 $P=-1$; π 介子、K 介子等介子及反粒子的宇称都是奇的, 故 $P=-1$.

1956 年以前, 人们一直认为在各种相互作用的过程中, 宇称都是守恒的, 这一规律称为宇称守恒定律. 但就在这一年, 美籍华人李政道 (参见视频) 和杨振宁 (参见视频) 为揭开 “$\tau-\theta$” 之谜, 仔细分析了当时已有的资料后发现, 在弱相互作用的过程中, 宇称守恒并没得到实验证实, 于是提出在弱相互作用下宇称不守恒的预言, 并提出了验证这一设想的实验方案. 同年年底到第二年年初, 美籍华人吴健雄等人在 β 衰变中证实了这一预言. 李政道、杨振宁因这一重大贡献而荣获了 1957 年的诺贝尔物理学奖.

视频 李政道

视频 杨振宁

29.5 基本相互作用 夸克模型与标准模型

29.5.1 基本相互作用

粒子之间存在多种多样的相互作用, 概括起来大致有如下几类.

(1) 强相互作用

前面讲述的核力就是强相互作用, 介子和重子均参与强相互作用, 所以这两类粒子又称为强子. 强相互作用因强度居四种相互作用之首而得名, 它不但能使核子形成稳定的原子核, 而且在高能物理学中, 介子和超子的产生及共振态粒子的形成和衰变都是强相互作用的结果. 例如, 1947 年实现高能质子的碰撞过程产生 π 介子, 高能质子与反质子碰撞发生湮灭并产生 π 介子均属强相互作用的结果, 强相互作用的力程较短, 一般都小于 10^{-15} m, 其作用时间约为 10^{-23} s.

研究核力时, 汤川秀树曾假定传递核力的是 π 介子, 后来发现了它. 随着对物质结构层次认识的深入, 有人提出传递相互强作用的媒介是胶子, 并认为两个或三个胶子构成胶子球而单独存在. 1981 年, 在 Ψ 粒子的衰变物中曾发现两个胶子球, 1983 年美国斯坦福直线加速器中心的物理学家又发现了新的胶子球. 强相互作用的本质还没有彻底揭开, 至今仍是物理学中的一个重要课题.

(2) 弱相互作用

发生在轻子、强子之间, 比电磁相互作用弱, 比万有引力强的一种作用为弱相互作用. 它的力程最短, 只有当粒子间的距离小于 10^{-17} m 时, 才显著地表现出来, 作用时间约为 10^{-8} s, 所以弱相互作用支配下的过程一般进行得较慢.

弱相互作用是靠交换什么传递的呢? 李政道、曼森布拉斯和杨振宁在 20 世纪 40 年代末期提出传递弱相互作用的是一种“中间玻色子”的设想. 1967 年温伯格和萨拉姆在提出的弱相互作用和电磁相互作用统一的理论中指出, 电磁相互作用和弱相互作用是一种相互作用, 如果在某一相互作用的过程中, 交换的是中间玻色子 W^+、W^- 和 Z^0, 则此过程为弱相互作用过程; 如果交换的是光子, 则是电磁相互作用过程. 1983 年, 鲁比亚实验小组在 540 GeV 高能质子–反质子对撞实验中发现了 W^+、W^- 和 Z^0 粒子, 弱电理论得到了实验的支持, 为此, 格拉肖、温伯格和萨拉姆分享了 1984 年的诺贝尔物理学奖.

(3) **电磁相互作用**

带电体与带电体之间, 带电体与电磁场之间均发生电磁相互作用, 它是长程力, 其强度仅次于强相互作用, 其作用时间为 $10^{-10} \sim 10^{-9}$ s. 四类基本粒子均参与电磁相互作用, 其中光子既是电磁场的基元, 又是电磁相互作用的传递者, 所以一切有光子参与的过程都存在电磁相互作用.

(4) **万有引力相互作用**

一切质量不为 0 的物体间均存在万有引力的相互作用, 它是长程力, 且力的大小随相互作用的物体质量增大而增大. 由于宇宙中天体的质量很大, 所以这种力支配着天体的运动. 但在粒子中, 此力则弱得可以忽略.

现代引力理论预言, 引力相互作用是通过交换引力子实现的, 并预言引力子的质量和电荷均为 0, 自旋为 2, 以光速 c 运动, 但至今尚未证实它的存在.

29.5.2 夸克模型

1961 年, 盖尔曼提出用 SU(3) 群的对称性对强子分类的“八重法”, 并预言有一个 Ω^- 粒子的存在, 1964 年人们便发现了这个粒子, 这一成功促使盖尔曼和茨瓦格于同年提出假设, 认为作为 SU(3) 群的最低维 (三维) 的基础表示, 实际上应对应三种不同的基本粒子, 分别称为上夸克 u、下夸克 d 和奇夸克 s, 它们是构成强子的主要成分.

按照强子的夸克模型, 介子可由一对夸克–反夸克组成, 重子可由三个夸克结合而成.

视频 丁肇中

1974 年, 丁肇中 (参见视频) 和里希特分别在 e^+、e^- 对撞中发现 J/ψ 粒子, 它是质量为 3.1 GeV/c^2 的矢量介子. 经研究发现, u、d、s 三夸克中的任何两个组合都不能生成 J/ψ 粒子, 于是提出了第四夸克, 称为粲夸克 c, 1976 年发现的 D 粒子及后来发现的 F、Λ_c^+ 等粒子成为 c 夸克存在的有力证据.

1977 年, 莱德曼用 400 GeV 的质子轰击铂与铜靶发现了新介子 Υ, 为解释它具有的极大质量 (9.5 GeV/c^2), 又提出了第五种夸克——底夸克 b.

1984 年, 欧洲核子中心在高能 e^+、e^- 碰撞中发现可能有第六种夸克——顶夸克 t 的存在.

强子结构的夸克模型在描述强子谱与强子静态性质方面取得了极大的成功,但在理论上却遇到了一些困难. 表现在夸克的自旋为 $\frac{1}{2}$, 是费米子, 但在解释重子能谱性质时, 又像是玻色子. 另外, 至今人们还没有发现自由夸克, 这导致了夸克囚禁的假设. 因此, 有人曾认为夸克纯是一个数学实体, 另一些人则坚信夸克是真实粒子, 并力图找到它. 1967 年, 美国物理学家弗里德曼、肯德尔和加拿大物理学家泰勒在 3.2 km 长的电子直线加速器上进行了电子在核子上的深度非弹性散射实验, 从实验数据定出夸克的自旋及分数电荷值等均与理论值相符. 因此, 此实验被认为是首次证实了质子、中子内部夸克的存在. 他们因此而获得了 1990 年的诺贝尔物理学奖.

29.5.3 标准模型

标准模型是一套描述电磁力、强力、弱力这三种基本力以及组成所有物质的粒子的理论, 它以夸克模型为结构载体, 是在弱电统一理论及量子场论的基础上逐步建立与发展起来的理论. 它能很好地解释和描述粒子的特性及相互作用, 是至今为止被物理学家们认为最有效的唯象理论.

依据自旋量子数的差异, 标准模型将粒子分为两类: 一类是自旋量子数为 $\frac{1}{2}$ 的奇数倍 $\left(\text{如 } \frac{1}{2}, \frac{3}{2}, \frac{5}{2} \text{ 等}\right)$ 的粒子为费米子, 另一类是自旋量子数为整数 (如 0,1,2 等) 的粒子为玻色子. 其中, 费米子遵守泡利不相容原理, 是组成物质的粒子; 玻色子不遵守泡利不相容原理, 是负责传递各种作用力的粒子.

1995 年 3 月 2 日, 美国费米实验室宣布他们已经发现了“顶夸克”. 至此, 标准模型所预言的 61 个组成物质的粒子中, 已有 60 个被找到, 这说明, 标准模型得到了大量实验数据的支持与验证, 是 20 世纪物理学中的最为重要的成果.

但是, 标准模型也有缺陷. 首先是 1998 年日本超级神冈中微子探测器发表有关中微子振荡的结果与标准模型预言不一致; 其次是该模型认为物质与反物质是对称的 (一样多), 但实际结果是宇宙中的物质要比反物质多得多.

文档 第 29 章章末问答

动画 第 29 章章末小试

第 29 章习题答案

思考题与习题

29.1 原子核有哪些基本特性? 为什么说核力是短程力?

29.2 核能的利用有哪几种主要途径? 你对核能的利用前景有何看法?

29.3 粒子可分为哪几类?

29.4 粒子所进行的过程还必须遵守哪些特殊的守恒定律?

29.5 粒子之间有哪几种相互作用? 它们各有什么特点?

天体运行

*第 七 篇

天体物理与宇宙演化

宇宙是如何产生的？将来如何演化？归宿如何？这些都是人们较为关心的问题. 我们的祖先如祖冲之 (参见文档)、张衡等不仅对此非常关心, 而且还作出了许多卓有成效的研究, 作出了很多重大的贡献. 本篇通过广义相对论、星体的演化、大爆炸宇宙学等的介绍, 使读者能对上述问题有一初步的了解, 进而获得一个较为科学的时空观和宇宙观.

文档 祖冲之

天地之初

第三十章

广义相对论与宇宙学

我们知道，狭义相对论建立在惯性参考系的基础上，但是，宇宙空间并不存在真正的惯性系．严格地说，一切真实的参考系均属非惯性系．因此，能否建立一个更加普遍的理论，使它能在任何参考系中均成立便成了爱因斯坦在建立狭义相对论后长期思考的问题．经过十多年的努力，爱因斯坦终于建立了这一理论——广义相对论．它是研究引力理论和宇宙学的基础．本章主要介绍广义相对论的基本原理及其应用，要侧重了解广义相对论的基本原理及时空弯曲效应，了解恒星的形成与演化，了解大爆炸理论与宇宙的演化．

30.1 广义相对论基础

30.1.1 广义相对论的基本原理

1. 等效原理

文档 什么是引力波

为了便于说明等效原理, 下面介绍一个理想实验.

设一人在密封舱中做测重实验, 当他测得物体的重量增大时, 则无法判断究竟是由于密封舱加速上升 (因惯性力使物体超重), 还是由于密封舱处于引力场中 (因引力作用使物体超重). 换言之, 在这样的实验中, 惯性力与引力是等效的. 爱因斯坦据此总结出一条原理: 对于一个均匀的引力场而言, 引力场与一匀加速参考系等效, 换句话说, 对于一均匀引力场而言, 引力与惯性力在物理效果上等效. 这便是等效原理.

由于引力场通常是非均匀的, 所以, 上述"等效" 只是发生在局部小范围内. 按照等效原理, 在局部小范围内的惯性系 (局域惯性系) 中, 一切物理定律均服从狭义相对论的原理.

2. 广义相对性原理与时空弯曲

等效原理指出, 对于非惯性系, 只需引入引力场的概念, 就可以像在惯性系中那样来研究物理问题. 基于上述考虑, 爱因斯坦将狭义相对性原理推广到任意参考系中, 提出了有名的广义相对性原理: 任何参考系对于描述物理现象来说都是等价的, 换言之, 在任何参考系中, 物理规律的形式不变.

等效原理与广义相对性原理是广义相对论的基础, 它们既独立又相互联系.

与狭义相对论的平直时空观 (认为时间和空间是平直的) 不同, 广义相对论认为, 由于引力场的作用, 整个时空是弯曲的, 且质量密度越大的地方, 引力场越强, 时空的弯曲就越显著, 在广义相对论中没有直线的概念, 只有短程线 (路线最短的线), 通常又称测地线, 广义相对论中的光线将按短程线行进. 由于广义相对论的时空是四维空间, 比我们常见的三维空间要抽象复杂得多, 因此, 其严格讨论需借助微分几何理论, 这一问题已超出本教程范围, 故此从略.

30.1.2 广义相对论的验证

根据广义相对论理论, 光线在太阳附近将发生偏折, 原子的辐射频率会向红端移动, 水星近日点将产生进动 ······. 这些广义相对论效应均已为观测所证实, 且与理论值符合得很好, 从而验证了广义相对论的正确性.

1. 光线的引力偏移

光线经过大质量恒星附近时, 由于强大引力作用而发生偏折的现象称为光线的引力偏移. 按照牛顿的引力理论, 可以算出, 光子在太阳附近由于受引力作用而

发生的偏移角度

$$\theta_{\mathrm{N}} = \frac{2Gm_{\mathrm{S}}}{c^2R} \approx 0.87'' \tag{30.1}$$

式中, G 为引力常量, m_{S} 为太阳质量, R 为太阳半径, c 为光速.

按照广义相对论理论, 光线在太阳附近的偏移角度

$$\theta_{\mathrm{E}} = \frac{4Gm_{\mathrm{S}}}{c^2R} \approx 1.75'' \tag{30.2}$$

为牛顿偏移角度的 2 倍. 1919 年 5 月 29 日, 英国天文学家爱丁顿和戴森率领的考察队分别在西非的普林西比岛和巴西的索布拉尔进行日全食观测时测得星光的偏转角分别为 $1.6''1 \pm 0.40'$ 和 $1.98'' \pm 0.16''$. 近年来, 用射电天文学的定位技术测得的偏移角度为 $1.761'' \pm 0.016''$, 与广义相对论的预言符合得很好.

2. 引力红移

由于引力作用而使光波频率减小的现象称为引力红移. 引力红移用相对频率 $\dfrac{\Delta\nu}{\nu}$ 表示, 式中, $\Delta\nu$ 表示频率的减少量, ν 表示未受引力作用时的频率.

根据广义相对论可以算出, 引力红移

$$\frac{\Delta\nu}{\nu} = -\frac{Gm_{\mathrm{S}}}{c^2R} \tag{30.3}$$

对于太阳而言, $m_{\mathrm{S}} = 1.99 \times 10^{30}$ kg, $R = 6.96 \times 10^8$m, 将之代入上式, 得

$$\frac{\Delta\nu}{\nu} = -2.12 \times 10^{-6}$$

可见, 太阳的红移是很少的. 1959 年, 庞德等人用 ^{57}CO 放射性衰变发出 γ 射线做实验, 测得其红移为 $(2.57 \pm 0.26) \times 10^{-15}$, 而在相同条件下用广义相对论算得的值则为 2.0×10^{-15}, 两者符合得很好.

3. 水星近日点的进动

按照牛顿的引力理论, 水星绕太阳的运动轨迹为一封闭的椭圆, 但天文观测表明, 水星近日点的运动轨迹并非一封闭椭圆, 而是每隔一周期椭圆长轴便发生一微小旋转, 这种现象称为水星近日点的进动. 研究分析表明, 这种进动 90% 是由于非惯性系效应所引起, 10% 则是由于其他行星的引力作用 (摄动) 所产生. 但两项总和 ($5\,557.62''/100$ a) 仍与观测值 ($5\,600.73''/100$ a) 有 $43.11''/100$ a 的误差. 这是牛顿力学所无法解释的.

广义相对论创立后, 爱因斯坦用太阳近旁的时空弯曲效应算得, 进动的附加贡献为 $43.03''/100$ a, 使理论值与观测值 ($43.11'' \pm 0.45''/100$ a) 能较好地符合.

30.2 恒星的演化

30.2.1 恒星的形成

由大量炽热气体构成, 并能自行发光的球状或类球状天体称为恒星. 这类星体之所以称为恒星, 主要是因为它们离太阳和地球都很远, 以至于它们在天球 (参见图 30.1) 上的移动很难为肉眼及一般的仪器所观察. 因而可以认为它们是恒定不动的.

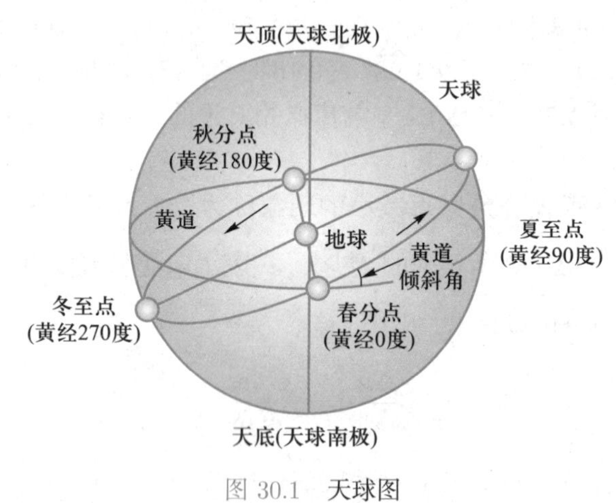

图 30.1 天球图

恒星的形成可用引力塌缩与热核聚变来解释.

不管宇宙之初的物质空间是否均匀, 但涨落总会使宇宙的局部空间物质密度变得不均匀, 致使物质密度较高的地方引力增强, 将周围物质 (气体) 吸引过来, 使其密度越来越大; 另一方面, 被吸去物质的地方, 其物质密度将越来越小, 导致局部区域形成高密、高压及高引力的中心, 并不断地继续吸积周围的物质, 形似塌缩. 当这种物质吸积达到一定的数量级后, 被吸积的物质内部的温度与压强便会达到一个较高的量级, 致使高密高压物质内部的压力足以抗衡引起物质塌缩的引力, 制止物质继续向中心塌缩, 出现凝聚物质在宏观上的相对平衡. 形成所谓的"星坯". 继而, 凝聚物质内部的高温高压又会诱发星坯内部的热核聚变, 产生巨大的压力以阻止星坯的继续塌缩, 并产生巨大的能量以满足星坯因高温而不断向外辐射能量的需要, 使星坯稳定下来, 进一步形成恒星.

当恒星内部的热核聚变燃料耗尽时, 恒星内部的压力便会与引力失去平衡, 导致恒星的进一步猛烈塌缩, 使恒星发生演化, 从而在恒星内部不断地进行塌缩与反塌缩的斗争. 随着恒星质量及内部塌缩与反塌缩方式的不同, 恒星内部的演化方式也不相同, 归纳起来大致有如下几种归宿: 白矮星、中子星和黑洞, 下面依次予以简介.

30.2.2 白矮星

热核聚变结束以后，恒星内部存在大量的电子．从量子力学的观点来看，大量电子的行为类似于气体，称为电子气．电子气在整体上表现出来的压强称为电子简并压．理论上可以证明，当恒星塌缩后留下的致密星体的质量不超过太阳质量 m_S 的 1.44 倍，即不超过钱德拉塞卡[①] 极限 $m_0 = 1.44\ m_S$ 时，恒星内部的相对论性电子简并压 $p_{简} \propto \dfrac{1}{R^4}$ (式中，R 为恒星的半径)．这时，恒星中心的引力压强 $p_{引} \propto \dfrac{1}{R^4}$．这说明，电子气的简并压强与恒星的引力压强有望相等，即 $p_{引} = p_{简}$，从而可阻止恒星的进一步塌缩，达到一种稳定的状态．这样的星球密度大、体积小、表面温度高且发白光，因而称为白矮星．它是一种没有外部能源 (如核能)，仅靠余热发光的星体，发一份光，就小一份能量，降低一份表面温度．随着白矮星余热的散失，其表面温度会不断下降，最后将缓慢地演化成红矮星、黑矮星，直至消亡．

理论上可以算出，白矮星的密度约为 $10^3\ \mathrm{kg \cdot cm^{-3}}$，比地球中心密度大 10^5 倍，其中心压强为 $10^{13} \sim 10^{14}$ atm，比地球中心的压强约高 10^8 倍．

30.2.3 中子星

如果恒星塌缩后留下的致密星体的质量大于钱德拉塞卡极限 m_0，恒星的引力将会大于恒星内部电子简并压，使星体继续塌缩，不能形成白矮星．

但是，如果恒星塌缩后留下的致密星体的质量 m 虽然大于钱德拉塞卡极限而不大于太阳质量 m_S 的 3.2 倍，即 $1.44\ m_S = m_0 < m \leqslant m_0' = 3.2 m_S$ 时 (式中，m_0' 称为奥本海默极限)，星体内部的电子费米动能将会变得很高，足以在星体内产生 β 衰变，使星体的原子核变成富中子核，在核中出现过多的中子，使核结构松散，致使大量中子从原子核中分离出来，成为自由中子．当恒星密度达到 $4 \times 10^{11}\ \mathrm{kg \cdot cm^{-3}}$ 时，大部分原子核都会瓦解，使自由中子成为中子气体．中子气体的简并压很大，足以阻止恒星的引力塌缩，形成相对稳定的星体．这种主要由中子组成的星体称为中子星，它是朗道[②] 于 1932 年首先提出来的一种设想．7 年后奥本海默率先建立了中子星的模型．30 年后，人们终于观察到了中子星的存在．

理论计算表明，中子星的密度约为 $10^{12}\ \mathrm{kg \cdot cm^{-3}}$，比原子核的密度还要大．

1967 年以后，人们先后发现了多起脉冲星事件．理论研究与观察现象表明，脉冲星就是高速旋转的中子星，它们都是中等质量 ($1.44 m_S < m < 3.2 m_S$) 的恒星经过引力塌缩而形成的致密星体．

---

① 钱德拉塞卡，美籍印度人，因对恒星结构及其演化理论做出巨大贡献而获得了 1983 年的诺贝尔物理学奖．

② 朗道，苏联人，因对凝聚态理论的开创性研究而获得了 1962 年的诺贝尔物理学奖．

30.2.4 黑洞

根据广义相对论, 大质量天体的巨大引力使其周围的时空明显弯曲, 从而引起光线传播路径的弯曲. 如果天体表面引力强度足够大, 使得周围时空极度弯曲, 则从天体表面发射出的光就会弯折回天体, 使天体既不能发出光线, 也不能反射光线, 从而形成一个异常 “黑暗” 的 “无底洞” —— 黑洞, 如图 30.2 所示.

图 30.2 黑洞

前已指出, 宇宙间的恒星是由一团巨大的旋转着的星云经过长期的引力凝聚而形成的. 当恒星的核燃料耗尽, 热核反应停止后, 它便立刻失去辐射压力而塌缩, 结果使其体积越来越小, 密度越来越大. 当恒星密度达到某一数值, 或者说恒星的半径小到某一数值时, 其表面附近的引力便变得异常强大, 致使到达其附近的一切物体, 包括光线在内都会被席卷进去, 无一逃逸, 从而便形成了黑洞.

1916 年, 德国天文学家施瓦西发现, 当恒星的半径满足

$$r_{\mathrm{S}} = \frac{2Gm}{c^2} \tag{30.4}$$

时便会形成黑洞. 这样的黑洞称为施瓦西黑洞, 它是最简单的黑洞. 式中, r_{S} 称为施瓦西半径, m 为恒星的质量. 在施瓦西黑洞内, 作为不同物质的特性 (特征信息) 除质量外将全部消失. 而对于较复杂的黑洞, 除了质量外, 还保留电荷及角动量的特性. 换言之, 黑洞只有三个物理特性: 质量、电荷及角动量. 只要这三个主要参量确定了, 黑洞的全部性质也就随之确定了. 这一结论称为黑洞无毛定理.

黑洞理论虽然取得了不少进展, 但时至今日, 我们还没有足够的证据肯定某一颗恒星就是黑洞. 不过已有越来越多的观测证据表明, 宇宙间存在许多黑洞, 其中天鹅座 X–1 双星的一颗看不见的伴星很可能就是黑洞.

应该指出, 根据量子力学理论, 黑洞不可能是全黑的, 其中必定会有大量粒子由于隧道效应而从黑洞中逸出, 发出大量高能 γ 射线, 使黑洞的质量不断变小, 温度不断升高, 最后不可避免会以大爆炸的形式来结束自己的一生. 据估算, 一个太阳质量大小的黑洞, 大爆炸时所放出的能量约相当于 1 000 万个百万吨级氢弹所具有的能量. 可见, 黑洞与其他星体一样储存有很大的能量. 因此, 如何开发宇宙

潜能已引起一些国家越来越浓的兴趣.

30.3 大爆炸宇宙学

我们的宇宙为什么是现在这个样子? 它从何而来? 又往何处去? 这是一个很难简单回答的问题. 目前一种占据主流的学派认为, 我们的宇宙来源于 100 亿年前的一次 "大爆炸", 宇宙中的一切均因爆炸而生, 从无到有, 从有到强, 生生灭灭, 不断产生, 不断消亡. 这就是大爆炸宇宙学的主要观点, 许许多多的观测数据表明, 大爆炸宇宙学的观点是正确的.

30.3.1 大爆炸宇宙学的观测证据

1. 河外星系红移

1929 年, 美国天文学家哈勃 (Hubble) 发现河外星系的光谱都有红移, 在对几十个河外星系的退行速度 v 和距离 r 关系的分析中, 找到了它们的线性关系:

$$v = Hr \quad (\text{式中, } H \text{ 称为哈勃常量}) \tag{30.5}$$

根据多普勒效应, 光谱红移意味着光源 (星系) 正在以速度 v 离开我们. 为了便于对红移的定量讨论, 我们定义光源静止时的波长 λ_0 与运动时的波长偏移 $\Delta\lambda$ 之比为红移, 用 z 表示, 即

$$z = \frac{\lambda - \lambda_0}{\lambda_0} = \frac{\Delta\lambda}{\lambda_0} \tag{30.6}$$

式中, λ_0 为光源静止时的光波长, λ 为光源运动时的光波长.

由多普勒效应可以得到相应于 λ 的频率

$$\nu = \frac{\nu_0}{1 + \dfrac{v}{c}}$$

故波长的偏移

$$\Delta\lambda = \lambda - \lambda_0 = \frac{\lambda_0 v}{c}$$

于是

$$z = \frac{\Delta\lambda}{\lambda_0} = \frac{v}{c} \tag{30.7a}$$

或

$$z = \frac{Hr}{c} \tag{30.7b}$$

一些典型河外星系 r、v、z 的测量值如表 30.1 所示.

表 30.1 几个星系的 r、v、z 测量值

星系	距离 r/l.y.	退行速度 $v/(\text{km}\cdot\text{s}^{-1})$	红移 z
室女	3.6×10^{7}	1 200	0.004
大熊	4.5×10^{8}	15 000	0.05
牧夫	1.2×10^{9}	39 000	0.13

所有星系都离我们而去, 说明整个宇宙在膨胀着. 逆着时间反推, 这些星系在过去某个时间必定聚集在一起, 是一次大爆炸把它们分开成今天的样子.

2. 3 K 微波背景辐射

1948 年, 美籍苏联科学家伽莫夫预言, 宇宙如果始于大爆炸, 那时的高温辐射因宇宙膨胀而冷却, 现在应残留有 5 K 的辐射. 限于当时的实验条件, 没有引起科学界的重视.

1965 年, 美国贝尔实验室工程师彭齐亚斯和威耳孙, 在调试卫星地面天线时接收到了太空中一种无法解释的电磁波 (信号), 该信号对应的温度约为 2.7 K. 无巧不成书, 在附近的普林斯顿大学的迪克 (R. Dicke), 正领导一个科学家小组, 研究如何探测大爆炸的残留辐射. 他们听说贝尔实验室的发现后, 立即将这电磁波解释为大爆炸的残留辐射. 它相当于波长 $\lambda = 7.35$ cm 的微波, 对应的温度 $T =$ 2.7 K, 被称为"宇宙微波背景辐射". 彭齐亚斯和威耳孙因这项发现而荣获 1978 年度的诺贝尔物理学奖.

耐人反思的是, 苏联无线电物理学家什茂诺夫早在 1957 年就发现了这种辐射, 相当于温度 $T = 1 \sim 7$ K 之间. 他本人和其他人都不知道这项发现的重要性. 什茂诺夫迟至 1983 年才听说大爆炸微波背景辐射的预言, 此时该项成果的诺贝尔奖已经颁发 5 年了.

鉴于宇宙微波背景辐射的重要性, 美国国家宇航局于 1989 年发射宇宙背景辐射探测器 (COBE) 卫星. 探测的结果证实, 3 K 微波背景辐射呈完美的黑体辐射谱, 且有高度的各向同性, 的确为大爆炸之辐射残余. 这项发现使人们开始认真对待宇宙的大爆炸模型, 宇宙学的研究从此"热"了起来, 并逐步发展成为一门前沿科学.

3. 氦的高丰度

宇宙中最丰富的元素是氢, 其次是氦. 天文观测表明, 宇宙中氦的平均丰度约为 28%, 但是根据恒星的核反应理论, 恒星内部温度约为 10^8 K, 氦的丰度只有 2.8%. 如何解释宇宙物质中如此高的氦丰度? 原来在氢变氦的核反应中, 只有在更高温度 ($T = 10^9$ K) 的条件下, 才有高的产氦率, 而恒星内部不可能有这么高的温度. 只有假定整个宇宙在过去某个时期很热, 温度高达 10^9 K, 才能迅速合成这么多的氦. 氦的高丰度说明宇宙在过去经历过至少 10^9 K 的高温阶段.

以上由天文观测得到的三大证据表明, 我们的宇宙由于大爆炸而不断膨胀, 宇

宙过去的温度很高, 随着宇宙膨胀温度逐渐降低, 宇宙有一部从热到冷的演化史.

30.3.2 宇宙创生于真空的一次大爆炸

"真空"一词在过去多被看作是"一无所有", 随着科学的发展, 人们对真空的性质有了较多的了解.

真空并不是"一无所有". 事实上真空不"空",① 它有着极为丰富的内容: 真空有电容率 ε_0 及磁导率 μ_0, 电磁波在真空中传播的速率为 $c = 3 \times 10^8\ \mathrm{m \cdot s^{-1}}$; 此外, 物理实验观测到了真空极化、真空涨落和真空作用力. 理论研究指出, 真空还有真空能, 高达 $10^{101}\ \mathrm{J \cdot m^{-3}}$, 在真空相变时会放出不可思议的巨大能量. 综上所述, 真空表现出物质所具有的最本质的属性, 所以, 现在把真空看作物质的第七态 (其他六态为固、液、气、等离子体、超密态和反物质) 是有道理的.

量子理论认为, 真空是量子场的基态, 而粒子则是量子场的激发态. 真空犹如一个海洋 (狄拉克海洋), 波涛汹涌 (真空涨落), 潜藏着各种正、反粒子对. 通常不能用实验检测到这些粒子的存在. 但当我们用加速器向真空注入能量 $E = 2mc^2$, 就会从真空中"打出"正、反粒子对, 每个粒子的质量均为 m.

根据不确定性原理, 能量与时间也有不确定关系, 其形式为

$$\Delta t \cdot \Delta E \geqslant \hbar \tag{30.8}$$

无需外界提供能量也可以从真空中自发的跃迁出能量为 ΔE 的粒子, 只要其存在时间不超过 $\Delta t = \dfrac{\hbar}{\Delta E}$, 这种粒子称为虚粒子, 它们转瞬即逝, 又回到真空中. 容易看出, 粒子存在的时间 Δt 越小, 则能量 $\Delta E = \dfrac{\hbar}{\Delta t}$ 就越大.

大爆炸宇宙学认为, 宇宙创始之初, 从真空中跃迁一个粒子 (原始火球), 这便是宇宙的开端. 这一火球称为奇点. 之所以称为奇点, 是因为该点的许多性质目前我们尚不清楚.

对于奇点, 我们知之甚少. 在奇点处, 时空彼此互相缠绕, 因而没有时间、空间的概念, 只存在一种叫做超引力的相互作用, 已知的物理规律 (相对论和量子力学) 都失效了. 科学家们正在努力寻找新的物理理论来说明奇点. 目前最有希望的两种理论是: 量子引力理论和超弦理论.

现代宇宙学认为, 奇点是

$$t_{\mathrm{P}} < 5.39 \times 10^{-44}\ \mathrm{s}$$
$$l_{\mathrm{P}} < 1.62 \times 10^{-35}\ \mathrm{m}$$

的时空区域. 在奇点之内, 时间和空间的概念失效. 只有在奇点之外, 才有现在意义上的时空概念, 即一维时间、三维空间.

---

① 廖耀发, 秦伯念. 真空是什么 [J]. 百科知识, 1987(2).

30.3.3 宇宙的演化过程

当原始火球的时空区域扩展到 $t_P \geqslant 5.4 \times 10^{-44}$ s, $l_P \geqslant 1.6 \times 10^{-35}$ m 时, 已知的物理规律 (相对论、量子力学、粒子理论、原子核理论、原子分子理论等) 变得有效了. 我们可以根据这些理论, 逐分逐秒地叙说宇宙的状态和演化过程.

1. 宇宙时 $t = t_P$=5.4×10^{-44} s (普朗克时代)

在普朗克时代, 宇宙 (原始火球) 处于不可思议的极高温 ($T \approx 10^{32}$ K)、极高密度 ($\rho \approx 10^{96}$ kg · m $^{-3}$) 和极高能量 ($E \approx 10^{19}$ GeV) 状态. 宇宙的尺度约为 10^{-35} m.

原来, 在 20 世纪初, 普朗克用三个宇宙学常量——光速 c、普朗克常量 h 及引力常量 G ——构造了一系列常量, 后来, 宇宙学家认为这些常量描述了宇宙创生之初的状态. 它们是

普朗克时间 $t_P = (hG/c^5)^{\frac{1}{2}} = 5.4 \times 10^{-44}$ s

普朗克长度 $l_P = (hG/c^3)^{\frac{1}{2}} = 1.6 \times 10^{-35}$ m

普朗克质量 $m_P = (hc/G)^{\frac{1}{2}} = 2.2 \times 10^{-8}$ kg

普朗克能量 $E_P = m_p c^2 = (hc^5/G)^{\frac{1}{2}} = 1.2 \times 10^{19}$ GeV

普朗克密度 $\rho_P = c^5/hG^2 = 5.2 \times 10^{96}$ kg · m^{-3}

普朗克温度 $T_P = (hc^5/Gk^2) = 1.4 \times 10^{32}$ K

在普朗克时代, 宇宙发生了两个重大事件:

(1) 时空起源: 时间和空间从纠缠的泡沫状态伸展开来, 于是有了一维时间和三维空间的时空概念.

(2) 引力起源: 引力从超力中分离出来, 宇宙空间第一次有了引力作用. 其他三种相互作用是在稍后宇宙温度降低后分离出来的. 其时序如图 30.3 所示.

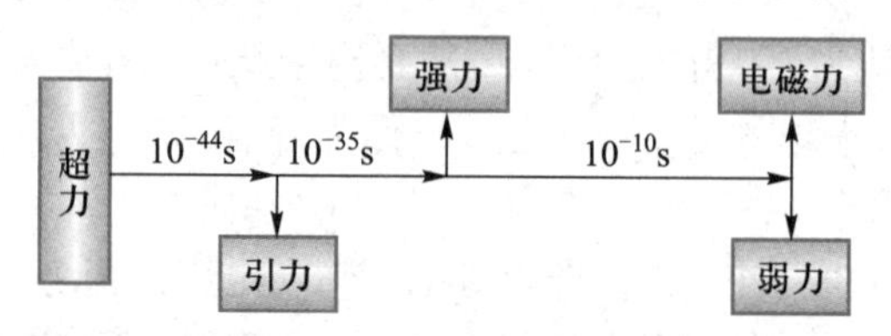

图 30.3 几种力的时序

2. 宇宙时 t=10^{-37} s (暴胀时代)

宇宙开始暴胀时, 其体积在极短时间内增长 10^{50} 倍, 真空相变放出极其巨大的能量, 它们是生成夸克、轻子、玻色子等的原因.

宇宙的能量由物质能和引力能所组成, 即

$$\text{宇宙总能} = \text{物质能} + \text{引力能}$$

在宇宙学中, 常将物质能看作正能 ($E = mc^2$), 而将引力能视为负能. 在暴胀时期, 宇宙的尺度增大了一个非常大的倍数, 使引力能 (负能) 极大增大, 为保持宇

宙总能守恒, 物质能 (正能) 也必须增大相应的数量. 可以证明: 增加的物质能刚好可以抵消增加的引力能, 这样

$$\text{宇宙总能} = \text{物质能} + \text{引力能} = 0$$

于是, 我们看到这样一幅图景: 宇宙的暴胀产生巨大的正能量, 通过暴胀, 我们解决了宇宙能量 (物质) 的起源. 暴胀理论的提出者古思 (A. H. Guth.) 形象地说: “宇宙是最彻底的免费午餐”.

3. 宇宙时 t=10^{-10} s (夸克时代)

此时, $T = 10^{15}$ K, 能量 $E = 100$ GeV. 宇宙中充满了夸克、轻子、光子、胶子等, 它们处于热平衡状态中, 称为“粒子汤”.

这一阶段, 弱力与电磁力分离, 至此, 宇宙中四种基本相互作用都出现了.

4. 宇宙时 t=10^{-5} s (强子时代)

此时, 宇宙温度 $T \approx 10^{12}$ K, 能量 $E = 0.1$ GeV. 这一阶段的主要事件是:

(1) 夸克在强力作用下结合为强子, 夸克禁闭开始, 宇宙进入强子时代.

(2) 当温度进一步下降时, 正、反强子对湮没, 还剩下“少数”正强子 (p、n、$\cdots$), 正是这些“少数”的正强子, 构成了今日的宇宙.

5. 宇宙时 t=10^2 s (原初核合成)

这时宇宙温度 $T \approx 10^9$ K, 这一温度非常有利于氢变氦的核反应, 将大量氢核合成为氦核 (及少量的 Li 核等元素). 稍后因温度下降使原初核合成停止. 这时宇宙中的氦的丰度达到约 25%.

6. 宇宙时 t=30 万年后

此时宇宙温度 $T \approx 3\,000$ K, 这一温度可以使氢核 (p) 和氦核 (He) 俘获电子而形成中性原子.

自由电子的消失可以使光子自由飞行——宇宙变得透明了. 这些自由飞行的光子随着宇宙空间的膨胀而使波长变长 (宇宙学红移). 今日充满宇宙的 $T = 2.73$ K 的微波背景辐射, 即是宇宙创生 30 万年后自由光子的遗迹.

7. 宇宙时 t=100 万年后

在引力作用下, 星云形成星系. 在星系中, 第一代恒星形成.

8. 宇宙时 t=10 亿年后

恒星中的核反应像座炼炉, 使元素由轻到重聚变, 重元素逐步形成, 直到铁 (Fe) 元素的生成为止.

9. 宇宙时 t=92 亿年后

太阳系形成了.

10. 宇宙时 t=99 亿年后

地球上最古老的岩石形成了.

11. 宇宙时 t=118 亿年后

生命起源.

12. 宇宙时 t=138 亿年后

$T = 3\,\mathrm{K}$, 人类起源.

30.3.4 宇宙的可能结局

关于宇宙演化的结局, 至今仍无定论. 天体物理学家们常以无法测量的宇宙物质平均密度作为立论的依据来进行推论.

2013 年的研究报告称, 宇宙间可见物质 (恒星、星云等) 只占宇宙物质总质量的 4.9%, 不可见的 "暗物质" 占 26.8%, 还有 68.3% 是新近发现的 "暗能量".

据信, "暗物质" 的候选者是黑洞、褐矮星等暗的天体以及极不容易探测到的中微子 ν. 暗物质也是物质. 它们可使宇宙物质的平均密度增大. 如此看来, 宇宙有可能是闭宇宙: 引力使宇宙的膨胀停止后, 然后宇宙收缩到一点, 又开始第二次的大爆炸. 如此循环不已.

但是, 占宇宙物质总量 68.3% 的 "暗能量" 的性质极为奇怪 —— 它们产生斥力, 这强大的斥力充斥宇宙, 似乎正在使宇宙加速膨胀, 物质的平均密度变小. 如果是这样, 宇宙无疑是开宇宙, 将无限地膨胀下去.

综上所述, 大爆炸宇宙学以统一的科学理论和方法论说明了时空起源, 说明了各种元素、星系和天体的起源及演化, 以及自然界四种基本相互作用的起源及统一性. 一句话, 宇宙间的一切都是从无到有, 都是演化而生. 坚持了用宇宙 "自己说明自己" 的辩证唯物观 (不需要上帝创造宇宙). 大爆炸宇宙学是目前较好的宇宙学主流理论.

但是, 大爆炸宇宙学也遇到一些困难, 如奇点问题、宇宙年龄问题、类星体问题、黑洞问题、"暗物质" 及 "暗能量" 疑难、宇宙结局等问题. 但考虑到大爆炸宇宙学在近 40 年才发展起来, 就取得了如此骄人的进展, 这是一件非常了不起的事件. 我们有理由相信, 人类终将揭开宇宙的奥秘.

文档 第 30 章 章末问答

动画 第 30 章 章末小试

第 30 章习题答案

思考题与习题

30.1 什么叫等效原理?

30.2 什么叫广义相对性原理?

30.3 什么叫白矮星? 白矮星是如何形成的?

30.4 什么叫中子星? 中子星是如何形成的?

30.5 什么叫黑洞? 黑洞是如何形成的? 它的最终命运可能是什么?

30.6 什么叫大爆炸宇宙学? 有哪些观测事实支持它?

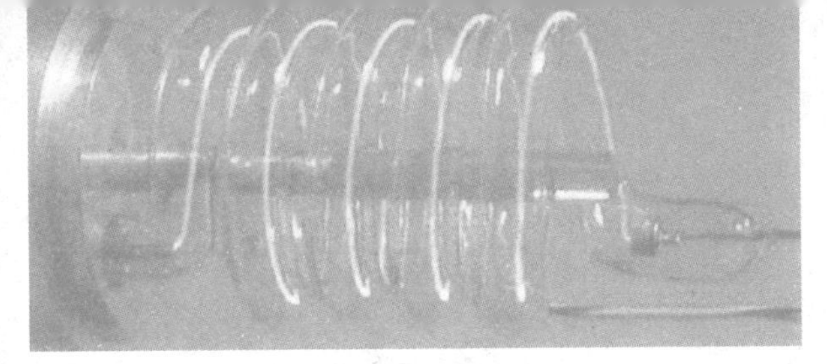

宝石激光器

*第 八 篇

现代科学与高新技术的物理基础专题选讲

科学技术发展史告诉我们, 物理学是一切科学技术的基础, 离开了物理学, 现代科学与高新技术的发展是很难想象的. 因此, 学好物理学, 特别是近代物理学, 不仅对现代科学和高新技术是有益的, 对于掌握一般的科学技术也都是非常必要的.

限于篇幅, 本篇仅择要介绍两个专题: 一个是激光, 它是一种崭新的光源, 是“受激辐射光放大”的简称. 其英文全称为 light amplification by stimulated emission of radiation, 缩写为“laser”. 过去, 国人曾据其英文缩写直译为“莱塞”和“镭射”. 1964 年, 根据著名科学家钱学森 (参见文档) 先生的建议才改称为激光. 另一个是超导, 它是一种现象, 当某些物质的温度达到某一特定温度时, 其电阻会突然消失. 这样的现象称为超导, 相应的物质称为超导体. 不管是激光, 还是超导, 它们对于夯实物理基础, 拓宽读者视野, 培养创新意识和能力都是非常有益的.

文档 钱学森

城市激光

第一讲

激　光

激光的概念最初 (1958 年 12 月) 是由美国科学家汤斯等人提出来的, 而后 (1960 年 5 月), 梅曼研制了世界上第一台红宝石激光器 (参见篇首图), 它发出了细而亮丽的激光束.

由于激光具有一系列极好的特性, 因此, 自 20 世纪 60 年代以来, 激光技术发展非常迅速, 并且带动了一批新兴学科, 如量子光学、激光光源学、非线性光学、光化学、全息术等的发展. 随着各种激光器的相继问世, 激光技术在现代工程技术及医学、农学、通信、军事等领域均获得了广泛的应用. 本讲主要介绍激光的基本原理、特性及其应用.

一、光的吸收与辐射

为使讨论简便, 我们只考虑原子中两个能级 E_1 和 E_2 (且 $E_2 > E_1$) 的情况, 并设单位体积中处于能级 E_1、E_2 上的原子数 (称为原子数密度) 分别为 n_1 和 n_2, 入射光的能量密度为 $\rho(\nu)$. 当光与物质中的原子相互作用时将产生如下三种主要过程.

1. 受激吸收

处于低能级 E_1 上的原子, 受外来光的照射, 当入射光子的能量 $h\nu = E_2 - E_1$ 时, 将会吸收一个光子, 从低能级 E_1 跃迁到高能级 E_2, 这样的过程称为受激吸收, 如讲 1.1 图所示.

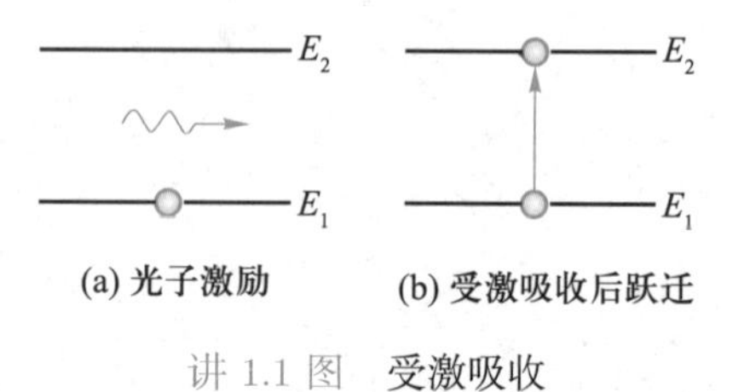

讲 1.1 图 受激吸收

显然, 单位时间内由于吸收光子而从能级 E_1 跃迁到能级 E_2 上的原子数密度 $\dfrac{\mathrm{d}n_{12}}{\mathrm{d}t}$ 应与 n_1 和 $\rho(\nu)$ 成正比, 即

$$\frac{\mathrm{d}n_{12}}{\mathrm{d}t} = B_{12} n_1 \rho(\nu) \tag{1}$$

式中, 比例系数 B_{12} 称为受激吸收系数, 其值由原子本身的性质决定, 是原子能级系统的特征参量.

2. 自发辐射

处于高能级 E_2 上的原子是不稳定的, 会自发地向低能级 E_1 跃迁, 并同时辐射出一个能量为 $h\nu = E_2 - E_1$ 的光子, 这一过程称为自发辐射, 如讲 1.2 图所示.

自发辐射是一种随机过程, 特点是与外界作用无关, 各原子的辐射完全是自发地独立进行, 所以各原子辐射光的频率、传播方向、相位、偏振态等均无确定的关系, 即自发辐射的光是自然光.

不难想象, 单位时间内自发地从 E_2 能级跃迁到 E_1 能级上的原子数密度 $\dfrac{\mathrm{d}n_{21}}{\mathrm{d}t}$ 与 n_2 成正比, 即

$$\frac{\mathrm{d}n_{21}}{\mathrm{d}t}=A_{21}n_2 \tag{2}$$

式中, 比例系数 A_{21} 称为自发辐射系数, 其值也由原子本身的性质决定, 为原子能级系统的特征参量.

3. 受激辐射

与受激吸收过程相反, 处于能级 E_2 上的原子, 若受到能量为 $h\nu=E_2-E_1$ 的入射光子的激励, 则会从 E_2 跃迁到 E_1, 同时辐射一个与入射光子的频率、偏振态、传播方向均相同的光子, 此过程称为受激辐射, 如讲 1.3 图所示.

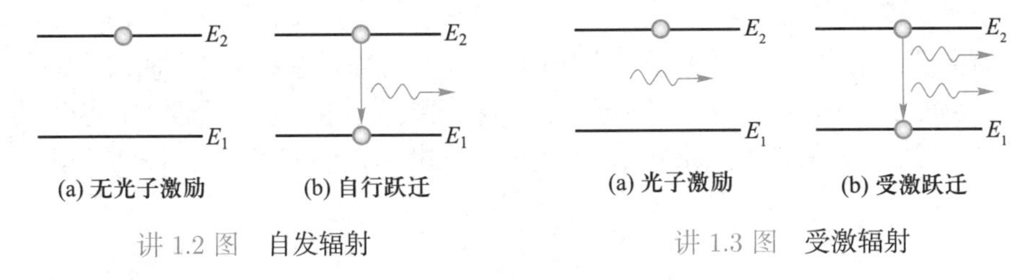

讲 1.2 图　自发辐射

讲 1.3 图　受激辐射

由于受激辐射得到一个与入射光子状态完全相同的光子, 这相当于入射一个光子, 可以得到两个全同光子, 这两个光子进一步激励其他原子, 便可得到四个全同光子, 如此下去, 若光子的增殖大于在介质传播中的损耗, 就可实现光放大, 产生激光.

容易理解, 单位时间内受激辐射的原子数密度 $\dfrac{\mathrm{d}n'_{21}}{\mathrm{d}t}$ 与 n_2 和 $\rho(\nu)$ 均成正比, 即

$$\frac{\mathrm{d}n'_{21}}{\mathrm{d}t}=B_{21}n_2\rho(\nu) \tag{3}$$

式中, 比例系数 B_{21} 称为受激辐射系数, 其值亦与原子本身的性质有关, 也是原子能级系统的特征参量.

一般而言, 光与物质相互作用时, 上述三种过程总是同时存在, 相伴而生的. 因此, 表征吸收及辐射过程的三个系数 (或称三种跃迁本领) A_{21}、B_{12}、B_{21} 一定会存在某种联系, 爱因斯坦通过认真地分析与研究, 导出了平衡条件下上述三个系数所满足的关系式

$$\begin{cases} B_{21}=B_{12} \\ A_{21}=\dfrac{8\pi h\nu^3}{c^3}B_{21} \end{cases} \tag{4}$$

此式称为爱因斯坦辐射公式. $B_{21} = B_{12}$ 表明, 原子吸收一个能量为 $h\nu = E_2 - E_1$ 的光子, 从能级 E_1 跃迁到能级 E_2 上的概率与原子从能级 E_2 辐射一个同能量的光子, 跃迁到能级 E_1 上的概率是相同的.

除辐射跃迁外, 还有一种无辐射跃迁, 它是指在外界作用下, 原子由高能级跃迁到低能级, 将多余的能量转化为周围分子或原子的平动、转动或振动能, 而无辐射产生.

原子在激发态逗留的时间平均值称为激发态的寿命, 其数量级为 $10^{-9} \sim 10^{-8}$ s. 但也有一些特殊物质的原子, 其激发态的寿命较长, 为 $10^{-6} \sim 10^{-3}$ s, 这样的能态称为亚稳态, 它在后面将要介绍的激光的产生中起着十分重要的作用.

二、激光的产生

1. 粒子数反转

前文已经指出, 当光与原子发生作用时, 吸收与辐射过程总是同时发生的. 这样, 当能量为 $h\nu = E_2 - E_1$ 的光子通过具有能级 E_1 和 E_2 的介质时, 将会同时发生受激吸收和受激辐射. 由式 (1)、式 (3) 及式 (4) 可以得到

$$\frac{\frac{\mathrm{d}n'_{21}}{\mathrm{d}t}}{\frac{\mathrm{d}n_{12}}{\mathrm{d}t}} = \frac{n_2}{n_1} \tag{5}$$

玻耳兹曼分布定律告诉我们, 在热平衡条件下, 粒子数密度 n_i 与粒子的能量 E_i 呈负指数关系, 即

$$n_i = A\mathrm{e}^{-E_i/kT} \tag{6}$$

联立式 (1)、式 (2) 可以得到

$$\frac{\frac{\mathrm{d}n'_{21}}{\mathrm{d}t}}{\frac{\mathrm{d}n_{12}}{\mathrm{d}t}} = \frac{n_2}{n_1} = \mathrm{e}^{-\frac{E_2-E_1}{kT}}$$

实际上, 激发态与基态之间的能量差一般均大于 1 eV, 因此在常温下 (如 $T = 300$ K) $\frac{n_2}{n_1} \approx 10^{-38}$, 这说明在通常的热平衡条件下, 受激辐射远小于受激吸收 ($n_2 \ll n_1$), 故光通过介质时只可能减弱, 不可能放大. 因此, 欲使光通过介质时, 能使受激辐射占优势, 则必须打破热平衡, 使介质远离平衡态, 成为一个开放系统, 让它与外界不断交换能量, 使介质中高能态的原子数大于低能态的原子数, 实现 $n_2 > n_1$ 的状态, 这种情况称为粒子数反转. 只有这样, 才能使受激辐射大于受激吸收, 从而实现光放大.

要实现粒子数反转, 必须具备两个条件:

(1) 有能实现粒子数反转的介质, 此类介质称为激活介质.

(2) 有必要的能量输入系统, 能不断地将能量输送给激活介质, 将原子由低能级激发到合适的高能级, 从而实现粒子数反转, 这种过程称为抽运. 抽运的方式很多, 有光抽运、电子碰撞、共振吸收、化学反应等. 不同的激光器采用不同的抽运方式.

2. 能实现粒子数反转的能级系统

在抽运的激励下, 处于低能级的原子将会跃迁到高能级, 但另一方面, 抽运到高能级的原子又会很快以自发辐射或受激辐射的形式返回低能级. 理论上可以证明, 不管激励手段多么好, 抽运速率多么快, 在二能级系统中充其量也只能使上下能级的粒子数相等, 不可能实现粒子数反转. 能够实现粒子数反转的只可能是含有亚稳态能级结构的三能级系统或四能级系统.

红宝石是一个典型的三能级系统 (参见讲 1.4 图). 它是含有 0.035% Cr^{3+} 的 Al_2O_3 晶体, 辐射激光的是 Cr^{3+}. 讲 1.4 图给出的是 Cr^{3+} 的能级简图. 图中, E_1 是基态, E_3 为激发态, E_2 为亚稳态. 激励方式是光抽运, 利用氙灯放电时发出的绿光或紫光照射红宝石, 不断地将 Cr^{3+} 从基态 E_1 抽运到 E_3, 抽运到 E_3 的 Cr^{3+} 是不稳定的, 停留约 5×10^{-8} s 后便无辐射跃迁到 E_2. 亚稳态 E_2 上的 Cr^{3+} 寿命较长, 约为 3×10^{-3} s, 所以大量的 Cr^{3+} 在 E_2 上聚积起来, 从而实现了 E_2 与 E_1 两能级间的粒子数反转. 当 E_2 上的 Cr^{3+} 受激跃迁到 E_1 能级上时便产生波长为 694.3 nm 的激光.

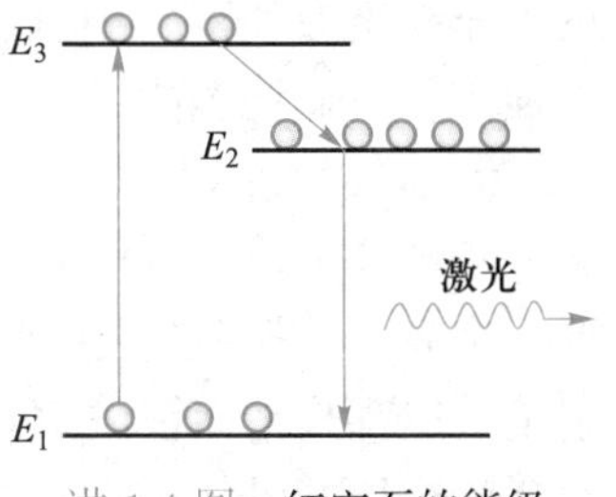

讲 1.4 图　红宝石的能级

He–Ne 混合气体可视为四能级系统 (其混合比为 5∶1 ~ 7∶1). 其中 He 是辅助物质, 产生激光的是 Ne 原子.

讲 1.5 图为 He、Ne 原子的能级图. 图中 2^1 s、2^3 s 是 He 原子的两个亚稳态, 与 Ne 原子的两个亚稳态能级 4 s、5 s 十分接近, 能量差约为 0.15 eV. He–Ne 激光器首先用气体放电的激励方式, 使放电管中的电子加速后与 He 原子碰撞, 将 He

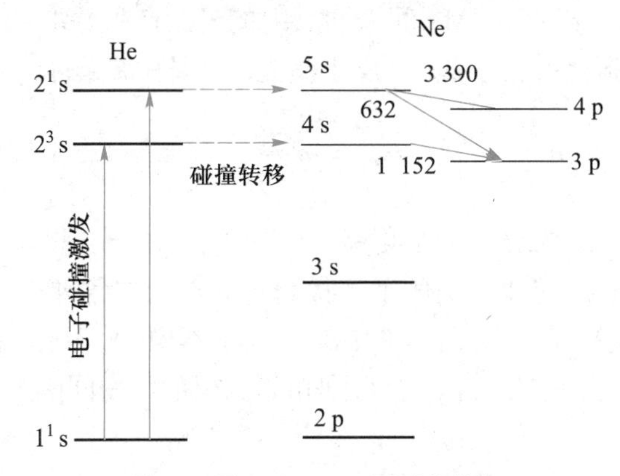

讲 1.5 图　He、Ne 原子的能级

原子的两个基态电子分别激发到亚稳态 2^1 s、2^3 s, 然后 He 原子与 Ne 原子发生碰撞, 将能量无辐射地转移给 Ne 原子, 将 Ne 原子激发到 4 s、5 s 能级上, He 原子回到基态, 从而在 Ne 原子的 4 s、3 p; 5 s、3 p; 5 s、4 p 间实现了粒子数反转. 适当频率的光子入射, 便可产生波长分别为 3 390 nm, 1 152.3 nm, 632.8 nm 的激光.

3. 激光器的结构与分类

能产生激光的装置称为激光器, 其结构大致可以分为如下三个部分.

(1) 工作物质

能实现粒子数反转, 产生光放大作用的物质称为工作物质, 亦称发光材料. 一般地说, 任何光学均匀、透明性好的材料, 不管是气体、液体、固体还是半导体, 均可作为激光器的工作物质. 例如红宝石激光器的工作物质为固体, He–Ne 激光器的工作物质为气体. 但它们都有如下共同特点: ① 光学性质均匀, 透明性好, 稳定性强; ② 有亚稳态能级.

(2) 光学共振腔

实现粒子数反转仅是产生激光的必要条件, 并非充分条件. 欲得到激光, 还需要一个光学共振腔. 它由两块分放在激活介质两端的反射镜 M_1、M_2 组成, 两反射镜可以都是平面镜, 也可以都是凹面镜, 还可以是一平一凹, 但要求它们的轴线与激活介质的轴线平行, 并且一块为反射率为 1 的全反射镜, 另一块为反射率略小于 1 的部分反射镜, 以保证有稳定的激光束从中输出.

光学共振腔的主要作用有以下两个.

① 产生和维持光振荡: 光学共振腔中光振荡的建立和维持采用的是自激反馈放大式. 原始激励光信号来源于激发态的自发辐射, 由此得到的光波频率、相位、传播方向等均是任意的, 其中只有满足频率条件 ($h\nu = E_2 - E_1$) 和沿轴向传播的光波, 才能使处于粒子数反转状态的原子产生受激辐射, 得到同频率、同相位、沿轴向传播的光波. 它在 M_1、M_2 间往返穿梭运行, 进一步激励其他原子, 得到雪崩式的放大. 其他频率和非轴向传播的光波, 在 M_1、M_2 间约经几次反射, 有的被介质吸收, 有的则从侧面逸出, 如讲 1.6 图所示.

② 控制光振荡: 若 M_1、M_2 间来回反射的光波产生叠加, 则只有形成驻波的光才能建立稳定的振荡并得以放大, 产生激光. 根据驻波条件, 共振腔的长度

$$L = m\frac{\lambda_m}{2n} \quad \text{或} \quad \nu_m = m\frac{c}{2nL} \quad (m = 1, 2, \cdots) \tag{7}$$

式中, m 为正整数, n 为介质的折射率, c 为真空中的光速, ν_m 为振荡频率, 它只能取一些离散值, 如讲 1.7 图所示. 我们将共振腔中各种不同频率的驻波 (谱线) 称为激光的纵模, 它是激光理论中的一个基本概念, 其数目和腔内纵向波节数 $q = m - 1$ 相对应, 由式 (7) 可以得到相邻纵模的频率间隔

$$\Delta\nu_m = \frac{c}{2nL} \tag{8}$$

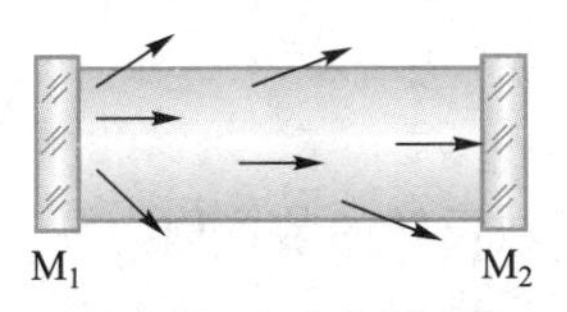

(a) 受激原子产生自发辐射

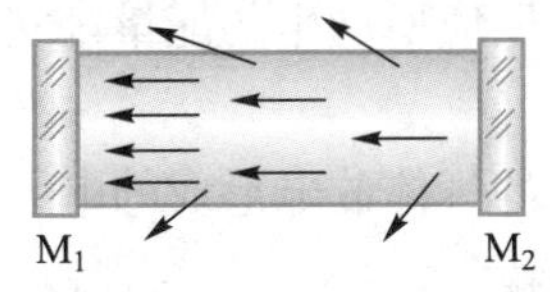

(b) 轴向传播的受激辐射被放大，其他从侧面逸出

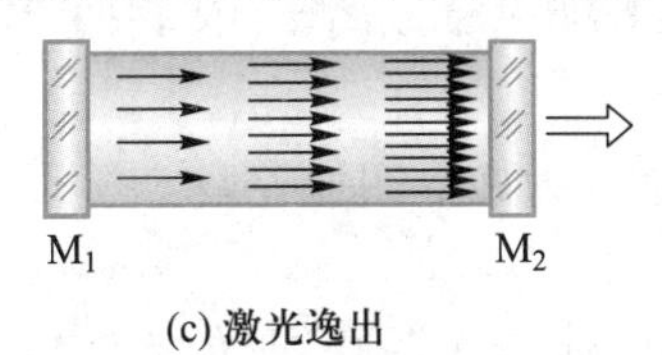

(c) 激光逸出

讲 1.6 图　共振腔

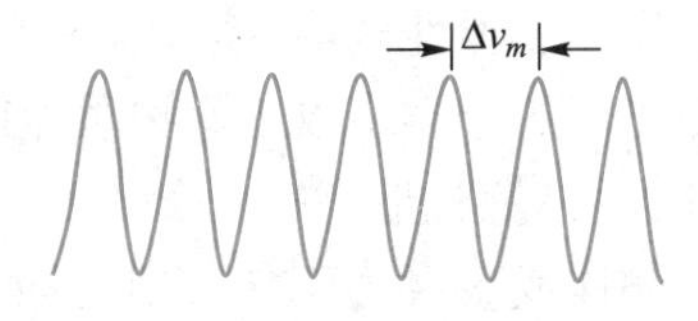

讲 1.7 图　光振荡频率

一般而言, 腔长 L 的数量级一般为 $10 \sim 10^2$ cm, 波长 λ 的数量级为 $10^{-5} \sim 10^{-3}$ cm, n 的数量级约为 10^0. 这样, 由式 (7) 便可得到 m 的数量级为 $10^3 \sim 10^7$, 可见满足此式的纵模数是很大的. 但事实并非如此, 这是因为激光并非理想的单色平面波, 由于不确定关系及多普勒效应等的影响, 激光谱线有一定的宽度 $\Delta\nu$, 只有位于 $\Delta\nu$ 范围内的那些振荡频率才能形成激光, 因此, 实际上可输出的激光纵模数

$$N = \frac{\Delta\nu}{\Delta\nu_m} \tag{9}$$

由式 (8) 知, $\Delta\nu_m$ 依赖于腔长 L, 所以通过选择或调整 L, 便可改变纵模数, 以达到选频的目的.

例如, He–Ne 激光器输出激光谱线的中心频率 $\nu_0 = 4.7 \times 10^{14}$ Hz, 谱线频宽 $\Delta\nu = 1.3 \times 10^9$ Hz, 如腔长 $L = 0.4$ m, $n = 1.0$, 则由式 (8) 得

$$\Delta\nu_m = \frac{c}{2nL} = \frac{3 \times 10^8}{2 \times 1.0 \times 0.4} = 3.75 \times 10^8 \text{ Hz}$$

由式 (9) 得输出的纵模数

$$N = \frac{\Delta\nu}{\Delta\nu_m} = \frac{1.3 \times 10^9}{3.75 \times 10^8} = 3$$

若腔长 $L = 0.1$ m, $\Delta\nu_m = \dfrac{c}{2nL} = 1.5 \times 10^9$ Hz, 则输出的纵模数

$$N = \frac{\Delta\nu}{\Delta\nu_m} = \frac{1.3 \times 10^9}{1.5 \times 10^9} = 1$$

即激光器只有一个单一的频率输出, 称为单模输出.

(3) 泵

为工作物质提供能量, 使其实现并维持粒子数反转的装置称为泵. 常用泵的种类有:

① 化学泵, 它利用工作物质内部发生的化学反应所产生的能量来实现粒子数反转;

② 气体放电泵, 主要依靠工作物质内部发生的气体放电形成的电子或离子与工作物质的原子发生非弹性碰撞来实现粒子数反转;

③ 离子束泵, 主要利用向工作物质注入高能电子或离子, 让它们与工作物质的原子发生非弹性碰撞, 实现粒子数反转.

激光器的分类多以工作物质为依据. 通常分为如下四种类型.

(1) 固体激光器

以晶体或玻璃为工作物质的激光器称为固体激光器, 常见的固体激光器有红宝石激光器, 钇铝石榴石激光器等, 其特点是器件体积小, 坚固耐用, 输出功率大且使用方便, 适用范围广.

(2) 液体激光器

以有机染料溶解于液体 (如甲醇、乙醇或水等) 的混合物为工作物质的激光器称为液体激光器, 亦称染料激光器, 其特点是输出波长连续可调, 且输出功率大, 在分光光谱、光化学及医学、农业中均有广泛的应用.

(3) 气体激光器

以气体为工作物质的激光器称为气体激光器, 常见的气体激光器有 He–Ne 激光器等, 其特点是结构简单, 造价低廉, 光束质量好, 能长时间稳定地工作, 市场占有率极高.

(4) 半导体激光器

以半导体为工作物质的激光器称为半导体激光器 (参见讲 1.8 图). 常见的半导体激光器为砷化镓激光器. 其特点是结构简单体积小, 重量不大寿命长, 特别适合于在运动物体 (如车、船及飞行器等) 上使用.

讲 1.8 图 半导体激光器

三、激光的特性及其应用

1. 激光的特性

从前面的介绍可以看出, 激光的发光机理与普通光源不同, 它所发射出来的光都是由同方向、同频率、同初相的光子组成, 因而具有普通光源无法比拟的优点. 概括起来, 大致有如下四个方面.

(1) 方向性好

激光器发出的激光束, 其发散角很小, 仅在 $10^{-8} \sim 10^{-5}$ sr 范围内传播. 当一束激光射到月球表面 (即通过 380 000 km) 时, 其光斑直径仅为 1.6 km.

(2) 功率大, 亮度高

激光器的连续输出功率可达 $10^4 \sim 10^5$ W, 脉冲输出功率可达 $10^{13} \sim 10^{14}$ W. 加之方向性好, 能量集中, 所以输出端面有极高的亮度, 为普通光源中最亮的高压脉冲氙灯亮度的几十亿倍, 比太阳表面的亮度高出近 10^{10} 倍.

(3) 单色性好

描述单色性好坏的特征量是相对频宽 $\dfrac{\Delta\nu}{\nu}$. 对于激光束, $\dfrac{\Delta\nu}{\nu}$ 为 $10^{-13} \sim 10^{-10}$ 数量级, 而对于单色性最好的普通光源氢灯, 其相对频宽约为 10^{-6} 数量级.

(4) 相干性好

由于激光具有高单色性及高定向性, 因而具有高相干性. 描述相干性优劣的一个重要物理量是相干长度. 普通光源的相干长度只有零点几毫米, 最好的专用光源也只有几十厘米. 而 He–Ne 激光器发出的波长为 632.8 nm 的激光, 其相干长度则可达到数十乃至上百千米.

2. 激光的应用

由于激光具有一系列的优良特性, 因此它在许多科学与技术问题中均获得了广泛的应用. 下面仅择要略作介绍, 以使读者能对激光的应用有一大致的了解.

(1) 激光测距

利用激光进行测量, 具有精度高、速度快等优点, 因而激光在测量中使用很广. 这里仅简单地介绍激光测距的问题.

我们知道, 激光是一种以光速 c 传播的电磁波, 当它射到介质分界面时, 必然会有一部分被反射回来. 因此, 只要记下从发射激光脉冲到接收到反射回来的脉冲的时间间隔, 并将之乘以 $\dfrac{c}{2}$, 其结果便为所要测量的距离. 由于激光的方向性、单色性及相干性都很好, 因此, 利用它来测量距离比用普通的微波雷达来进行测量的精度高得多. 例如用微波雷达测得的月 (球) 地 (球) 距离的误差约 500 m, 而用激光来测量, 其误差则只有约 10 cm.

(2) 激光手术

由于激光具有光束细、功率密度高的优点, 因此, 用它来照射物体时, 可使被照射部分因迅速升温而 “气化”, 形成一极小的孔或极细的缝, 因而可代替机械刀具来对病人进行手术. 这样的操作称为激光手术.

激光手术的优点是刀口细而不流血, 且手术部位精确, 伤口恢复快, 从而可极大地提高手术质量, 减少病人的痛苦.

(3) 激光导航

传统的导航多由机械陀螺来承担, 但由于机械陀螺带有高速转动且对称厚重的转子, 使用起来不太方便. 为了克服这一缺点, 人们利用激光的相干性好的特点, 研制了所谓的"激光陀螺"(参见讲 1.9 图), 用以取代机械陀螺来导航, 具有轻便灵活, 随时调控, 精确导航的作用.

讲 1.9 图 激光陀螺

(4) 激光加工

利用激光的高亮度和高定向性的特点, 可以把激光辐射能量集中在较小的一定空间范围内, 从而获得比较大的光功率密度, 产生几千度到几万度以上的高温. 在此高温下, 任何金属和非金属材料都会迅速熔化或者汽化, 因此可利用激光进行多种特殊的非接触特种加工作业. 目前比较成熟的应用有激光打孔、激光焊接、激光切割、激光划片、激光表面处理等.

(5) 激光育种

激光对农作物品种的改良和新品种的培育具有极大的促进作用. 人们通过对激光育种的生物学研究, 发现在特定激光辐射作用下, 种子能产生光物理、光化学和光生物学效应, 出现染色体变异, 导致遗传性状的改变, 从而培育出新的品种. 若用激光适当地照射蚕豆、玉米、萝卜、黄瓜和西红柿的种子, 则能加速种子发芽, 提高种子出芽率, 促进农作物生长, 使农作物早熟、抗病、增产. 若用激光照射黄瓜秧和西红柿秧, 则能使秧子上的花数和果数都有增加, 使产量得到提高, 果实里的糖分和维生素含量增加, 品质显著改善.

(6) 激光雕刻

激光不但是医生手中的手术刀, 而且还是画家和雕刻家手中的光笔和雕刻刀. 艺术家们利用激光束作为画笔和刻刀, 借助于激光束的强度、聚焦和散焦的变化, 可在各种纸板、木板、石板、玻璃板和金属板的任意部位进行雕刻创作, 以获取完美独特的作品. 此外, 激光还可以用来修复名画, 使已经黯然的画面恢复光彩.

(7) 激光通信

利用激光作为光频电磁载波而传递各种信息的过程称为激光通信, 其原理与普通的无线电通信相类似, 所不同的是, 无线电通信是将声音、图像或其他信号调制到无线电载波上发送出去, 而激光通信则是把声音、图像或其他信息调制到激光载波上发送出去. 激光通信的优点主要是: 传送信息容量大、通信距离远、保密性高以及抗干扰性强. 激光通信可分为地面大气通信、宇宙空间通信和光导纤维 (简称光纤) 通信等几大类. 其中, 应用最为广泛的是光纤通信, 其内容可参阅第二十四章的二维码文档光纤通信.

(8) 激光快速成型

激光快速成型 (Laser Rapid Prototyping: LRP) 是将 CAD、CAM、CNC、激光、精密伺服驱动和新材料等先进技术集成的一种全新制造技术. 与传统制造方法相比具有: 原型的复制性、互换性高; 制造工艺与制造原型的几何形状无关;

加工周期短、成本低, 一般制造费用可降低 50%, 加工周期可缩短 70% 以上; 高度技术集成, 实现设计制造一体化. 其基本原理是用 CAD 生成的三维实体模型, 通过分层软件分层, 每个薄层断面的二维数据用于驱动控制激光光束, 扫射液体、粉末或薄片材料, 通过激光对材料进行固化或烧结, 加工出要求形状的薄层, 逐层积累形成实体模型.

近期发展的 LRP 主要技术有: 立体光造型 SLA、选择性激光烧结 SLS、熔丝堆积成型 FDM、激光熔覆成形 LCF、激光近形 LENS、激光薄片叠层制造 LOM、激光诱发热应力成型 LF 等.

四、激光冷却与原子囚禁

激光冷却与原子囚禁是近十几年来发展起来的一种新的物理方法, 它可使气体原子冷却到几乎静止不动, 从而对原子进行非常精密的观察测量; 这种原子状态可以做成特别精确的、达到上千万年不差一秒的原子钟, 这对今后的科学测量以及通信、导航等一系列技术发展都有重要意义.

早在 1917 年, 在著名的关于黑体辐射的文章中, 爱因斯坦就曾指出, 在光的吸收和发射过程中, 存在着动量转换. 1933 年, 弗里希 (Frisch) 进行了用钠光灯改变原子束方向的实验, 虽然光子的动量和原子热运动的动量相比非常小, 但由于原子激发态寿命很短, 吸收和自发辐射可多次循环进行, 从而可使原子的动量有较明显的变化.

在激光的发明及其在原子物理学中的成功应用之后, 控制原子运动有了较大的发展. 实质性的突破始于 20 世纪 70 年代中期, 肖洛等研究了激光与原子的相互作用, 提出了采用激光冷却原子的思想, 他们认为, 利用激光的辐射压力可以使气体原子冷却到极低的温度, 到 20 世纪 80 年代中期, 已有实验通过适当调节, 让激光频率接近原子跃迁频率, 使气体原子冷却到极低的温度. 在原子束横向冷却实验中, 原子束流可以达到前所未有的强度, 原子运动亦可得到精确的控制.

激光冷却的基本思想是: 运动着的原子在共振吸收迎面射来的光子后, 只要激光的频率和原子的固有频率一致, 原子会吸收迎面而来的光子而减小动量. 与此同时, 这会引起原子的跃迁 (原子又会因跃迁而发射同样的光子, 不过它发射的光子是朝着四面八方的), 处于激发态的原子会自发辐射出光子而回到初态, 由于反冲会得到动量, 此后, 它又会吸收光子, 又自发辐射出光子. 但应注意的是, 它吸收的光子来自同一束激光, 方向相同, 都将使原子动量减小, 而自发辐射出的光子的方向是随机的, 多次自发辐射平均下来并不增加原子的动量. 因此, 实际效果是原子的动量每碰撞一次就减小一点, 直至最低值. 动量和速度成正比. 动量越小, 速度也越小. 因此, 所谓激光冷却, 实际上就是在激光的作用下使原子减速效果明显. 例如, 对冷却钠原子的波长为 589 nm 的共振光而言, 这种减速效果相当于 10 万倍的重力加速度!

早期的冷却机理是多普勒冷却, 在相向传输的激光场中, 作用激光的频率略低于原子的共振频率, 由于多普勒效应, 与原子运动方向相反的激光束更接近于与原子发生共振, 使原子受到阻力, 这就是多普勒冷却. 多普勒冷却极限为多普勒温度 $T_{\mathrm{D}}=\dfrac{\hbar\Gamma}{2k}$, 其中 $\hbar$ 为普朗克常量, k 为玻耳兹曼常量, Γ 相当于原子的自然线宽.

1985 年, 朱棣文[①]和他的同事在美国新泽西州荷尔德尔 (Holmdel) 的贝尔实验室进一步用两两相对沿三个正交方向的六束激光使原子减速. 他们让真空中的一束钠原子先是被迎面而来的激光束阻止了下来, 然后把钠原子引进六束激光的交汇处. 这六束激光都比静止钠原子吸收的特征频率稍微有些红移, 其效果就是不管钠原子企图向何方运动, 都会遇上具有恰当能量的光子, 并被推回到六束激光交汇的区域. 在这个小区域里, 聚集了大量的冷却下来的原子, 组成了肉眼看上去像是豌豆大小的发光的气团. 由六束激光组成的阻尼机制就像某种黏稠的液体, 原子陷入其中会不断降低速度.

理论指出, 多普勒冷却有一定限度 (原因是入射光的谱线有一定的自然宽度), 例如, 利用波长为 589 nm 的黄光冷却钠原子的极限为 240 mK, 利用波长为 852 nm 的红外线冷却铯原子的极限为 124 mK. 由此人们提出了一系列新的冷却机理, 如偏振梯度冷却、磁感应冷却、速度选择相干态粒子数囚禁等, 并通过各种方法进行囚禁实验研究. 1995 年, 达诺基小组将铯原子冷却到了 2.8 nK 的低温, 朱棣文等利用钠原子喷泉方法曾捕集到温度仅为 24 pK (即 2.4×10^{-11} K) 的一群钠原子.

由于激光冷却和囚禁原子技术使原子达到前所未有的超冷气体状态, 由此而产生了许多新的研究领域. 十几年来成果不断涌现, 前景激动人心, 形成了分子和原子物理学的一个重要突破口, 如许多学者开发了用激光将气体冷却到了 μK 温度范围内的各种方法, 并且将冷却了的原子悬浮或拘捕在不同类型的原子陷阱中. 在这里面, 个别原子可以以极高的精确度得到研究, 从而确定它们的内部结构. 当在同一体积中捕获了越来越多的原子时, 就组成了稀薄的气体, 可以详细研究其特性. 这些方法一方面打开了通向更深地了解气体低温下量子行为的道路, 另一方面又有可能用于设计新型的原子钟, 其精确度比现在最精确的原子钟 (精确度达到了百万亿分之一) 还要高百倍, 以应用于太空航行和精确定位. 人们还开始了原子干涉仪和原子激光的研究. 原子干涉仪可以极其精确地测量引力, 而原子激光将有可能用于生产非常小的电子器件. 用聚焦激光束使原子束弯折和聚焦的方法, 导致了光子镊子的发展, 光子镊子可用于操纵活细胞和其他微小物体. 可以相信, 随着研究的进一步深入, 将会出现更多的新兴研究课题, 激光冷却技术将会在基础研究和应用研究领域发挥愈来愈重要的作用.

---

① 朱棣文, 美籍华人, 因发明用激光冷却和囚禁原子的方法而获得了 1997 年的诺贝尔物理学奖.

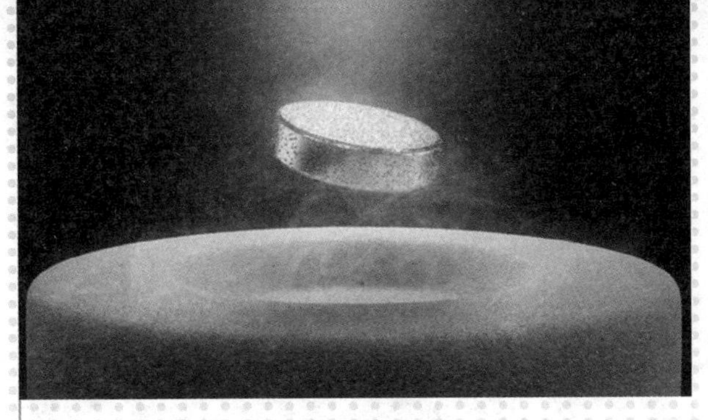

奇异悬浮

>>> 第二讲

超　导

一、超导的特性及理论

1911 年, 芬兰物理学家昂内斯在研究金属低温下的电阻随温度的变化规律时首先发现, 当温度降低到 4.2 K 时, 水银的电阻突然消失. 进一步的研究发现, 很多金属及合金和化合物, 都有这样的特性: 当它们的温度降低到各自临界值时其电阻都会消失, 这种现象称为超导, 相应的临界温度值称为该物质的超导转变温度或临界温度, 用 T_c 表示. 能产生超导现象的物质叫超导体. 当温度 $T < T_c$ 时, 超导体处于电阻消失的状态, 称为超导态 S, 当 $T > T_c$ 时, 超导体转为正常态 N.

超导体进入超导态后, 电阻消失的现象又称为零电阻现象. 近代超导重力仪测量表明, 超导态即使有电阻, 电阻率 ρ 也小于 $10^{-25}\ \Omega\cdot\text{cm}$. 由于超导体进入超导态后电阻消失, 所以用它组成的回路中一旦激起电流, 不需要任何电源向回路补充能量, 电流就会无衰减地持续下去, 形成所谓的永久电流. 因此, 又将超导体所具有的零电阻特性称为完全导电性.

1933 年, 迈斯纳和奥森菲尔德通过实验发现: 放在磁场中的超导体进入超导态后, 超导体内原有的磁感线立即被排斥出体外, 如讲 2.1(a) 图所示; 如果让超导体先进入超导态, 然后再加外磁场, 则磁感线便不能穿透它的内部, 如讲 2.1(b) 图所示. 也就是说, 不论用什么样的过程, 只要进入超导态, 超导体内部的磁场恒为零, 这种现象称为迈斯纳效应.

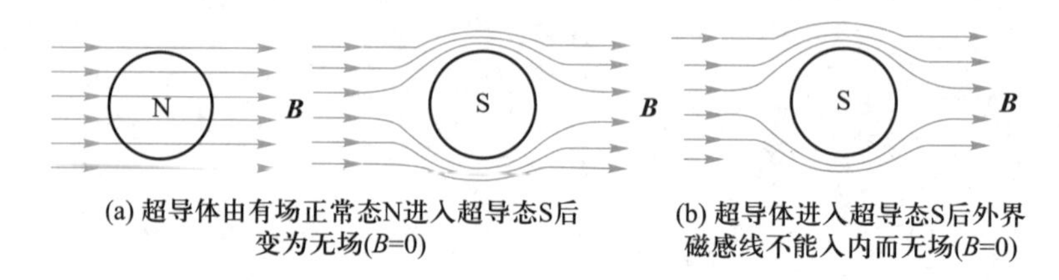

讲 2.1 图 迈斯纳效应

事实上, 按伦敦理论, 磁场可穿透超导体表面厚约 10^{-6}cm 的薄层, 薄层内伴随有超导电流产生, 该电流在超导体内产生的磁场正好和外磁场抵消, 使超导体内的磁感应强度为零, 因此, 迈斯纳效应又称为完全抗磁性. 它不能由完全导电性推出, 是超导体的一个独立特性.

由于磁场能破坏超导电性, 所以, 严格地说, T_c 是指外磁场为零时的超导转变温度. 恰能破坏超导电性的磁感应强度叫临界磁感应强度, 用 B_c 表示. 当 $T < T_c$ 时, 只有 $B < B_c$, 超导体才存在. 实验指出, 对许多超导体, $B_c(T)$ 与 T 之间近似有如下的抛物线关系:

$$B_c(T) = B_{c0}\left[1 - \left(\frac{T}{T_c}\right)^2\right] \tag{1}$$

B_{c0} 是 T 接近 0 K 时的 B_c 值.

$B_c(T)-T$ 曲线如讲 2.2 图所示, 曲线的一方为超导态 S, 另一方为正常态 N, 在曲线上则发生超导态和正常态间的可逆相变.

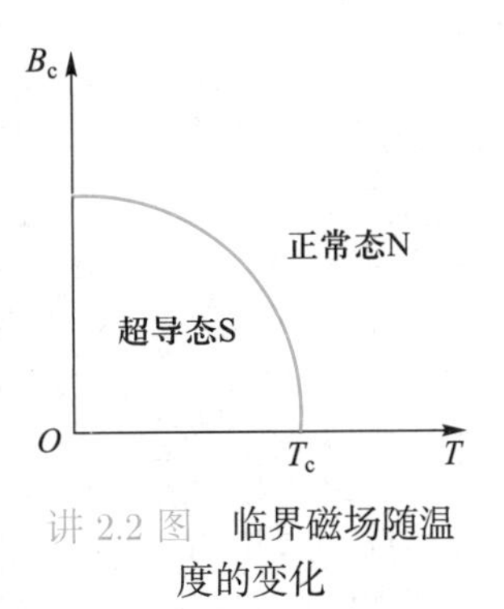

讲 2.2 图 临界磁场随温度的变化

根据超导体在磁场中的行为, 可将超导体分成两大类. 第一类超导体只有一个临界磁场 B_c, 当 $B<B_c$ 时, 呈现零电阻现象和具有完全的迈斯纳效应. 第二类超导体有两个临界磁场 B_{c1} 和 B_{c2}, 当 $B<B_{c1}$ 时, 它的行为与第一类超导体相同; 当 $B_{c1}<B<B_{c2}$ 时, 磁感线开始穿透超导体, 呈现不完全的迈斯纳效应, 但电阻仍为零; 当 $B>B_{c2}$ 时, 超导体变成正常态 N.

除磁场能破坏超导性外, 超导体中的电流超过某一量值 I_c(此电流称为临界电流) 时, 超导电性也会遭到破坏. 显然, 当超导体中的电流在表面产生的磁场达到临界磁感应强度 B_c 时, 超导电性就会破坏. 如对截面半径为 R 的超导线, I_c 和 B_c 的关系是 $I_c=\dfrac{2\pi RB_c}{\mu}$, 此式称为西尔斯比定则.

为揭示超导的微观机制, 人们提出了多种理论和模型, 现择要介绍如下.

1. 同位素效应

1950 年, 马克斯韦尔等人对 Hg 的几种同位素 T_c 进行测量, 发现 T_c 与同位素的质量 m 有如下关系:

$$T_c m^{\frac{1}{2}}=\text{常量} \tag{2}$$

后来发现, 不少超导材料也有类似关系, 称为同位素效应.

这与以前人们业已发现的晶格振动的特征频率 ω_D (德拜频率) 和组成晶体的原子质量 m 的关系式

$$\omega_D m^{\frac{1}{2}}=\text{常量} \tag{3}$$

相似. 这种相似暗示着电子与晶格振动间的相互作用在超导中有着重要的影响.

2. 电子–声子间的作用

我们知道, 晶格中的粒子是相互联系的, 当某一粒子振动时, 必将牵动邻近粒子的振动, 在晶格中形成的波, 称为格波. 按照量子力学理论, 格波的能量是量子化的, 能量跃变的最小单位称为声子, 它是准粒子. 1950 年, 弗雷里希证明, 电子间可通过发射和接收声子产生吸引力.

3. 能隙

实验证实, 在超导的单电子能谱上出现了一段电子能量不可能取值的禁区, 称为能隙, 其量值为 $10^{-4}\sim10^{-3}$ eV. 在绝对零度时, 能量处于能隙下边的各态全被占据, 而能隙以上的各态——超导基态则全空着. 能隙的出现是超导体进入超导态的一个重要标志.

在上述实验及分析的基础上, 1957 年, 巴丁、库珀、施里弗建立了低温超导的微观理论, 称为 BCS 理论. 该理论认为, 在超导体中, 动量大小相等、方向相反, 自旋反向的两个电子, 通过交换声子, 产生的引力大于它们间的库仑斥力时, 便形成束缚电子对——库珀对, 库珀对的集合态就是超导态.

按照 BCS 理论, 当超导体处于超导态时, 所有库珀对或者总动量为零, 或者都以同一动量运动. 又由于拆散一个库珀对使其激发至少需 $10^{-4} \sim 10^{-3}$ eV 的能量, 所以不易拆开. 因而当库珀对中一个电子受到散射而改变其动量时, 另一个电子则发生相应的变化, 以维持库珀对的动量不变. 这就是说, 晶格的散射并不能改变库珀对的运动状态, 即库珀对和晶格间不发生能量交换. 这样, 超导体中具有相同动量的库珀对的集体运动, 便形成了宏观上的无阻电流.

利用 BCS 理论, 还能导出宏观上的一些实验规律, 如同位素效应、伦敦和皮帕德逆磁性方程等. BCS 理论不但能定性地说明实验结果, 而且定量计算也大致与实验相符. 该理论的成功使巴丁、库珀、施里弗共同获得了 1972 年的诺贝尔物理学奖.

二、约瑟夫森效应

1962 年, 正在英国剑桥大学读研究生的约瑟夫森从理论上预言, 若将两块超导体与一绝缘体构成超导—绝缘—超导三层结构 (此结构称为约瑟夫森结, 简称超导结), 当绝缘层厚度减少到 1 nm 左右时, 两超导体中的库珀 (电子) 对会因隧道效应而耦合, 使电子对由一超导体进入另一超导体, 形成超导 (隧穿) 电流, 且两超导体的电子对波函数具有确定的相位关系, 这种现象称为约瑟夫森效应. 1963 年, 安德森和夏皮罗等人即用实际方法证实了它. 约瑟夫森因此工作而获得了 1973 年的诺贝尔物理学奖.

根据量子力学理论, 利用初等方法可以证明①, 通过超导结的电流密度

$$j_{\mathrm{s}} = j_{\mathrm{c}} \sin \Delta\varphi \tag{4}$$

式中, $j_{\mathrm{c}} = \dfrac{4eK\rho}{\hbar}$ (K 为耦合系数, ρ 为电子对数密度) 为临界超导电流密度, $\Delta\varphi = \varphi_2 - \varphi_1$ 为电子对的相位差, 其时间变化率 (角频率)

$$\omega = \frac{\partial \Delta\varphi}{\partial t} = \frac{2eU_0}{\hbar} \tag{5}$$

注意到初始时电子对的相位差 $\Delta\varphi_0$ 及电子对由区域 1 向区域 2 运动时的附加相位差② $-\dfrac{2e}{\hbar}\displaystyle\int_1^2 \boldsymbol{A} \cdot \mathrm{d}\boldsymbol{l}$, 则有

---

① 参见: 廖耀发, 余守宪. 约瑟夫森效应的一种初等阐述 [J]. 大学物理, 1998 (7): 42–45.

② 廖耀发等, 大学物理 (下册), p209. 武汉大学出版社, 2002.

$$\Delta\varphi = \Delta\varphi_0 + \frac{2eU_0}{\hbar}t - \frac{2e}{\hbar}\int_1^2 \boldsymbol{A}\cdot\mathrm{d}\boldsymbol{l} \tag{6}$$

如果超导结的两端不加任何电压 ($U_0 = 0$), 且无外磁场 ($A_0 = 0$), 由上述三式可以得到

$$j_\mathrm{s} = j_\mathrm{c}\sin\Delta\varphi_0 \tag{7}$$

这表明, 在无磁场且不加任何电压的情况下, 超导结中仍有直流电流产生. 这种现象称为**直流约瑟夫森效应**.

若在超导结两边加一恒定电压 U_0, 但不加磁场, 这时, 电子对的相位差 $\Delta\varphi = \Delta\varphi_0 + \dfrac{2eU_0}{\hbar}t$, 流过超导结的电流密度

$$j_\mathrm{s} = j_\mathrm{c}\sin(\omega_0 t + \Delta\varphi_0) \tag{8}$$

式中, $\omega_0 = \dfrac{2eU_0}{\hbar} = 2\pi\dfrac{2eU_0}{h}$ 称为约瑟夫森角频率. 式 (8) 表明, 在有电压但无磁场的情况下, 超导结中将有交变电流流过, 其频率

$$\nu = \frac{2eU_0}{h}$$

称为约瑟夫森频率; 若在恒定电压 U_0 之外再加一角频率为 ω 的射频 (交变) 电压, 当 $\omega = \omega_0$ 时, 超导结中仍会出现直流电流. 这种现象称为**交流约瑟夫森效应**.

从量子力学的观点来看, 超导结上加上 U_0 电压产生直流电流相当于一库珀电子对吸收了能量为 $\hbar\omega_0$ 的电磁波量子, 使它恰好获得了通过结平面的能量 $2eU_0$. 因此, 当用 U_0 整数倍的微波 (射频) 电压

$$U_n = nU_0 = n\frac{\hbar\omega_0}{2e} \tag{9}$$

来照射超导结时, 相当于 n 个库珀电子对同时分别吸收了 n 个能量为 $\hbar\omega_0$ 的微波量子, 从一超导体运动到另一超导体, 因而导致超导电流的突然增加, 形成所谓夏皮罗台阶 (电压量子化).

由于 e、h 均为基本物理常量, 精度很高, 而微波频率 ω_0 又可高精度地测定, 因此, 利用式 (9) 可实现精确的电压标准. 1990 年, 国际计量局已将其颁布用来定义新的电压标准——伏特, 既提高了电压定标的精度 (可达 10^{-10} V), 又免去了各国计量局往常采用的每隔 3 年需将本国标准电池送往巴黎检验一次的麻烦.

利用约瑟夫森效应可制成**超导量子干涉仪** (简称 SQUID), 其外观如讲 2.3 图所示; 其工作原理参见讲 2.4 图: 将两完全相同的绝缘体 a、b 并联, 即构成一个 SQUID. 当电子对从 1 处经 a、b 到达 2 处时, 两端的相位差

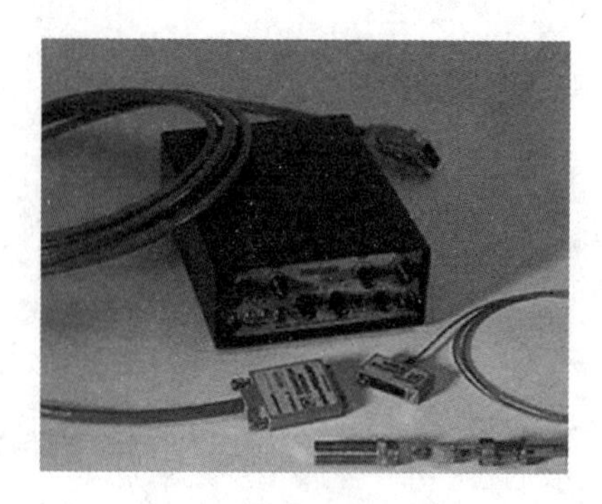

讲 2.3 图 超导量子干涉仪

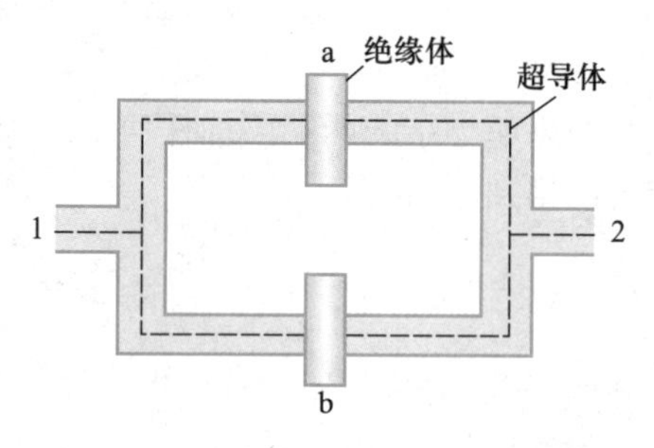

讲 2.4 图 超导量子干涉仪的工作原理

$$\delta = \frac{2e}{\hbar}\oint \boldsymbol{A}\cdot \mathrm{d}\boldsymbol{l} = \frac{2e}{\hbar}\varPhi$$

式中, $\varPhi$ 为通过环路 1a2b1 的磁通量. 这样, 经两条路径到达 2 处的电子对便会产生量子干涉现象, 其合成电流密度

$$j = 2j_c \sin\delta \cos\frac{e}{\hbar}\varPhi = 2j_c \sin\delta\cos\frac{\pi\varPhi}{\varPhi_0} \tag{10}$$

式中, δ 为电子对经过单结的相位差, $\sin\delta$ 为单结衍射因子, $\varPhi_0 = \dfrac{h}{2e} = \dfrac{\pi\hbar}{e}$ 为磁通量子, $\cos\dfrac{\pi\varPhi}{\varPhi_0}$ 为双结干涉因子. 式 (10) 表明, 2 处的合成电流随 $\varPhi$ 而变化, 并受单结衍射因子 $\sin\delta$ 的调制, 与光学中的双缝衍射干涉现象相似.

由磁通量子化知, $\varPhi$ 只能按 $\varPhi_0$ 的整数倍来变化. 由于 $\varPhi_0$ 很小 (约为 2×10^{-11} T), 所以, 当磁场改变 10^{-11} T 时, 对于包围面积为 1 cm^2 的一对超导结, 其临界电流将会从极大变化到极小, 而 $\dfrac{e}{h}$ 为基本物理常量, 可以精确测定, 因此, 利用约瑟夫森结能精确地测定磁场.

超导结显示直流约瑟夫森效应时, 结的两端电压为 0, 转换到正常隧道效应时, 结的两端电压为 $\dfrac{2\varDelta}{g}$ (式中, $2\varDelta$ 为超导能隙), 用这两个状态表示 0 和 1, 恰与计算机中二进制的数码 0 和 1 一致, 因此, 超导结可作计算机的开关元件或存储器, 用两个这样的开关组成的双稳态触发器进行计算或存储, 每秒可翻转二十多亿次, 能大大提高计算机的运算速度.

三、高温超导研究的进展

从 1911 年发现超导现象到 1985 年的 74 年间, T_c 仅从 4.2 K 提高到 23.2 K. 如此低的 T_c 只能在液氦下工作, 因而极大地限制了超导的应用, 因此, 努力提高 T_c 一直是人们奋斗的目标. 直到 1986 年, 情况才出现转机. 该年 4 月, IBM 公司在苏黎世实验室的研究人员贝德诺兹和缪勒宣布, 他们得到了 $T_c = 30\,\mathrm{K}$ 的超导材料. 同年 12 月, 日本东京大学也得到了 $T_c = 37.5\,\mathrm{K}$ 的超导材料. 中国科学院的赵忠贤小组获得了 $T_c = 48.6\,\mathrm{K}$ 的超导材料, 并首次测到了 70 K 附近的超导转变迹象. 1987 年, 中国科学院又得到了 $T_c = 100\,\mathrm{K}$ 以上的超导材料, 1988 年, 日本研究人员将 Ca 掺到 Bi – Sr – O 体系中, 看到了 110 K 的转变温度; 而后还发现了铊钡钙铜氧化物 (Tl–Ba–Ca–Cu–O), 其转变温度达到了 125 K.

在超导材料的临界电流密度的研究上, 近年来也取得了很大的进展. 1987 年 4 月 15 日, 美国贝尔实验室获得了在 77 K 时临界电流密度为 1 100A/cm^2 的超导板材和临界电流密度达 200 A/cm^2 的超导线材, 同年 5 月, 美国 IBM 公司用新超导材料制成的超导薄膜在 77 K 时获得的电流密度达 100 000 A/cm^2, 冲破了新超导材料电流密度小的说法.

超导材料研究的进展反过来对理论研究提出了挑战, 促使许多科学家进行理论探索. 目前提出的理论很多, 大致可分两类: 一类是继续发展 BCS (电子–声子机制的超导理论); 另一类是探索新的超导机制, 如共振价模型、双极化子模型、激子机制等. 这些理论目前均处于探索阶段, 尚需进一步发展和完善.

四、超导的应用前景

近半个世纪以来, 高温超导研究获得了振奋人心的突破, 超导技术已开始从实验室走向部分实际应用阶段并取得了良好的效果.

超导磁体与由铁、钴、镍合金制成的常规磁体比较, 具有体积小、重量轻、功耗小、能产生强磁场且磁场空间大、稳定性好、均匀度高等优点. 例如, 一个 $B = 5\,\mathrm{T}$ 的中型磁体, 对应的常规磁体重量达 20 t, 若用超导磁体, 重量不过几千克. 超导磁体目前达到的磁场 $B = 30\,\mathrm{T}$, 耗电功率约 15 kW, 若用常规磁体, 很难得到这么强的磁场, 即使能得到, 耗电功率也将高达 7 MW 左右.

超导磁体的应用非常广泛. 为了获得高能粒子, 人们建造了大型粒子加速器. 超导磁体用来束流、转弯和加速粒子. 在输运高能粒子时, 用来选择、引导和聚焦粒子束. 为了探测高能粒子, 超导磁体被用作气泡室、谱仪和混合谱仪的磁体. 美国阿贡实验室在氢气泡室内安装了内径 4.18 m 的大型超导磁体, 在运行中获得了满意的结果.

受控热核反应是人们解决能源需求的一个重要途径. 为实现受控热核反应, 必须将数千万乃至上亿摄氏度高温的等离子体约束在一定的空间内, 对此, 超导磁体是最理想的材料.

超导磁体运用到发电机 (参见讲 2.5 图)、电动机上, 具有极大的优越性. 据估计, 100 万 kW 超导发电机与常规发电机比较, 重量只有后者的 25% ~ 50%, 体积只有后者的 30% ~ 50%, 且经济上也合算得多. 目前常规发电机最大单机功率为 200 ~ 300 万 kW, 而超导电机可高达 2 000 万 kW. 美国超导电机技术处于世界领先的地位. 世界上第一台 300 MW 实用化机组由西屋公司研制成功. 俄罗斯、日本、法国等都研制成功了不同容量的超导发电机. 我国上海发电设备研究所和其他单位合作, 于 1997 年研制了国内首台 400 kW 的超导发电机, 同年 5 月并网运行, 最大输出功率达 428 kW.

讲 2.5 图 国产首台高温超导发电机

将超导磁体用于核磁共振技术 (参见 29.1.3 视频), 借助于计算机, 可得到人体各组织切片的对比图, 这是其他方法很难得到的.

现在, 大容量、超高压输送电能介质损耗大、效率低. 若用超导电缆, 在容量相同的情况下, 其造价约为交流电缆的一半, 而且损耗小, 还可省去端点设备.

用超导体制作的导线, 其输运电流密度可达 $10^3\ \mathrm{A\cdot mm^{-2}}$, 为普通导线输运电流密度的 $500\sim1\,000$ 倍.

将超导体线圈用于磁悬浮列车 (参见讲 2.6 图), 其车速可达 $600\ \mathrm{km\cdot h^{-1}}$ 以上. 这对全面提高列车运行速度具有极大的指导意义.

讲 2.6 图 磁悬浮列车

此外, 超导在生物学、医学、地质学等科技领域也有广泛的应用. 例如, 日本同和矿业公司 1994 年开发的“微小残磁化测定仪”就是利用超导装置, 通过测定岩石中含的微弱磁场来勘测地热和石油等地下资源的位置, 达到找矿的目的. 利用这类仪器找矿比用其他种类仪器找矿的精确度要高出近百倍.